普通高等教育"十二五"规划教材

定量分析化学学习指导

葛兴　石军　主编

中国林业出版社

内 容 简 介

本书为高等农林院校化学基础课教材《定量分析化学》的配套教材，是根据高等农林院校化学课程的基本要求、特点并考虑学生有效掌握课程内容的能力编写的，注重基本理论和基本概念的总结，注重本科生的知识结构、创新能力的培养以及学生个性发展的需要。

全书分为11章，主要内容包括：定量分析中的误差及分析数据的处理，各类滴定分析法（酸碱滴定法、配位滴定法、氧化还原滴定法、沉淀滴定法），紫外－可见分光光度法，电势分析法，色谱分析法，原子吸收光谱法以及模拟题等。力求将基础理论进行条理式的总结，便于学生的自学和自我检测。本书有与之配套的教材，《定量分析化学》将相关的原理、方法、内容进行了详尽的介绍。两书配套使用，能够达到较好的教学效果。

本书可作为高等农林院校分析化学课程的学习指导用书，也可作为科研、生产部门有关科技人员的工作参考用书。

图书在版编目（CIP）数据

定量分析化学学习指导/葛兴，石军主编. —北京：中国林业出版社，2012.12（2019.2重印）
普通高等教育"十二五"规划教材

ISBN 978-7-5038-6816-0

Ⅰ.①定…　Ⅱ.①葛…　②石…　Ⅲ.①定量分析－高等学校－教学参考资料
Ⅳ.①O655

中国版本图书馆 CIP 数据核字（2012）第 260471 号

中国林业出版社·教材出版中心

责任编辑：田　苗

电　　话　83143557　　　　　　传　真　83143516

出版发行　中国林业出版社（100009　北京西城区德内大街刘海胡同7号）
　　　　　　E - mail：jiaocaipublic@163.com　　电　话：（010）83143500
　　　　　　http：//lycb. forestry. gov. cn

经　　销　新华书店
印　　刷　三河市祥达印刷包装有限公司
版　　次　2012年12月第1版
印　　次　2019年2月第5次印刷
开　　本　850mm×1168mm　1/16
印　　张　16. 25
字　　数　356千字
定　　价　32.00元

《定量分析化学学习指导》编写人员

主　编　葛　兴　石　军

副主编　苑嗣纯　姜云鹏　郑燕英

编　者　葛　兴　石　军　苑嗣纯　姜云鹏　郑燕英

　　　　　朱华玲　罗　蒨　卜路霞　李云乐　任守静

主　审　裴　坚

前　言

　　分析化学是高等农林院校本科学生的一门极其重要的基础课。高等农林院校分析化学教学体系和教学内容在新形势下有了一定的变化，在理论和应用等方面不断更新，给教学方法、考试内容诸方面带来了许多新课题。为了更好地贯彻教学大纲、满足教学需求，我们编写了《定量分析化学学习指导》。其目的是指导学生掌握分析化学课程的内容，培养学生分析问题、解决问题的能力，同时强调学生的自学能力，启迪学生的思维方法，使学生加深对分析化学基础理论的理解，为后继课程的学习打好基础。分析化学课程教学学时少，教学内容多且综合性强，给学生的学习带来较大难度。为了使学生有效地掌握课程教学内容，检验学习效果，提高解题能力，特编写此书。

　　本学习指导在编写过程中，力求突出以下特色：

　　1. 加强基础、培养能力的原则贯穿始终，每一章由重要概念和知识要点、例题解析、习题参考答案、自测题与自测题参考答案组成。归纳总结整章的教学内容，提供学习线索及代表性的各种类型习题，帮助学生深入了解与掌握各个知识点，强化基础训练。

　　2. 本书特别增加了模拟考试题及参考答案，其中部分模拟题出自高等农科院校分析化学试题库，能够帮助学生掌握解题方法与技巧，提高分析问题的能力。

　　3. 贯彻我国法定计量单位。

　　4.《定量分析化学学习指导》的配套教材为《定量分析化学》一书，教学中两本书配套使用，能够起到同步训练的作用，实现了教与学的实用性统一。

　　参加本书编写的作者是长期从事分析化学教学和科研的一线教师，都具有丰富的教学实践经验和较高的学术水平。具体编写分工如下：北京农学院的罗蓓编写第2章，郑燕英编写第3章，苑嗣纯编写第4章，李云乐编写第6章，葛兴编写第9章、模拟题，任守静编写第10章；天津农学院的姜云鹏编写第1章，石军编写第5章、模拟题，朱华玲编写第7章，卜路霞编写第8章。全书由葛兴和石军负责统稿、修改和定稿，由裴坚教授主审。

　　本书在编写过程中，参考了国内外出版的一些优秀教材和专著，在此向有关作者表示衷心感谢。

　　由于编者水平有限，书中难免存在错误和不妥之处，敬请读者批评指正。

编　者

2012 年 5 月

目　录

前　言

第1章　定量分析中的误差及分析数据的处理 ……………………………………… 1

1.1　重要概念和知识要点 ……………………………………………………… 1

1.2　例题解析 ……………………………………………………………………… 3

1.3　习题参考答案 ………………………………………………………………… 7

1.4　自测题 ………………………………………………………………………… 13

1.5　自测题参考答案 ……………………………………………………………… 20

第2章　滴定分析法概论 …………………………………………………………… 26

2.1　重要概念和知识要点 ………………………………………………………… 26

2.2　例题解析 ……………………………………………………………………… 28

2.3　习题参考答案 ………………………………………………………………… 30

2.4　自测题 ………………………………………………………………………… 37

2.5　自测题参考答案 ……………………………………………………………… 45

第3章　酸碱滴定法 ………………………………………………………………… 49

3.1　重要概念和知识要点 ………………………………………………………… 49

3.2　例题解析 ……………………………………………………………………… 55

3.3　习题参考答案 ………………………………………………………………… 59

3.4　自测题 ………………………………………………………………………… 64

3.5　自测题参考答案 ……………………………………………………………… 69

第4章　配位滴定法 ………………………………………………………………… 76

4.1　重要概念和知识要点 ………………………………………………………… 76

4.2　例题解析 ……………………………………………………………………… 78

4.3　习题参考答案 ………………………………………………………………… 80

4.4　自测题 ………………………………………………………………………… 84

4.5　自测题参考答案 ……………………………………………………………… 92

第5章　氧化还原滴定法 …………………………………………………………… 97

5.1　重要概念和知识要点 ………………………………………………………… 97

5.2 例题解析 ··· 101

5.3 习题参考答案 ·· 108

5.4 自测题 ··· 115

5.5 自测题参考答案 ······································· 123

第 6 章 沉淀滴定法 ··· 128

6.1 重要概念和知识要点 ································· 128

6.2 例题解析 ··· 129

6.3 习题参考答案 ·· 133

6.4 自测题 ··· 136

6.5 自测题参考答案 ······································· 139

第 7 章 紫外 – 可见分光光度法 ························· 141

7.1 重要概念和知识要点 ································· 141

7.2 例题解析 ··· 145

7.3 习题参考答案 ·· 149

7.4 自测题 ··· 155

7.5 自测题参考答案 ······································· 161

第 8 章 电势分析法 ··· 166

8.1 重要概念和知识要点 ································· 166

8.2 例题解析 ··· 170

8.3 习题参考答案 ·· 173

8.4 自测题 ··· 176

8.5 自测题参考答案 ······································· 179

第 9 章 色谱分析法 ··· 182

9.1 重要概念和知识要点 ································· 182

9.2 例题解析 ··· 183

9.3 习题参考答案 ·· 184

9.4 自测题 ··· 186

9.5 自测题参考答案 ······································· 192

第 10 章 原子吸收光谱法 ··································· 194

10.1 重要概念和知识要点 ······························ 194

10.2 例题解析 ·· 195

10.3 习题参考答案 ··· 196

10.4　自测题 ……………………………………………………… 198

10.5　自测题参考答案 …………………………………………… 201

第 11 章　模拟题及参考答案 ……………………………………… 203

参考文献 ………………………………………………………… 247

第1章　定量分析中的误差及分析数据的处理

1.1　重要概念和知识要点

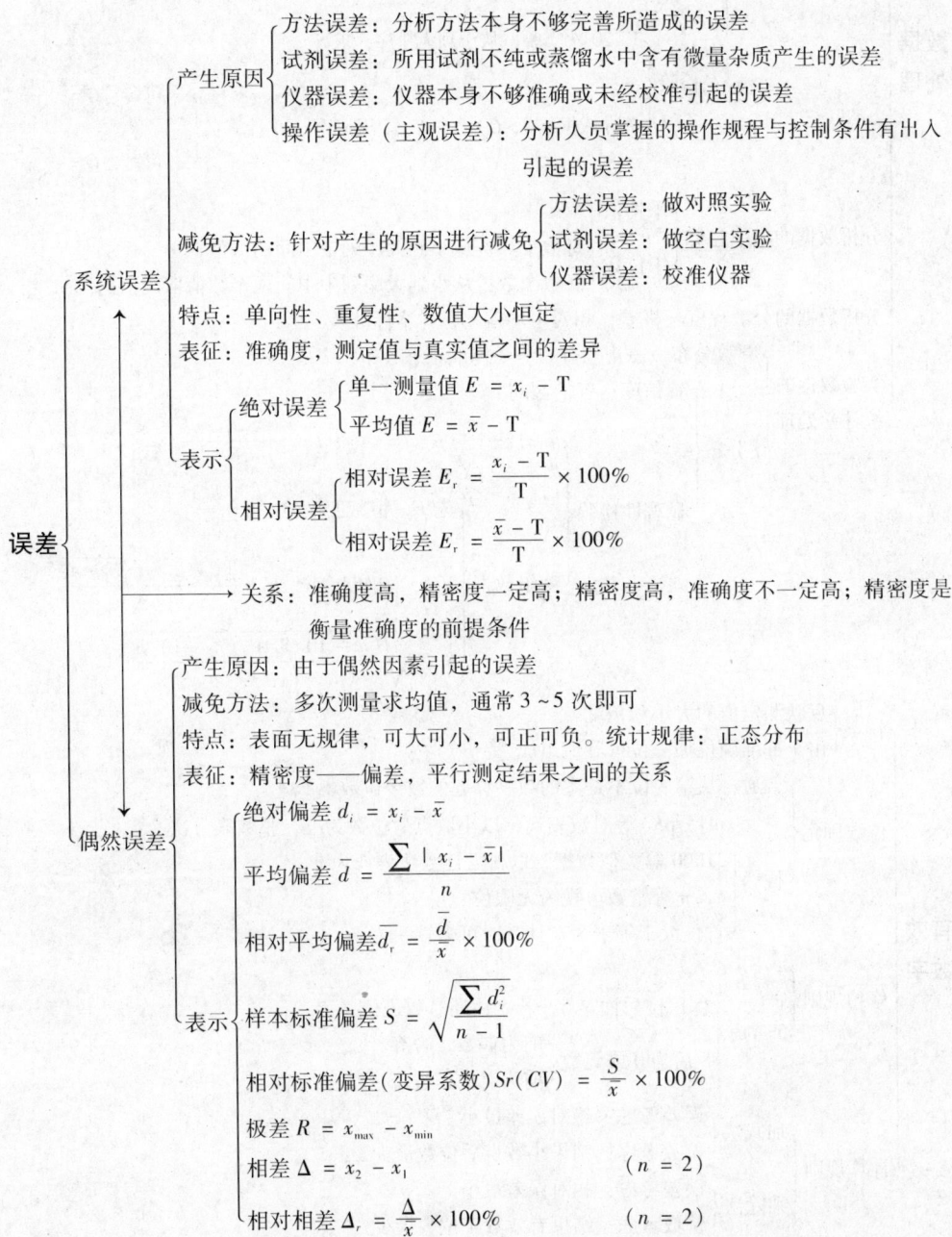

误差
- 系统误差
  - 产生原因
    - 方法误差：分析方法本身不够完善所造成的误差
    - 试剂误差：所用试剂不纯或蒸馏水中含有微量杂质产生的误差
    - 仪器误差：仪器本身不够准确或未经校准引起的误差
    - 操作误差（主观误差）：分析人员掌握的操作规程与控制条件有出入引起的误差
  - 减免方法：针对产生的原因进行减免
    - 方法误差：做对照实验
    - 试剂误差：做空白实验
    - 仪器误差：校准仪器
  - 特点：单向性、重复性、数值大小恒定
  - 表征：准确度，测定值与真实值之间的差异
  - 表示
    - 绝对误差
      - 单一测量值 $E = x_i - T$
      - 平均值 $E = \bar{x} - T$
    - 相对误差
      - 相对误差 $E_r = \dfrac{x_i - T}{T} \times 100\%$
      - 相对误差 $E_r = \dfrac{\bar{x} - T}{T} \times 100\%$
  - 关系：准确度高，精密度一定高；精密度高，准确度不一定高；精密度是衡量准确度的前提条件
- 偶然误差
  - 产生原因：由于偶然因素引起的误差
  - 减免方法：多次测量求均值，通常 3~5 次即可
  - 特点：表面无规律，可大可小，可正可负。统计规律：正态分布
  - 表征：精密度——偏差，平行测定结果之间的关系
  - 表示
    - 绝对偏差 $d_i = x_i - \bar{x}$
    - 平均偏差 $\bar{d} = \dfrac{\sum |x_i - \bar{x}|}{n}$
    - 相对平均偏差 $\bar{d_r} = \dfrac{\bar{d}}{\bar{x}} \times 100\%$
    - 样本标准偏差 $S = \sqrt{\dfrac{\sum d_i^2}{n-1}}$
    - 相对标准偏差（变异系数）$Sr(CV) = \dfrac{S}{\bar{x}} \times 100\%$
    - 极差 $R = x_{\max} - x_{\min}$
    - 相差 $\Delta = x_2 - x_1$　　　　　$(n=2)$
    - 相对相差 $\Delta_r = \dfrac{\Delta}{\bar{x}} \times 100\%$　　$(n=2)$

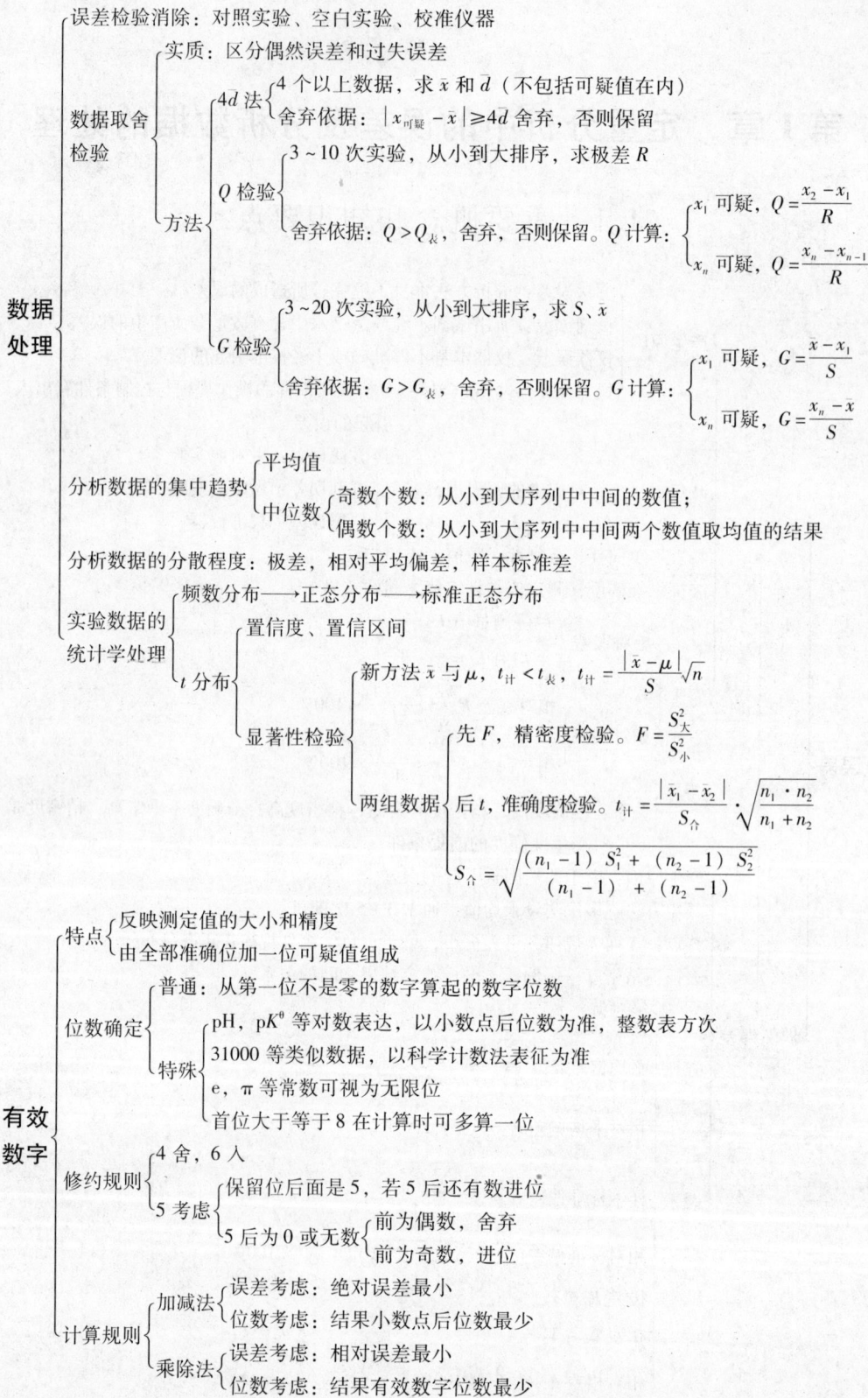

数据处理

- 误差检验消除：对照实验、空白实验、校准仪器
- 实质：区分偶然误差和过失误差
- 数据取舍检验
  - 方法
    - $4d$ 法
      - 4 个以上数据，求 $\bar{x}$ 和 $\bar{d}$（不包括可疑值在内）
      - 舍弃依据：$|x_{可疑} - \bar{x}| \geq 4\bar{d}$ 舍弃，否则保留
    - Q 检验
      - 3 ~ 10 次实验，从小到大排序，求极差 R
      - 舍弃依据：$Q > Q_{表}$，舍弃，否则保留。Q 计算：$\begin{cases} x_1 \text{ 可疑}, Q = \dfrac{x_2 - x_1}{R} \\ x_n \text{ 可疑}, Q = \dfrac{x_n - x_{n-1}}{R} \end{cases}$
    - G 检验
      - 3 ~ 20 次实验，从小到大排序，求 S、$\bar{x}$
      - 舍弃依据：$G > G_{表}$，舍弃，否则保留。G 计算：$\begin{cases} x_1 \text{ 可疑}, G = \dfrac{\bar{x} - x_1}{S} \\ x_n \text{ 可疑}, G = \dfrac{x_n - \bar{x}}{S} \end{cases}$
- 分析数据的集中趋势
  - 平均值
  - 中位数
    - 奇数个数：从小到大序列中中间的数值；
    - 偶数个数：从小到大序列中中间两个数值取均值的结果
- 分析数据的分散程度：极差，相对平均偏差，样本标准差
- 实验数据的统计学处理
  - 频数分布——正态分布——标准正态分布
  - t 分布
    - 置信度、置信区间
    - 显著性检验
      - 新方法 $\bar{x}$ 与 μ，$t_{计} < t_{表}$，$t_{计} = \dfrac{|\bar{x} - \mu|}{S}\sqrt{n}$
      - 两组数据
        - 先 F，精密度检验。$F = \dfrac{S_{大}^2}{S_{小}^2}$
        - 后 t，准确度检验。$t_{计} = \dfrac{|\bar{x}_1 - \bar{x}_2|}{S_{合}} \cdot \sqrt{\dfrac{n_1 \cdot n_2}{n_1 + n_2}}$
        - $S_{合} = \sqrt{\dfrac{(n_1 - 1) S_1^2 + (n_2 - 1) S_2^2}{(n_1 - 1) + (n_2 - 1)}}$

有效数字

- 特点
  - 反映测定值的大小和精度
  - 由全部准确位加一位可疑值组成
- 位数确定
  - 普通：从第一位不是零的数字算起的数字位数
  - 特殊
    - pH，pK^{θ} 等对数表达，以小数点后位数为准，整数表方次
    - 31000 等类似数据，以科学计数法表征为准
    - e，π 等常数可视为无限位
    - 首位大于等于 8 在计算时可多算一位
- 修约规则
  - 4 舍，6 入
  - 5 考虑
    - 保留位后面是 5，若 5 后还有数进位
    - 5 后为 0 或无数
      - 前为偶数，舍弃
      - 前为奇数，进位
- 计算规则
  - 加减法
    - 误差考虑：绝对误差最小
    - 位数考虑：结果小数点后位数最少
  - 乘除法
    - 误差考虑：相对误差最小
    - 位数考虑：结果有效数字位数最少

1.2　例题解析

【例 1-1】 下列情况引起什么误差？如果是系统误差，如何消除？

（1）称量试样时吸收了水分；

（2）试样中含有微量被测组分；

（3）重量法测 SiO_2 时，试样中硅酸沉淀不完全；

（4）称量开始时天平零点未调；

（5）滴定管读数时，最后一位估计不准；

（6）用 NaOH 滴定 HAc，选酚酞为指示剂确定滴定终点颜色时稍有出入。

解：（1）试样吸收水分，称重时产生系统负误差。通常应在 110℃ 左右干燥后再称重。

（2）试样中含有微量被测组分时，测量结果产生系统正误差。可以通过扣除试剂空白或将试剂进一步提纯加以校正。

（3）沉淀不完全产生系统负误差。可将沉淀不完全的微量 Si，用其他方法（如比色法）测定后，将计算结果加入总量。

（4）会产生系统误差。分析天平需要定期校正，以保证称量的准确性。

（5）滴定管读数一般要读至小数点后第二位，最后一位是估读值，估读不准产生偶然误差。

（6）目标指示剂变色点时总会出现正误差或负误差，因此是偶然误差。

【例 1-2】 甲、乙二人测定同一样品，结果如下：

$$甲：0.19 \quad 0.19 \quad 0.20 \quad 0.21 \quad 0.21$$
$$乙：0.18 \quad 0.20 \quad 0.20 \quad 0.20 \quad 0.22$$

试比较二人测定结果的平均偏差和标准偏差，从中得出了什么结论？

解：二人测定结果的平均值分别为：

$$\bar{x}_甲 = \frac{0.19 + 0.19 + 0.20 + 0.21 + 0.21}{5} = 0.20$$

$$\bar{x}_乙 = \frac{0.18 + 0.20 + 0.20 + 0.20 + 0.22}{5} = 0.20$$

平均偏差分别为：

$$\bar{d}_甲 = \frac{0.01 + 0.01 + 0.01 + 0.01}{5} = 0.008$$

$$\bar{d}_乙 = \frac{0.02 + 0.02}{5} = 0.008$$

标准偏差为：

$$S_甲 = \sqrt{\frac{\sum_{i=1}^{n}(x_i - \bar{x}_甲)^2}{n_甲 - 1}} = \sqrt{\frac{0.01^2 + 0.01^2 + 0.01^2 + 0.01^2}{5 - 1}} = 0.010$$

$$S_乙 = \sqrt{\frac{\sum_{i=1}^{n}(x_i - \bar{x}_乙)^2}{n_乙 - 1}} = \sqrt{\frac{0.02^2 + 0.02^2}{5 - 1}} = 0.014$$

从计算结果看, 二人测定结果的平均偏差相同, 看不出谁的精密度好些。但对比标准偏差则乙的比甲的大, 从测量结果也可以看出, 乙的精密度不如甲的高。因此, 当测量次数较少时, 用标准偏差表示精密度, 能将较大偏差更显著地表现出来。

【例1-3】 用邻苯二甲酸氢钾标定 NaOH 溶液浓度时, 下列哪一种情况会造成系统误差?

(1) 用酚酞作指示剂;

(2) NaOH 溶液吸收了空气中的 CO_2;

(3) 每份邻苯二甲酸氢钾质量不同;

(4) 每份加入的指示剂量略有不同。

解: 答案为 (2)。

$$KHC_8H_4O_4 + NaOH \Longrightarrow KNaC_8H_4O_4 + H_2O$$

(1) 邻苯二甲酸的 $pK_{a_1}^{\theta} = 2.95, pK_{a_2}^{\theta} = 5.41$, 所以, 邻苯二甲酸氢钾的 $pK_{b1}^{\theta} = 14 - 5.41 = 8.59$。滴定到化学计量点时 pH 值约为 9, 属碱性范围, 所以选酚酞作指示剂是正确的。

(2) NaOH 溶液吸收 CO_2 生成了 Na_2CO_3, 用此 NaOH 溶液滴定邻苯二甲酸氢钾时, Na_2CO_3 被滴定为 HCO_3^-, 这样导致了系统误差, 相当于使 NaOH 的浓度减少了。将除去 CO_3^{2-} 的 NaOH 标准溶液保存在装有虹吸管及碱石棉管 [含 $Ca(OH)_2$] 的瓶中, 可防止吸收空气中的 CO_2。

(3) 称取邻苯二甲酸氢钾的质量不同, 消耗的 NaOH 的体积也会相应不同, 由计量关系  $c(NaOH) = \dfrac{m(KHC_8H_4O_4)}{M(KHC_8H_4O_4)\,V(NaOH)}$ 可知, 不影响分析结果, 不会引起系统误差。

(4) 指示剂用量不能太多, 也不能太少。用量太少, 颜色太浅, 不易观察变色情况; 用量太多, 由于指示剂本身就是弱酸或弱碱, 会或多或少消耗标准溶液。本题所指的是在正常加量的情况下 (1~2滴), 不会对分析结果有太大影响, 只是一种随机误差, 不会造成系统误差。

【例1-4】 某同学测定食盐中氯的含量时, 实验记录如下: 在万分之一精度的分析天平上称取 0.021085 g 样品, 用沉淀滴定法的莫尔法测定, 用去 0.09730 mol·L^{-1} $AgNO_3$ 标准溶液 3.5735 mL。(1) 请指出其中的错误。(2) 怎样才能提高测定的准确度?(3) 若称样量扩大 10 倍, 请合理修约有效数字并运算, 求 $\omega(Cl)$。

解: (1) 有 4 处错误:

① 万分之一精度的分析天平的称量误差为 ±0.0001 g, 则该同学称量值不可能为 0.021085 g, 应记录为 0.0211 g。

② 常用滴定管的最小刻度值为 0.1 mL, 可估计至小数点后第二位, 因此, 滴定

体积读数应记录为 3.57 mL。

③ 用分析天平称量一份试样需称两次，则称量的绝对误差为 ±0.0002 g。若保证分析结果的相对误差小于 ±0.1 %，其称样量应大于 0.2 g $\left(\dfrac{E}{E_r} = \dfrac{\pm 0.0002\ g}{\pm 0.1\%} = 0.2\ g\right)$。该同学的称样量太少，不能保证分析结果的相对误差小于 0.1 %，则无法达到较高的准确度。若要提高测定的准确度，至少称样量应扩大 10 倍。

④ 滴定管在读取一个体积值时所产生的读数误差为 ±0.02 mL，若滴定管读数的相对误差小于 ±0.1 %，其滴定剂消耗的体积至少为 20 mL $\left(\dfrac{E}{E_r} = \dfrac{\pm 0.02\ mL}{\pm 0.1\%} = 20\ mL\right)$。该同学因称样量太少，导致滴定剂消耗量小于 20 mL，同样无法达到较高的准确度。

（2）若要提高测定的准确度，最好使滴定剂的消耗量在 20～30 mL 之间。若称样量扩大 10 倍（达 0.2 g 以上），在 $AgNO_3$ 浓度不变的情况下，其消耗的体积也将扩大 10 倍（达 20 mL 以上），因而提高了分析结果的准确度。

（3）在计算其 ω（Cl）时，应根据有效数字的定义、修约规则及运算规则进行计算：

$$NaCl + AgNO_3 \rightleftharpoons AgCl + NaNO_3$$

$$\omega(Cl) = \frac{c(AgNO_3)V(AgNO_3)M(Cl)}{m}$$

$$= \frac{0.09730 \times 35.74 \times 10^{-3} \times 35.45}{0.2108}$$

$$= 0.5848$$

【例 1-5】一种特殊的分析铜的方法得到的结果偏低 0.5 mg。（1）若用此方法分析含铜约 4.8 % 的矿石，且要求此损失造成的相对误差不大于 0.1 %，那么称样量至少应为多少克？（2）若要求相对误差不大于 0.5 %，称样量至少应为多少克？

解：（1）$\dfrac{0.5 \times 10^{-3}}{(4.8\% \times m)} \times 100\% \leq 0.1\%$

解得 $m \geq 10.4$ g，因此称样量至少应为 10.4 g。

（2）$\dfrac{0.5 \times 10^{-3}}{(4.8\% \times m)} \times 100\% \leq 0.5\%$

解得 $m \geq 2.1$ g，因此称样量至少应为 2.1 g。

【例 1-6】测定某样品含量 7 次，数据为 79.58%，79.45%，79.47%，79.50%，79.62%，79.38%，79.80%，求平均值、平均偏差、相对平均偏差、标准偏差、相对标准偏差、极差和置信度为 90 % 的置信区间。

解：（1）首先用 Q 检验法决定可疑值的取舍，将数据按从小到大的顺序排列：

79.38%，79.45%，79.47%，79.50%，79.58%，79.62%，79.80%

对于 79.38%：$Q_{计} = \dfrac{邻差}{极差} = \dfrac{|79.38 - 79.45|}{|79.80 - 79.38|} = 0.17$

对于 79.80 %：$Q_{计} = \dfrac{邻差}{极差} = \dfrac{|79.80 - 79.62|}{|79.80 - 79.38|} = 0.43$

查 Q 值表，当 $p = 90\%$，$n = 7$ 时，$Q_{表} = 0.51$，两值的 $Q_{计}$ 均小于 $Q_{表}$，所以均应予以保留。

（2）计算 $\bar{x}, \bar{d}, \bar{d}_r, S, S_r$：

$$\bar{x} = \frac{1}{7}(79.38 + 79.45 + 79.47 + 79.50 + 79.58 + 79.62 + 79.80)\% = 79.54\%$$

$$\bar{d} = \frac{|-0.16| + |-0.09| + |-0.07| + |-0.04| + |0.04| + |0.08| + |0.26|}{7}\% = 0.11\%$$

$$\bar{d}_r = \frac{\bar{d}}{\bar{x}} \times 100\% = \frac{0.11}{79.54} \times 100\% = 0.14\%$$

$$S = \sqrt{\frac{(-0.16)^2 + (0.09)^2 + (-0.07)^2 + (0.04)^2 + (0.04)^2 + (0.08)^2 + (0.26)^2}{7 - 1}}\%$$
$$= 0.14\%$$

$$S_r = \frac{S}{\bar{x}} \times 100\% = \frac{0.14}{79.54} \times 100\% = 0.18\%$$

（3）求置信区间：

查 t 分布值表，当 $n = 7$，置信度为 90% 时，$t = 1.94$。故：

$$\mu = \bar{x} \pm \frac{tS}{\sqrt{n}} = \left(79.54 \pm \frac{1.94 \times 0.14}{\sqrt{7}}\right)\% = (79.54 \pm 0.10)\%$$

即有 90% 的把握认为，此样品含量在 $(79.54 \pm 0.10)\%$ 之间。

【例 1-7】分析某铜矿样品，所得分析结果用 Cu % 表示为 24.89，24.93，24.91，24.92，24.76。按 $4\bar{d}$ 法和 Q 检验法（置信度为 90%）判断 24.76 是否应舍弃？样品中铜的质量分数应为多少？

解：（1）$4\bar{d}$ 法：

$$\bar{x} = \frac{24.89 + 24.93 + 24.91 + 24.92}{4}\% = 24.91\%$$

$$\bar{d} = \frac{|24.89 - 24.91| + |24.93 - 24.91| + |24.92 - 24.91|}{4}\% = 0.01\%$$

$$\frac{|24.76 - 24.91|}{0.01} = 15 > 4$$

因此，24.76% 应舍弃。

（2）Q 检验法：

将数据由小到大顺序排列（%）：

$$24.76, \ 24.89, \ 24.91, \ 24.92, \ 24.93$$

$$Q = \frac{24.89 - 24.76}{24.93 - 24.76} = 0.76，查 Q_{表(0.90)} = 0.64 < 0.76$$

因此 24.76% 应舍弃。样品中铜的质量分数应为 24.91%。

【例 1-8】将下列数据修约为两位有效数字：6.142，3.552，6.3612，34.5245，

75.5，44.5。

　　解：6.142→6.1（四舍），3.552→3.6（5 后还有数字），6.3612→6.4（六入），34.5245→35（5 后还有数字），75.5→76（五成双），44.5→44（五成双）

　　【例 1-9】 计算 （1）0.213 + 31.24 + 3.06162；（2）0.0223 × 21.78 × 2.05631。

　　解：（1）加减法运算中：按小数点后位数最少的为依据计算。在 3 个数中，小数点后位数最少的是 31.24，以此为依据，将其他各数先修约到小数点后保留两位，然后再计算，即 0.21 + 31.24 + 3.06 = 34.51。

　　（2）乘、除法运算中：以相对误差最大的（有效数字最少）为依据计算。在 3 个数中，相对误差最大的是 0.0223，以它为依据，将其他各数先修约到 3 位有效数字，然后再计算，即 0.0223 × 21.8 × 2.06 = 1.00。

　　【例 1-10】 确定下面数值的有效数字的位数。

　　（1）pH = 9.49；（2）HCl % = 95.80；（3）$\frac{1}{2}$；

　　（4）40000；（5）0.0072040。

　　解：（1）两位有效数字，对于 pH，pM，lgK 等对数值，有效数字的位数仅取决于小数部分（尾数）（如 pH = 9.49 换算成浓度，$c(H^+) = 3.2 \times 10^{-10}$ mol · L^{-1}），故其有效数字为两位。

　　（2）4 位有效数字，后面的 0 表示测量的准确度。

　　（3）像 $\frac{1}{2}$ 这类数值，有效数字可认为是无限位。

　　（4）这类数值，有效数字位数比较模糊，应根据实际情况写成指数形式，如：4.0×10^4 是两位有效数字；4.00×10^4 是 3 位有效数字；4.0000×10^4 则是 5 位有效数字。

　　（5）5 位有效数字，前面的 0 不是有效数字。

1.3　习题参考答案

　　1. 用沉淀法测纯 NaCl 中 Cl^- 含量。测得结果如下：59.28%，60.06%，60.04%，59.86%，60.24%，计算平均值，绝对误差及相对误差。

　　解：$x_1 = 59.28\%$，$x_2 = 60.06\%$，$x_3 = 60.04\%$，$x_4 = 59.86\%$　$x_5 = 60.24\%$

$$\bar{x} = \frac{1}{n} \sum_{i=1}^{5} x_i = \frac{1}{5}(59.28 + 60.06 + 60.04 + 59.86 + 60.24)\% = 59.90\%$$

$$T = \frac{M(Cl)}{M(NaCl)} \times 100\% = 60.66\%$$

$$E = \bar{x} - T = 59.90\% - 60.66\% = -0.76\%$$

$$E_r = \frac{E}{T} \times 100\% = -\frac{0.76}{60.66} \times 100\% = -1.3\%$$

　　2. 甲乙两化验员，测定同一个样品中铁含量，得到报告如下：

　　甲：20.48%，20.55%，20.58%，20.60%，20.53%，20.50%；

乙：20.44%，20.64%，20.56%，20.70%，20.38%，20.32%。

如果铁的含量标准值为20.45%，分别计算它们的绝对误差及相对误差。

解：甲组：$\bar{x}_1 = \frac{1}{6}(20.48 + 20.55 + 20.58 + 20.60 + 20.53 + 20.50)\% = 20.54\%$

$$E = \bar{x} - T = (20.54 - 20.45)\% = +0.09\%$$

$$E_r = \frac{E}{T} \times 100\% = \frac{+0.09}{20.45} \times 100\% = +0.44\%$$

乙组：$\bar{x}_2 = \frac{1}{6}(20.44 + 20.64 + 20.56 + 20.70 + 20.38 + 20.32)\% = 20.51\%$

$$E = \bar{x} - T = (20.51 - 20.45)\% = +0.06\%$$

$$E_r = \frac{E}{T} \times 100\% = \frac{+0.06}{20.45} \times 100\% = +0.29\%$$

3. 如果天平读数误差为0.1 mg，分析结果要求准确度达0.2%，问至少应称取试样多少克？若要求准确度为1%，问至少应称取试样多少克？

解：$\qquad E_r = \frac{E}{m_s} \times 100\% \qquad m_s = \frac{E}{E_r}$

当 $E_r = 0.2\%$：$\qquad m_s = \frac{E}{E_r} = \frac{0.1 \times 10^{-3}}{0.2\%} = 0.5(g)$

当 $E_r = 1\%$：$\qquad m_s = \frac{E}{E_r} = \frac{0.1 \times 10^{-3}}{1\%} = 0.01(g)$

4. 钢中铬含量的5次测定结果是：1.12%，1.15%，1.11%，1.16%和1.12%。试计算其标准偏差和平均值的置信区间。如果要使平均值的置信区间为±0.01，问至少应平行测定多少次才能满足这个要求？

解：$\bar{x} = \frac{1}{5}(1.12 + 1.15 + 1.11 + 1.16 + 1.12)\% = 1.13\%$

$$S = \sqrt{\frac{\sum(x_i - \bar{x})^2}{n-1}} = \sqrt{\frac{0.01^2 + 0.02^2 + 0.02^2 + 0.03^2 + 0.01^2}{4}}\% = 0.02\%$$

当置信概率为95%时，即 $1 - \alpha = 0.95$，$\alpha = 0.05$，$f = n - 1 = 4$，$t_\alpha(f) = 2.78$ 时，平均值的置信区间为：

$$\left(\bar{x} - t_\alpha(f)\frac{S}{\sqrt{n}}, \bar{x} + t_\alpha(f)\frac{S}{\sqrt{n}}\right) = \left(1.13\% - 2.78 \times \frac{0.02\%}{\sqrt{5}}, 1.13\% + 2.78 \times \frac{0.02\%}{\sqrt{5}}\right)$$

$$= (1.11\%, 1.15\%)$$

若使平均值的置信区间为 $\pm 0.01\%$，即：$2t_\alpha(f)\frac{S}{\sqrt{n}} \leqslant 0.02\%$

$$n \geqslant \left(\frac{2t_\alpha(f)S}{0.02\%}\right)^2 = \left(\frac{2 \times 2.78 \times 0.02\%}{0.02\%}\right)^2 = 31(次)$$

5. 分析某铜矿样品，所得含Cu的百分率为24.87%，24.93%及24.69%。若Cu的真实含量为25.06%，问分析结果的平均值为多少？它的绝对误差是多少？相对误差为多少？

解：$\bar{x} = \frac{1}{3}(24.87 + 24.93 + 24.69)\% = 24.83\%$

$E = \bar{x} - T = (24.83 - 25.06)\% = -0.23\%$

$E_r = \frac{E}{T} \times 100\% = \frac{-0.23}{25.06} \times 100\% = -0.92\%$

6. 某化验员分析一个样品，其结果为 30.68%，相对标准偏差为 5%。后来他发现计算公式的分子上误乘以 2，因此，正确的百分含量应为 15.34%，问正确的相对标准偏差应为多少？

解：根据 $S_{r1} = 5\%$，$\bar{x}_1 = 30.68\%$，得：

$$5\% = \frac{2S}{30.68\%} \times 100\%$$

$$S = 0.767\%$$

当正确结果为 15.34% 时：

$$S_{r2} = \frac{S}{\bar{x}} \times 100\% = \frac{0.7670\%}{15.34\%} \times 100\% = 5.0\%$$

7. 经过多次分析（假定已消除了系统误差），测得某煤样中硫的百分含量为 0.99% μ_α，已知其标准偏差（α）为 0.02%，问测定值落入区间 0.95% ~ 1.03% 的概率为多少？

解：$\mu_\alpha = 0.99\%$，$\alpha = 0.02\%$

因为测定值的区间为 0.95% ~ 1.03%，即 $(\mu_\alpha - 0.04\%, \mu_\alpha + 0.04\%)$，故测定值落入区间 0.95% ~ 1.03% 的概率为 95.5%。

8. 测定某样品中氯的含量，共做了 4 次，其结果分别为 30.34%，30.15%，30.42% 和 30.38%。试用 $4\bar{d}$ 法判断数据 30.15% 是否应舍去？

解：除去 30.15%（可疑值），其他 3 组结果为 30.34%、30.42%、30.38%。

$$\bar{x} = \frac{1}{3}(30.34 + 30.42 + 30.38)\% = 30.38\%$$

$$\bar{d} = \frac{1}{3}\sum|d_i| = \frac{1}{3}(0.04 + 0.04 + 0.00)\% = 0.03\%$$

$$|30.15\% - 30.38\%| = 0.23\% \geqslant 4\bar{d} = 0.12\%$$

故 30.15% 应舍去。

9. 分析石灰石中铁含量，4 次测得的结果分别为 1.61%，1.53%，1.54%，1.83%。问上述各值中是否有应该舍去的可疑值。（用 Q 检验法进行判断，设置信度为 90%）

解：在 4 个测定结果中极小值为 1.53%，极大值为 1.83%。

极差：$R = 1.83\% - 1.53\% = 0.30\%$

判断极小值保留的可能性：

$$Q_{计算} = \left|\frac{1.53\% - 1.54\%}{0.3\%}\right| = 0.03$$

置信度为 90%，$n = 4$ 时，$Q_{表} = 0.76$，$Q_{计算} < Q_{表}$，故 1.53% 不是异常数，应

保留。

判断极大值保留的可能性：

$$Q_{计算} = \left| \frac{1.83\% - 1.61\%}{0.3\%} \right| = 0.70$$

$Q_{计算} < Q_{表}$，故 1.83% 也不是异常值，应保留。

10. 5 次测定某氯化物试样中的氯，其平均值为 32.30%。$S = 0.13\%$，试计算在 95% 的置信度下，其平均值所处的区间。

解：$n = 5$，$f = n - 1 = 4$

$\alpha = 1 - 95\% = 0.05$，查分布表及 $t_\alpha(f) = 2.78$，故平均值所在的区间为：

$$\left(\bar{x} - t_\alpha(f) \frac{S}{\sqrt{n}}, \bar{x} + t_\alpha(f) \frac{S}{\sqrt{n}} \right) = \left(32.30\% - 2.78 \times \frac{0.13\%}{\sqrt{5}}, 32.30\% + 2.78 \times \frac{0.13\%}{\sqrt{5}} \right)$$

$$= (32.14\%, 32.46\%)$$

11. 某分析天平的称量误差为 ± 0.3 mg，如果称取试样重 0.05 g，相对误差是多少？如称样为 1.000 g，相对误差又是多少（以 ppt 表示）？这些数值说明了什么问题？

解：$E_r = \frac{E}{m_s} \times 100\% = \frac{\pm 0.3 \times 10^{-3}}{0.05} \times 100\% = \pm 6\% = \pm 60 (\text{ppt})$

$E_r = \frac{E}{m_s} \times 100\% = \frac{\pm 0.3 \times 10^{-3}}{1.000} \times 100\% = \pm 0.03\% = \pm 0.3 (\text{ppt})$

这些证据证明在分析天平称量误差一定的情况下，称取的试样越多，相对误差越小，准确度越高。

12. 碳原子量的 10 次测定结果是 12.0080，12.0095，12.0097，12.0101，12.0102，12.0106，12.0111，12.0113，12.0118，12.0120。试计算：（1）算术平均值；（2）标准偏差；（3）平均值的标准偏差；（4）99% 置信度时平均值的置信区间。

解：（1）$\bar{M} = \frac{1}{10}(12.0080 + 12.0095 + 12.0097 + 12.0101 + 12.0102 + 12.0106$

$$+ 12.0111 + 12.0113 + 12.0118 + 12.0120) = 12.0104$$

（2）$S = \sqrt{\frac{\sum (M_i - \bar{M})^2}{n - 1}} = 0.00014$

（3）$S_{\bar{m}} = \frac{S}{\sqrt{n}} = 4 \times 10^{-5}$

（4）当 $\alpha = 1 - 99\% = 0.01$，$f = 10 - 1 = 9$ 时，查得 $t_\alpha(f) = 3.25$

故 99% 置信度时平均值的置信区间为：

$$\left(\bar{M} - t_\alpha(f) \frac{S}{\sqrt{n}}, \bar{M} + t_\alpha(f) \frac{S}{\sqrt{n}} \right) = \left(12.0104 - 3.25 \times \frac{1.4 \times 10^{-5}}{\sqrt{10}}, 12.0104 + 3.25 \times \frac{1.4 \times 10^{-5}}{\sqrt{10}} \right)$$

$$= (12.0104 - 1.439 \times 10^{-5}, 12.0104 + 1.439 \times 10^{-5})$$

13. 分析样品中蛋白质的含量，共测定了 9 次，其结果分别为 35.10%，

34.86%，　34.92%，　35.36%，　35.11%，　35.01%，　34.77%，　35.19%，
34.98%，求结果的平均值、平均偏差、相对平均偏差和平均值的标准偏差各为
多少？

解：$\bar{x} = \dfrac{1}{9}(35.10 + 34.86 + 34.92 + 35.36 + 35.11 + 35.01 + 34.77 + 35.19 + $

$34.98)\% = 35.03\%$

$\bar{d} = \dfrac{1}{9}\sum\limits_{i=1}^{9}|d_i| = \dfrac{1}{9}(0.07 + 0.17 + 0.11 + 0.33 + 0.08 + 0.02 + 0.126 + 0.16 + $

$0.05)\% = 0.14\%$

$$\bar{d}_r = \frac{\bar{d}}{\bar{x}} \times 100\% = 0.40\%$$

$$S = \sqrt{\frac{\sum\limits_{n=1}^{9}(x_i - \bar{x})^2}{n-1}} = 0.18\%$$

$$S_{\bar{x}} = \frac{S}{\sqrt{n}} = \frac{0.18\%}{\sqrt{9}} = 0.06\%$$

14. 根据有效数字运算规则，计算下列结果。

(1) $\dfrac{2.52 \times 4.10 \times 15.04}{6.15 \times 104}$；　(2) $\dfrac{3.10 \times 21.14 \times 5.10}{0.001120}$；　(3) $\dfrac{51.0 \times 4.03 \times 10^{-4}}{2.512 \times 0.002034}$；

(4) $\dfrac{5.8 \times 10^{-6} \times (0.1048 - 2 \times 10^{-4})}{0.1044 + 2 \times 10^{-4}}$；

(5) $(1.076 \times 4.17) + (1.7 \times 10^{-4}) - (0.0021764 \times 0.0121)$；

(6) $7.9936 \div 0.9967 - 5.02$；　(7) $0.0325 \times 5.103 \times 60.06 \div 139.8$；

(8) $0.414 \div (31.3 \times 0.0530)$；　(9) pH = 1.05，求 $[H^+]$。

解：(1) $\dfrac{2.52 \times 4.10 \times 15.04}{6.15 \times 104} = \dfrac{2.52 \times 4.10 \times 15.0}{6.15 \times 104} = 0.242$

(2) $\dfrac{3.10 \times 21.14 \times 5.10}{0.001120} = \dfrac{3.10 \times 21.1 \times 5.10}{0.00112} = 5.84 \times 10^3$

(3) $\dfrac{51.0 \times 4.03 \times 10^{-4}}{2.512 \times 0.002034} = \dfrac{51.0 \times 4.03 \times 10^{-4}}{2.51 \times 0.00203} = 4.03$

(4) $\dfrac{5.8 \times 10^{-6} \times (0.1048 - 2 \times 10^{-4})}{0.1044 + 2 \times 10^{-4}} = \dfrac{5.8 \times 10^{-6} \times (0.1048 - 0.0002)}{0.1044 + 0.0002}$

$\qquad\qquad = \dfrac{5.8 \times 10^{-6} \times 0.1046}{0.1046} = 5.8 \times 10^{-6}$

(5) $(1.276 \times 4.17) + (1.7 \times 10^{-4}) - (0.0021764 \times 0.0121)$

$\qquad = (1.28 \times 4.17) + (1.7 \times 10^{-4}) - (0.00218 \times 0.0121)$

$\qquad = 5.34 + 0.00017 - 0.0000264$

$\qquad = 5.34$

(6) $7.9935 \div 0.9967 - 5.02 = 8.0205 - 5.02 = 8.02 - 5.02 = 3.00$

（7）$0.0325 \times 5.103 \times 60.06 \div 139.8 = 0.0325 \times 5.10 \times 60.1 \div 140 = 0.0712$

（8）$0.414 \div (31.3 \times 0.0530) = 0.250$

（9）$pH = 1.05$，$[H^+] = 0.089 \text{ mol} \cdot L^{-1}$

15. 将 0.089 g $Mg_2P_2O_7$ 沉淀换算为 MgO，问计算时下列换算因数（化学因数）取何数较为合适：0.3623，0.362，0.36。计算结果时应以几位有效数字报出？

解：换算因数：$\dfrac{2M \text{（MgO）}}{M \text{（}Mg_2P_2O_7\text{）}} = \dfrac{2 \times 80.60}{222.55} = 0.3621$

因称样量为 0.089 g，有两位有小数字，故在计算时用 0.36 即可。

16. 用电势滴定法测定铁精矿中的铁（以 ω（Fe）% 表示），6 次测定结果如下：60.72，60.81，60.70，60.78，60.56，60.84。（1）求分析结果的算术平均值、标准偏差和变动系数。（注意：检查上述测定结果中有无应该舍去的可疑值）（2）已知此铁精矿为标准试样，其铁含量为 60.75%，问这种测定方法是否准确可靠（95% 置信度）？

解：（1）6 次测定结果中极大值为 60.84%，极小值为 60.56%，检验可疑值：

$$R = (60.84 - 60.56)\% = 0.28\%$$

$$Q_{\text{计算}} = \left| \frac{60.84\% - 60.78\%}{0.28\%} \right| = 0.21$$

$Q_{\text{计算}} < Q_{\text{表}}$，故极大值 60.84% 可保留。

$$Q_{\text{计算}} = \left| \frac{60.56\% - 60.70\%}{0.28\%} \right| = 0.50$$

$Q_{\text{计算}} < Q_{\text{表}}$，故极小值 60.56% 可保留。

$$\bar{x} = \frac{1}{6}(60.72 + 60.81 + 60.70 + 60.78 + 60.56 + 60.84)\% = 60.74\%$$

$$S = \sqrt{\frac{\sum (x_i - \bar{x})^2}{n - 1}} = 0.10\%$$

$$S_r = \frac{S}{\bar{x}} \times 100\% = \frac{0.10\%}{60.74} \times 100\% = 0.17\%$$

（2）设 $\mu = \mu_0 = 60.75\%$：

$$t_{\text{计算}} = \frac{\bar{x} - \mu_0}{S/\sqrt{n}} = \frac{60.74\% - 60.75\%}{0.10\%/\sqrt{6}} = -0.24$$

$n = 6$，$\alpha = 0.05\%$，查 $t_{\text{表}} = 2.57$，$|t_{\text{计算}}| < t_{\text{表}}$，说明 μ 与 μ_0 无显著性差异，因此测定无误差，测量方法可靠。

17. 指出下列数据各包括几位有效数字。

（1）0.0376；（2）0.003080；　（3）96.500；　（4）0.0001；

（5）0.1000；（6）0.001000；　（7）2.6×10^{-6}；（8）2.600×10^{-6}；

（9）2.2×10^{-9}；　　　（10）5.2×10^{-5}；　　　（11）4.80×10^{-10}。

解：（1）3 位；（2）4 位；（3）5 位；（4）1 位；（5）4 位；（6）4 位；（7）2 位；（8）4 位；（9）2 位；（10）2 位；（11）3 位。

18. 将下列数据修约为 4 位有效数字。

（1）53.6424；（2）0.67777；（3）3.426×10⁻⁷；（4）3000.24。

解：（1）53.64；（2）0.6778；（3）$3.426×10^{-7}$；（4）3000。

19. 将下列数据修约到小数点后 3 位。

（1）3.14159；（2）2.71729；（3）4.505150；（4）3.1550；

（5）5.6235；（6）6.378501；（7）7.691499。

解：（1）3.142；（2）2.717；（3）4.505；（4）3.155；

（5）5.624；（6）6.378；（7）7.691。

20. 比色分析测微量组分，要求相对误差为 2%，若称取 0.5 g，求称量的绝对误差为多少？应选用怎样的天平？

解：$E_r = \dfrac{E}{m_s} ×100\%$，$E = E_r m_s = 2\% ×0.5 = 0.01$（g）

准确度为 0.02 的天平即可。

21. 下列报告是否合理？应如何表示？

（1）称取 0.50 g 试样，经分析后所得结果为 36.68%。

（2）称取 4.9030 g K_2CrO_7，用容量瓶配制成 1 L 溶液，其浓度为 $0.1\ mol·L^{-1}$。

解：（1）不合理。分析结果应保留两位有效数字，即 37%。

（2）不合理。浓度值应保留 4 位有效数字，即 $0.1000\ mol·L^{-1}$。

22. 将 0.00890 g $BaSO_4$ 换算为 Ba，问计算化学因数时取下列哪一个数据较为合理：0.5884，0.588，0.59。计算后应以几位有效数字报告结果？

解：化学因数 $= \dfrac{M(Ba)}{M(BaSO_4)} = \dfrac{137.33}{233.39} = 0.58841$

由于样品称样量为 0.00890 g，只有 3 位有效数字，故化学因数也保留 3 位有效数字即可，即 0.588。

1.4 自测题

一、选择题

1. 对某试样进行 3 次平行测定，其平均含量为 0.3060。若真实值为 0.3030，则（0.3060－0.3030）＝0.0030 是（ ）。

（A）相对误差　（B）相对偏差　（C）绝对误差　（D）绝对偏差

2. 分析结果出现（ ）的情况属于系统误差。

（A）试样未充分混匀　　　　（B）滴定时有液滴溅出

（C）称量时试样吸收了空气中的水分　（D）天平零点稍有变动

3. 下列叙述中正确的是（ ）。

（A）误差是以真值为标准的，偏差是以平均值为标准的，实际工作中获得的"误差"，实际上仍是偏差

（B）随机误差是可以测量的

（C）精密度高，则该测定的准确度一定会高

（D）系统误差没有重复性，不可避免

4. 定量分析工作要求测定结果的误差（　　）。

（A）越小越好　　　　　　　　　　（B）等于零

（C）无要求　　　　　　　　　　　（D）在允许误差范围内

5. 甲、乙二人同时分析一矿物中含硫量，每次采样 3.5 g，分析结果的平均值分别报告为：甲 0.042%；乙 0.04201%，问正确报告应是（　　）。

（A）甲、乙二人的报告均正确　　　（B）甲的报告正确

（C）甲、乙二人的报告均不正确　　（D）乙的报告正确

6. 精密度和准确度的关系是（　　）。

（A）精密度高，准确度一定高　　　（B）准确度高，精密度一定高

（C）二者之间无关系　　　　　　　（D）准确度高，精密度不一定高

7. 滴定分析要求相对误差为 $\pm 0.1\%$，若使用灵敏度为 0.1 mg 的天平称取试样时，至少应称取（　　）。

（A）0.1 g　　　（B）1.0 g　　　（C）0.05 g　　　（D）0.2 g

8. 下述情况中，使分析结果产生正误差的是（　　）。

（A）以 HCl 标准溶液滴定某碱样，所用滴定管未用原液润洗

（B）用于标定标准溶液的基准物在称量时吸潮了

（C）以失去部分结晶水的硼砂为基准物，标定盐酸溶液的浓度

（D）以 EDTA 标准溶液滴定钙镁含量时，滴定速度过快

9. 下列各数中，有效数字为 4 位的是（　　）。

（A）pH = 12.04　　　　　　　　　（B）c（H^+）$= 0.0008$ mol · L^{-1}

（C）6000　　　　　　　　　　　　（D）$T_{HCl/NaOH} = 0.1257$ g · mL^{-1}

10. 由测量所得的下列计算式中，每一个数据最后一位都是 ± 1 的绝对误差，在计算结果 x 中引入的相对误差最大的数据为（　　）。

$$x = \frac{0.0670 \times 30.20 \times 45.820}{0.2028 \times 3000}$$

（A）0.0670　　　（B）30.20　　　（C）45.820　　　（D）3000

11. 有一组数据，从小到大排列为 x_1，x_2，$\cdots$，x_n，现用格鲁布斯法检验有无可疑值时，采用的公式为（　　）。

（A）$G = \dfrac{|\bar{x} - x_1|}{S}$　（B）$G = \dfrac{|x_n - x_1|}{S}$　（C）$G = \dfrac{|x_n - x_{n-1}|}{S}$　（D）$G = \dfrac{|\bar{x} - x_1|}{|\bar{x} - x_n|}$

12. 在定量分析中，对误差的要求是（　　）。

（A）越小越好　　　　　　　　　　（B）在允许的误差范围内

（C）等于零　　　　　　　　　　　（D）接近零

13. 某一分析方法由于试剂带入的杂质量大而引起很大的误差，此时应采用下

列哪种方法来消除？（　　　）

（A）对照实验　　（B）空白实验　　　（C）分析效果校正　（D）提纯试剂

14. 对某试样进行多次平行测定获得其中硫的平均质量分数为 3.25%，则其中某个测定值（如 3.15%）与此平均值之差为该次测定的（　　　）。

（A）绝对误差　　（B）相对误差　　　（C）系统误差　　（D）绝对偏差

15. 由计算器算得 $\dfrac{2.236 \times 1.1124}{91.036 \times 0.2000}$ 的结果为 0.1366122，按有效数字运算规则应将结果修约为（　　　）。

（A）0.14　　　（B）0.1366　　（C）0.137　　　（D）0.13661

16. 滴定分析中，一般利用指示剂颜色的突变来判断化学计量点的到达，在指示剂变色时停止滴定，这一点称为（　　　）。

（A）化学计量点　（B）滴定分析　　（C）滴定误差　　（D）滴定终点

17. 下列表达错误的是（　　　）。

（A）置信水平越高，测定的可靠性越高

（B）置信水平越高，置信区间越宽

（C）置信区间的大小与测定次数的平方根成反比

（D）置信区间的位置取决于测定的平均值

18. 下列有关偶然误差的论述中正确的是（　　　）。

（A）在消除了偶然误差后，总体平均值就是真值

（B）偶然误差具有单向性

（C）偶然误差是定量分析中主要的误差来源

（D）偶然误差在定量分析中是不可避免的

19. 下列何种方法不能消除分析测试中的系统误差（　　　）。

（A）对照实验　　（B）增加测定次数　（C）空白实验　　（D）回收实验

20. 下列表述中，最能说明偶然误差小的是（　　　）。

（A）高精密度

（B）与已知含量的试样多次分析结果的平均值一致

（C）标准偏差大

（D）仔细校正所用砝码和容量仪器等

21. 算式 $\dfrac{0.1026\,(25.00 - 21.36)}{0.900}$ 的结果应以几位有效数字报出？（　　　）

（A）2 位　　　（B）3 位　　　（C）4 位　　　（D）5 位

22. 两位分析人员对同一含 SO_4^{2-} 的试样用重量法进行了分析，得到两组数据，要判断两人分析的精密度有无显著性差异，应该用下列哪一种方法？（　　　）

（A）Q 检验法　（B）F 检验法　　（C）G 检验法　　（D）t 检验法

23. 滴定分析的相对误差一般要求为 ±0.1%，滴定时耗用标准溶液的体积应控制在（　　　）。

（A）10 mL 以下　（B）10～15 mL　　（C）20～30 mL　　（D）50 mL 以上

24. 滴定分析的相对误差一般要求为 ±0.1%，若称取试样的绝对误差为 0.0002 g，则一般至少称取试样（　　　）。

(A) 0.1 g　　　　(B) 0.2 g　　　　(C) 0.3 g　　　　(D) 0.4 g

25. 预测某水泥熟料中的 SO_3 含量，由 4 人分别进行测定。试样质量均为 2.2 g，4 人获得 4 份报告如下。哪一份报告是合理的？（　　　）

(A) 2.0852%　　(B) 2.085%　　　(C) 2.09%　　　(D) 2.1%

26. 称取一定量的基准物质——草酸，溶解后移入 250 mL 容量瓶中，稀释至刻度，配成标准溶液。用移液管吸取其分量来标定 NaOH 溶液的浓度，在下述情况中，将使所标 NaOH 溶液的浓度偏低的是（　　　）。

(A) 所用砝码的总校正值为负值　　　(B) 移液管的校正值为负值

(C) 容量瓶的校正值为正值　　　　　(D) 滴定管在所用容积区间的校正值为负值

27. 分析测定中偶然误差的特点是（　　　）。

(A) 数值在一定范围内　　　　(B) 数值无规律可循

(C) 大小误差出现的概率相同　　(D) 正负误差出现的概率相同

28. 某人用 EDTA 直接滴定法测出铁矿石中铁的质量分数为 35.628195%，你认为此时应取几位有效数字（　　　）。

(A) 3　　　　　(B) 5　　　　　(C) 4　　　　　(D) 2

29. 移液管使用前用待移取的溶液洗 3 遍，对测定结果的影响是（　　　）。

(A) 偏高　　　(B) 偏低　　　(C) 无影响　　　(D) 降低精密度

30. 在阴雨天气以 Na_2CO_3 为基准物质标定 HCl 标准溶液浓度时称量操作较慢，将引起（　　　）。

(A) 正误差　　(B) 负误差　　(C) 不确定　　(D) 无影响

二、填空题

1. 系统误差包括如下几方面误差：_____、_____、_____、_____。系统误差的特点是_____和_____。偶然误差的特点是_____和_____。

2. 定量分析中_____误差影响测定结果的准确度，_____误差影响测定的精密度。

3. 在多次重复测定时，有时会出现偏差较大的数值称为_____。在实验过程中没有发现操作过失的情况下，这样的数值_____随意舍弃，而要用_____方法来判断。当 Q 检验法与 $4\bar{d}$ 法的结论相矛盾时，应取_____法的结论，但是为了减小其对分析结果的影响，可采用_____代替各次测量结果的平均值报告分析结果。

4. 在分析过程中，下列情况各造成何种（系统、随机）误差（或过失）？

(1) 天平两臂不等长造成_____。

（2）容量瓶和移液管不配套造成_____。

（3）称量过程中天平零点稍有变动造成_____。

（4）滴定剂中含有少量被测组分造成_____。

（5）过滤沉淀时出现穿滤现象造成_____。

（6）滴定的化学计量点不在指示剂的变色范围内造成_____。

（7）分光光度法测定中的读数误差造成_____。

（8）蒸馏水中含有微量杂质造成_____。

（9）在重量分析中，样品的非被测组分共沉淀造成_____。

（10）读取滴定管最后一位时，估测不准造成_____。

5. 对一般滴定分析的准确度，要求相对误差≤0.1%，常用分析天平（精度为万分之一）可称准至_____mg。用减量法称取试样时，一般至少应称取_____g，滴定时所用溶液体积至少要_____mL。

6. 测定猪肝标样中的铜含量，4次结果分别为17，18，15，22 mg·L^{-1}。判断 22 mg·L^{-1}这个值是否应舍弃时，$4\bar{d}$法的结论是_____，Q检验法的结论是_____（置信度为95%，$Q_{0.95}=1.05$）。

7. 25.5508 有_____位有效数字，若保留3位有效数字，应按_____的原则修约为_____；计算式$\dfrac{0.1001 \times (25.4508 - 21.52) \times 246.43}{2.0359 \times 1000}$的结果为_____。

8. 0.095 mol·L^{-1}NaOH 溶液的 pH = _____。

9. 对于常量组分的测定，一般要求分析结果保留_____位有效数字，对于微量组分的测定一般要求保留_____位有效数字。对于各种误差和偏差的计算一般要求保留_____位有效数字。

10. 从统计学看，测定值 x 落在 $\mu \pm 1\sigma$ 的概率是68.3%，我们把 $\mu \pm 1\sigma$，$\mu \pm 2\sigma$ 等称为_____，真值在该区间的概率称为_____。

11. 空白试验是用于消除_____带进杂质所造成的_____误差。

12. 误差是指_____与_____之差，偏差是指_____与_____之差。通常相对误差是用来表示_____，标准偏差是用来表示_____。

13. 在消除了_____后，总体平均值就是真值。

14. 对照实验是检验_____误差的有效方法，但在进行对照实验时，应尽量选择与试样_____相近的标准试样进行对照分析。

15. 在分析化学中，用"多次测定求平均值"的方法，可以减少_____误差。其根据是当测定次数 $n \rightarrow \infty$ 时_____。

16. 就样本 $x\{x_1, x_2, \cdots, x_n\}$ 的4个统计量而言（平均偏差，相对平均偏差，标准偏差和相对标准偏差），不受原始测量数据放大和缩小影响的是_____

和_____。

17. 用适当的有效数字表示下面计算结果：$34.2335 + 16.62 - 8.6885 =$ _____。

18. 已知微量分析天平可称准至 ± 0.001 mg。要使天平称量误差不大于 0.1%，则至少应称取试样的量为_____mg。

19. 移液管、容量瓶相对体积未校准，由此对分析结果引起的误差属于_____
_____ 误差。

20. 有效数字的取舍将影响分析结果的_____。

21. 称取邻苯二甲酸氢钾基准物质时，装邻苯二甲酸氢钾的容器可用_____。

22. 已知滴定管的读数误差为 0.02 mL，滴定体积为 20.00 mL 的相对误差为__
_____。

23. 用适当的有效数字表示下面计算结果：$\dfrac{5.24 \times 10^3 \times 4.12 \times 10^{-4}}{0.02538 \times 2.014 \times 10^{-3}} =$ _____。

24. 滴定分析法的相对误差约为 0.1%，若试样称取量为 1 g，绝对误差不应大于_____。

25. 太阳质量是地球质量的 330 000 倍。将这个数据用 3 位有效数字表示为____
_____。

26. 有限次测量结果的偶然误差的分布遵循_____。当测定次数趋近无限多次时，偶然误差的分布趋向_____。其规律为正负误差出现的概率_____，小误差出现的概率_____；大误差出现的概率_____。

27. 同一组测量值的标准偏差值比平均偏差值_____，平均值的标准偏差比单次测量的标准偏差_____。

28. 在少量数据的统计处理中，当测定次数相同时，置信水平越高，则显著性水平越_____，置信区间越_____，可靠性越_____，包括真值在内的可能性越_____。

29. 在分析过程中，下列情况各造成何种（系统、偶然）误差。

　　①称量过程中天平零点略有变动造成_____；

　　②分析用试剂中含有微量待测组分造成_____；

　　③读取滴定管读数时，最后一位数值估测不准造成_____。

30. 标定 HCl 溶液的浓度时，可用 Na_2CO_3 或硼砂（$Na_2B_4O_7 \cdot 10H_2O$）为基准物质，若 Na_2CO_3 吸水，则标定结果_____；若硼砂失去部分结晶水，则标定结果_____（以上两项填无影响、偏高或偏低）。若两者均保存妥当，不存在上述问题，则选_____ 作为基准物质更好，原因为_____。

三、判断题

1. pH $=4.05$ 的有效数字是 3 位。　　　　　　　　　　　　　　　　（　　）

2. 用指示剂确定终点时，由于指示剂选择不当所造成的误差属于偶然误差。

（　　）

3. 对偶然误差来讲，绝对值相等的正、负误差出现的机会均等。　　（　　）

4. 用分析天平称取 8 g $Na_2S_2O_3$，配制标准溶液。 （　　）

5. 用 Q 检验法进行数据处理时，$Q_计 \leqslant Q_{0.90}$，该可疑值应舍弃。 （　　）

6. 通过增加平行测定次数来消除系统误差，可以提高分析结果的准确度。

（　　）

7. 按有效数字运算规则计算：$(4.178 + 0.0037) \div 60.4 = 0.069$。 （　　）

8. 对某试样进行 3 次平行测定，其平均含量为 25.65%，而真实含量为 25.35%，则其相对误差为 0.30%。 （　　）

9. 在分析数据中，所有的 "0" 均为有效数字。 （　　）

10. 溶解样品时，加入 30 mL 蒸馏水，此时可用量筒量取。 （　　）

四、计算题

1. 测定某矿石中的含铁量时，得到以下结果：0.505%，0.499%，0.496%，0.502% 和 0.498%。计算上述结果的平均值、绝对偏差、平均偏差及相对平均偏差。

2. 食品含糖量测定结果如下：15.48%，15.51%，15.52%，15.52%，15.53%，15.53%，15.54%，15.56%，15.56%，15.58%，试用 Q 检验法判断有无异常值（可疑值）需弃去（置信度90%）。

3. 测定土壤中 SiO_2 的质量分数得数据为：28.62%，28.59%，28.51%，28.48%，28.52%，28.63%。求平均值、标准偏差和置信度分别为 90% 与 95% 时的平均值的置信区间。

4. 根据有效数字保留规则计算下列结果。

（1）$7.9936 \div 0.9967 - 5.02$；

（2）$0.0325 \times 5.103 \times 60.06 \div 139.8$；

（3）$(2.776 \times 0.0050) - 6.7 \times 10^{-3} + (0.0036 \times 0.0271)$；

（4）pH = 1.05，求 $c(H^+)$。

5. 测定试样中 CaO 含量，得到如下结果：35.65%，35.69%，35.72%，35.60%。问：

（1）统计处理后的分析结果应该如何表示？

（2）比较 95% 和 90% 置信度下总体平均值和置信区间。

6. 某分析人员提出了测定氮的最新方法。用此法分析某标准样品（标准值为 16.62%），4 次测定的平均值为 16.72%，标准偏差为 0.08%。问此结果与标准值相比有无显著差异（置信度为 95%）？

7. 在不同温度下对某试样作分析，所得结果（%）如下：

10℃： 96.5，95.8，97.1，96.0；

37℃： 94.2，93.0，95.0，93.0，94.5。

试比较两组结果是否有显著差异（置信度为 95%）。

8. 某人测定一溶液的摩尔浓度（mol·L^{-1}），获得以下结果：0.2038，0.2042，0.2052，0.2039。（1）第三个结果应否弃去？结果应该如何表示？（2）测了第五次，结果为 0.2041，这时第三个结果可以弃去吗？

9. 标定 $0.1\ mol \cdot L^{-1}$ HCl，欲消耗 HCl 溶液 25 mL 左右，应称取 Na_2CO_3 基准物多少克？从称量误差考虑能否达到 0.1% 的准确度？若改用硼砂（$Na_2B_4O_7 \cdot 10H_2O$）为基准物，结果又如何？

10. 下列各数含有的有效数字是几位？

0.0030，6.023×10^{23}，64.120，4.80×10^{-10}，998，1000，1.0×10^3，pH = 5.2 时的 $[H^+]$。

11. 有两位学生使用相同的分析仪器标定某溶液的浓度（$mol \cdot L^{-1}$），结果如下：

甲：0.12，0.12，0.12（相对平均偏差 0.00%）；

乙：0.1243，0.1237，0.1240（相对平均偏差 0.16%）。

你如何评价他们的实验结果的准确度和精密度？

12. 6 次测定某钛矿中 TiO_2 的质量分数，平均值为 58.60%，$S = 0.70\%$，计算：

（1）置信区间；

（2）若上述数据均为 3 次测定的结果，置信区间又为多少？比较两次计算结果可得出什么结论（p 均为 0.95）？

13. 用电位滴定法测定铁精矿中铁的质量分数，6 次测定结果如下（%）：

60.72，60.81，60.70，60.78，60.56，60.84。

（1）用格鲁布斯法检验有无应舍去的测定值（$p = 0.95$）；

（2）已知此标准试样中铁的真实含量为 60.75%，问上述测定方法是否准确可靠（$p = 0.95$）？

1.5　自测题参考答案

一、选择题

1. C　2. C　3. A　4. D　5. B　6. B　7. D　8. A　B　9. D　10. A　11. A　12. B
13. D　14. D　15. B　16. D　17. A　18. D　19. B　20. A　21. B　22. B　23. C
24. B　25. D　26. D　27. D　28. C　29. C　30. A

二、填空题

1. 方法误差，仪器误差，试剂误差，操作误差，重复性，可测性，非重复性，不可测但服从正态分布规律

2. 系统和偶然　偶然

3. 可疑值（或极端值）　不可以　统计　Q 检验　中位数

4. （1）系统误差（仪器误差）（2）系统误差（仪器误差）（3）随机误差（4）系统误差（试剂误差）（5）过失　（6）系统误差（方法误差）　（7）系统误差（仪器误差）（8）系统误差（试剂误差）（9）系统误差（方法误差）（10）随机误差

5. ±0.1　0.2　20

6. 应舍弃 应保留

7. 6 四舍六入五成双 25.6 0.0474

8. 12.98

9. 4 2 1~2

10. 置信区间 置信度

11. 试剂和器皿 系统

12. 测量值 真值 测量值 平均值 分析结果的准确度 分析结果的精密度

13. 系统误差

14. 系统 组成

15. 偶然 正负误差出现的概率相等

16. 相对平均偏差 相对标准偏差

17. 42.16

18. 2

19. 系统

20. 准确度

21. 称量瓶

22. 0.1%

23. 4.22×10^{-2}

24. 0.001 g

25. 3.30×10^{5}

26. t 分布 正态分布 相等 大 小

27. 大 小

28. 低 宽 大 大

29. 偶然误差 系统误差 偶然误差

30. 偏高 偏低 硼砂 与两者均按计算比进行反应,硼砂摩尔质量大,称量时相对误差小

三、判断题

1. × 2. × 3. √ 4. × 5. × 6. × 7. √ 8. × 9. × 10. √

四、计算题

1. 解:$\bar{x} = \dfrac{0.505 + 0.499 + 0.496 + 0.502 + 0.498}{5} = 0.500\%$

绝对偏差(%)依次为:$+0.005$,-0.001,-0.004,$+0.002$,-0.002

平均偏差 $\bar{d} = \dfrac{|0.005| + |-0.001| + |-0.004| + |0.002| + |-0.002|}{5}\% = 0.003\%$

相对平均偏差 $d_r = \dfrac{\bar{d}}{\bar{x}} \times 100\% = \dfrac{0.003}{0.500} \times 100\% = 0.6\%$

2. 解:(1)最大值 15.68% 是否舍弃:

$$Q_{计} = \frac{|x_{可疑值} - x_{相邻值}|}{R} = \frac{15.68 - 15.56}{15.68 - 15.48} = 0.60$$

查 $Q_{0.90}$ 表，$n = 10$ 时，$Q_{表} = 0.41 < Q_{计}$，故 15.68% 应舍弃。

（2）舍弃 15.68%，再检验余下的 9 个值中的最小值 15.48%：

$$Q_{计} = \frac{|x_{可疑值} - x_{相邻值}|}{R} = \frac{|15.48 - 15.51|}{15.56 - 15.48} = 0.38$$

查 $Q_{0.90}$ 表，$n = 9$ 时，$Q_{表} = 0.44 > Q_{计}$，故 15.48% 应保留。

3. 解：$\bar{x} = \dfrac{28.62 + 28.59 + 28.51 + 28.48 + 28.52 + 28.63}{6}\% = 28.56\%$

$$S = \sqrt{\frac{(0.06)^2 + (0.03)^2 + (-0.05)^2 + (-0.08)^2 + (-0.04)^2 + (0.07)^2}{6-1}}\%$$

$$= 0.06\%$$

查 t 值分布表：当 $n = 6$，$p = 90\%$ 时，$t = 2.02$；当 $n = 6$，$p = 95\%$ 时，$t = 2.57$。

$n = 6$，$p = 90\%$ 时的置信区间为：

$$\mu = \bar{x} \pm \frac{tS}{\sqrt{n}} = \left(28.56 \pm \frac{2.02 \times 0.06}{\sqrt{6}}\right)\% = (28.56 \pm 0.05)\%$$

$n = 6$，$p = 95\%$ 时的置信区间为：

$$\mu = \bar{x} \pm \frac{tS}{\sqrt{n}} = \left(28.56 \pm \frac{2.57 \times 0.06}{\sqrt{6}}\right)\% = (28.56 \pm 0.06)\%$$

4. 解：（1）$7.9936 \div 0.9967 - 5.02 = 8.02 - 5.02 = 3.00$；

（2）$0.0325 \times 5.103 \times 60.06 \div 139.8 = 0.0325 \times 5.10 \times 60.1 \div 140 = 0.0712$；

（3）$(2.776 \times 0.0050) - 6.7 \times 10^{-3} + (0.036 \times 0.0271)$

$= (2.8 \times 0.0050) - 0.0067 + (0.036 \times 0.027)$

$= 0.014 - 0.0067 + 0.0098$

$= 0.014 - 0.007 + 0.001 = 0.008$；

（4）pH = 1.05，又 pH = $-\lg c\,(H^+)$，故 $c\,(H^+) = 10^{-1.05} = 8.9 \times 10^{-2}$。

5. 解：（1）$\bar{x} = \dfrac{(\sum x_i)}{n} = 35.66\%$，$S = \sqrt{\dfrac{\sum d_i^2}{n-1}} = 0.052\%$

分析结果表示为：$\bar{x} = 35.66\%$，$S = 0.052\%$，$n = 4$。

（2）当置信度为 95% 时，$t = 3.18$：

$$\mu = \bar{x} \pm tS_{\bar{x}} = \bar{x} \pm \frac{tS}{\sqrt{n}} = \left(35.66 \pm 3.18\,\frac{0.052}{\sqrt{4}}\right)\% = (35.66 \pm 0.08)\%$$

即总体平均值的置信区间为（35.58%，35.74%）；

当置信度为 90% 时，$t = 2.35$：

$$\mu = \bar{x} \pm tS_{\bar{x}} = \bar{x} \pm \frac{tS}{\sqrt{n}} = \left(35.66 \pm 2.35\,\frac{0.052}{\sqrt{4}}\right)\% = (35.66 \pm 0.06)\%$$

即总体平均值的置信区间为（35.60%，35.72%）。

6. 解：$t_{计} = \dfrac{|\bar{x} - \mu|}{S} \sqrt{n} = \dfrac{|16.72 - 16.62|}{0.08} \times \sqrt{4} = 2.5$

$t_{表} = 3.18 > t_{计} = 2.5$

所以此结果与标准值相比无显著差异。

7. 解：$\bar{x} = \dfrac{\sum x_i}{n_1} = 96.4$

$S_1 = 0.58$

$\bar{x} = \dfrac{\sum x_i}{n_2} = 93.9$

$S_2 = 0.90$

$F_{计} = \dfrac{S_2^2}{S_1^2} = \dfrac{0.81}{0.34} = 2.4$

$F_{表} = 9.12 > F_{计} = 2.25$

表明 σ_1 和 σ_2 没有显著差异。

$$S_{合} = \sqrt{\dfrac{(n_1 - 1)S_1^2 + (n_2 - 1)S_2^2}{n_1 + n_2 - 2}} = 0.78$$

$$t_{计} = \dfrac{|\bar{x}_1 - \bar{x}_2|}{S_{合}} \sqrt{\dfrac{n_1 n_2}{n_1 + n_2}} = \dfrac{|96.4 - 93.9|}{0.78} \sqrt{\dfrac{4 \times 5}{9}} = 4.78 > t_{表} = 2.37$$

所以，两组数据存在着显著差异。

8. 解：（1）　　$Q_{计} = \dfrac{0.2052 - 0.2042}{0.2052 - 0.2038} = 0.71$

　　　　$Q_{表}\ (p = 0.95)\ = 0.105 > Q_{计}$

　　　　$Q_{表}\ (p = 0.90)\ = 0.76 > Q_{计}$

第 3 个结果不应该弃去。

结果应表示为：$\bar{x} = 0.2043\ \text{mol} \cdot \text{L}^{-1}$

$S = 0.0006$

$n = 4$

（2）$Q_{计} = 0.71$

$Q_{表}\ (p = 0.95)\ = 0.86 > Q_{计}$

$Q_{表}\ (p = 0.95)\ = 0.64 < Q_{计}$　　这时如果置信度为 0.90，第 3 个结果应该舍去。

结果应表示为：$\bar{x} = 0.2040\ \text{mol} \cdot \text{L}^{-1}$

$S = 0.0002$

$n = 4$

9. 解：$m\ (\text{Na}_2\text{CO}_3)\ = n\ (\text{Na}_2\text{CO}_3)\ \cdot M\ (\text{Na}_2\text{CO}_3)$

$$= \dfrac{1}{2} n\ (\text{HCl})\ \cdot M\ (\text{Na}_2\text{CO}_3)$$

$$= \dfrac{1}{2} c\ (\text{HCl})\ \cdot V\ (\text{HCl})\ \cdot M\ (\text{Na}_2\text{CO}_3)$$

$$= \frac{1}{2} \times 0.1 \times 25 \times 106 \times 10^{-3} = 0.13 \ (g)$$

$$E_r = \frac{0.0002}{0.13} \times 100\% = 0.15\%$$

所以只称量 0.1 g 的 Na_2CO_3 作基准物，从称量误差考虑达不到 0.1% 的准确度。若是改用硼砂：

$$m \ (Na_2B_4O_7 \cdot 10H_2O) = \frac{1}{2} n \ (HCl) \cdot M \ (Na_2B_4O_7 \cdot 10H_2O)$$

$$= \frac{1}{2} c \ (HCl) \cdot V \ (HCl) \cdot M \ (Na_2B_4O_7 \cdot 10H_2O)$$

$$= \frac{1}{2} \times 0.1 \times 25 \times 381 \times 10^{-3} = 0.48 \ (g)$$

$$E_r = \frac{0.0002}{0.48} \times 100\% = 0.04\%$$

改用硼砂作为基准物需称取 0.48 g，从称量误差考虑，达到了 0.1% 的准确度。

10. 解：0.0030 有两位有效数字； 998 有 3 位有效数字；

6.023×10^{23} 有 4 位有效数字； 1000 有不明确；

64.120 有 5 位有效数字； 1.0×10^3 有 2 位有效数字；

4.80×10^{-10} 有 3 位有效数字； pH = 5.2 时的 $[H^+]$ 有 1 位有效数字。

11. 解：乙的准确度和精密度都高。因为从两人的数据可知，他们是用分析天平取样。所以有效数字应取 4 位，而甲只取了 2 位。因此从表面上看甲的精密度高，但从分析结果的精密度考虑，应该是乙的实验结果的准确度和精密度都高。

12. 解：（1）$\bar{x} = 58.60\%$

$S = 0.70\%$

查表 $t_{0.95,5} = 2.57$，因此：

$$\mu = \bar{x} \pm t_p \frac{S}{\sqrt{n}} = 58.60\% \pm 2.57 \times \frac{0.70\%}{\sqrt{6}} = (58.60 \pm 0.73)\%$$

（2）$\bar{x} = 58.60\%$ $S = 0.70\%$

查表 $t_{0.95,2} = 4.30$，因此：

$$\mu = \bar{x} \pm t_p \frac{S}{\sqrt{n}} = 58.60\% \pm 4.30 \times \frac{0.70\%}{\sqrt{3}} = (58.60 \pm 1.74)\%$$

由上面两次计算结果可知：将置信度固定，当测定次数越多时，置信区间越小，表明 $\bar{x}$ 越接近真值，即测定的准确度越高。

13. 解：（1）$\bar{x} = \dfrac{60.72\% + 60.81\% + 60.70\% + 60.78\% + 60.56\% + 60.84\%}{6} = 60.74\%$

$$S = \sqrt{\frac{\sum d_i^2}{n-1}} = \sqrt{\frac{0.02\%^2 + 0.07\%^2 + 0.04\%^2 + 0.04\%^2 + 0.18\%^2 + 0.10\%^2}{6-1}} = 0.10\%$$

$$G_1 = \frac{\bar{x} - x_1}{S} = \frac{60.74\% - 60.56\%}{0.10\%} = 1.8$$

$$G_2 = \frac{x_6 - \bar{x}}{S} = \frac{60.84\% - 60.74\%}{0.10\%} = 1.0$$

查表得,$G_{0.95,6} = 1.82$,$G_1 < G_{0.95,6}$,$G_2 < G_{0.95,6}$,故无舍去的测定值。

(2)$t = \frac{|\bar{x} - T|}{S} = \frac{|60.74\% - 60.75\%|}{0.10\%} = 0.10$

查表得,$t_{0.95,5} = 2.57$,因 $t < t_{0.95,5}$,说明上述方法准确可靠。

第2章　滴定分析法概论

2.1　重要概念和知识要点

概念：以 NaOH 滴定 HCl 为例 {
滴定：通过滴定管将标准溶液滴加到待测溶液中，对待测物进行定量，如将滴定管中的 NaOH 滴加到 HCl 溶液中，以求得 c (HCl)

标准溶液：已知准确浓度的溶液，如 $0.1000\ mol \cdot L^{-1}$ 的 NaOH

化学计量点：当标准溶液与被测定的物质定量反应完全时，即两者的物质的量正好符合化学反应式所表示的化学计量关系时，称反应到达了化学计量点。如当 $n(NaOH) = n(HCl)$ 时

指示剂：能在滴定反应化学计量点时发生明显颜色变化的试剂，如酚酞

滴定终点：滴定过程中，指示剂变色的那一点。如溶液由无色变为浅粉色的那一点

滴定误差：滴定终点与化学计量点存在差异，由此带来的误差称滴定误差，如酚酞变色时 pH 值为 9 左右，与恰好完全反应的 pH =7 存在差异
}

滴定方法 {
酸碱：以质子转移为基础，如 $H^+ + OH^- ══ H_2O$

配位：以配位反应为基础，如 $M + Y ══ MY$

氧化还原：以电子转移、氧化还原反应为基础，如 $2Fe^{3+} + Sn^{2+} ══ Sn^{4+} + 2Fe^{2+}$

沉淀：以沉淀反应为基础，如 $Ag^+ + Cl^- ══ AgCl \downarrow$
}

定量分析方法选择 {
原则：根据所分析样品的性质以及分析结果要求进行选择

方法 {
化学法：有适合滴定的化学反应；适用于常量分析，简便、快速、准确

仪器法：有适合定量的物化性质；适用于微量及痕量分析
}
}

滴定方式	对应的对象	反应数	标准溶液数	特例
直接滴定	反应快速；按反应方程式定量完成；可确定终点	1	1	$NaOH \rightarrow HCl$
返滴定	慢反应；固体反应；没有合适指示剂的反应	2	2	HCl 测 $CaCO_3$；配位滴定测 Al^{3+}
置换滴定	不按方程式进行的反应；副反应多	2	1	$Na_2S_2O_3$ 测 $K_2Cr_2O_7$；HCHO 法测 NH_4^+
间接滴定	标准溶液与待测物不反应	n	1	$KMnO_4$ 法测钙

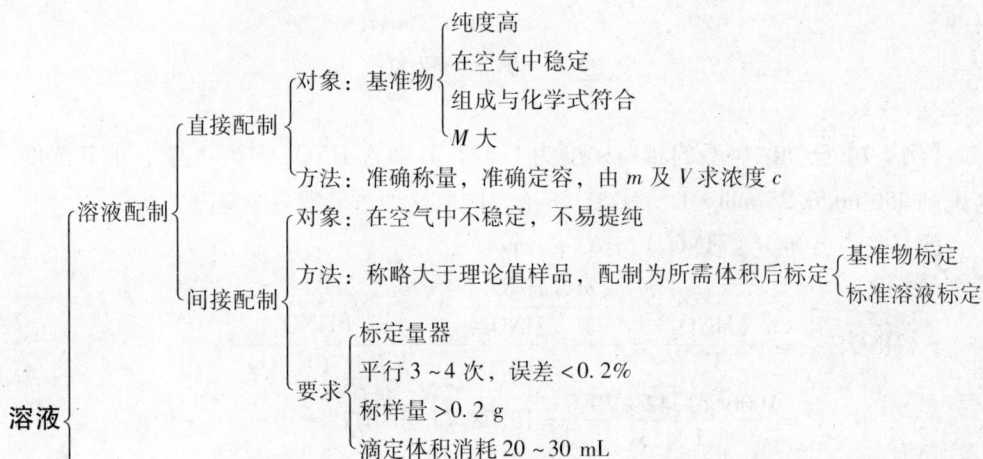

溶液 {
　溶液配制 {
　　直接配制 {
　　　对象：基准物 {
　　　　纯度高
　　　　在空气中稳定
　　　　组成与化学式符合
　　　　M 大
　　　}
　　　方法：准确称量，准确定容，由 m 及 V 求浓度 c
　　}
　　间接配制 {
　　　对象：在空气中不稳定，不易提纯
　　　方法：称略大于理论值样品，配制为所需体积后标定 {
　　　　基准物标定
　　　　标准溶液标定
　　　}
　　}
　　要求 {
　　　标定量器
　　　平行 3~4 次，误差 <0.2%
　　　称样量 >0.2 g
　　　滴定体积消耗 20~30 mL
　　}
}

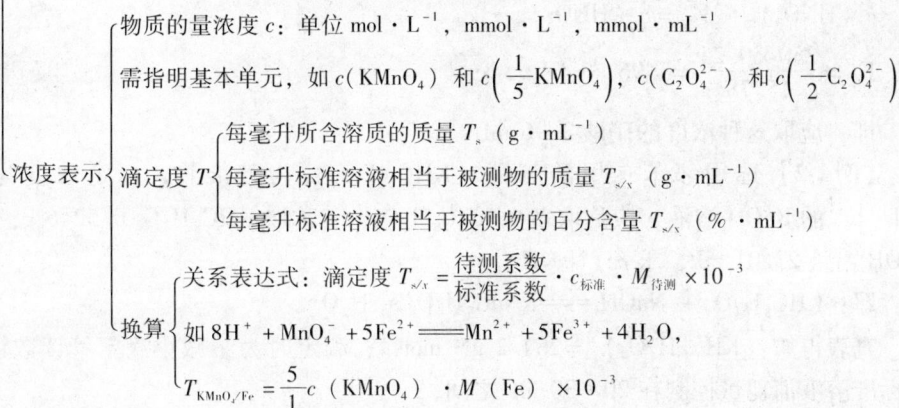

浓度表示 {
　物质的量浓度 c：单位 $mol\cdot L^{-1}$，$mmol\cdot L^{-1}$，$mmol\cdot mL^{-1}$
　需指明基本单元，如 $c(KMnO_4)$ 和 $c\left(\dfrac{1}{5}KMnO_4\right)$，$c(C_2O_4^{2-})$ 和 $c\left(\dfrac{1}{2}C_2O_4^{2-}\right)$
　滴定度 T {
　　每毫升所含溶质的质量 T_s（$g\cdot mL^{-1}$）
　　每毫升标准溶液相当于被测物的质量 $T_{s/x}$（$g\cdot mL^{-1}$）
　　每毫升标准溶液相当于被测物的百分含量 $T_{s/x}$（$\%\cdot mL^{-1}$）
　}
　换算 {
　　关系表达式：滴定度 $T_{s/x}=\dfrac{待测系数}{标准系数}\cdot c_{标准}\cdot M_{待测}\times10^{-3}$
　　如 $8H^+ + MnO_4^- + 5Fe^{2+} == Mn^{2+} + 5Fe^{3+} + 4H_2O$，
　　$T_{KMnO_4/Fe}=\dfrac{5}{1}c(KMnO_4)\cdot M(Fe)\times10^{-3}$
　}
}

计算 {
等物质的量规则：

$aA + bB == cC + dD$　　$2NaOH + H_2SO_4 == Na_2SO_4 + 2H_2O$

$n(aA)=n(bB)$　　$n(2NaOH)=n(H_2SO_4)$　　$n(2NaOH)=\dfrac{1}{2}n(NaOH)$

$n(aA)=\dfrac{1}{2}n(A)$　　$NaOH+\dfrac{1}{2}H_2SO_4==\dfrac{1}{2}Na_2SO_4+H_2O$

　　　　　　　　　　$n(NaOH)=n\left(\dfrac{1}{2}H_2SO_4\right)$　　$n\left(\dfrac{1}{2}H_2SO_4\right)=2n(H_2SO_4)$

$16H^+ + 2MnO_4^- + 5C_2O_4^{2-} == Mn^{2+} + 8H_2O + 10CO_2\uparrow$

$n(2MnO_4^-)=n(5C_2O_4^{2-})$，$n(2MnO_4^-)=\dfrac{1}{2}n(MnO_4^-)$，$n(5C_2O_4^{2-})=\dfrac{1}{5}n(C_2O_4^{2-})$

$\dfrac{8}{5}H^+ + \dfrac{1}{5}MnO_4^- + \dfrac{1}{2}C_2O_4^{2-} == \dfrac{1}{5}Mn^{2+} + \dfrac{4}{5}H_2O + CO_2\uparrow$

$n\left(\dfrac{1}{5}MnO_4^-\right)=n\left(\dfrac{1}{2}C_2O_4^{2-}\right)$，$n\left(\dfrac{1}{5}MnO_4^-\right)=5n(MnO_4^-)$，$n\left(\dfrac{1}{2}C_2O_4^{2-}\right)=2n(C_2O_4^{2-})$

物质的量比　$aA+bB==cC+dD$　$\dfrac{n(A)}{n(B)}=\dfrac{a}{b}$
}

2.2 例题解析

【例 2-1】已知浓硝酸的相对密度为 1.42，其中含 HNO_3 约为 70% ，求其浓度。若配制 250 mL 0.25 mol·L^{-1} HNO_3 溶液，应取这种浓硝酸多少毫升？

解：查表已知 M（HNO_3）= 63 g·mol^{-1}；

$$c（HNO_3）_{浓} = \frac{n（HNO_3）}{V} = \frac{\frac{m（HNO_3）}{M（HNO_3）}}{V} = \frac{m（HNO_3）}{V \times M（HNO_3）}$$

$$= \frac{1000 \times 1.42 \times 70\%}{1 \times 63} = 15.78（mol·L^{-1}）$$

$$c（HNO_3）_{浓} \cdot V_{浓} = c（HNO_3）_{稀} \cdot V_{稀}$$

$$V_{浓} = \frac{250 \times 0.25}{15.78} = 3.96（mL）$$

即：应取这种浓度的硝酸 3.96 mL。

【例 2-2】选用邻苯二甲酸氢钾（$KHC_8H_4O_4$）为基准物，标定浓度为 0.1 mol·L^{-1} 的 NaOH 溶液，应称取多少 $KHC_8H_4O_4$？若称取 $KHC_8H_4O_4$ 0.5246 g，用去 NaOH 溶液 23.01 mL，求 c（NaOH）。

解：$KHC_8H_4O_4 + NaOH \Longrightarrow KNaC_8H_4O_4 + H_2O$

查表得 M（$KHC_8H_4O_4$）= 204.2 g·mol^{-1}；滴定时为了减小滴定管读数误差，将标准溶液消耗量控制在 20～30 mL 之间，

则 m（$KHC_8H_4O_4$）= c（NaOH）× V（NaOH）× M（$KHC_8H_4O_4$）

$$= 0.1 \times 20（或 30）\times 204.2 = 0.4（0.6）（g）$$

根据 n（$KHC_8H_4O_4$）= n（NaOH），则

$$\frac{m（KHC_8H_4O_4）}{M（KHC_8H_4O_4）} = c（NaOH）\cdot V（NaOH）$$

$$c（NaOH）= \frac{m（KHC_8H_4O_4）}{M（KHC_8H_4O_4）\cdot V（NaOH）} = \frac{0.5246}{204.2 \times 23.01 \times 10^{-3}}$$

$$= 0.1116（mol·L^{-1}）$$

【例 2-3】称取铁样品 0.5022 g，将样品中的铁全部处理成 Fe^{2+}，用浓度为 0.01622 mol·L^{-1} 的 $K_2Cr_2O_7$ 标准溶液滴定至化学计量点时，用去标准溶液 31.45 mL，求样品中 Fe 的质量分数。

解：查表得 M（Fe）= 55.85 g·mol^{-1}

反应为　$6Fe^{2+} + Cr_2O_7^{2-} + 14H^+ \Longrightarrow 2Cr^{3+} + 6Fe^{3+} + 7H_2O$

$$w（Fe）= \frac{c（K_2Cr_2O_7）\cdot V（K_2Cr_2O_7）\cdot M（Fe）\frac{6}{1}}{m_s} \times 100\%$$

$$= \frac{0.01622 \times 31.45 \times 55.85 \times 6 \times 10^{-3}}{0.5022} \times 100\% = 34.04\%$$

【例2-4】用重铬酸钾法测定铁含量的实验中，有一浓度为 $c(K_2Cr_2O_7) = 0.01750 \text{ mol} \cdot L^{-1}$ 的标准溶液，求此标准溶液的滴定度 $T_{K_2Cr_2O_7/Fe}$ 和 $T_{K_2Cr_2O_7/Fe_2O_3}$。称取某样品 0.2674 g，溶解后将溶液中的 Fe^{3+} 还原为 Fe^{2+}，制成亚铁盐溶液，用上述标准溶液滴定，消耗了 20.09 mL，求样品中的含铁量。[分别用 $w(Fe)$ 和 $w(Fe_2O_3)$ 表示]

解： 查表得 $M(Fe) = 55.85 \text{ g} \cdot \text{mol}^{-1}$，$M(Fe_2O_3) = 159.69 \text{ g} \cdot \text{mol}^{-1}$

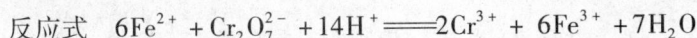

反应式 $6Fe^{2+} + Cr_2O_7^{2-} + 14H^+ \Longrightarrow 2Cr^{3+} + 6Fe^{3+} + 7H_2O$

$$T_{K_2Cr_2O_7/Fe} = \frac{c(K_2Cr_2O_7) \cdot M(Fe) \frac{6}{1}}{1000} = \frac{0.01750 \times 55.85 \times 6}{1000} = 5.864 \times 10^{-3} (\text{g} \cdot \text{mL}^{-1})$$

$$T_{K_2Cr_2O_7/Fe_2O_3} = \frac{c(K_2Cr_2O_7) \cdot M(Fe_2O_3) \frac{3}{1}}{1000} = \frac{0.01750 \times 159.69 \times 3}{1000} = 8.384 \times 10^{-3} (\text{g} \cdot \text{mL}^{-1})$$

$$w(Fe) = \frac{T_{K_2Cr_2O_7/Fe} \times V}{m_s} \times 100\% = \frac{5.864 \times 10^{-3} \times 20.09}{0.2674} \times 100\% = 44.06\%$$

$$w(Fe_2O_3) = \frac{T_{K_2Cr_2O_7/Fe_2O_3} \times V}{m_s} \times 100\% = \frac{8.384 \times 10^{-3} \times 20.09}{0.2674} \times 100\% = 62.99\%$$

【例2-5】在 500 mL 0.1500 $\text{mol} \cdot L^{-1}$ HCl 溶液中，加入多少毫升水才能使稀释后的 HCl 溶液对 CaO 的滴定度达到 $4.850 \times 10^{-3} \text{ g} \cdot \text{mL}^{-1}$。[$M(CaO) = 56.08 \text{ g} \cdot \text{mol}^{-1}$]

解： 反应式 $CaO + 2HCl \Longrightarrow CaCl_2 + H_2O$

$$T_{HCl/CaO} = \frac{c(HCl)_稀 \times M(CaO) \frac{1}{2}}{1000}$$

$$c(HCl)_稀 = \frac{T_{HCl/CaO} \times 1000 \times 2}{M(CaO)} = \frac{4.050 \times 10^{-3} \times 1000 \times 2}{56.08} = 0.1444 (\text{mol} \cdot L^{-1})$$

$$c(HCl)_浓 \cdot V(HCl)_浓 = c(HCl)_稀 \cdot V(HCl)_稀$$

$$V(HCl)_稀 = V(HCl)_浓 + V(H_2O)$$

$$V(H_2O) = \frac{c(HCl)_浓 \cdot V(HCl)_浓}{c(HCl)_稀} - V(HCl)_浓$$

$$= \frac{0.1500 \times 500}{0.1444} - 500 = 19.39 (\text{mL})$$

【例2-6】莫尔法测定食盐中 NaCl 含量。称取食盐样品 2.200 g，用水溶解后转入 250 mL 容量瓶中稀释并定容至刻度。移取 25.00 mL，以 K_2CrO_4 为指示剂，用 0.1300 $\text{mol} \cdot L^{-1}$ $AgNO_3$ 标准溶液滴定，消耗标准溶液 27.85 mL 至终点，计算 $w(NaCl)$。[$M(NaCl) = 58.44 \text{ g} \cdot \text{mol}^{-1}$]

解： 反应式 $AgNO_3 + NaCl \Longrightarrow AgCl\downarrow + NaNO_3$

$$w\ (\text{NaCl}) = \frac{c\ (\text{AgNO}_3)\ \cdot V\ (\text{AgNO}_3)\ \cdot M\ (\text{NaCl})}{m_s} \times 100\%$$

$$= \frac{0.1300 \times 27.85 \times 10^{-3} \times 58.44}{2.200 \times \frac{1}{10}} \times 100\% = 96.17\%$$

【例 2-7】 测定氮肥中 NH_3 的含量。称取样品 1.6100 g，溶解后在 250 mL 容量瓶中定容，移取 25.00 mL，加入过量 NaOH 溶液，将产生的 NH_3 导入 40.00 mL $c\left(\frac{1}{2}H_2SO_4\right) = 0.1021\ \text{mol} \cdot \text{L}^{-1}$ 的 H_2SO_4 标准溶液吸收，剩余的 H_2SO_4 用 $c(\text{NaOH}) = 0.09580\ \text{mol} \cdot \text{L}^{-1}$ 的 NaOH 溶液滴定，消耗 17.01 mL 达到终点，计算样品中的 NH_3 含量 $[w\ (\text{NH}_3)]$。$[M\ (\text{NH}_3) = 17.00\ \text{g} \cdot \text{mol}^{-1}]$

解：
$$H_2SO_4 + 2\,NH_3 =\!=\!= (NH_4)_2SO_4$$
$$2NaOH + H_2SO_4\ (剩余) =\!=\!= Na_2SO_4 + 2H_2O$$

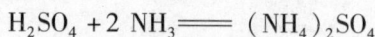

$$c\ (H_2SO_4) = \frac{1}{2}c\left(\frac{1}{2}H_2SO_4\right) \quad c\ (H_2SO_4) = \frac{1}{2} \times 0.1021 = 0.0510\ (\text{mol} \cdot \text{L}^{-1})$$

$$n\ (NH_3) = \frac{2}{1}\left[n\ (H_2SO_4) - \frac{1}{2}n\ (NaOH)\right]$$

$$w\ (NH_3) = \frac{n\ (NH_3)\ \cdot M\ (NH_3)}{m_s} \times 100\%$$

$$= \frac{2\ \left(0.0510 \times 40.00 - \frac{1}{2}0.09580 \times 17.01\right) \times 10^{-3} \times 17.00}{1.6100 \times \frac{1}{10}} \times 100\%$$

$$= 25.98\%$$

【例 2-8】 血液中钙的测定，采用高锰酸钾法间接测定。取 10.00 mL 血液样品，先沉淀为草酸钙，再以硫酸溶解后，用 0.004980 mol · L⁻¹ $KMnO_4$ 标准溶液滴定，消耗的体积为 4.70 mL，计算每 10 mL 血液样品中含钙的毫克数。$[M\ (Ca) = 40.08\ \text{g} \cdot \text{mol}^{-1}]$

解： 本题为间接滴定方式，先将钙完全沉淀为 CaC_2O_4，并将沉淀分离。沉淀用 H_2SO_4 溶解后，进行滴定。

$$CaC_2O_4 + H_2SO_4 =\!=\!= H_2C_2O_4 + CaSO_4$$
$$2MnO_4^- + 5H_2C_2O_4 + 16H^+ =\!=\!= 2Mn^{2+} + 10CO_2\uparrow + 8H_2O$$

$$n\ (Ca) = n\ (H_2C_2O_4) = \frac{5}{2}n\ (KMnO_4)$$

$$m\ (Ca) = \frac{5}{2}c\ (KMnO_4)\ \times V\ (KMnO_4) = \frac{5}{2} \times 0.004980 \times 4.70 \times 40.08$$

$$= 2.34\ (\text{mg})$$

2.3　习题参考答案

1. 什么叫滴定分析？它主要的操作方法有哪些？

答：滴定分析法又称容量分析法，它是将一种已知准确浓度的试剂溶液（称为标准溶液）滴加到被测物质的溶液中，直到化学反应完全时为止，然后根据所用试剂溶液的浓度和体积计算被测组分的含量。

它主要的操作方法有称量、配溶液、滴定等。

2. 为什么用作滴定分析的化学反应必须有确定的计量关系？何谓化学计量点？何谓终点？何谓终点误差？

答：由于滴定分析法是以物质间的化学反应为基础的，定量的依据是化学反应的计量关系，即被测物质与标准溶液之间的反应必须按一定的化学方程式进行，严格遵循化学反应方程式所确定的计量关系。

化学计量点：是指在理论上滴加的标准溶液与待测组分恰好完全反应的这一点。

终点：是指待测溶液中加入指示剂，当滴定进行到溶液中的指示剂突变时立即停止滴定，此时这一突变点称为滴定终点或简称终点。

终点误差：是指滴定终点与化学计量点不一定恰好符合，它们之间存在着一定的差别，由此而产生的分析误差称为滴定误差（或终点误差）。

3. 什么叫基准物质？作为基准物质应具备哪些条件？

答：凡能符合下述条件的物质，在分析化学上称为基准物质：

（1）在空气中可稳定存在。加热干燥时不分解的物质；称量时不吸湿的物质；不吸收空气中的 CO_2 的物质；不被空气氧化等。

（2）纯度较高（一般要求纯度在 99.9% 以上），杂质含量少到可以忽略（0.01% ~0.02%）。

（3）实际组成应与化学式完全符合。若物质含有结晶水时，其结晶水的含量也应与化学式符合。

（4）试剂最好具有较大的摩尔质量。因摩尔质量越大，称取的物质的质量就越多，产生的称量误差就越小。

4. 什么叫标准溶液，如何配制和标定标准溶液，试举例说明。

答：已知准确浓度的试剂溶液称为标准溶液。

标准溶液的配制，通常有直接配制法和间接配制法（又称标定法）两种方法。

① 直接配制法：适用于基准物质标准溶液的配制。即准确称取一定质量的基准物质，溶于适量水中后，定量转入容量瓶中，加水稀释至刻度，然后根据基准物质的质量和容量瓶的体积即可直接计算出该标准溶液的准确浓度。例如：欲配 $0.1000\ mol \cdot L^{-1}$ 的 Na_2CO_3 标准溶液 1 L 时，应先在分析天平上准确称取 Na_2CO_3 10.6000 g 置于烧杯中，加适量水溶解后，定量转移到 1000 mL 的容量瓶中，然后再加水稀释至刻度。这样配好的 Na_2CO_3 溶液，其浓度为 0.1000 $mol \cdot L^{-1}$。

② 间接配制法：间接配制法也称为标定法。在分析滴定时，由于许多化学试剂不符合基准物质的条件，不纯或不易提纯，或在空气中不稳定（如易吸收水分、易被 O_2 氧化、结合 CO_2）等原因，因而不能用直接法配制标准溶液。例如：NaOH 极

易吸收空气中的 CO_2 和水分，此时，称得的质量不能代表纯净 NaOH 的质量，先配制成接近所需浓度的溶液，然后再用基准物质（KHP）或用另一种物质的标准溶液与其反应，从而确定它的准确浓度。

5. 什么叫滴定度？它的表示方法有几种？它与物质的量浓度如何换算，试举例说明。

答：滴定度是指每 1 mL 某物质量浓度的滴定液（标准溶液）所相当的标准物质或被测物质的质量（$g \cdot mL^{-1}$）或质量分数（%）。

表示方法有 3 种，分别是：①每毫升标准溶液所含溶质的质量。②每毫升标准溶液相当于被测物质的质量。③当分析试样的质量固定时，表示成每毫升标准溶液相当于被测物质的质量分数。

滴定度与物质的量浓度：

$$T_{B/A} = \frac{c(B) \cdot M(A) \cdot \dfrac{a}{b}}{1000} \quad (g \cdot mL^{-1})$$

例如：已知 HCl 标准溶液的浓度为 0.1000 mol·L^{-1}，计算该标准溶液对 Na_2CO_3 的滴定度。

$$T_{HCl/Na_2CO_3} = \frac{c(HCl) \cdot M\left(\frac{1}{2}Na_2CO_3\right)}{1000} = 0.1000 \times 35.00 \times 10^{-3}$$

$$= 5.300 \times 10^{-3} \quad (g \cdot mL^{-1})$$

6. 在滴定分析的化学反应中，必须满足哪些条件?

答：必须满足条件有：①反应的一致性，即被测物质与标准溶液之间的反应必须按一定的化学方程式进行，严格遵循化学反应方程式所确定的计量关系；②反应的完全性，滴定分析要求化学反应的完全程度通常达到 99.9% 以上；③反应的快速性，滴定分析要求反应在瞬间完成，对于反应速率较低的反应，可通过加热或加入催化剂等方法加快反应速率；④滴定终点的可确定性，即要有简便的、适当可靠的方法以确定滴定终点。常用确定终点的方法可以有指示剂法和仪器法。

7. 标准溶液浓度大小选择的依据有哪些?

答：确定标准溶液浓度的大小，应考虑 4 个方面：①滴定终点的敏锐程度；②测量标准溶液体积的相对误差；③分析试样的成分和性质；④对分析结果准确度的要求。

8. 表示标准溶液浓度的方法有几种?

答：标准溶液浓度的表示方法，通常有两种：物质的量浓度和滴定度。

9. 标定标准溶液时，一般应注意些什么?

答：标定时可用基准物标定或与标准溶液进行比较这两种方法，操作时一般应注意：①标定时平行操作 3 ~ 4 次，至少平行做 2 ~ 3 次，其相对偏差要求不大于 0.2%；②称取基准物质的量不应太少，否则会产生较大的误差；③标定时使用的标准溶液的体积（用 mL 表示）不应太少，否则滴定管读数的相对误差较大；④配制和标定溶液时所使用的量器（如滴定管、移液管和容量瓶等），必要时应进行校正；⑤实验需要的标定好的标准溶液要妥善保存。

10. 标定标准溶液的方法有几种？各有何优缺点？

答：标定标准溶液的方法有两种：①用基准物质标定，即直接标定法。首先准确称取一定量的基准物质，将它溶解后，用待标定的溶液滴定，然后根据基准物质的质量及待标定溶液所消耗的体积，计算出该溶液的准确浓度。②与标准溶液进行比较。准确吸取一定量的待标定溶液，然后用已知准确浓度的标准溶液滴定，或准确吸取一定量的已知准确浓度的标准溶液，用待标定溶液滴定。依据两种溶液所消耗的体积（mL）及标准溶液的浓度，计算出待标定溶液的准确浓度。

直接标定法简单、准确，误差比较容易控制；与标准溶液进行比较的方法由于受标准溶液的浓度的准确度控制，误差比直接标定的方法大。

11. 已知密度为 $1.19\ \mathrm{g}\cdot\mathrm{mL}^{-1}$ 的浓盐酸，含 HCl 36%，问 1 L 浓盐酸中含有多少克 HCl？浓盐酸的浓度为多少？

解：
$$m\ (\mathrm{HCl})\ =\rho\times36\%=1.19\times36\%=0.428\ (\mathrm{g})$$

$$c\ (\mathrm{HCl})\ =\frac{m}{MV}=\frac{0.428\times10^{3}}{36.5\times1}=11.7\ (\mathrm{mol}\cdot\mathrm{L}^{-1})$$

12. 现有一 NaOH 溶液，其浓度为 $0.5450\ \mathrm{mol}\cdot\mathrm{L}^{-1}$，取该溶液 100.0 mL，需加水多少毫升方能使其浓度为 $0.5000\ \mathrm{mol}\cdot\mathrm{L}^{-1}$？

解：
$$c\ (\mathrm{NaOH})_{浓}\cdot V=c\ (\mathrm{NaOH})_{稀}\ (V+V_{水})$$

$$0.5450\times100.0=0.5000\times\ (100.0+V_{水})$$

$$V_{水}=9.00\ (\mathrm{mL})$$

13. 欲配制浓度为 $0.1000\ \mathrm{mol}\cdot\mathrm{L}^{-1}$ 的下列物质的溶液 1000 mL，应量取浓溶液多少毫升？

（1）浓 $\mathrm{H_2SO_4}$（密度为 $1.84\ \mathrm{g}\cdot\mathrm{mL}^{-1}$，含 $\mathrm{H_2SO_4}$ 96%）；

（2）浓 HCl（密度为 $1.19\ \mathrm{g}\cdot\mathrm{mL}^{-1}$，含 HCl 37%）；

（3）浓 $\mathrm{HNO_3}$（密度为 $1.42\ \mathrm{g}\cdot\mathrm{mL}^{-1}$，含 $\mathrm{HNO_3}$ 70%）。

解：（1）$c\ (\mathrm{H_2SO_4})_{稀}\cdot V_{稀}=c\ (\mathrm{H_2SO_4})_{浓}\cdot V_{浓}$

$$c\ (\mathrm{H_2SO_4})_{浓}=\frac{\rho\times96\%}{M\times1}=\frac{1.84\times96\%\times10^{3}}{98\times1}=18.0\ (\mathrm{mol}\cdot\mathrm{L}^{-1})$$

$$V_{浓}=\frac{c_{稀}\cdot V_{稀}}{c_{浓}}=\frac{0.1000\times1}{18.0}=5.56\ (\mathrm{mL})$$

（2）$c\ (\mathrm{HCl})\ =\frac{\rho\times37\%}{M\times1}=\frac{1.19\times37\%\times10^{3}}{36.5\times1}=12.1\ (\mathrm{mol}\cdot\mathrm{L}^{-1})$

$$V_{浓}=\frac{c_{稀}\ V_{稀}}{c_{浓}}=\frac{0.1000\times1}{12.1}=8.26\ (\mathrm{mL})$$

（3） c（HCl） $= \dfrac{\rho \times 70\%}{M \times 1} = \dfrac{1.42 \times 70\% \times 10^3}{63.01 \times 1} = 15.8$ （mol·L^{-1}）

$V_{浓} = \dfrac{c_{稀} V_{稀}}{c_{浓}} = \dfrac{0.1000 \times 1}{15.8} = 6.33$ （mL）

14. 中和下列各种碱溶液，需加多少毫升浓度为 0.2000 mol·L^{-1} 的 H$_2$SO$_4$ 溶液？

（1） 25.00 mL 0.2000 mol·L^{-1} 的 NaOH 溶液；

（2） 30.00 mL 0.1900 mol·L^{-1} 的 Ba（OH）$_2$ 溶液。

解：（1） $\qquad c$（H$_2$SO$_4$）$\cdot V = \dfrac{1}{2} c$（NaOH）$\cdot V$（NaOH）

V（H$_2$SO$_4$） $= \dfrac{\dfrac{1}{2} c（\mathrm{NaOH}）\cdot V（\mathrm{NaOH}）}{c（\mathrm{H_2SO_4}）}$

$= \dfrac{\dfrac{1}{2} \times 0.2000 \times 25.00}{0.2000} = 12.50$ （mL）

（2） V（H$_2$SO$_4$） $= \dfrac{c（\mathrm{Ba（OH）_2}）\cdot V（\mathrm{Ba（OH）_2}）}{c（\mathrm{H_2SO_4}）} = \dfrac{0.1900 \times 30.00}{0.2000}$

$= 28.50$ （mL）

15. 称取 Na$_2$B$_4$O$_7$·10H$_2$O 0.5023 g，溶解后，用 HCl 标准溶液滴定，达滴定终点时用去 HCl 26.30 mL，求 HCl 的物质的量的浓度。

解： $\dfrac{n（\mathrm{Na_2B_4O_7 \cdot 7H_2O}）}{n（\mathrm{HCl}）} = \dfrac{1}{2} \qquad 2 \dfrac{m（\mathrm{Na_2B_4O_7 \cdot 7H_2O}）}{M（\mathrm{Na_2B_4O_7 \cdot 7H_2O}）} = c$（HCl）$V$

c（HCl） $= \dfrac{m（\mathrm{Na_2B_4O_7 \cdot 7H_2O}）\times 2}{M（\mathrm{Na_2B_4O_7 \cdot 7H_2O}）\cdot V（\mathrm{HCl}）} = \dfrac{0.5023 \times 2}{381.37 \times 26.30 \times 10^{-3}}$

$= 0.1002$ （mol·L^{-1}）

16. 在 500 mL $T_{\mathrm{HNO_3}}$ 为 0.006302 g·mL^{-1} 的 HNO$_3$ 溶液中，含多少克 HNO$_3$？其物质的量浓度为多少？对 CaO，CaCO$_3$ 的滴定度各为多少？

解： m（HNO$_3$）$= T_{\mathrm{HNO_3}} \times V = 0.006302 \times 500 = 3.151$ （g）

c（HNO$_3$） $= \dfrac{m（\mathrm{HNO_3}）}{M（\mathrm{HNO_3}）\cdot V} = \dfrac{3.151}{63.01 \times 500 \times 10^{-3}} = 0.1000$ （mol·L^{-1}）

$T_{\mathrm{HNO_3/CaO}} = \dfrac{c（\mathrm{HNO_3}）\cdot M（\mathrm{CaO}）\times \dfrac{1}{2}}{1000} = \dfrac{0.1000 \times 56.08 \times \dfrac{1}{2}}{1000}$

$= 2.804 \times 10^{-3}$ （g·mL^{-1}）

17. 用 0.4000 mol·L^{-1} HCl 滴定 1.000 g 不纯的 K$_2$CO$_3$，完全中和时需用 HCl 35.00 mL，求样品中 K$_2$CO$_3$ 的质量分数。

解： $w（\mathrm{K_2CO_3}） = \dfrac{m（\mathrm{K_2CO_3}）}{m_s} \times 100\% = \dfrac{c（\mathrm{HCl}）\cdot V（\mathrm{HCl}）\cdot M（\mathrm{K_2CO_3}）\times \dfrac{1}{2}}{m_s} \times 100\%$

$$= \frac{0.4000 \times 35.00 \times 10^{-3} \times 138.21 \times \frac{1}{2}}{1.000} \times 100\% = 96.75\%$$

18. 欲使滴定时消耗 0.2 mol·L^{-1} HCl 溶液 20 ~ 25 mL，问应称取分析纯的 Na_2CO_3 试剂多少克？

解：$m（Na_2CO_3）= c（HCl）\cdot V（HCl）\cdot M（Na_2CO_3）\times \frac{1}{2}$

$$= 0.2 \times （20 \sim 25）\times 10^{-3} \times 105.99 \times \frac{1}{2} = 0.2 \sim 0.3（g）$$

19. 计算下列溶液的物质的量的浓度：

（1）称取 0.5624 g $H_2C_2O_4 \cdot 2H_2O$，配制成 1000 mL 溶液；

（2）称取 2.1570 g $K_2Cr_2O_7$，配制成 500 mL 溶液；

（3）称取 0.5248 g $KHC_8H_4O_4$，配制成 500 mL 溶液；

（4）称取 1.5460 g $CuSO_4 \cdot 5H_2O$，配制成 500 mL 溶液；

（5）称取 49.04 g H_2SO_4，配制成 1000 mL 溶液。（H_2SO_4 密度为 1.84 g·mL^{-1}，含 H_2SO_4 96%）

解：（1）$c（H_2C_2O_4 \cdot 2H_2O）= \dfrac{m}{M \cdot V} = \dfrac{0.5624}{126.07 \times 1} = 4.461 \times 10^{-3}（mol \cdot L^{-1}）$

（2）$c（K_2Cr_2O_7）= \dfrac{m}{M \cdot V} = \dfrac{2.1570}{294.18 \times 0.5} = 1.466 \times 10^{-2}（mol \cdot L^{-1}）$

（3）$c（KHC_8H_4O_4）= \dfrac{m}{M \cdot V} = \dfrac{0.5248}{204.22 \times 0.5} = 5.140 \times 10^{-3}（mol \cdot L^{-1}）$

（4）$c（CuSO_4 \cdot 5H_2O）= \dfrac{m}{M \cdot V} = \dfrac{1.5460}{249.68 \times 0.5} = 1.238 \times 10^{-2}（mol \cdot L^{-1}）$

（5）称取 49.04 g H_2SO_4，配制成 1000 mL 溶液（H_2SO_4 密度 $\rho = 1.84$ g·mL^{-1}，含 H_2SO_4 96%）

$c（H_2SO_4）= \dfrac{\rho \times 96\%}{M \cdot V} = \dfrac{1.84 \times 96\% \times 10^3}{98 \times 1} = 18.0（mol \cdot L^{-1}）$

$V（H_2SO_4）= \rho \cdot m = 1.84 \times 49.04 = 90.23（mL）$

$c（H_2SO_4）_稀 \cdot V_稀 = c（H_2SO_4）_浓 \cdot V_浓$

$c（H_2SO_4）_稀 = \dfrac{18.0 \times 90.23}{1000} = 1.624（mol \cdot L^{-1}）$

20. 标定 KOH 溶液时，欲消耗 0.1 mol·L^{-1} KOH 溶液 30 ~ 40 mL，问应称取邻苯二甲酸氢钾基准物质的质量范围为多少？

解：$m（KHP）= c（KOH）\cdot V（KOH）\cdot M（KHP）= 0.1 \times （30 \sim 40）\times$ $10^{-3} \times 204.22 = 0.6 \sim 0.8（g）$

21. 称 Na_2CO_3 试样 0.2500 g，溶于水后，用 $T_{HCl} = 0.007540$ g·mL^{-1} 的盐酸标准溶液滴定，用去 22.50 mL，求 Na_2CO_3 的质量分数。

解：$c（HCl）\dfrac{T_{HCl} \times 1000}{M（HCl）} = \dfrac{0.007540 \times 1000}{36.5} = 0.2066（mol \cdot L^{-1}）$

$$w\ (Na_2CO_3)\ =\frac{c\ (HCl)\ \cdot\ V\ (HCl)\ \cdot\ M\ (Na_2CO_3)\ \times\frac{1}{2}}{m_s}\times 100\%$$

$$=\frac{0.2066\times 22.50\times 10^{-3}\times 105.99\times\frac{1}{2}}{0.2500}\times 100\%=98.54\%$$

22. 要加多少毫升纯水到 1 L 的 $0.2500\ mol\cdot L^{-1}$ 的 HCl 溶液中，才能使稀释后的 HCl 溶液对 CaO 的滴定度 $T_{HCl/CaO}=0.005348\ g\cdot mL^{-1}$？

解：$c\ (HCl)_稀=\dfrac{T_{HCl/CaO}\times 1000}{M\ (CaO)}=\dfrac{0.005348\times 1000}{56.08}=0.09536\ (mol\cdot L^{-1})$

$c\ (HCl)_浓\cdot V_浓=c\ (HCl)_稀\ (V_稀+V_水)$

$$V_水=\frac{[c\ (HCl)_浓-c\ (HCl)_稀]\ \cdot\ V_浓}{c\ (HCl)_稀}=\frac{(0.2500-0.09536)\ \times 1}{0.09536}$$

$$=1.621\times 10^3\ (mL)$$

23. 若用 $0.1000\ mol\cdot L^{-1}$ NaOH 溶液作标准溶液，滴定食醋中的醋酸，欲使滴定管的读数恰好等于食醋中醋酸质量分数的 1/10，问应称取多少克食醋作为试样？

解：$w\ (HAc)\ =\dfrac{c\ (NaOH)\ \cdot\ V\ (NaOH)\ \cdot\ M\ (HAc)}{m_s}\times 100\%$

$$m_s=\frac{c\ (NaOH)\ \cdot\frac{1}{10}V\ (NaOH)\ \cdot\ M\ (HAc)}{w\ (HAc)}\times 100\%$$

$$=0.1000\times\frac{1}{10}\times 60.052\times 100\%=60.05\%$$

24. 今有 20.00 mL 的 $KMnO_4$ 溶液，在酸性条件下，能和 0.2685 g 的 $Na_2C_2O_4$ 完全反应，计算 $KMnO_4$ 溶液的 $c\left(\frac{1}{5}KMnO_4\right)$ 及 $c\ (KMnO_4)$。

解：$\dfrac{n\ (KMnO_4)}{n\ (Na_2C_2O_4)}=\dfrac{2}{5}$

$$c\ (KMnO_4)\ =\frac{m\ (Na_2C_2O_4)}{M\ (Na_2C_2O_4)\ \cdot\ V\ (KMnO_4)}\times\frac{2}{5}=\frac{0.2685}{134.0\times 20.00\times 10^{-3}}\times\frac{2}{5}$$

$$=0.04007\ (mol\cdot L^{-1})$$

$$\frac{1}{5}c\left(\frac{1}{5}KMnO_4\right)\ =c\ (KMnO_4)$$

$$c\left(\frac{1}{5}KMnO_4\right)\ =5\cdot c\ (KMnO_4)\ =5\times 0.04007=0.2004\ (mol\cdot L^{-1})$$

25. 测定 Fe_2O_3，将其还原为 Fe^{2+}，在酸性条件下，用 $c\left(\frac{1}{6}K_2Cr_2O_7\right)=0.1257$ $mol\cdot L^{-1}$ $K_2Cr_2O_7$ 溶液滴定，消耗 $K_2Cr_2O_7$ 27.65 mL，计算用 Fe_2O_3 多少克？

解：$m\ (Fe)\ =c\left(\dfrac{1}{6}K_2Cr_2O_7\right)\cdot V\cdot M\ (Fe)\ =0.1257\times 27.65\times 10^{-3}\times 55.85=$

0.1941（g）

$$m（Fe_2O_3） = \frac{M（Fe_2O_3）}{2M（Fe）} \times m（Fe） = \frac{159.69}{2 \times 55.85} \times 0.1941 = 0.2775（g）$$

或

$$m（Fe_2O_3） = c\left(\frac{1}{6}KOH\right) \cdot V（K_2Cr_2O_7） \cdot M（Fe_2O_3） \times \frac{1}{2}$$

$$= 0.1257 \times 27.65 \times 10^{-3} \times 159.69 \times \frac{1}{2}$$

$$= 0.2775（g）$$

26. 用浓度为 0.2500 mol·L^{-1} KOH 标准溶液，滴定浓度为 0.2500 mol·L^{-1} H_3A 溶液 25.00 mL，以酚酞为指示剂，滴定至出现微红色时，耗去 KOH 标准溶液 50.00 mL。求此反应的计量关系之比为多少？并写出反应方程式。

解：$\dfrac{n（NaOH）}{n（H_3A）} = \dfrac{0.2500 \times 50.00}{0.2500 \times 25.00} = \dfrac{2}{1}$

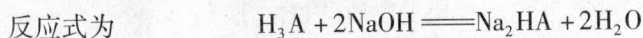

反应式为 $\qquad\qquad H_3A + 2NaOH \xlongequal{\quad\quad} Na_2HA + 2H_2O$

2.4 自测题

一、选择题

1. 在 1 L 0.2000 mol·L^{-1} HCl 溶液中需加入（　　）水，才能使稀释后的 HCl 溶液对 CaO 的滴定度 $T_{HCl/CaO} = 0.00500$ g·mL^{-1}。[已知 $M（CaO） = 56.08$]

（A）60.8 mL　　　（B）182.4 mL　　　（C）121.6 mL　　　（D）243.2 mL

2. 用同一种 $KMnO_4$ 标准溶液分别滴定体积相等的 $FeSO_4$ 和 $H_2C_2O_4$ 溶液，耗用的标准溶液体积相等，则 $FeSO_4$ 和 $H_2C_2O_4$ 两种溶液的浓度之间的关系为（　　）。

（A）$2c（FeSO_4） = c（H_2C_2O_4）$　　　（B）$c（FeSO_4） = 2c（H_2C_2O_4）$

（C）$c（FeSO_4） = c（H_2C_2O_4）$　　　（D）$5c（FeSO_4） = c（H_2C_2O_4）$

3. 滴定分析法中用的标准溶液是（　　）。

（A）用于滴定分析的溶液

（B）用基准物质配制的溶液

（C）确定了浓度的溶液

（D）确定了准确浓度，用于滴定分析的溶液

4. 能用于直接配制法配制标准的物质（试剂）是（　　）。

（A）光谱纯试剂　　　　　　　　（B）优级纯试剂

（C）基准试剂（物质）　　　　　　（D）分析纯试剂

5. 下列物质中能作为滴定分析基准物质的是（　　）。

（A）$KMnO_4$　　　（B）$K_2Cr_2O_7$　　　（C）$Na_2S_2O_3$　　　（D）KSCN

6. 用置于一般常用的干燥器中保存的基准物质（$Na_2B_4O_7 \cdot 10H_2O$）标定 HCl

溶液的浓度时，c（HCl）将（　　　）。

（A）偏高　　　　（B）偏低　　　　（C）无影响　　　　（D）结果混乱

7. 配制标准溶液，适合量取浓盐酸的量器是（　　　）。

（A）容量瓶　　　（B）移液管　　　（C）量筒　　　　（D）滴定管

8. 某含铅试样，经处理后为一定质量的 $PbSO_4$，并由此 $PbSO_4$ 质量计算试样中 Pb_3O_4 的质量分数，计算时使用的化学因数为（　　　）。

（A）$\dfrac{PbSO_4}{Pb_3O_4}$　　　（B）$\dfrac{3PbSO_4}{Pb_3O_4}$　　　（C）$\dfrac{Pb}{Pb_3O_4}$　　　（D）$\dfrac{Pb_3O_4}{3PbSO_4}$

9. 在定量完成的滴定反应中，若以滴定反应中的化学式为物质的基本单元，则下列说法正确的是（　　　）。

（A）各反应物的物质的量应呈简单的整数比

（B）各反应物的物质的量相等

（C）各反应物的质量之比等于它们相应的摩尔质量之比

（D）各反应物的质量之比等于它们相应的物质的量之比

10. 用同一盐酸分别滴定体积相等的 NaOH 溶液和 $NH_3 \cdot H_2O$ 溶液，消耗 HCl 溶液的体积相等，说明两溶液（NaOH 溶液和 $NH_3 \cdot H_2O$ 溶液）中的（　　　）。

（A）［OH^-］相等

（B）NaOH 和 $NH_3 \cdot H_2O$ 溶液的浓度（$mol \cdot L^{-1}$）相等

（C）两物质的 pK_b^θ 相等

（D）两物质的电离度相等

11. 某基准物质 A 的摩尔质量为 $130\ g \cdot L^{-1}$，用来标定 $0.02\ mol \cdot L^{-1}$ 的 B 溶液，设反应为 $5A + 2B =\!=\!= 2C$，则每份基准物质的称取量为（　　　）。

（A）0.02 ~ 0.03 g　　（B）0.06 ~ 0.07 g　　（C）0.1 ~ 0.2 g　　（D）0.2 ~ 0.4 g

12. 称取一定质量的邻苯二甲酸氢钾基准物，用来标定 NaOH 溶液的浓度，在下列各情况中（　　　）引起偏高的结果。

（A）滴定时滴定终点在化学计量点时到达

（B）滴定时滴定终点在化学计量点之后到达

（C）所称质量中使用的一只 10 mg 砝码，事后发现其校正后的值为 9.7 mg

（D）所称基准物中有少量的邻苯二甲酸

13. 欲配制草酸钠溶液以标定 $0.04000\ mol \cdot L^{-1}$ KMnO$_4$ 溶液，如要使标定时两种溶液的体积相等，则草酸钠应配制的浓度为（　　　）。

（A）$0.1000\ mol \cdot L^{-1}$　　　　　　（B）$0.04000\ mol \cdot L^{-1}$

（C）$0.05000\ mol \cdot L^{-1}$　　　　　　（D）$0.08000\ mol \cdot L^{-1}$

14. 以重量法测定铁矿石中铁的含量（约含 50% Fe），要求获 Fe_2O_3 约 0.1 g，则试样称取量应为（　　　）。

（A）$0.1 \times \dfrac{2Fe}{Fe_2O_3}$　　　　　　　　（B）$0.1 \times \dfrac{Fe}{Fe_2O_3}$

(C) $0.1 \times \dfrac{Fe_2O_3}{2Fe}$ 　　　　　　(D) $2 \times 0.1 \times \dfrac{2Fe}{Fe_2O_3}$

15. 用高锰酸钾光度法测定低含量锰的方法误差约为 2%；使用称量误差为 ± 0.002 g 的天平称取 $MnSO_4$，若要配制成每毫升含 0.2 mg $MnSO_4$ 的标准溶液，至少要配制（　　）。

(A) 50 mL　　　　(B) 250 mL　　　　(C) 1000 mL　　　　(D) 500 mL

16. 某组分的质量分数计算式为 $w(X) = \dfrac{c \cdot V \times 10^{-3} \cdot M}{m} \times 100\%$，若 $c = 0.1020 \pm 0.0001$，$V = 30.02 \pm 0.02$，$M = 50.00 \pm 0.01$，$m = 0.2020 \pm 0.0001$。则对 $w(X)$ 的误差来说（　　）。

(A) 由 "V" 项引入的误差最大　　　(B) 由 "c" 项引入的误差最大

(C) 由 "M" 项引入的误差最大　　　(D) 由 "m" 项引入的误差最大

17. 欲取 50 mL 溶液进行滴定，要求测定结果的相对误差 $\leq 0.1\%$，在下列量器中最宜选用（　　）。

(A) 50 mL 量筒　　　　　　(B) 50 mL 移液管

(C) 50 mL 滴定管　　　　　　(D) 50 mL 容量瓶

18. 在以 $KHC_8H_4O_4$ 为基准物标定 NaOH 溶液时，下列哪些仪器需用操作溶液淋洗 3 次？（　　）

(A) 滴定管　　　(B) 容量瓶　　　(C) 量筒　　　(D) 锥形瓶

19. 指出下列物质中哪些只能用间接法配制一定浓度的溶液，然后再标定？（　　）

(A) $KHC_8H_4O_4$　　　　　　(B) NaOH

(C) $H_2C_2O_4 \cdot 2H_2O$　　　　　　(D) Na_2CO_3（无水）

20. 人体血液中，平均每 100 mL 含 K^+ 19 mg，则血液中 K^+（K^+ 的摩尔质量为 39 g·mol^{-1}）的浓度（单位 mol·L^{-1}）约为（　　）。

(A) 4.9　　　　(B) 0.49　　　　(C) 0.049　　　　(D) 0.0049

21. 欲配制 6 mol·L^{-1} 的 H_2SO_4 溶液，在 100 mL 蒸馏水中应加入（　　）18 mol·L^{-1} 的 H_2SO_4 溶液。

(A) 60 mL　　　　　　(B) 40 mL　　　　　　(C) 50 mL

(D) 10 mL　　　　　　(E) 80 mL

22. 已知邻苯二甲酸氢钾（KHP）的摩尔质量为 204.2 g·mol^{-1}，用它来标定 0.1 mol·L^{-1} 的 NaOH 溶液，应称取 KHP 的质量为（　　）。

(A) 0.25 g 左右　　　　(B) 0.4 g 左右　　　　(C) 1 g 左右

(D) 0.1 g 左右　　　　(E) 0.7 g 左右

23. 用同一浓度的 NaOH 溶液分别滴定体积相等的 H_2SO_4 溶液和 HAc 溶液，消耗的体积相等，说明 H_2SO_4 溶液和 HAc 溶液的浓度关系是（　　）。

(A) $c(H_2SO_4) = c(HAc)$　　　(B) $c(H_2SO_4) = 2c(HAc)$

(C) $2c(H_2SO_4) = c(HAc)$　　　(D) $4c(H_2SO_4) = 4c(HAc)$

（E）$c(H_2SO_4) = 4c(HAc)$

24. 滴定分析中，一般利用指示剂颜色的突变来判断化学计量点的到达，在指示剂变色时停止滴定，这一点称为（　　）。

（A）滴定分析　　　　　　（B）滴定　　　　　　　　（C）化学计量点

（D）滴定终点　　　　　　（E）滴定误差

25. 下列说法中哪个是不正确的？（　　）

（A）凡是能进行氧化还原反应的物质，都能用直接法测定它的含量

（B）酸碱滴定法是以质子传递反应为基础的一种滴定分析法

（C）适用于直接滴定法的化学反应，必须是能定量完成的化学反应

（D）反应速度快是滴定分析法必须具备的重要条件之一

（E）按照所利用的化学反应不同，滴定分析法分为酸碱滴定法、氧化还原滴定法、络合滴定法、容量滴定法 4 种

26. 下述情况下，使分析结果产生负误差的是（　　）。

（A）以盐酸标准溶液滴定某碱，所用滴定管未洗净，滴定时内壁挂有液珠

（B）测定 $H_2C_2O_4 \cdot 2H_2O$ 的摩尔质量，草酸失去部分结晶水

（C）用于标定标准溶液的基准物质在称量时吸潮了

（D）滴定时速度过快，并在终点后立即读取滴定管读数

（E）以上都不对

27. 人体血液中，平均每 100 mL 含 K^+ 19 mg，则血液中的 K^+（K^+ 的摩尔质量为 39 $g \cdot mol^{-1}$）的浓度约为（　　）$mol \cdot L^{-1}$。

（A）4.9　　　　　　　　　（B）0.49　　　　　　　　（C）0.049

（D）0.0049　　　　　　　（E）0.00049

28. 某浓氨水的密度（25℃）为 1.0 $g \cdot mL^{-1}$，含 NH_3 量为 29%，则此氨水的浓度约为（　　）$mol \cdot L^{-1}$。（已知 NH_3 的摩尔质量为 17 $g \cdot mol^{-1}$）

（A）0.17　　　　　　　　（B）1.7　　　　　　　　　（C）5.0

（D）10.0　　　　　　　　（E）17

29. 浓度为 0.1000 $mol \cdot L^{-1}$ 的 HCl 溶液以 Na_2O（摩尔质量为 62.00 $g \cdot mol^{-1}$）表示的滴定度为（　　）$g \cdot mL^{-1}$。

（A）0.003100　　　　　　（B）0.006200　　　　　　（C）0.03100

（D）0.06200　　　　　　（E）0.3100

30. 用氟硅酸钾法测定硅酸盐中 SiO_2 含量时，经过如下几步反应：先将硅酸盐试样用 KOH 熔融，转化为 K_2SiO_3，进行如下反应：

$$2K^+ + SiO_3^{2-} + 6F^- + 6H^+ \longrightarrow K_2SiF_6 \downarrow + 3H_2O$$

$$K_2SiF_6 \downarrow + 3H_2O \longrightarrow 2KF + H_2SiO_3 + 4HF$$

$$HF + NaOH \longrightarrow NaF + H_2O$$

则 SiO_2 与 NaOH 物质的量之间的关系应为（　　）。

（A）$n(SiO_2) = 4n(NaOH)$　　　　　（B）$n(SiO_2) = \dfrac{1}{4}n(NaOH)$

（C）n（SiO_2）$= n$（$NaOH$） （D）n（SiO_2）$= \dfrac{1}{6}n$（$NaOH$）

（E）n（SiO_2）$= 6n$（$NaOH$）

二、填空题

1. 称取纯 $K_2Cr_2O_7$ 5.8836 g，配制成 1000 mL 溶液，则此溶液的 c（$K_2Cr_2O_7$）为 ＿＿＿＿＿＿＿ $mol \cdot L^{-1}$；$c\left(\dfrac{1}{6}K_2Cr_2O_7\right)$ 为 ＿＿＿＿＿＿＿ $mol \cdot L^{-1}$；$T_{K_2Cr_2O_7/Fe}$ 为 ＿＿＿＿＿＿ $g \cdot mL^{-1}$；$T_{K_2Cr_2O_7/Fe_2O_3}$ 为 ＿＿＿＿＿＿＿＿＿ $g \cdot mL^{-1}$。（已知：M_r（$K_2Cr_2O_7$）$=$ 294.18，A_r（Fe）$=55.85$，A_r（O）$=16.00$）

2. 常用于标定 HCl 溶液浓度的基准物质有＿＿＿＿＿和＿＿＿＿＿；常用于标定 NaOH 溶液的基准物质有＿＿＿＿＿和＿＿＿＿＿。

3. $KMnO_4$ 溶液作为氧化剂，在不同介质中可被还原至不同价态，在酸性介质中还原时，其基本单元为＿＿＿＿＿；在中性介质中还原时，其基本单元应取＿＿＿＿＿＿；在强碱性介质中还原时，其基本单元应取＿＿＿＿＿＿。

4. 在滴定分析法中，标准溶液的浓度常用＿＿＿＿＿和＿＿＿＿＿＿来表示。在常量组分分析中，标准溶液的浓度一般采用＿＿＿＿＿位有效数字表示。

5. 适合滴定分析的化学反应应该具备的 4 个条件是：＿＿＿＿＿、＿＿＿＿＿、＿＿＿＿＿、＿＿＿＿＿。

6. $KHC_2O_4 \cdot H_2C_2O_4 \cdot H_2O$ 作为酸时基本单元是＿＿＿＿＿＿＿，作为还原剂时基本单元是＿＿＿＿＿＿。

7. 配制标准溶液的方法有＿＿＿＿＿＿和＿＿＿＿＿＿。

8. 下列情况将对分析结果产生何种影响：（请填写：正误差、负误差、无影响、结果混乱）

①标定 HCl 溶液浓度时，使用的基准物 Na_2CO_3 中含有少量 $NaHCO_3$，影响为＿＿＿＿＿＿＿；②用差减法称量试样时，第一次读数时使用了磨损的砝码，影响为＿＿＿＿＿；③加热使基准物溶解后，溶液未经冷却即转移至容量瓶中并稀释至刻度，摇匀，马上进行标定，影响为＿＿＿＿＿；④配制标准溶液时未将容量瓶内溶液摇匀，影响为＿＿＿＿＿；⑤用移液管移取试样溶液时事先未用待移取溶液润洗移液管，影响为＿＿＿＿＿；⑥称量时，承接试样的锥形瓶潮湿，影响为＿＿＿＿＿。

9. 称取 KHP 基准物时，装 KHP 的容器可用＿＿＿＿＿＿＿＿。

10. 实验室中常用的铬酸洗液是用＿＿＿＿＿＿＿和＿＿＿＿＿＿配制而成的。刚配好的洗液应呈＿＿＿＿＿色，用久后变为＿＿＿＿＿色时，表示洗液已经失效。

11. 化学分析法是以＿＿＿＿＿＿＿＿＿为基础的，滴定分析法是＿＿＿＿＿＿法中重要的一类分析方法。

12. 化学试剂按其纯度通常分为＿＿＿＿＿纯、＿＿＿＿＿纯、＿＿＿＿＿纯、＿＿＿＿＿＿纯。

13. 配制标准溶液的方法一般有＿＿＿＿＿＿＿＿＿＿、＿＿＿＿＿＿＿＿＿

两种。

14. 用电光天平称某物，零点为 –0.2 mg，当砝码和环码加到 11.8500 g 时，显示屏上映出停点为 +0.5 mg。此物质的质量应记录为＿＿＿＿g。

15. 玻塞滴定管用来装＿＿＿＿＿溶液和＿＿＿＿＿＿溶液，碱式滴定管用来装＿＿＿＿＿溶液和＿＿＿＿溶液。

16. 滴定管在装标准溶液前需要用该溶液洗涤＿＿＿＿次，其目的是＿＿＿＿＿＿＿＿＿＿。

17. 下列操作选用什么玻璃仪器，写出名称：

（1）量取 9 mL 浓 HCl 以配制 0.1 mol·L^{-1} HCl 溶液，用＿＿＿＿＿＿＿；

（2）量取纯水以配制 100.0 mL NaOH 标准溶液，用＿＿＿＿＿＿＿＿；

（3）取 25 mL 醋酸未知液（用标准 NaOH 溶液滴定其含量），用＿＿＿＿＿＿＿＿＿；

（4）储放 0.2 mol·L^{-1} NaOH 溶液，用＿＿＿＿＿＿＿＿＿＿＿＿。

18. 为洗涤下列污垢选择合适的洗涤剂：

（1）装 $AgNO_3$ 溶液后产生的棕黑色污垢用＿＿＿＿＿＿＿＿＿；

（2）装 $KMnO_4$ 溶液后产生的褐色污垢用＿＿＿＿＿＿＿＿；

（3）装 $FeCl_3$ 溶液后产生的红棕色污垢用＿＿＿＿＿＿＿＿；

（4）装沸水后产生的白色污垢用＿＿＿＿＿＿＿＿＿＿＿＿。

19. 1:1 的 HNO_3 浓度约为＿＿＿＿＿＿mol·L^{-1}；冰醋酸的浓度为＿＿＿＿＿mol·L^{-1}；5.6% 的 KOH 溶液的浓度约为＿＿＿＿＿mol·L^{-1}。（已知 M（KOH）=56 g·mol^{-1}）。

20. 用已知准确浓度的 HCl 溶液滴定 NaOH 溶液，以甲基橙来指示化学计量点的到达。HCl 溶液称为＿＿＿＿＿溶液，甲基橙称为＿＿＿＿。该化学计量点的 pH 值等于＿＿＿＿，滴定终点的 pH 值范围为＿＿＿＿，此两者的 pH 值之差称为＿＿＿＿，此误差为＿＿＿＿误差（正或负）。

21. 平均偏差表示精密度的优点是＿＿＿＿＿，缺点是＿＿＿＿＿。

22. 写出下列浓酸（或浓碱）的质量百分浓度：

（1）市售浓盐酸含 HCl 的质量百分浓度约为＿＿＿＿＿＿＿＿＿；

（2）市售浓硫酸含 H_2SO_4 的质量百分浓度约为＿＿＿＿＿＿＿＿；

（3）市售浓氨水含 NH_3 的质量百分浓度约为＿＿＿＿＿＿＿＿；

（4）市售冰醋酸含 HAc 的质量百分浓度约为＿＿＿＿＿＿＿＿＿。

23. 对一般滴定分析的准确度，要求相对误差≤0.1%。分析天平可以称准到＿＿＿＿mg。用减量法称取试样时，一般至少应称取＿＿＿＿g，50 mL 滴定管的读数一般可以读准到＿＿＿＿mL，故滴定时一般滴定容积须控制在＿＿＿＿mL 以上。所以滴定分析适用于＿＿＿＿＿＿分析。

24. 1:1 的 HCl 浓度约为＿＿＿＿＿＿mol·L^{-1}；1:5 的 H_2SO_4 溶液浓度约为＿＿＿＿＿＿mol·L^{-1}；

25. 根据标准溶液的浓度和所消耗的体积，算出待测组分的含量，这一分析方法称为_____。滴加标准溶液的操作过程为_____。滴加的标准溶液组分恰好反应完全的一点，称为_____。

26. 在滴定分析中，根据指示剂变色时停止滴定的这一点称为_____。实际分析操作中滴定终点与理论上的化学计量点不可能恰好符合，它们之间的误差称为_____。

27. 写出下列物质 $0.1\ mol \cdot L^{-1}$ 水溶液的颜色：
(1) $K_2Cr_2O_7$：_____；　(2) EDTA：_____；
(3) I_2：_____；　(4) $Na_2S_2O_3$：_____；
(5) K_2CrO_4：_____；　(6) $FeCl_3 + HCl$：_____。

28. 由于利用的化学反应不同，滴定分析法可分为_____、_____、_____、_____ 4 种。滴定分析法适用于_____含量组分的测定。

29. 适用于滴定分析的化学反应必须具备的条件是_____、_____、_____。凡能满足上述要求的反应，都可以应用于_____滴定法。

30. 可使用间接滴定法的三种情况是：(1) _____；(2) _____；(3) _____。

31. 对标准溶液必须正确地配制，准确地标定标准溶液的浓度，以及对有些标准溶液妥善地保存，其目的是为了提高滴定分析的_____。

32. 用纯水洗涤玻璃仪器时，使其既干净又节约用水的方法是_____。

33. 用直接法配制标准溶液的物质，必须具备的条件是：(1) _____；(2) _____；(3) _____；(4) _____。

34. 如用 KHP 测定 NaOH 溶液的浓度，这种确定浓度的操作，称为_____，而此处 KHP 称为_____物质。

35. 物质的量浓度是指单位体积溶液所含溶质 B 的_____，即_____，以符号 c_B 表示。

36. 物质的量的单位为_____，它是一系统的物质的量。如果系统中物质 B 的基本单元与 $0.012\ kg\ ^{12}C$ 的原子数目一样多，则物质 B 的物质的量 n_B 就是_____。

37. 使用摩尔时，_____应予指明。它可以是原子、分子、离子、电子及其他粒子，或是这些粒子的特定组合。

38. 与每毫升标准溶液相当的待测组分的质量（单位为 g）称为滴定度，用_____表示。

39. 以硼砂为基准标定 HCl 溶液，反应式为：$Na_2B_4O_7 + 5H_2O \longrightarrow 2NaH_2BO_3 +$

$2H_3BO_3$，$NaH_2BO_3 + HCl \longrightarrow NaCl + H_3BO_3$。$Na_2B_4O_7$ 与 HCl 反应的物质的量之比为_____。

40. 容量法测硅是以 NaOH 滴定 K_2SiF_6 水解产生的 HF：$K_2SiF_6 + 3H_2O \longrightarrow H_2SiO_3 + 2KF + 4HF$，Si 与 NaOH 的物质的量之比为_____。

41. 浓盐酸的相对密度为 1.19（20℃），HCl 含量为 37%。今欲配制浓度为 0.2 $mol \cdot L^{-1}$ 的 HCl 溶液 500 mL，应取浓盐酸约为_____mL。

42. 配制浓度为 0.2 $mol \cdot L^{-1}$ 的 HCl 溶液 1 L，需取浓 HCl _____mL。配制浓度为 0.2 $mol \cdot L^{-1}$ 的 H_2SO_4 溶液 1 L，需取浓 H_2SO_4 _____mL。

43. 标定 0.1 $mol \cdot L^{-1}$ 的 NaOH 溶液时，将滴定的体积控制在 25 mL 左右。若以邻苯二甲酸氢钾（摩尔质量为 204.2 $g \cdot mol^{-1}$）为基准物质，应称取_____g。若改用草酸（摩尔质量为 126.1 $g \cdot mol^{-1}$）为基准物质，应称取_____g。

三、判断题

1. 分析纯 NaOH（固体）可用于直接配制标准溶液。（　　）

2. 滴定分析结果计算的根据是标准溶液的浓度和滴定时消耗的溶液体积。（　　）

3. 在相同浓度的两种一元酸溶液中，它们的酸度是一样的。（　　）

4. 当用标准 HCl 溶液滴定 $CaCO_3$ 样品时，在化学计量点，$n\left(\frac{1}{2}CaCO_3\right) = 2 \times n$ (HCl)。

（　　）

5. 用同一浓度的 $H_2C_2O_4$ 标准溶液，分别滴定等体积的 $KMnO_4$ 和 NaOH 两种溶液，达到化学计量点时，如果消耗的标准溶液体积相等，说明 NaOH 溶液的浓度是 $KMnO_4$ 溶液浓度的 5 倍。（　　）

6. 容量瓶与移液管不配套会引起偶然误差。（　　）

7. 滴定分析的相对误差一般可达到 0.1% 左右，用 50 mL 滴定管滴定时，所耗用溶液的体积应控制在 20 mL 以上。（　　）

8. 实验中可用直接法配制 HCl 标准溶液。（　　）

9. 在 $KMnO_4$ 法中，可用碱式滴定管装 $KMnO_4$ 溶液进行滴定。（　　）

10. 只有基准试剂才能用来直接配制标准溶液，所以优级纯的邻苯二甲酸氢钾不能直接配制标准溶液。（　　）

11. 当滴定反应为：$aA + bB \longrightarrow cC + dD$，被测物质 B 的质量 $m_B = c_A \times V_A \times \frac{b}{a} \times M_B$。

（　　）

12. 分析纯氢氧化钠可以作为基准物质。（　　）

四、计算题

1. 称取纯金属锌 0.3250 g，溶于 HCl 后，稀释到 250 mL 的容量瓶中，计算 Zn^{2+} 溶液的摩尔浓度。

2. 欲配制 $Na_2C_2O_4$ 溶液用于标定 0.02 $mol \cdot L^{-1}$ 的 $KMnO_4$ 溶液（在酸性介质中），若要使标定时两种溶液消耗的体积相近，应配制多少浓度（$mol \cdot L^{-1}$）的

$Na_2C_2O_4$ 溶液？要配制 100 mL 溶液，应该称取 $Na_2C_2O_4$ 多少克？

3. 某铁厂化验室经常要分析铁矿中铁的含量。若使用的 $K_2Cr_2O_7$ 溶液浓度为 0.0200 mol · L^{-1}。为避免计算，直接从所消耗的 $K_2Cr_2O_7$ 溶液中的毫升数表示出 $w(Fe)\%$，问应当称取铁矿多少克？

4. 欲使滴定时消耗 0.10 mol · L^{-1} HCl 溶液 20～25 mL，应称取基准试剂 Na_2CO_3 多少克？此时称量误差能否小于 0.1%？

5. 分析纯试剂 $MgCO_3$，称取 1.850 g 溶解于过量的 HCl 溶液 48.48 mL 中，待两者反应完全后，过量的 HCl 需 3.83 mL NaOH 溶液返滴定。已知 30.33 mL NaOH 溶液可以中和 36.40 mL HCl 溶液。计算该 HCl 和 NaOH 溶液的浓度。

6. 为了分析食醋中 HAc 的含量，移取试样 10.00 mL，用 0.3024 mol · L^{-1} NaOH 标准溶液滴定，用去 20.17 mL。已知食醋的密度为 1.055 g · mL^{-1}，计算试样中 HAc 的质量分数。

7. 用 0.2000 mol · L^{-1} HCl 标准溶液滴定含有 20% CaO，75% $CaCO_3$ 和 5% 酸不容物质的混合物，欲使 HCl 溶液的用量控制在 25 mL 左右，应称取混合物试样多少克？

8. 配制浓度为 2.0 mol · L^{-1} 下列物质溶液各 5.0×10^{-2} L，应各取其浓溶液多少毫升？

（1）氨水（密度 0.89 g · mL^{-1}，含 NH_3 29%）；

（2）冰乙酸（密度 1.84 g · mL^{-1}，含 HAc 100%）；

（3）浓硫酸（密度 1.84 g · mL^{-1}，含 H_2SO_4 96%）。

9. 不纯 Sb_2S_3 0.2513 g，将其在氧气流中灼烧，产生的 SO_2 通入 $FeCl_3$ 溶液中，使 Fe^{3+} 还原至 Fe^{2+}，然后用 0.02000 mol · L^{-1} $KMnO_4$ 标准溶液滴定 Fe^{2+}，消耗 $KMnO_4$ 溶液 31.80 mL。计算试样中 Sb_2S_3 的质量分数。若以 Sb 计，质量分数又为多少？

2.5 自测题参考答案

一、选择题

1. C　2. B　3. D　4. C　5. B　6. B　7. C　8. D　9. A　10. B　11. C　12. C 13. A　14. D　15. D　16. B　17. B　18. A　19. B　20. D　21. C　22. B　23. C　24. D 25. A　26. B　27. D　28. E　29. A　30. B

二、填空题

1. 0.02000 mol · L^{-1}　0.1200 mol · L^{-1}　0.006702 g · mL^{-1}　9.582×10^{-3} g · mL^{-1}

2. Na_2CO_3　$Na_2B_4O_7 \cdot 10H_2O$　$H_2C_2O_4 \cdot 2H_2O$　$KHC_8H_4O_4$

3. $\frac{1}{5}KMnO_4$　$\frac{1}{3}KMnO_4$　$KMnO_4$

4. 物质的量浓度　滴定度　4

5. 反应按一定方式进行，无副反应　反应应定量进行，反应完全程度高　反应速度快　有适当的方法确定滴定终点

6. $\frac{1}{3}KHC_2O_4 \cdot H_2C_2O_4 \cdot H_2O$ $\frac{1}{4}KHC_2O_4 \cdot H_2C_2O_4 \cdot H_2O$

7. 直接配制法 间接配制法

8. 正误差 正误差 负误差 结果混乱 负误差 无影响

9. 称量瓶

10. H_2SO_4 $K_2Cr_2O_7$ 红褐色 绿

11. 化学反应 化学分析

12. 优级 化学 分析 光谱

13. 直接法 标定法

14. 11.8507

15. 酸性 氧化性 碱性 不与橡胶反应

16. 3 除去内壁残留的水分，确保标准溶液浓度

17. 10 mL 量筒 10 mL 烧杯 10 mL 移液管 塑料容器

18. 稀 HNO_3 $H_2SO_4 + Na_2C_2O_4$ 或 $H_2C_2O_4$ 稀盐酸 稀盐酸

19. 8 17 1

20. 标准滴定 指示剂 7 3.1～4.4 滴定误差 正

21. 比较简单 不能反映较大误差

22. 37.2% 95.6% 25%～27% 99.5%

23. 0.1 0.2 0.01 20 常量

24. 6 3

25. 滴定分析法 滴定 化学计量点

26. 滴定终点 滴定误差

27. （1）橙红色 （2）无色 （3）红棕色 （4）无色 （5）黄色 （6）棕黄色

28. 酸碱 配位 氧化还原 沉淀 常量

29. 确定的化学计量关系 定量进行 反应速度要快 适当方法确定终点

30. 反应速度慢 副反应产生 待测物不能与滴定剂直接反应

31. 准确度

32. 少量多次

33. 组成与化学式相符 纯度大于99.9%以上 性质稳定 较大摩尔质量

34. 标定法 基准

35. 物质的量 摩尔数

36. mol 1 mol

37. 基本单元

38. T

39. 1:2

40. 1:4

41. 8.5

42. 16. 67　11. 11

43. 0. 51　0. 16

三、判断题

1. ×　2. ×　3. ×　4. ×　5. √　6. ×　7. √　8. ×　9. ×　10. ×　11. √　12. ×

四、计算题

1. 解：$c\ (Zn^{2+}) = \dfrac{m\ (Zn^{2+})}{M\ (Zn^{2+})\ \cdot\ V} = \dfrac{0.3250}{65.38 \times 0.250} = 0.01988\ (mol \cdot L^{-1})$

所以 Zn^{2+} 的摩尔浓度为 $0.01988\ mol \cdot L^{-1}$。

2. 解：间接测定的反应式为 $Ca^{2+} + C_2O_4^{2-} =\!\!=\!\!= CaC_2O_4 \downarrow$

$CaC_2O_4 + 2HCl =\!\!=\!\!= Ca^{2+} + 2Cl^- + 2H_2C_2O_4$

$5C_2O_4^{2-} + 2MnO_4^- + 16H^+ =\!\!=\!\!= 2Mn^{2+} + 10CO_2 + 8H_2O$

$n\ (CaO) =\!\!=\!\!= n\ (CaC_2O_4) = \dfrac{5}{2} n\ (KMnO_4)$

$m_s = \dfrac{n\ (CaO)\ \cdot\ M\ (CaO)}{w\ (CaO)\ \cdot\ 1000} = \dfrac{\dfrac{5}{2} n\ (KMnO_4)\ \cdot\ M\ (CaO)}{40\% \times 1000} = \dfrac{\dfrac{5}{2} \times 0.020 \times 30 \times 56}{400}$

$= 0.21\ (g)$

所以，应该称取试样 0.21 g。

3. 解：滴定反应为 $Cr_2O_7^{2-} + 6Fe^{2+} + 14H^+ =\!\!=\!\!= 2Cr^{2+} + 6Fe^{3+} + 7H_2O$

化学计量点时 $n\ (Fe) = 6n\ (Cr_2O_7^{2-})$

$w\ (Fe) = \dfrac{n\ (Fe)\ \cdot\ M\ (Fe)}{m_s} \times 100\% = \dfrac{6n\ (K_2Cr_2O_7)\ \cdot\ M\ (Fe)}{m_s} \times 100\%$

$= \dfrac{6c\ (K_2Cr_2O_7)\ \cdot\ V\ (K_2Cr_2O_7)\ \cdot\ M\ (Fe)\ \times 100}{m_s \times 1000}$

因为 $w(Fe) = V(K_2Cr_2O_7)m_s = 6c(K_2Cr_2O_7) \cdot M(Fe) \times 10^{-1} = 6 \times 0.02000 \times 55.85 \times$

$0.1 = 0.6702(g)$

所以，应当称取铁矿 0.6702 g。

4. 解：设应称取 x g：

$$Na_2CO_3 + 2HCl =\!\!=\!\!= 2NaCl + CO_2 + H_2O$$

当 $V_1 = V = 20$ mL 时，$x = 0.5 \times 0.10 \times 20 \times 10^{-3} \times 105.99 = 0.11\ (g)$

当 $V_2 = V = 25$ mL 时，$x = 0.5 \times 0.10 \times 25 \times 10^{-3} \times 105.99 = 0.13\ (g)$

此时称量误差不能小于 0.1%。

5. 解：设 HCl 和 NaOH 溶液的浓度分别为 c_1 和 c_2：

$$MgCO_3 + 2HCl =\!\!=\!\!= MgCl_2 + CO_2 + H_2O$$

30.33 mL NaOH 溶液可以中和 36.40 mL HCl 溶液。

即 $36.40 / 30.33 = 1.2$，1 mL NaOH 相当于 1.20 mL HCl。

因此，实际与 $MgCO_3$ 反应的 HCl 为 $48.48 - 3.83 \times 1.20 = 43.88\ (mL)$。

由 $\dfrac{n\,(HCl)}{n\,(MgCO_3)} = \dfrac{2}{1}$ 得：

$$c_1 = c\,(HCl) = \dfrac{m\,(MgCO_3)\ \times 1000 \times 2}{M\,(MgCO_3)\ \cdot V\,(HCl)}$$

$$= \dfrac{1.850 \times 1000 \times 2}{84.32 \times 43.88} = 1.000\ (mol \cdot L^{-1})$$

再由 $\dfrac{V_1}{V_2} = \dfrac{c_1}{c_2}$ 得：

$$c_2 = c\,(NaOH) = \dfrac{36.40 \times 0.001}{30.33 \times 0.001} \times 1.000 = 1.200\ (mol \cdot L^{-1})$$

HCl 和 NaOH 溶液的浓度分别为 $1.000\ mol \cdot L^{-1}$ 和 $1.200\ mol \cdot L^{-1}$。

6. 解：$w\,(HAc) = \dfrac{c\,(NaOH)\ \cdot V\,(NaOH)\ \times M\,(HAc)\ \times 10^{-3}}{\rho\,(HAc)\ \cdot V\,(HAc)} \times 100\%$

$$= \dfrac{0.3024 \times 20.17 \times 10^{-3} \times 60.05}{1.055 \times 10} \times 100\% = 3.47\%$$

7. 解：$2HCl + CaO =\!=\!= CaCl_2 + H_2O$ $2HCl + CaCO_3 =\!=\!= CaCl_2 + H_2O + CO_2$

$n\,(HCl)_总 = 0.2000 \times 2.5 \times 10^{-3}\,mol = 5 \times 10^{-3}\ (mol)$

设称取混合物试样 $x\,(g)$ 则 $\dfrac{x \times 20\%}{56.08} \times 2 + \dfrac{x \times 75\%}{100.09} \times 2 = 5 \times 10^{-3}$

解得 $x = 0.23\ (g)$。

8. 解：（1）设取其浓溶液 $V_1\,(mL)$：

$m\,(NH_3) = \rho_1 V_1 NH_3\%,$

$cV_稀 = \dfrac{m\,(NH_3)}{M\,(NH_3)}$ $V_1 = \dfrac{cV_稀 M\,(NH_3)}{\rho_1 29\%} = \dfrac{2.0 \times 0.5 \times 17.03}{0.89 \times 29\%} = 66\ (mL)$

（2）设取其浓溶液 $V_2\,mL$：$V_2 = \dfrac{cV_稀 M\,(HAc)}{\rho_2 100\%} = \dfrac{2.0 \times 0.5 \times 60}{1.05 \times 100\%} = 57\ (mL)$

（3）设取其浓溶液 $V_3\,mL$：$V_3 = \dfrac{cV_稀 M\,(H_2SO_4)}{\rho_3 \times 96\%} = \dfrac{2.0 \times 0.5 \times 98.03}{1.84 \times 96\%} = 56\ (mL)$

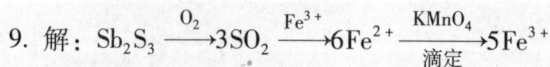

9. 解：$Sb_2S_3 \xrightarrow{O_2} 3SO_2 \xrightarrow{Fe^{3+}} 6Fe^{2+} \xrightarrow[滴定]{KMnO_4} 5Fe^{3+}$

$n\,(Sb_2S_3) = \dfrac{5}{6}n\,(KMnO_4)$

$w\,(Sb_2S_3) = \dfrac{\dfrac{5}{6}n\,(KMnO_4)\ \cdot M\,(Sb_2S_3)}{m_s} \times 100\%$

$$= \dfrac{\dfrac{5}{6}c\,(KMnO_4)\ \cdot V\,(KMnO_4)\ \cdot M\,(Sb_2S_3)}{m_s} \times 100\%$$

$$= \dfrac{\dfrac{5}{6} \times 0.2000 \times 31.80 \times 10^{-3} \times 339.68}{0.2513} \times 100\% = 71.64\%$$

第3章 酸碱滴定法

3.1 重要概念和知识要点

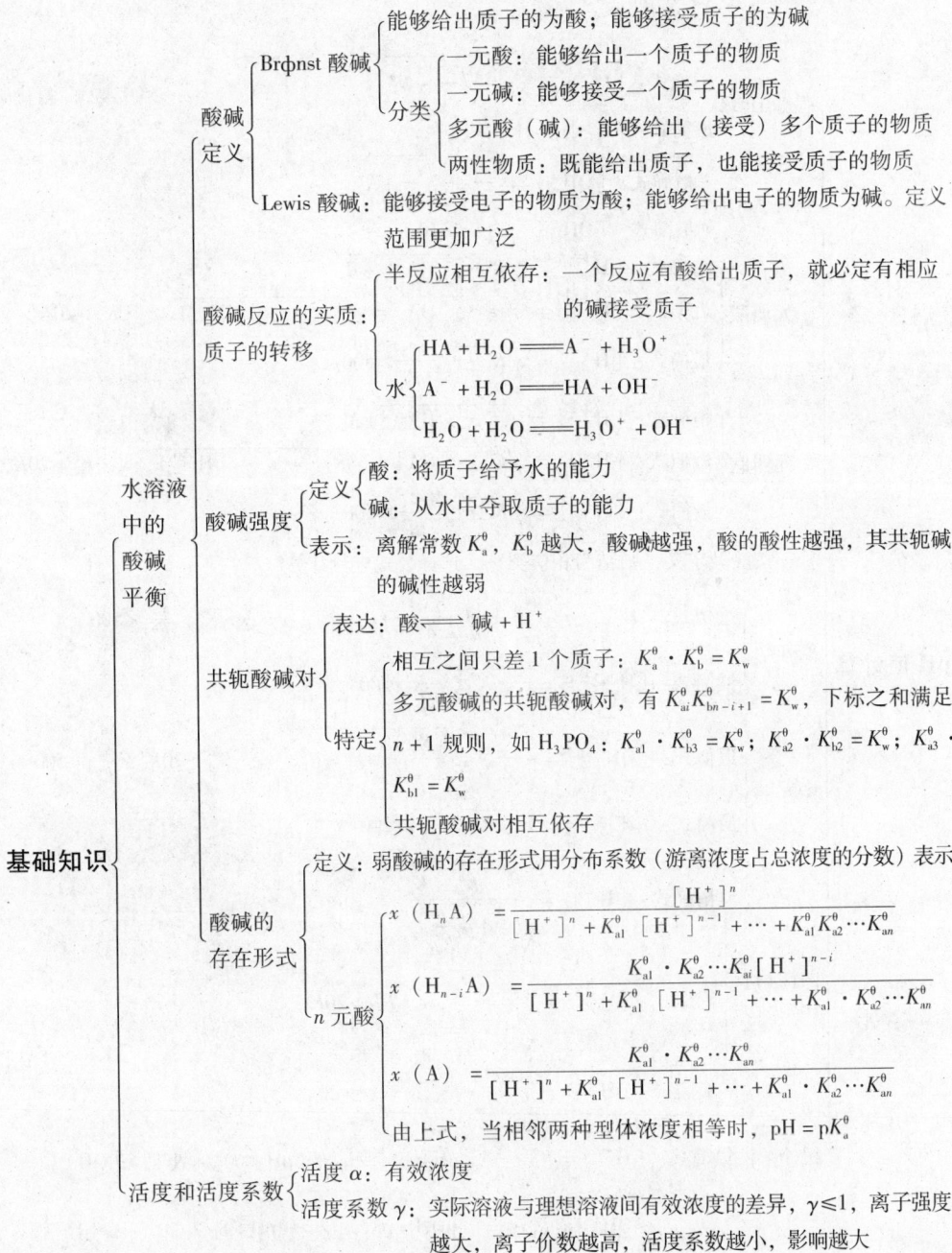

基础知识 — 水溶液中的酸碱平衡

酸碱定义

- Brønst 酸碱
  - 能够给出质子的为酸；能够接受质子的为碱
  - 分类
    - 一元酸：能够给出一个质子的物质
    - 一元碱：能够接受一个质子的物质
    - 多元酸（碱）：能够给出（接受）多个质子的物质
    - 两性物质：既能给出质子，也能接受质子的物质
- Lewis 酸碱：能够接受电子的物质为酸；能够给出电子的物质为碱。定义范围更加广泛

酸碱反应的实质：质子的转移

- 半反应相互依存：一个反应有酸给出质子，就必定有相应的碱接受质子
- 水
  - $HA + H_2O \rightleftharpoons A^- + H_3O^+$
  - $A^- + H_2O \rightleftharpoons HA + OH^-$
  - $H_2O + H_2O \rightleftharpoons H_3O^+ + OH^-$

酸碱强度

- 定义
  - 酸：将质子给予水的能力
  - 碱：从水中夺取质子的能力
- 表示：离解常数 K_a^θ，K_b^θ 越大，酸碱越强，酸的酸性越强，其共轭碱的碱性越弱

共轭酸碱对

- 表达：酸 $\rightleftharpoons$ 碱 $+ H^+$
- 特定
  - 相互之间只差 1 个质子：$K_a^\theta \cdot K_b^\theta = K_w^\theta$
  - 多元酸碱的共轭酸碱对，有 $K_{ai}^\theta K_{b\,n-i+1}^\theta = K_w^\theta$，下标之和满足 $n+1$ 规则，如 H_3PO_4：$K_{a1}^\theta \cdot K_{b3}^\theta = K_w^\theta$；$K_{a2}^\theta \cdot K_{b2}^\theta = K_w^\theta$；$K_{a3}^\theta \cdot K_{b1}^\theta = K_w^\theta$
  - 共轭酸碱对相互依存

酸碱的存在形式

- 定义：弱酸碱的存在形式用分布系数（游离浓度占总浓度的分数）表示
- n 元酸

$$x(H_nA) = \frac{[H^+]^n}{[H^+]^n + K_{a1}^\theta [H^+]^{n-1} + \cdots + K_{a1}^\theta K_{a2}^\theta \cdots K_{an}^\theta}$$

$$x(H_{n-i}A) = \frac{K_{a1}^\theta \cdot K_{a2}^\theta \cdots K_{ai}^\theta [H^+]^{n-i}}{[H^+]^n + K_{a1}^\theta [H^+]^{n-1} + \cdots + K_{a1}^\theta \cdot K_{a2}^\theta \cdots K_{an}^\theta}$$

$$x(A) = \frac{K_{a1}^\theta \cdot K_{a2}^\theta \cdots K_{an}^\theta}{[H^+]^n + K_{a1}^\theta [H^+]^{n-1} + \cdots + K_{a1}^\theta \cdot K_{a2}^\theta \cdots K_{an}^\theta}$$

由上式，当相邻两种型体浓度相等时，$pH = pK_a^\theta$

活度和活度系数

- 活度 α：有效浓度
- 活度系数 γ：实际溶液与理想溶液间有效浓度的差异，$\gamma \leqslant 1$，离子强度越大，离子价数越高，活度系数越小，影响越大

酸碱平衡的
处理方法
{
由物料平衡和电荷平衡推导质子条件

零水准法
{
HA：$[H^+] = [A^-] + [OH^-]$

A^-：$[H^+] + [HA] = [OH^-]$

H_2A：$[H^+] = [HA^-] + 2[A^{2-}] + [OH^-]$

A^{2-}：$[H^+] + [HA^-] + 2[H_2A] = [OH^-]$

$NH_4H_2PO_4$：$[H^+] + [H_3PO_4] = [NH_3] + [HPO_4^{2-}] + 2[PO_4^{3-}] + [OH]$

$HA + A^-$：选 HA 和 A^- 任何一个均可（注：每一范例中的零水准都包含水）
}
}

pH 值计算
{

强酸 HCl
{
精确式：$[H^+] = \dfrac{c}{2} + \sqrt{\dfrac{c^2}{4} + K_w^\theta}$

最简式：$[H^+] = c$，$c \geqslant 10^{-6}$
}

强碱 NaOH
{
精确式：$[OH^-] = \dfrac{c}{2} + \sqrt{\dfrac{c^2}{4} + K_w^\theta}$

最简式：$[OH^-] = c$，$c \geqslant 10^{-6}$
}

一元弱酸
{
精确式：$[H^+] = \sqrt{K_a^\theta \cdot [HA] + K_w}$

近似式：$[H^+] = \sqrt{K_a^\theta \cdot [HA]} = \sqrt{K_a^\theta \cdot (c_a - [H^+])}$，$c_a \cdot K_a^\theta > 20K_w^\theta$

最简式：$[H^+] = \sqrt{K_a^\theta \cdot c_a}$，$\dfrac{c_a}{K_a^\theta} \geqslant 500$
}

一元弱碱
{
精确式：$[H^+] = \sqrt{K_a^\theta \cdot [HA]} + K_w$

近似式：$[H^+] = \sqrt{K_a^\theta \cdot [HA]} = \sqrt{K_a^\theta \cdot (c_a - [H^+])}$，$c_a \cdot K_a^\theta > 20K_w^\theta$

最简式：$[H^+] = \sqrt{K_a^\theta \cdot c_a}$，$\dfrac{c_a}{K_a^\theta} \geqslant 500$
}

盐：按酸碱定义，归结为相应类别，选择公式进行计算

多元酸
{
近似式：$[H^+] = -\dfrac{K_{a1}^\theta}{2} + \sqrt{\dfrac{(K_{a1}^\theta)^2}{4} + c_a \cdot K_{a1}^\theta}$，$c_a K_{a1}^\theta > K_w^\theta$；$\dfrac{c_a}{K_{a1}^\theta} < 500$

最简式：$[H^+] = \sqrt{c_a \cdot K_{a1}^\theta}$，$\dfrac{c_a}{K_{a1}^\theta} > 500$
}

多元碱
{
近似式：$[OH^-] = -\dfrac{K_{b1}^\theta}{2} + \sqrt{\dfrac{(K_{b1}^\theta)^2}{4} + c_b \cdot K_{b1}^\theta}$，$c_b \cdot K_{b1}^\theta > 20K_w^\theta$；$\dfrac{c_b}{K_{b1}^\theta} < 500$

最简式：$[H^+] = \sqrt{c_a \cdot K_{a1}^\theta}$，$\dfrac{c_a}{K_{a1}^\theta} > 500$
}

两性物质
HPO_4^{2-}
{
精确式：$[H^+] = \sqrt{\dfrac{c \cdot K_{a3}^\theta + K_w^\theta}{1 + \dfrac{c}{K_{a2}^\theta}}}$

近似式：$[H^+] = \sqrt{\dfrac{c \cdot K_{a3}^\theta}{1 + \dfrac{c}{K_{a2}^\theta}}}$，$c \cdot K_{a3}^\theta > 20K_w^\theta$

最简式：$[H^+] = \sqrt{K_{a2}^\theta \cdot K_{a3}^\theta}$，$\dfrac{c}{K_{a2}^\theta} > 20$
}

缓冲溶液最简式：$[H^+] = K_a^\theta \cdot \dfrac{c_a}{c_b}$　　$pH = pK_a^\theta - \lg\dfrac{c_a}{c_b}(pH < 6)$，$[H^+] \gg [OH^-]$

$[OH^-] = K_b^\theta \cdot \dfrac{c_b}{c_a}$　　$pOH = pK_b^\theta - \lg\dfrac{c_b}{c_a}(pH > 8)$，$[OH^-] \gg [H^+]$
}

起点：待滴 HCl

化学计量点前：HCl 剩余，按剩余的 HCl 计算

化学计量点前 0.1%，反应完成程度 99.9%：

$$[H^+] = \frac{n\,(HCl)_{剩余}}{V_t} = \frac{0.1\% \cdot n\,(HCl)_{总}}{V_t}$$

$$= \frac{0.1\% \cdot c\,(HCl)_{理} \cdot V\,(HCl)_{总}}{V\,(HCl)_{总} + 99.9\% \cdot V\,(HCl)_{总}} \approx \frac{0.1\% \cdot c\,(HCl)_{理}}{2}$$

化学计量点：水，pH = 7.00

化学计量点后：NaOH 过量，按过量的 NaOH 计算

化学计量点后 0.1%，完成程度 100.1%：

$$[OH^-] = \frac{n\,(NaOH)_{过量}}{V_t} = \frac{0.1\% \cdot n\,(NaOH)_{理}}{V_t}$$

$$= \frac{0.1\% \cdot c\,(NaOH) \cdot V\,(NaOH)_{理}}{V\,(HCl)_{总} + V\,(NaOH)_{加}} \approx \frac{0.1\% \cdot c\,(NaOH)_{理}}{2}$$

强酸–强碱滴定原理

NaOH → HCl 滴定曲线

曲线特点：起始为浓强酸 HCl 的缓冲区，pH 随滴定剂的加入变化缓慢；随着浓度的减小，缓冲作用减弱，进入强酸的非缓冲区，pH 变化明显；然后进入到突跃范围，NaOH 的加入导致 pH 的突变；然后进入 NaOH 的非缓冲区，浓强碱缓冲区

HCl 滴 NaOH 曲线形状与 NaOH 滴 HCl 对称相反

影响突跃范围的因素

影响突跃范围的因素：可根据前、后 0.1% 表达式总结得到

化学计量点前 0.1%：$[H^+] = \dfrac{0.1\% \cdot c\,(HCl)_{理}}{2}$

化学计量点后 0.1%：$[OH^-] = \dfrac{0.1\% \cdot c\,(NaOH)_{理}}{2}$

NaOH→HCl：前后 0.1% 表达式中包含了 $c\,(HCl)_{理}$ 和 $c\,(NaOH)_{理}$，因此，影响突跃范围的因素即为强酸、强碱的浓度。

浓度改变 10 倍，$[H^+]$ 或 $[OH^-]$ 浓度改变 10 倍，对应 pH 或 pOH 改变 1 个单位。酸浓度增大，$[H^+]$ 变大，即 pH 向更低方向移动；碱浓度变大，$[OH^-]$ 变大，pOH 变小，pH 向更高方向移动——浓度增大，突跃范围扩展。同理，浓度变小，突跃范围压缩

由表达式可知，当仅单侧浓度变化，则仅对应的 0.1% 结果发生改变，即突跃范围单侧变化

用 HCl →NaOH，前、后 0.1% 表达式对调，因此，影响规律相同

强碱（酸）－弱酸（碱）滴定原理

NaOH → HAc 滴定曲线

起点：待滴 HAc

化学计量点前：未参与反应的 HAc 与生成 Ac⁻ 形成缓冲体系

化学计量点前 0.1%，完成程度 99.9%

$$pH = pK_a^\theta - \lg \frac{c_a}{c_b} = pK_a^\theta - \lg \frac{n_a}{n_b} = pK_a^\theta - \lg \frac{0.1\% \cdot n_{a总}}{99.9\% \cdot n_{a总}}$$

$$= pK_a^\theta - \lg \frac{0.1\%}{99.9\%} = pK_a^\theta + 3$$

化学计量点：组成 NaAc，一元弱碱 $[OH^-] = \sqrt{K_b^\theta \cdot c_b^*}$

化学计量点后：过量的 NaOH 与生成的 Ac⁻ 共存，以 NaOH 计算

化学计量点后 0.1%，完成程度 100.1%：

$$[OH^-] = \frac{n(NaOH)_{过量}}{V_t} = \frac{0.1\% \cdot n(NaOH)_{理}}{V_t}$$

$$= \frac{0.1\% \cdot c(NaOH)_{理} \cdot V(NaOH)_{理}}{V(HCl)_{总} + V(NaOH)_{加}}$$

$$\approx \frac{0.1\% \cdot c(NaOH)_{理}}{2}$$

曲线特点：起始时加入 NaOH 生成 Ac⁻，在此区域：Ac⁻ 的生成抑制了 HAc 的水解；Ac⁻ 的浓度远小于 HAc，缓冲能力太差，曲线 pH 变化幅度较大。随着 NaOH 的加入，缓冲体系的缓冲能力变强，故曲线平坦。继而因剩余的 HAc 相对较少，缓冲能力再度变差，pH 变化明显。然后进入突跃范围；最后进入 NaOH 的非缓冲区，浓强碱缓冲区

特殊点：滴定完成程度为 50% 时，有 pH = pK_a^\theta

强酸滴定弱碱：如 HCl ⟶ NH₃·H₂O（低浓度，多采用返滴方式）

影响突跃范围的因素

化学计量点前 0.1%：pH = pK_a^\theta + 3

化学计量点后 0.1%：$[OH^-] = \frac{0.1\% \cdot c(NaOH)_{理}}{2}$

NaOH → HAc：前后 0.1% 表达式中包含了弱酸的 K_a^θ 和强碱的 c，因此，影响突跃范围的因素为弱者的 K 和强者的 c

K_a^θ 改变 10 倍，pK_a^θ 改变一个单位，对应 pH 改变 1 个单位；c 改变 10 倍，pH 改变 1 个单位

K_a^θ 增大，$c(NaOH)$ 变大，突跃范围扩展；否则压缩

对于强酸滴定弱碱，则有 K_b^θ 增大，pH 高移；$c(HCl)$ 增大，pH 低移，突跃范围扩展；否则压缩。即对于强弱滴定，有 K 越大，c 越大，突跃范围也越大

准确滴定的判据：由临界情况即前、后 0.1% 点重合推得 $\frac{K^\theta \cdot c}{2} \geq 10^{-8}$，通常忽略 1/2，有 $K^\theta \cdot c \geq 10^{-8}$。当假设浓度为 0.1 mol·L⁻¹ 时，有 $K^\theta \geq 10^{-7}$

强碱 – 多元酸（混合酸）滴定 *

NaOH → H_3PO_4

滴定曲线

第一计化学量点前：H_3PO_4 与生成的 $H_2PO_4^-$ 共存，缓冲体系

化学计量点前 0.1%：$pH = pK_{a1}^\theta - \lg \dfrac{c\ (H_3PO_4)}{c\ (H_2PO_4^-)} = pK_{a1}^\theta + 3$

第一化学计量点：为 $H_2PO_4^-$，两性物质，$pH = \dfrac{1}{2}(pK_{a1}^\theta + pK_{a2}^\theta)$ *

第一计量化学点后：$H_2PO_4^-$ 与生成的少量 HPO_4^{2-} 共存，缓冲体系

完成程度 100.1%：$pH = pK_{a2}^\theta - \lg \dfrac{c\ (H_2PO_4^-)}{c\ (HPO_4^{2-})} = pK_{a2}^\theta - 3$

同理，完成程度 99.9%：$pH = pK_{a2}^\theta - \lg \dfrac{c\ (H_2PO_4^-)}{c\ (HPO_4^{2-})} = pK_{a2}^\theta + 3$

第二化学计量点：HPO_4^{2-}，两性物质，$pH = \dfrac{1}{2}(pK_{a2}^\theta + pK_{a3}^\theta)$ *

完成程度 200.1%：$[OH^-] = \dfrac{c\ (NaOH)}{3} \times 0.1\%$

曲线特点：与强碱 – 弱酸滴定的曲线叠加类似。两个计量点均为两性物质，而计量点包含在突跃范围内，即对于两性物质而言，当在其溶液中加入酸或加入碱，会一定程度上引起 pH 突变，因此，在各类型的缓冲溶液中，两性物质的缓冲能力颇差

对强碱 – 多元酸滴定，只需求得计量点的结果，对突跃范围不作要求

特殊点：包括完成程度为 50%，150% 和 250% 点，pH 值分别对应三级离解常数 pK^θ

分级滴定的判据

后一级离解对前一级滴定无干扰：$\dfrac{K_{ai}^\theta}{K_{a(i+1)}^\theta} \geqslant 10^4$ 或者 10^5

准确滴定判据：$K_{ai}^\theta \cdot c \geqslant 10^8$，即一元弱酸直接准确滴定判据

理解上：对多元酸的分级滴定而言，后一级的离解可以忽略，则可以将所考察酸看成一元酸，而一元酸需要满足一元酸直接准确滴定的判据。故对多元酸滴定，若要形成化学计量点（明显的滴定突跃，可以选择指示剂确定终点），上述两条件缺一不可

对混合酸，可以按强弱顺序排序，基本上可按多元酸理解

指示剂的变色原理：$HIn \rightleftharpoons H^+ + In^-$

指示剂的变色点：变色点时两种型体浓度相等，缓冲体系。根据缓冲溶液公式：

$$pH = pK_a^\theta - \lg \frac{c_a}{c_b} 推得变色点时 pH = pK_a^\theta$$

指示剂的变色范围：当 HIn 为 In^- 的 10 倍时为酸型色，而 In^- 为 HIn 的 10 倍为碱型色，将浓度比为 10 倍范围称为变色范围，故变色范围为 $pH = pK_a^\theta \pm 1$。

变色范围内呈现的颜色为酸型与碱型的混合色

因肉眼对颜色刺激的敏感程度不同，造成指示剂的实际变色范围与理论值存在一定的差异

指示剂选择的前提：HIn 与 In^- 的颜色不同；颜色差异越大越敏锐

指示剂选择原则：化学计量点对应变色点、化学计量点对应变色范围、突跃范围对应变色范围

指示剂

实际操作：

① 根据反应得到化学计量点时体系的理论组成，根据组成性质（一元弱酸碱、多元弱酸碱、水、两性物质等）直接选择；

② 根据化学计量点体系的组成性质选择合适的计算公式，得到化学计量点的 pH 值，再根据指示剂选择的原则选择合适的指示剂

指示剂使用时注意的问题：

① 指示剂用量：因消耗滴定剂而引入误差；改变变色范围；

② 温度（溶剂）：改变离解常数，因而改变理论变色点；

③ 滴定程序：应该由浅色变为深色

指示剂误差的克服：

① 多次移取法；

② 与仪器方法进行对比；

③ 标准溶液对比法

其他

混合指示剂：因变色范围狭窄、变色敏锐而提高灵敏度和准确度

对强酸强碱滴定中常用指示剂的评价：习惯采用的指示剂为甲基橙、甲基红和酚酞。强酸与强碱互滴，化学计量点 pH = 7，按指示剂的选择原则，最优的方案是选择在 pH = 7 变色的指示剂，但常用指示剂中无一例符合。按突跃范围对应变色范围原则虽然都适合，但甲基橙因交叉区域极小（误差大），颜色变化不明显而成为最差的选择；甲基红则因酸型与碱型颜色差异太小而不理想；相对而言酚酞是强碱－强酸滴定过程中的最佳选择，如果是强酸滴定强碱，同样会存在颜色变化不理想的问题

作用拓展：给定指示剂，推测终点产物形体，设计反应进行相关实验或计算

NaOH 和 HCl 的配制与标定：

NaOH：由配制所需浓度与体积计算出 NaOH 的理论称取量，在托盘天平上称取略多于理论称取量的 NaOH 后，用去离子水冲洗、溶解后在试剂瓶中配成大约所需的体积，待标定；标定可采用基准物邻苯二甲酸氢钾、草酸，也可采用标准溶液 HCl

HCl：由配制所需体积和浓度计算出浓 HCl 的量取体积，然后用量筒量取，倒入盛有去离子水的烧杯中稀释后，转移到试剂瓶，加水至所需的体积附近，待标定

CO_2 的影响：

① 对标定的影响（只滴定溶液中的 NaOH，CO_2 溶入后生成的 Na_2CO_3 不反应）：采用基准物标定法，选酚酞为指示剂，滴定终点化学组成 HCO_3^-，参与反应，有影响；标准溶液 HCl 标定法，选甲基橙为指示剂，滴定终点化学组成为 H_2CO_3，参与反应，有影响。故标定 NaOH 时无法克服 CO_2 的影响

② 对测定的影响（生成的 Na_2CO_3 能够最终以 CO_2 形式出去或者 H_2CO_3 形式存在）：对以酚酞为指示剂的滴定过程，滴定终点化学组成为 $H_2CO_3^-$，因此有影响；以甲基橙为指示剂的滴定过程，滴定终点化学组成为 H_2CO_3，剧烈摇晃或加热后会分解成 CO_2 释放出去，因此无影响。即选择在较小 pH 值变色的指示剂影响小

烧碱中 NaOH 和 Na_2CO_3 的测定及纯碱中 Na_2CO_3 和 $NaHCO_3$ 的测定：

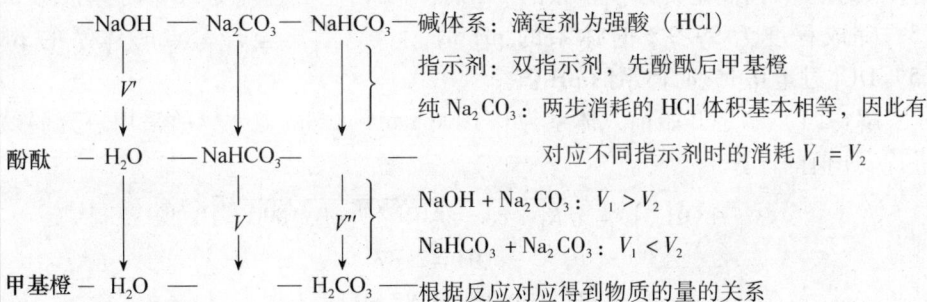

应用 {

—NaOH —— Na_2CO_3— $NaHCO_3$—碱体系：滴定剂为强酸（HCl）

指示剂：双指示剂，先酚酞后甲基橙

纯 Na_2CO_3：两步消耗的 HCl 体积基本相等，因此有对应不同指示剂时的消耗 $V_1 = V_2$

酚酞 — H_2O —— $NaHCO_3$— —— NaOH + Na_2CO_3：$V_1 > V_2$

$NaHCO_3$ + Na_2CO_3：$V_1 < V_2$

甲基橙— H_2O —— —— H_2CO_3—根据反应对应得到物质的量的关系

P 的测定：略

实验相关内容：略

＊注：

① 弱酸（碱）、多元酸（碱）以及混合酸（碱）的滴定均需先进行计算公式的选择判断，然后再进行滴定、计算以及指示剂的选择。

② 考虑到误差，弱酸（碱）、多元酸（碱）及混合酸（碱）的化学计量点 pH 计算应选用近似式或精确式

3.2　例题解析

【例 3-1】指示剂选择。某二元弱酸 H_2B，已知 pH = 1.92 时，$c(H_2B) = c(HB^-)$；pH = 6.22 时，$c(HB^-) = c(B^{2-})$。请计算：（1）H_2B 的 K_{a1}^θ 和 K_{a2}^θ；（2）当溶液中 HB^- 型体浓度达到最大时，pH 是多少？（3）若用 $c(NaOH) = 0.10\ mol \cdot L^{-1}$ 的 NaOH 滴定 H_2B，滴定至第一和第二化学计量点时，溶液的 pH 值各为多少？应选用何种指示剂？

解：（1）由形体分布分数可知，$c(H_2B) = c(HB^-)$ 时，$pH = pK_{a1}^\theta$；$c(HB^-) = c(B^{2-})$ 时，$pH = pK_{a2}^\theta$。故有：

$$pK_{a1}^{\theta} = 1.92; \quad pK_{a2}^{\theta} = 6.22$$

（2）HB⁻为两性物质，当 HB⁻浓度最大时，有

$$pH = \frac{1}{2}(pK_{a1}^{\theta} + pK_{a1}^{\theta}) = 4.07$$

（3）以 NaOH 为滴定剂，滴至第一计量点时，产物为 HB⁻，两性物质，由（2）可知，溶液 pH = 4.07，故选甲基橙为指示剂指示滴定；

滴至第二计量点时，产物为 B²⁻，二元弱碱，溶液 pH 计算：

$$[OH^-] = \sqrt{K_{b1}^{\theta} \cdot c_b} = \sqrt{\frac{K_w^{\theta}}{K_{a2}^{\theta}} \cdot \frac{c(H_2B)}{3}}$$

$$= \sqrt{\frac{10^{-14}}{10^{-6.22}} \cdot \frac{0.1000}{3}} = 2.2 \times 10^{-9} \ (mol \cdot L^{-1})$$

$$pOH = 4.33 \qquad pH = 9.67$$

所以选酚酞做指示剂。

【例 3-2】用浓度为 0.1000 mol·L⁻¹的 HCl 滴定 20 mL 0.1000 mol·L⁻¹的氨水时，试求：（1）滴定开始前体系的 pH 值；（2）完成程度为 50% 时体系的 pH 值；（3）完成程度为 99.9% 时体系的 pH 值；（4）滴定至计量点时体系的 pH 值；（5）HCl 过量 0.1% 时体系的 pH 值。

解：（1）滴定开始前，体系为 0.1000 mol·L⁻¹的氨水，故采用一元弱碱公式进行 pH 值的计算：

$$[OH^-] = \sqrt{K_b^{\theta} \cdot c_b} = \sqrt{10^{-4.74} \times 0.1000} = 10^{2.87}$$

$$pOH = 2.87$$

$$pH = 14.00 - 2.87 = 11.13。$$

（2）滴定完成程度为 50% 时，有 50% 的 NH₃ 与 HCl 反应生成 NH₄⁺，即体系为 NH₃ 与 NH₄⁺ 共存体系，且 $n(NH_3) = n(NH_4^+)$，故采用缓冲溶液公式进行计算：

$$pOH = pK_b^{\theta} - \lg \frac{c(NH_3)}{c(NH_4^+)} = pK_b^{\theta} = 4.74 \Rightarrow pH = 14 - pK_b^{\theta} = 14.00 - 4.74 = 9.26$$

或者

$$pH = pK_a^{\theta} - \lg \frac{c(NH_3)}{c(NH_4^+)} = pK_a^{\theta} = 9.26。$$

（3）滴定完成程度为 99.9% 时，有 99.9% 的 NH₃ 与 HCl 反应生成 NH₄⁺，体系剩余 NH₃ 量为 0.1%，即 $\dfrac{n(NH_4^+)}{n(NH_3)} = \dfrac{99.9\%}{0.1\%} \approx 10^3$，用缓冲溶液公式进行计算：

$$pOH = pK_b^{\theta} - \lg \frac{c(NH_3)}{c(NH_4^+)} = pK_b^{\theta} + 3 \Rightarrow pH = 14 - 3 - pK_b^{\theta} = 11 - 4.74 = 6.26$$

或者

$$pH = pK_a^{\theta} - \lg \frac{c(NH_3)}{c(NH_4^+)} = pK_a^{\theta} - 3 = 9.26 - 3 = 6.26$$

（4）计量点时，体系为 NH₄⁺，采用一元弱酸公式进行计算：

$$[H^+] = \sqrt{K_a^\theta \cdot c\ (NH_4^+)} = \sqrt{K_a^\theta \times \frac{0.1000}{2}} = 9.26 - 3 = 6.26$$

（5）当 HCl 过量 0.1% 时，HCl 与 NH_4^+ 共存，忽略 NH_4^+ 水解对 pH 的影响，故：

$$[H^+] = c\ (HCl) = \frac{0.1\% \times n\ (HCl, 理论)}{V\ (NH_3 \cdot H_2O) + V\ (HCl)}$$

$$= \frac{0.1\% \times c\ (HCl, 原始) \times V\ (HCl, 理论)}{V\ (NH_3 \cdot H_2O) + V\ (HCl)} \approx \frac{0.1\% \times c\ (HCl, 原始)}{2}$$

$$= 5.0 \times 10^{-5}$$

pH = 4.30

【例 3-3】 测定蛋白质样品中的 N 含量时，称取样品 0.2420 g，用浓 H_2SO_4 和催化剂消解，使样品中的 N 全部转化为铵盐，用 4% 的硼酸溶液吸收蒸出的 NH_3，最后用 $0.09680\ mol \cdot L^{-1}$ HCl 滴定至甲基红变色，用去 25.00 mL，计算样品中 N 的质量分数 $w\ (N)$。$[M\ (N) = 14.01\ g \cdot mol^{-1}]$

　　解： 吸收反应：$NH_3 + H_3BO_3 =\!=\!= NH_4^+ + H_2BO_3^-$

　　　　滴定反应：$H^+ + H_2BO_3^- =\!=\!= H_3BO_3$

$$w\ (N) = \frac{m\ (N)}{m_s} \times 100\% = \frac{c\ (HCl) \cdot V\ (HCl) \cdot M\ (N)}{m_s} \times 100\%$$

$$= \frac{0.09680 \times 25.00 \times 10^{-3} \times 14.01}{0.2420} \times 100\% = 14.01\%$$

【例 3-4】 已知某混合碱组成为 Na_3PO_4 和 Na_2CO_3，试设计实验方案，写出分析过程以测定各组分的质量分数。

　　解： 称取混合碱样 m 克，用去离子水完全溶解后，以 HCl、NaOH 为滴定剂，酚酞、甲基橙为指示剂对上述物质进行滴定。过程为：

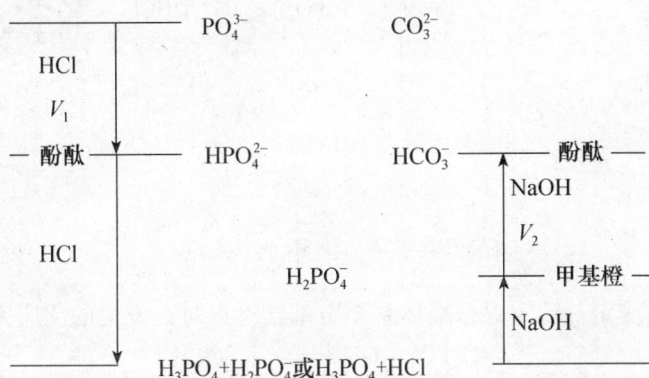

对以上过程，采用 HCl 为滴定剂，酚酞为指示剂，当体系由红变浅粉时，记录 HCl 的消耗体积 V_1，此过程中发生的反应为：

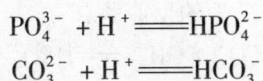

$$PO_4^{3-} + H^+ =\!=\!= HPO_4^{2-}$$

$$CO_3^{2-} + H^+ =\!=\!= HCO_3^-$$

因此，有 $n\ (HCl) = n\ (PO_4^{3-}) + n\ (CO_3^{2-})$。

加入甲基橙，体系变为橙色，当继续滴加 HCl 至体系变红时，剧烈摇荡锥形瓶以除去碳酸，体系的可能组成变为 $H_3PO_4 + H_2PO_4^-$ 或 $H_3PO_4 + HCl$，继而，以 NaOH 为滴定剂，滴至溶液体系由红变橙，此时，体系组成为 $H_2PO_4^-$。继续滴加 NaOH，至体系颜色由黄变橙，记录 NaOH 的消耗体积 V_2，此过程中发生的反应为：

$$H_2PO_4^- + OH^- =\!\!=\!\!= HPO_4^{2-}$$

有 $n\,(NaOH) = n\,(H_2PO_4^-) = n\,(PO_4^{3-})$，因此：

$$w\,(Na_3PO_4) = \frac{n\,(PO_4^{3-}) \cdot M\,(Na_3PO_4)}{m} \times 100\%$$

$$= \frac{c\,(NaOH) \cdot V_2 \cdot M\,(Na_3PO_4)}{m} \times 100\%$$

$$w\,(Na_2CO_3) = \frac{n\,(CO_3^{2-}) \cdot M\,(Na_2CO_3)}{m} \times 100\%$$

$$= \frac{[c\,(HCl) \cdot V_1 - c\,(NaOH) \cdot V_2] \cdot M\,(Na_2CO_3)}{m} \times 100\%$$

【例 3-5】某溶液可能含有下列物质：H_3PO_4，NaH_2PO_4，Na_2HPO_4，HCl。取该溶液 25.00 mL，加入甲基红指示剂，用 $c\,(NaOH) = 0.2500\ mol \cdot L^{-1}$ 的 NaOH 标准溶液滴定，终点时用去 31.20 mL。另取 25.00 mL 试液，加入酚酞指示剂，终点时用去 NaOH 42.34 mL。问该溶液中含上述何种物质？其浓度为多少？

解：已知 $V_1 = 31.20\ mL$，$V_总 = 42.34\ mL$

$V_2 = V_总 - V_1 = 42.34 - 31.20 = 11.14\ mL$

由 $V_1 > V_2$ 可知，溶液组成为 H_3PO_4 和 HCl。

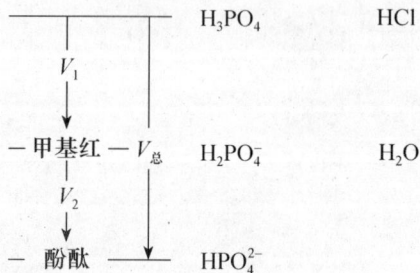

以 NaOH 为滴定剂滴定混合酸体系至甲基红终点时，发生的反应为：

$$H_3PO_4 + OH^- =\!\!=\!\!= H_2PO_4^-$$

$$H^+ + OH^- =\!\!=\!\!= H_2O$$

$$c\,(NaOH) \cdot V_1 = n\,(H_3PO_4) + n\,(HCl)$$

当继续滴定至酚酞终点时，发生的反应为：

$$H_2PO_4^- + OH^- =\!\!=\!\!= HPO_4^{2-}$$

$$c\,(NaOH) \cdot V_2 = n\,(H_2PO_4^-) = n\,(H_3PO_4)$$

$$n\,(HCl) = c\,(NaOH) \cdot (V_1 - V_2)$$

$$c\ (H_3PO_4)\ =\frac{c\ (NaOH)\ \cdot V_2}{25.00}=\frac{0.2500\times11.14}{25.00}=0.1114\ (mol\cdot L^{-1})$$

$$c\ (HCl)\ =\frac{c\ (NaOH)\ \cdot\ (V_1-V_2)}{25.00}=\frac{0.2500\times\ (31.20-11.14)}{25.00}$$

$$=0.2006\ (mol\cdot L^{-1})$$

3.3　习题参考答案

1. 计算溶液的 pH 值：

(1) 25 mL 0.10 mol·L^{-1} HAc；

(2) 25 mL 0.10 mol·L^{-1} NaAc；

(3) 50 mL 0.10 mol·L^{-1} HAc + 25 mL 0.10 mol·L^{-1} NaOH；

(4) 50 mL 0.10 mol·L^{-1} H$_3$PO$_4$ + 25 mL 0.10 mol·L^{-1} NaOH；

(5) 25 mL 0.1000 mol·L^{-1} H$_3$PO$_4$；

(6) 50 mL 0.10 mol·L^{-1} H$_3$PO$_4$ + 50 mL 0.10 mol·L^{-1} NaOH；

(7) 50 mL 0.10 mol·L^{-1} H$_3$PO$_4$ + 75 mL 0.10 mol·L^{-1} NaOH；

(8) 0.10 mol·L^{-1} 氨基乙酸。

解：(1) $[H^+]=\sqrt{K_a^\theta\cdot c\ (HAc)}=\sqrt{10^{-4.74}\times0.10}=10^{-2.87}$　pH = 2.87

(2) $[OH^-]=\sqrt{K_b^\theta\cdot c\ (NaAc)}=\sqrt{10^{-9.26}\times0.10}=10^{-5.13}$　pH = 8.87

(3) 溶液混合后反应产物为等物质的量的 HAc 和 NaAc，pH = pK_a^θ = 4.74

(4) 溶液混合后反应产物为等物质的量的 H$_3$PO$_4$ 和 H$_2$PO$_4^-$，pH = pK_{a1}^θ = 2.12

(5) $[H^+]=\sqrt{K_{a1}^\theta\cdot c\ (H_3PO_4)}=\sqrt{10^{-2.12}\times0.10}=10^{-1.56}$　pH = 1.56

(6) 溶液混合后反应产物为 H$_2$PO$_4^-$，pH = $\frac{1}{2}$ (pK_{a1}^θ + pK_{a2}^θ) = $\frac{1}{2}$ (2.12 + 7.20) = 4.66

(7) 溶液混合后反应产物为等物质的量的 H$_2$PO$_4^-$ 和 HPO$_4^{2-}$，pH = pK_{a2}^θ = 7.20

(8) $[H^+]=\sqrt{K_a^\theta\cdot c_a}=\sqrt{10^{-2.35}\times0.10}=10^{-1.68}$　pH = 1.68

2. 写出下列物质水溶液的质子条件式：

(1) HAc；(2) NH$_3$；(3) NH$_4$Cl；(4) Na$_2$CO$_3$；(5) H$_3$PO$_4$。

解：(1) $[H^+]=[Ac^-]+[OH^-]$

(2) $[NH_4^+]+[H^+]=[OH^-]$

(3) $[H^+]=[NH_3]+[OH^-]$

(4) $[HCO_3^-]+2[H_2CO_3]+[H^+]=[OH^-]$

(5) $[H^+]=[H_2PO_4^-]+2[HPO_4^{2-}]+3[PO_4^{3-}]+[OH^-]$

3. 用 0.1000 mol·L^{-1} NaOH 滴定 0.1000 mol·L^{-1} 甲酸溶液，化学计量点的 pH 值是多少？

解：$OH^- + HCOOH \Longequal HCOO^- + H_2O$

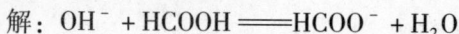

$$[OH^-] = \sqrt{\frac{K_w^\theta}{K_a^\theta} c \ (HCOO^-)} = \sqrt{\frac{10^{-14}}{10^{-3.77}} \times \frac{0.1000}{2}} = 10^{-5.76}$$

$pH = 8.24$

4. 用 $0.5000 \ mol \cdot L^{-1}$ HCl 溶液滴定 $0.5000 \ mol \cdot L^{-1}$ 一元弱碱 B（$pK_b^\theta = 6.00$），计算化学计量点的 pH 值和化学计量点前后 0.1% 的 pH 值；若所用溶液的浓度都为 $0.0200 \ mol \cdot L^{-1}$ 结果如何？

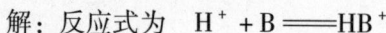

解：反应式为 $H^+ + B \Longequal HB^+$

计量点时：$[H^+] = \sqrt{K_a^\theta \cdot c \ (HB^+)} = \sqrt{10^{-8.00} \times \frac{0.5000}{2}} = 10^{-4.30}$ $pH = 4.30$

计量点前 0.1%：体系为 B-HB$^+$ 共存 $pOH = pK_b^\theta + 3 = 6.00 + 3 = 9.00$

计量点后 0.1%：体系为 HCl 与 HB$^+$ 共存，按 HCl 进行计算：

$$[H^+] \approx \frac{c \ (HCl) \times 0.1\%}{2} = 2.500 \times 10^{-4}$$

$$pH = 4 - 0.40 = 3.60$$

5. 若标准溶液和试剂的浓度均为 $0.1 \ mol \cdot L^{-1}$，问下列滴定能否进行？若能，化学计量点的 pH 值为多少？应选择何种指示剂？

（1）HCl 滴定 NaAc（$K_a^\theta \ (HAc) = 1.8 \times 10^{-5}$）；

（2）HCl 滴定 NaCN（$K_a^\theta \ (HCN) = 6.2 \times 10^{-10}$）；

（3）NaOH 滴定 HCOOH（$K_a^\theta \ (HCOOH) = 1.8 \times 10^{-4}$）；

（4）NaOH 滴定 HCN（$K_a^\theta \ (HCN) = 6.2 \times 10^{-10}$）；

（5）NaOH 滴定有 $0.1 \ mol \cdot L^{-1}$ NH$_4$Cl 的 HCl（$K_b^\theta \ (HN_3) = 1.8 \times 10^{-5}$）。

解：（1）NaAc：$K_b^\theta = \dfrac{10^{-14}}{1.8 \times 10^{-5}} = 5.56 \times 10^{-10}$ $K_b^\theta < 10^{-7}$

故不能用 HCl 直接准确滴定。

（2）NaCN：$K_b^\theta = \dfrac{10^{-14}}{6.2 \times 10^{-10}} = 1.61 \times 10^{-5}$ $K_b^\theta > 10^{-7}$

故能用 HCl 直接准确滴定。

（3）HCOOH：$K_a^\theta > 10^{-7}$，故能用 NaOH 直接准确滴定，终点产物为 HCOO$^-$，

终点时：$[OH^-] = \sqrt{K_b^\theta \cdot c \ (HCOO^-)} = \sqrt{\dfrac{10^{-14}}{1.8 \times 10^{-4}} \times \dfrac{0.1000}{2}} = 1.67 \times 10^{-5} = 4.78$

$pOH = 4.78$ $pH = 9.22$

可选用酚酞为指示剂。

（4）HCN：$K_a^\theta < 10^{-7}$，故不能用 NaOH 直接准确滴定。

（5）NH$_4$Cl 存在下的 HCl：根据 $\dfrac{K_a^\theta \ (HCl)}{K_a^\theta \ (NH_4^+)} \geqslant 10^4$ 可知，可以滴定 HCl 而 NH$_4^+$

不干扰，化学计量点按 NH$_4^+$ 进行计算：

$$[H^+] = \sqrt{K_a^\theta \cdot c(NH_4^+)} = \sqrt{\frac{10^{-14}}{1.8 \times 10^{-5}} \times \frac{0.1000}{2}} = 0.53 \times 10^{-5}$$

pH = 5.28，选择甲基红做指示剂。

6. 若标准溶液和试剂的浓度均为 $0.1\ mol \cdot L^{-1}$，问下列各物质能否用强酸或强碱标准溶液直接准确滴定？若能进行，可滴定到哪一步？能否分步或分别滴定？应各选择何种指示剂？（不要求计算）

（1）$H_2C_2O_4$（$K_{a1}^\theta = 5.6 \times 10^{-2}$，$K_{a2}^\theta = 5.4 \times 10^{-5}$）；

（2）H_2S（$K_{a1}^\theta = 8.9 \times 10^{-8}$，$K_{a2}^\theta = 1.2 \times 10^{-13}$）；

（3）$H_2B_4O_7$（$K_{a1}^\theta = 1.0 \times 10^{-4}$，$K_{a2}^\theta = 1.0 \times 10^{-9}$）；

（4）H_3A（$K_{a1}^\theta = 1.0 \times 10^{-2}$，$K_{a2}^\theta = 5.0 \times 10^{-6}$，$K_{a3}^\theta = 1.0 \times 10^{-12}$）；

（5）Na_3A（$K_{a1}^\theta = 1.0 \times 10^{-2}$，$K_{a2}^\theta = 5.0 \times 10^{-6}$，$K_{a3}^\theta = 1.0 \times 10^{-12}$）；

（6）$HAc + H_3BO_3$［$K_a^\theta(HAc) = 1.8 \times 10^{-5}$，$K_a^\theta(H_3BO_3) = 5.8 \times 10^{-10}$］。

解：（1）$H_2C_2O_4$：$\dfrac{K_{a1}^\theta}{K_{a2}^\theta} \leqslant 10^4$，无法将 $H_2C_2O_4$ 滴定为 $HC_2O_4^-$，由 $K_{a2}^\theta > 10^{-7}$ 知，可将 $HC_2O_4^-$ 滴定为 $C_2O_4^{2-}$，应选用酚酞做指示剂指示 $C_2O_4^{2-}$ 的生成。

（2）H_2S：$K_{a1}^\theta \leqslant 10^{-7}$，无法用强碱进行直接准确滴定。

（3）$H_2B_4O_7$：$\dfrac{K_{a1}^\theta}{K_{a2}^\theta} > 10^4$，且 $K_{a1}^\theta > 10^{-7}$，可以用强碱将 $H_2B_4O_7$ 滴为 $HB_4O_7^-$，两性物质，pH = 6.50，选择溴百里酚蓝为指示剂；但由 $K_{a2}^\theta < 10^{-7}$ 知，不能用强碱将 $HB_4O_7^-$ 滴为 $B_4O_7^{2-}$。

（4）H_3A：$\dfrac{K_{a1}^\theta}{K_{a2}^\theta} \leqslant 10^4$，无法将 H_3A 滴定为 H_2A^-；又 $\dfrac{K_{a2}^\theta}{K_{a3}^\theta} > 10^4$，且 $K_{a2}^\theta > 10^{-7}$，可将 H_2A^- 滴为 HA^{2-}，两性物质，pH ≈ 8.65，选酚酞为指示剂；但由 $K_{a3}^\theta < 10^{-7}$ 知，不能用强碱将 HA^{2-} 滴定为 A^{3-}。

（5）Na_3A：$K_{b1}^\theta = 1.0 \times 10^{-2}$，$K_{b2}^\theta = 2.0 \times 10^{-9}$，$K_{b3}^\theta = 1.0 \times 10^{-12}$。$\dfrac{K_{b1}^\theta}{K_{b2}^\theta} > 10^4$，且 $K_{b1}^\theta > 10^{-7}$，可以用强酸将 Na_3A 滴定成 HA^{2-}，两性物质，pH ≈ 8.65，选择酚酞做指示剂；但由于 $K_{b2}^\theta < 10^{-7}$ 知，无法用强酸继续进行滴定。

（6）$HAc + H_3BO_3$：$\dfrac{K_a^\theta(HAc)}{K_a^\theta(H_3BO_3)} > 10^4$，且 $K_a^\theta(HAc) > 10^{-7}$，可以滴定混酸中的 HAc，终点组成为 $Ac^- + H_3BO_3$，溶液 pH = 7.00，故选择中性红 - 次甲基蓝为指示剂；但 $K_a^\theta(H_3BO_3) < 10^{-7}$，故无法继续滴定。

7. 用 HCl 标准溶液滴定含有 8.00% 碳酸钠的 NaOH，如果用甲基橙作指示剂可用去 24.50 mL HCl 溶液；若用酚酞做指示剂，要用去该 HCl 标准溶液多少毫升？

解：以 HCl 为滴定剂，酚酞、甲基橙为指示剂的反应过程为：

$$
\begin{array}{ccc}
& \text{NaOH} & \text{Na}_2\text{CO}_3 \\
V_1 \downarrow & & \\
\text{——酚酞——} V_总 & \text{H}_2\text{O} & \text{HCO}_3^- \\
V_2 \downarrow & & \\
\text{——甲基橙——} & & \text{H}_2\text{CO}_3
\end{array}
$$

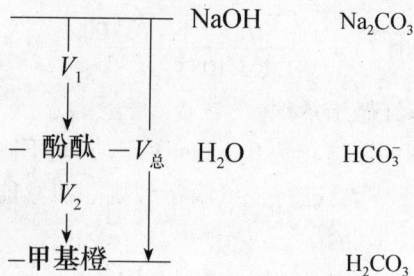

$$w\ (\text{Na}_2\text{CO}_3)\ =\frac{c\ (\text{HCl})\ \cdot V_2\cdot M\ (\text{Na}_2\text{CO}_3)}{m}\times100\%=8\%$$

$$\frac{V_2}{m}=\frac{8}{100\times c\ (\text{HCl})\ \cdot M\ (\text{Na}_2\text{CO}_3)}$$

$$w\ (\text{NaOH})\ =\frac{c\ (\text{HCl})\ \cdot\ (V_总-2V_2)\ \cdot M\ (\text{NaOH})}{m}\times100\%=92\%$$

即：

$$\frac{c\ (\text{HCl})\ \cdot V_总\cdot M\ (\text{NaOH})}{m}\times100\%-2\times\frac{c\ (\text{HCl})\ \cdot M\ (\text{NaOH})\ \times8}{100\times c\ (\text{HCl})\ \cdot M\ (\text{Na}_2\text{CO}_3)}\times100\%$$

$$=92\%$$

$$\frac{c\ (\text{HCl})\ \cdot V_总\cdot M\ (\text{NaOH})}{m}\times100\%=92\%+2\times\frac{M\ (\text{NaOH})\ \times8}{M\ (\text{Na}_2\text{CO}_3)}\times100\%$$

$$=98.04\%$$

$$\frac{V_总}{m}=\frac{98.04}{100\times c\ (\text{HCl})\ \cdot M\ (\text{NaOH})}$$

$$V_2=\frac{8M\ (\text{NaOH})}{98.04M\ (\text{Na}_2\text{CO}_3)}V_总=0.75\ (\text{mL})$$

$$V_1=23.74\ (\text{mL})$$

8. 含有中性杂质的混合碱试样 0.3010 g，溶解后，用 0.1060 mol·L^{-1}HCl 滴定到酚酞变色（终点）时，消耗 HCl 20.10 mL。加入甲基橙后继续滴定至终点，共消耗 HCl 47.70 mL，试判断试样组成及各组分的质量分数。

解：$V_2=27.60$ mL，由 $V_1<V_2$ 可知，混合碱组成为 Na$_2$CO$_3$ + NaHCO$_3$。

$$w\ (\text{Na}_2\text{CO}_3)\ =\frac{c\ (\text{HCl})\ \cdot V_1\cdot M\ (\text{Na}_2\text{CO}_3)}{m_s}\times100\%$$

$$=\frac{0.1060\times0.02010\times106}{0.3010}\times100\%=75.03\%$$

$$w\ (\text{NaHCO}_3)\ =\frac{c\ (\text{HCl})\ \cdot\ (V_2-V_1)\ \cdot M\ (\text{NaHCO}_3)}{m_s}\times100\%$$

$$=\frac{0.1060\times0.00750\times84}{0.3010}\times100\%=22.19\%$$

9. 有一 Na$_3$PO$_4$ 试样，其中含有 Na$_2$HPO$_4$。称取该物质 0.9947 g，以酚酞为指示剂，用去 0.2881 mol·L^{-1} HCl 17.56 mL。再加甲基橙指示剂，继续滴定至终点，

又用去 HCl 20.18 mL。求试样中 Na_3PO_4、Na_2HPO_4 的质量分数。

解：$V_1 = 17.56$ mL　$V_2 = 20.18$ mL

$$w(Na_3PO_4) = \frac{c(HCl) \cdot V_1 \cdot M(Na_3PO_4)}{m_s} \times 100\%$$

$$= \frac{0.2881 \times 0.01756 \times 163.94}{0.9947} \times 100\% = 83.38\%$$

$$w(Na_2HPO_4) = \frac{c(HCl) \cdot (V_1 - V_2) \cdot M(Na_2HPO_4)}{m_s} \times 100\%$$

$$= \frac{0.2881 \times (0.02018 - 0.01756) \times 141.95}{0.9947} \times 100\%$$

$$= 10.77\%$$

10. 称取某含氮化合物 1.000 g。试样经处理后使 N 全部转化为 NH_3，并吸收于 50.00 mL 0.5000 mol·L^{-1} HCl 标准溶液中，过量的酸再以 0.5000 mol·L^{-1} NaOH 标准溶液返滴定，耗去 1.56 mL，求该试样中 N 的质量分数。

解：$n(NH_3) = c(HCl) \cdot V(HCl) - c(NaOH) \cdot V(NaOH)$

$$= 0.5000 \times 0.05000 - 0.5000 \times 0.00156 = 0.02422 \ (mol)$$

$$w(NH_3) = \frac{n(NH_3) \cdot M(N)}{m_s} \times 100\% = \frac{0.02422 \times 14}{1} \times 100\% = 33.91\%$$

11. 有人试图在水溶液中用酸碱滴定法测定 NaAc 的含量，即加入一定量过量的标准 HCl 溶液，然后再用 NaOH 标准溶液返滴定过量的 HCl。上述测定操作是否正确，试述其理由。

解：不正确。过量 HCl 与 NaAc 反应的产物体系为 HCl 和 HAc，但此时难以对剩余的 HCl 进行定量。

12. 有一混合碱样品中含有 NaOH、Na_2CO_3、$NaHCO_3$（可能是一种物质或两种物质的混合物）及不干扰测定的中性杂质，请设计分析方案，通过此方案的实施，确定样品的组成及含量。（方案应包括原理、简单实验步骤、结果计算公式等）

解：对于二元碱 CO_3^{2-}，可选用标准 HCl 为滴定剂，分别以酚酞、甲基橙为指示剂进行滴定。当与 NaOH 或 $NaHCO_3$ 混合时，其滴定过程为：

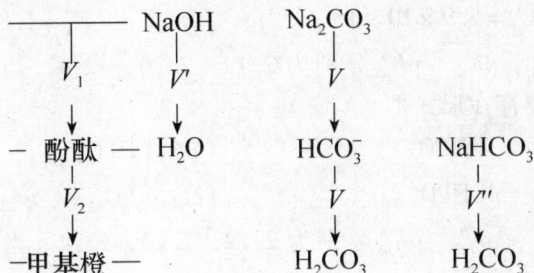

$$
\begin{array}{cccc}
\text{—} & \text{NaOH} & Na_2CO_3 & \\
V_1 \downarrow & V' \downarrow & V \downarrow & \\
\text{— 酚酞 —} & H_2O & HCO_3^- & NaHCO_3 \\
V_2 \downarrow & & V \downarrow & V'' \downarrow \\
\text{—甲基橙—} & & H_2CO_3 & H_2CO_3
\end{array}
$$

由滴定过程可知：当 $V_1 > V_2$ 时，为 NaOH 与 Na_2CO_3 混合；当 $V_1 < V_2$ 时为 Na_2CO_3 与 $NaHCO_3$ 混合。

实验步骤：称取混合碱样 m 克，溶解后，加入指示剂酚酞和甲基橙，用 HCl 滴定，当体系颜色由红变橙时，记录体积 V_1；继续滴加 HCl 至体系颜色由黄变橙，记录体积 V_2。

当组成为 NaOH 与 Na_2CO_3 时：

$$w（Na_2CO_3） = \frac{c（HCl）\cdot V_2 \cdot M（Na_2CO_3）}{m} \times 100\%$$

$$w（NaOH） = \frac{c（HCl）\cdot（V_1 - V_2）\cdot M（NaOH）}{m} \times 100\%$$

当组成为 Na_2CO_3 和 $NaHCO_3$ 时：

$$w（Na_2CO_3） = \frac{c（HCl）\cdot V_1 \cdot M（Na_2CO_3）}{m} \times 100\%$$

$$w（NaHCO_3） = \frac{c（HCl）\cdot（V_2 - V_1）\cdot M（NaHCO_3）}{m} \times 100\%$$

13. $0.1\ mol \cdot L^{-1}$ $ClCH_2COOH$（$pK_a^\theta = 2.86$）能否用酸碱标准溶液直接滴定？判断根据是什么？如果可以，请指出滴定剂，计算化学计量点 pH 值，并在百里酚酞 $[pK_a^\theta（HIn）= 10.0]$ 和苯酚红 $[pK_a^\theta（HIn）= 8.0)$ 中选一适宜的指示剂。

解：可以。根据 $pK_a^\theta < 7$，可以用强碱 NaOH 进行滴定。

化学计量点时，产物为 $ClCH_2COO^-$，一元弱碱，故根据 $[OH^-] = \sqrt{K_b^\theta \cdot c_b} = \sqrt{\frac{K_w^\theta}{K_a^\theta} \times \frac{0.1000}{2}} = 10^{-6.22}$ 得，计量点 pH = 7.78。

应选择苯酚红做指示剂。

3.4 自测题

一、选择题

1. 当下列各酸水溶液中 H^+ 离子浓度（单位：$mol \cdot L^{-1}$）相等时，哪一种物质的量浓度最大（　　）？

（A）HAc（$K_a^\theta = 1.8 \times 10^{-5}$）　　　　　　（B）$H_3BO_3$（$K_{a1}^\theta = 5.7 \times 10^{-10}$）

（C）$H_2C_2O_4$（$K_{a1}^\theta = 5.9 \times 10^{-2}$）　　　（D）HF（$K_a^\theta = 1.8 \times 10^{-4}$）

2. H_3PO_4 的 pK_{a1}^θ、pK_{a2}^θ、pK_{a3}^θ 分别为 2.12，7.20，12.4。当 H_3PO_4 溶液 pH = 7.30 时，溶液的主要存在形式是（　　）。

（A）$[H_2PO_4^-] > [HPO_4^{2-}]$　　　　　　（B）$[HPO_4^{2-}] > [H_2PO_4^-]$

（C）$[H_2PO_4^-] = [HPO_4^{2-}]$　　　　　　（D）$[PO_4^{3-}] > [HPO_4^{2-}]$

3. H_3PO_4 的 pK_{a1}^θ、pK_{a2}^θ、pK_{a3}^θ 分别为 2.12，7.20，12.4。当 H_3PO_4 溶液 pH = 6.20 时，$[HPO_4^{2-}]:[H_2PO_4^-]$ 是（　　）。

（A）10:1　　　（B）1:5　　　（C）1:2　　　（D）1:10

4. 已知 $0.10\ mol \cdot L^{-1}$ 一元弱碱 B^- 溶液 pH = 8.0，则 $0.10\ mol \cdot L^{-1}$ 共轭酸 HB 溶液的 pH 值是（　　）。

（A）2.0（2.5）　　　（B）3.0　　　　　（C）3.5　　　　　（D）4.0

5. 以甲基橙为指示剂，能用 HCl 标准溶液直接滴定的碱是（　　）。

（A）PO_4^{3-}　　　　　（B）$C_2O_4^{2-}$　　　　　（C）Ac^-　　　　　（D）$HCOO^-$

6. 以酚酞为指示剂，能用 HCl 标准溶液直接滴定的物质是（　　）。

（A）CO_3^{2-}　　　　（B）HCO_3^-　　　　（C）HPO_4^{2-}　　　　（D）Ac^-

7. 浓度为 c（$mol \cdot L^{-1}$）的 $NaNO_3$ 溶液的质子条件式是（　　）。

（A）$[H^+] = [OH^-]$

（B）$[Na^+] = [NO_3^-] = c$

（C）$[H^+] + [Na^+] = [NO_3^-] + [OH^-]$

（D）$[Na^+] + [NO_3^-] = c$

8. 浓度为 c（HCl）（$mol \cdot L^{-1}$）的 HCl 和 c（NaOH）（$mol \cdot L^{-1}$）的 NaOH 混合溶液的质子条件式是（　　）。

（A）$[H^+] = [OH^-] + [HCl]$

（B）$[H^+] + [NaOH] = [OH^-] + [HCl]$

（C）$[H^+] + [NaOH] = [OH^-]$

（D）$[H^+] = [OH^-] + [HCl] + [NaOH]$

9. 浓度为 c（H_2SO_4）（$mol \cdot L^{-1}$）的 H_2SO_4 溶液的质子条件式是（　　）。

（A）$[H^+] = [SO_4^{2-}] + [OH^-]$

（B）$[H^+] = [OH^-] + c$（H_2SO_4）

（C）$[H^+] = [SO_4^{2-}] + [OH^-] + c$（$H_2SO_4$）

（D）$[H^+] + c$（H_2SO_4）$= [OH^-]$

10. 浓度为 c（HAc）（$mol \cdot L^{-1}$）的 HAc 溶液中加入 c（HCl）（$mol \cdot L^{-1}$）的 HCl 和 c（NaOH）（$mol \cdot L^{-1}$）的 NaOH 后的质子条件式是（　　）。

（A）$[H^+] + c$（HCl）$= [Ac^-] + c$（NaOH）$+ [OH^-]$

（B）$[H^+] = c$（HCl）$+ [Ac^-] + c$（NaOH）$+ [OH^-]$

（C）$[H^+] + c$（HCl）$+ c$（NaOH）$= [Ac^-] + [OH^-]$

（D）$[H^+] + c$（NaOH）$= c$（HCl）$+ [Ac^-] + [OH^-]$

11. 下列各组酸碱对中，不属于共轭酸碱对的是（　　）。

（A）$H_3PO_4 - H_2PO_4^-$　　　　　　　（B）$NH_3 - NH_2^-$

（C）$HNO_3 - NO_3^-$　　　　　　　　（D）$H_2SO_4 - SO_4^{2-}$

12. 在浓度相同的下列水溶液中，缓冲作用最大的是（　　）。

（A）$NaHCO_3$　　　　（B）$NaHCO_3 - Na_2CO_3$　　（C）$Na_2B_4O_7 \cdot 10H_2O$　　（D）NaH_2PO_4

13. 以 $0.1000\ mol \cdot L^{-1}$ NaOH 溶液滴定 20.00 mL $0.1000\ mol \cdot L^{-1}$ 的 HCl 和 $2.0 \times 10^{-4}\ mol \cdot L^{-1}$ 盐酸羟胺（$pK_b^{\ominus} = 8.00$）混合溶液，则滴定 HCl 至化学计量点的 pH 值是（　　）。

（A）5.00　　　　　（B）6.00　　　　　（C）5.50　　　　　（D）5.20

14. 用 $0.1000\ mol \cdot L^{-1}$ NaOH 溶液分别滴定 25 mL 某一 H_2SO_4 和 HCOOH 溶液，若

消耗的 NaOH 体积相同，则这两种溶液中 H_2SO_4 和 HCOOH 浓度之间的关系是（　　）。

(A) c（HCOOH）$= c$（H_2SO_4）　　　　(B) $4c$（HCOOH）$= c$（H_2SO_4）

(C) c（HCOOH）$= 2c$（H_2SO_4）　　　　(D) $2c$（HCOOH）$= c$（H_2SO_4）

15. $0.20\ mol \cdot L^{-1}$ 二元弱酸 H_2B 30 mL，加入 $0.20\ mol \cdot L^{-1}$ NaOH 溶液 15 mL 时的 pH = 4.70；当加入 30 mL NaOH 时，达到第一化学计量点的 pH = 7.20，则 H_2B 的 pK_{a2}^θ 是（　　）。

(A) 9.70　　　　(B) 9.30　　　　(C) 9.40　　　　(D) 9.00

16. 用 $0.1000\ mol \cdot L^{-1}$ NaOH 溶液滴定同浓度的 HAc（$pK_a^\theta = 4.74$）的 pH 值突跃范围为 7.7 ~ 9.7。若用 $0.1000\ mol \cdot L^{-1}$ NaOH 溶液滴定某弱酸 HB（$pK_a^\theta = 2.74$），pH 值突跃范围是（　　）。

(A) 8.7 ~ 10.7　　(B) 6.7 ~ 9.7　　(C) 6.7 ~ 10.7　　(D) 5.7 ~ 9.7

17. 移取 20.0 mL $KHC_2O_4 \cdot 2H_2C_2O_4$ 试液两份。其中一份酸化后，用 $0.0400\ mol \cdot L^{-1}$ $KMnO_4$ 溶液滴定至终点时，消耗 20.0 mL；另一份试液若以 $0.100\ mol \cdot L^{-1}$ NaOH 溶液滴定至酚酞变色点，消耗的 NaOH 体积是（　　）。

(A) 20.0 mL　　(B) 15.0 mL　　(C) 30.0 mL　　(D) 25.0 mL

18. 称取 0.3814 g $Na_2B_4O_7 \cdot 10H_2O$ ［M（$Na_2B_4O_7 \cdot 10H_2O$）= 381.4］，溶于适量水中，待标定的 H_2SO_4 溶液滴定至甲基红变色点时，消耗 40.0 mL，则此时 H_2SO_4 溶液的浓度是（　　）。

(A) $0.0500\ mol \cdot L^{-1}$　　　　　　(B) $0.0125\ mol \cdot L^{-1}$

(C) $0.0200\ mol \cdot L^{-1}$　　　　　　(D) $0.0250\ mol \cdot L^{-1}$

19. 用标准 NaOH 溶液滴定同浓度的 HAc，若两者的浓度均增大 10 倍，以下叙述滴定曲线 pH 值突跃大小，正确的是（　　）。

(A) 化学计量点前后 0.1% 的 pH 值均增大

(B) 化学计量点前 0.1% 的 pH 值不变，后 0.1% 的 pH 值增大

(C) 化学计量点前 0.1% 的 pH 值减小，后 0.1% 的 pH 值增大

(D) 化学计量点前后 0.1% 的 pH 值均减小

20. 用 $0.10\ mol \cdot L^{-1}$ NaOH 滴定 $0.10\ mol \cdot L^{-1}$ HCOOH（$pK_a^\theta = 3.74$）。对此滴定时用的指示剂是（　　）。

(A) 甲基红（$pK_a^\theta = 5.0$）　　　　(B) 中性红（$pK_a^\theta = 7.4$）

(C) 甲基橙（$pK_a^\theta = 3.4$）　　　　(D) 溴酚蓝（$pK_a^\theta = 4.1$）

二、填空题

1. 用 $0.20\ mol \cdot L^{-1}$ NaOH 滴定 $0.10\ mol \cdot L^{-1}$ HCl 和 $0.20\ mol \cdot L^{-1}$ HAc（$pK_a^\theta = 4.74$）的混合溶液时，在滴定曲线上，出现_____个突跃范围。

2. 用 $0.20\ mol \cdot L^{-1}$ HCl 滴定 $0.10\ mol \cdot L^{-1}$ NH_3（$pK_b^\theta = 4.74$）和 $0.10\ mol \cdot L^{-1}$ 甲胺（$pK_b^\theta = 3.38$）的混合溶液时，在滴定曲线上，出现_____个突跃范围。

3. 用吸收了 CO_2 的标准 NaOH 溶液测定工业 HAc 的含量时，会使分析结果_____；如以甲基橙作为指示剂，用此 NaOH 溶液测定工业 HCl 的含量时，对分析结

果_____。（填偏高，偏低，无影响）

4. 列出下列溶液的质子条件式：浓度为（ mol·L^{-1}）（NH$_4$）$_2$CO$_3$：_____
_____；浓度为（ mol·L^{-1}）NH$_4$H$_2$PO$_4$：_____。

5. 根据酸碱质子理论，OH$^-$ 的共轭酸是_____，HAc 的共轭碱是_____。

6. 已知柠檬酸的 pK_{a1}^θ、pK_{a2}^θ、pK_{a3}^θ 分别为 3.13，4.76，6.40，则 pK_{b2}^θ =
____，pK_{b3}^θ =_____。

7. 当用强碱滴定强酸时，若酸和碱的浓度均增大 10 倍，则化学计量点前 0.1%
的 pH 减小_____单位，化学计量点的 pH 值_____，化学计量点后 0.1% 的 pH 增
大_____单位。

8. 六亚甲基四胺的 pK_b^θ = 8.85，用它配制缓冲溶液时的 pH 缓冲范围是_____，
NH$_3$ 的 pK_b^θ = 4.74，其 pH 缓冲范围是_____。

9. H$_3$PO$_4$ 的 pK_{a1}^θ、pK_{a2}^θ、pK_{a3}^θ 分别为 2.12，7.20，12.3。今用 H$_3$PO$_4$ 和 NaOH
来配制 pH = 7.20 的缓冲溶液时，H$_3$PO$_4$ 和 NaOH 的物质的量之比是_____。

10. 对于缓冲溶液，影响缓冲容量 β 大小的主要因素是_____与_____。

11. 为了滴定下列混合酸（碱），分别选择一种合适的指示剂。①用 0.100 mol·
L^{-1} NaOH 滴定含有 0.100 mol·L^{-1} HCl 和 0.10 mol·L^{-1} NH$_4$Cl 混合溶液中的 HCl，
选择_____为指示剂。②用 0.100 mol·L^{-1} HCl 滴定含有 0.100 mol·L^{-1} NaOH
和 0.10 mol·L^{-1} NaAc 混合溶液中的 NaOH，选择_____为指示剂。

12. 用 0.100 mol·L^{-1} HCl 滴定同浓度的 NH$_3$（pK_b^θ = 4.74）时，pH 值突跃范
围为 6.3 ~ 4.3。若用 0.100 mol·L^{-1} HCl 滴定同浓度的某碱 B（pK_b^θ = 3.74），pH
值突跃范围为_____。

13. 用 0.100 mol·L^{-1} NaOH 滴定 0.100 mol·L^{-1} 甲酸，若将 NaOH 和甲酸的
浓度均增大 10 倍，则在上述两种滴定过程中，pH 值相等时相应的中和百分率是
_____。

14. 常见的用于标定 NaOH 的基准物质有_____和_____。

15. 对酚酞这种类型的单色指示剂而言，若指示剂用量过多，其变色范围向__
_____（指 pH 高或低）的方向移动。

16. 对某些 c（HA）·K_a^θ < 10^{-8} 或 c（B）·K_b^θ < 10^{-8} 的弱酸或弱碱，有时可以
通过哪些方法来达到准确测定的目的：①_____；
②_____；③_____。

17. 用 0.10 mol·L^{-1} HCl 滴定 0.100 mol·L^{-1} 某碱 N（OH）$_3$（已知 pK_{b1}^θ =
3.00，pK_{b2}^θ = 4.80，pK_{b3}^θ = 8.20），有_____个突跃，滴定产物是_____，
化学计量点时的 pH 值为_____。

18. 已知甲基橙，当溶液 pH = 3.1 时，$\frac{[\text{In}^-]}{[\text{HIn}]}$ 的比值为_____；溶液 pH = 4.4
时，$\frac{[\text{In}^-]}{[\text{HIn}]}$ 的比值为_____。

19. NH$_4$HCO$_3$ 水溶液的质子条件应选_____、_____和_____为

参比水准。质子条件式是_____。

20. 计算一元弱酸溶液的 pH 值，常用的最简式为_____，使用此式时要注意应先检查是否满足两个条件：_____和_____，否则将引入较大误差。

21. 用强碱滴定弱酸时，要求弱酸的 $c \cdot K_a^\theta$ _____；用强酸滴定弱碱时，要求弱碱 $c \cdot K_b^\theta$ _____。

22. 以通常计算，指示剂变色范围应为 pH = $pK_a^\theta \pm 1$。但甲基橙（$pK_a^\theta = 3.4$）实际变色范围（3.1~4.4）与此不符，这是由于_____。

23. 将 0.5050 g MgO 试样溶于 25.00 mL 0.09257 mol·L^{-1} H$_2$SO$_4$ 溶液中，再用 0.1112 mol·L^{-1} NaOH 溶液滴定，用去 24.30 mL。由此计算出 MgO 的质量分数为_____，这种滴定方式称_____。

24. 判断下图所示的滴定曲线的类型是_____，可选用_____作指示剂。

25. 已知某一标准 NaOH 溶液吸收 CO$_2$ 后，有 0.2% 的 NaOH 转变成 Na$_2$CO$_3$，用此 NaOH 溶液测定 HAc 的浓度时，会使分析结果偏_____（填"高"或"低"）百分之_____（填数字）。

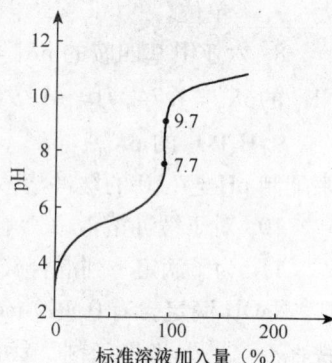

三、判断题

1. 强酸的共轭碱一定很弱。（　　）
2. 对酚酞不显颜色的溶液一定是酸性溶液。（　　）
3. 等量的 HAc 和 HCl（浓度相等），分别用等量的 NaOH 中和，所得溶液的 pH 相等。（　　）
4. 多元酸或多元碱的逐级离解常数总是 $K_1^\theta > K_2^\theta > K_3^\theta$。（　　）
5. Na$_2$CO$_3$ 与 NaHCO$_3$ 可构成缓冲剂起缓冲作用，单独的 NaHCO$_3$ 不起缓冲作用。（　　）
6. 对甲基橙显红色（酸色）的溶液是酸性溶液，对酚酞显红色（碱色）的为碱性溶液，可见指示剂在酸性溶液中显酸性，在碱性溶液中显碱性。（　　）
7. 能用 HCl 标准溶液准确滴定 0.1 mol·L^{-1} NaCN（HCN 的 $K_a^\theta = 4.9 \times 10^{-10}$）。（　　）
8. 多元弱酸在水中各型体的分布取决于溶液的 pH 值。（　　）
9. 强酸滴定强碱的滴定曲线，其突跃范围大小只与浓度有关。（　　）
10. 酸碱滴定中，化学计量点时溶液的 pH 值与指示剂的理论变色点的 pH 值相等。（　　）

四、计算题

1. 用 0.1000 mol·L^{-1} HCl 溶液滴定 20.00 mL 0.1000 mol·L^{-1} 的 NaOH，若 NaOH 溶液中同时含有 0.1000 mol·L^{-1} 的 NaAc。计算化学计量点以及化学计量点前后 0.1% 时的 pH 值。

2. 下列物质能否用酸碱滴定法直接测定？使用什么标准溶液和指示剂。如果不能，可用什么方法使之适用于酸碱滴定法进行测定？ （1）乙胺； （2）NH_4Cl；
（3）HF；（4）NaAc；（5）H_3BO_3；（6）硼砂；（7）苯胺；（8）$NaHCO_3$。

3. 下列各溶液能否用酸碱滴定法测定，用什么滴定剂和指示剂，滴定终点的产物是什么？（1）柠檬酸；（2）NaHS；（3）顺丁烯二酸；（4）NaOH + $(CH_2)_6N_4$（浓度均为 $0.1\ mol \cdot L^{-1}$）；（5）$0.1\ mol \cdot L^{-1}$ 氯乙酸 + $0.01\ mol \cdot L^{-1}$ HAc。

4. 设计下列混合物的分析方案：（1）$HCl + NH_4Cl$ 混合液；（2）硼酸 + 硼砂混合物；（3）$HCl + H_3PO_4$ 混合液。

5. 标定 HCl 溶液时，准确称取 $Na_2C_2O_4$ 0.3042 g，灼烧成 Na_2CO_3 以后，溶于水，用 HCl 滴定，以甲基橙作指示剂，用去 HCl 22.38 mL，计算 HCl 溶液的浓度。

6. 现有一含磷样品，称取样品 1.000 g，经过处理后，以钼酸铵沉淀磷为磷钼酸铵，水洗过量的钼酸铵后，用 $0.1000\ mol \cdot L^{-1}$ NaOH 50.00 mL 溶解沉淀。过量的 NaOH 用 $0.2000\ mol \cdot L^{-1}$ HNO$_3$ 滴定，以酚酞作指示剂，用去 HNO_3 10.27 mL。计算试样中的磷和五氧化二磷的质量分数。

7. 有一含 Na_2CO_3 与 NaOH 的混合物。现称取试样 0.5895 g，溶于水中，用 $0.3000\ mol \cdot L^{-1}$ HCl 滴定至酚酞变色时，用去 HCl 24.08 mL，加入甲基橙后继续用 HCl 滴定，又消耗 HCl 12.02 mL。试计算试样中 Na_2CO_3 与 NaOH 的质量分数。

8. 某试样含有 Na_2CO_3、$NaHCO_3$ 及其他惰性物质。称取试样 0.3010 g，用酚酞作指示剂滴定，用去 $0.1060\ mol \cdot L^{-1}$ 的 HCl 溶液 20.10 mL，继续用甲基橙作指示剂滴定，共用去 HCl 47.70mL，计算试样中 Na_2CO_3 与 $NaHCO_3$ 的质量分数。

9. 某溶液中可能含有 H_3PO_4、NH_2PO_4 或 Na_2HPO_4，或是它们不同比例的混合溶液。以酚酞为指示剂，用 48.36 mL $1.000\ mol \cdot L^{-1}$ NaOH 标准溶液滴定至终点，接着加入甲基橙，再用 33.72 mL $1.000\ mol \cdot L^{-1}$ HCl 溶液回滴至甲基橙终点（橙色），问混合后该溶液组成如何？并求出各组分的物质的量（m mol）。

10. 称取不纯的未知的一元弱酸 HA（摩尔质量为 $82.00\ g \cdot mol^{-1}$）试样 1.600 g，溶解后稀释至 60.00 mL，以 $0.2500\ mol \cdot L^{-1}$ NaOH 进行电位滴定。已知 HA 被中和一半时溶液的 pH = 5.00，而中和至计量点时溶液的 pH = 9.00。计算试样中 HA 的质量分数。

3.5 自测题参考答案

一、选择题

1. B 2. B 3. D 4. A 5. A 6. A 7. A 8. B 9. C 10. D 11. D 12. B
13. A 14. C 15. A 16. D 17. D 18. C 19. A 20. B

二、填空题

1. 2

2. 1

3. 偏高 无影响

4. $[H^+] + [HCO_3^-] + 2[H_2CO_3] = [OH^-] + [NH_3]$

$[H^+] + [H_3PO_4] = [OH^-] + 2[PO_4^{3-}] + [NH_3] + [HPO_4^{2-}]$

5. H_2O Ac^-

6. 9.24 10.87

7. 1 不变 1

8. 4.1~6.1 8~10

9. 2:3

10. 酸及其共轭碱的总浓度 共轭酸碱组分的浓度比值

11. 甲基红 酚酞

12. 7.3~4.3

13. 50%

14. 草酸 邻苯二甲酸氢钾

15. 低

16. 改变检测终点 改变溶剂 利用化学反应

17. 1 $NOHCl_2$ 7.5

18. 0.5 10

19. HCO_3^- NH_4^+ H_2O $[H^+] + [H_2CO_3] = [OH^-] + [NH_3] + [CO_3^{2-}]$

20. $[H^+] = \sqrt{cK_a^\theta}$ $\dfrac{c}{K_a^\theta} > 400$ $cK_a^\theta > 20K_w^\theta$

21. $>10^{-8}$ $>10^{-8}$

22. 人眼对不同颜色的敏锐程度不同造成的

23. 7.69% 返滴定法

24. 强碱滴定弱酸 酚酞

25. 高 0.1

三、判断题

1. √ 2. × 3. × 4. √ 5. × 6. × 7. √ 8. √ 9. √ 10. ×

四、计算题

1. 解：（1）化学计量点时，体系中有 $0.0500 \ mol \cdot L^{-1}$ NaAc。

K_a^θ（HAc）$= 1.75 \times 10^{-5}$

$$\frac{c}{K_b^\theta} = \frac{0.0500}{\dfrac{1.0 \times 10^{-14}}{1.75 \times 10^{-5}}} = \frac{0.0500}{5.6 \times 10^{-10}} > 500$$

$[OH^-] = \sqrt{c \cdot K_b^\theta} = \sqrt{0.0500 \times 5.6 \times 10^{-10}} = 5.3 \times 10^{-6} \ (mol \cdot L^{-1})$

pOH = 5.28   pH = 8.72

（2）化学计量点前0.1%：

$[H^+] + [OH^-] = [OH^-] - c(Ac^-)$

$[OH^-] = [HAc] + c(Ac^-) \approx c(Ac^-) = \dfrac{20.00 \times 0.1000 \times 0.1\%}{40.00} = 5.0 \times$

10^{-5}（$mol \cdot L^{-1}$）

$$pOH = 4.30 \qquad pH = 9.70$$

（3）化学计量点后 0.1%：

此时体系中组成为 HAc + NaAc。

$$[H^+] = K_a^{\theta} \cdot \frac{c(HAc)}{c(Ac^-)} = 1.75 \times 10^{-5} \cdot \frac{\dfrac{20.00 \times 0.1000 \times 0.1\%}{40.00}}{\dfrac{0.1000}{2}}$$

$$= \frac{5.0 \times 10^{-5}}{0.050} = 1.75 \times 10^{-8}（mol \cdot L^{-1}）$$

$$pH = 7.74$$

2. 解：（1）乙胺：$K_b^{\theta} = 4.3 \times 10^{-4} > 10^{-7}$，可以用 HCl 溶液直接滴定。产物为弱酸：

$$[H^+] = \sqrt{c \cdot K_a^{\theta}} = \sqrt{c \cdot \frac{K_w^{\theta}}{K_b^{\theta}}} = \sqrt{0.05 \times \frac{1.0 \times 10^{-14}}{4.3 \times 10^{-4}}} = \sqrt{1.16 \times 10^{-12}}$$

$$= 1.08 \times 10^{-6}$$

$pH = 5.97$，可选用甲基红作指示剂，也可选用溴甲酚紫。

（2）NH_4Cl：$K_a^{\theta} = \dfrac{K_w^{\theta}}{K_b^{\theta}} = \dfrac{1.0 \times 10^{-14}}{1.75 \times 10^{-5}} = 5.6 \times 10^{-10} < 10^{-7}$，不能直接滴定，可用甲醛法进行测定。

（3）HF：$K_a^{\theta} = 6.8 \times 10^{-4} > 10^{-7}$，可以用 NaOH 直接滴定。

$$[OH^-] = \sqrt{c \cdot K_b^{\theta}} = \sqrt{0.05 \times \frac{1.0 \times 10^{-14}}{6.8 \times 10^{-4}}} = 8.57 \times 10^{-7}$$

$$pOH = 6.07 \quad pH = 7.93$$

选用百里酚蓝 – 甲酚红混合指示剂（PT = 8.3）。

（4）NaAc：$K_b^{\theta} = \dfrac{K_w^{\theta}}{K_a^{\theta}} = 5.6 \times 10^{-10} < 10^{-7}$，不能直接用 HCl 滴定，用离子交换法交换等物质的碱，再用 HCl 滴定，$R - NR_3 - OH + Ac^- \rightarrow R—NR_3—Ac + OH^-$。

（5）H_3BO_3：$K_a^{\theta} = 5.8 \times 10^{-10} < 10^{-7}$，不能用 NaOH 直接滴定；但可用甘油等强化，生成配位酸，满足准确滴定的条件，可用 NaOH 滴定。化学计量点的 pH = 9.0，可选用酚酞作指示剂。

（6）硼砂：$K_b^{\theta} = 1.7 \times 10^{-5} > 10^{-7}$，可以用 HCl 直接滴定。化学计量点：

$$[H^+] = \sqrt{c \cdot K_a^{\theta}} = \sqrt{0.05 \times 5.8 \times 10^{-10}} = 5.38 \times 10^{-6} \quad pH = 5.26$$

选用甲基红为指示剂。

（7）苯胺：$K_b^{\theta} = 4.2 \times 10^{-10} < 10^{-7}$，不能直接用 HCl 滴定。可改变试剂（非水溶液）体系进行滴定。

（8）$NaHCO_3$：$K_{a2}^{\theta} = 5.6 \times 10^{-11}$，$K_{b2}^{\theta} = \dfrac{K_w^{\theta}}{K_{a1}^{\theta}} = 2.3 \times 10^{-8} \approx 10^{-7}$。在误差允许较大

的情况下，可以用 HCl 直接滴定，选用甲基橙为指示剂。

3. 解：（1）柠檬酸：$K_{a1}^{\theta} = 7.4 \times 10^{-4} > 10^{-7}$，$K_{a2}^{\theta} = 1.7 \times 10^{-5} > 10^{-7}$，$K_{a3}^{\theta} = 4.0 \times 10^{-7} > 10^{-7}$，$\dfrac{K_{a1}^{\theta}}{K_{a2}^{\theta}} < 10^4$，$\dfrac{K_{a2}^{\theta}}{K_{a3}^{\theta}} < 10^4$，可以一次滴定至第三化学计量点。

$$[OH^-] = \sqrt{c \cdot K_{b1}^{\theta}} = \sqrt{0.025 \times \frac{1.0 \times 10^{-14}}{4.0 \times 10^{-7}}} = 2.5 \times 10^{-5}$$

pOH = 4.60　pH = 9.40

可以用 NaOH 为滴定剂，指示剂选用酚酞，终点产物为柠檬酸根（三元弱碱）。

（2）NaHS：$K_{a1}^{\theta} = 8.9 \times 10^{-8}$，$K_{a2}^{\theta} = 1.2 \times 10^{-13}$，$K_{b2}^{\theta} = \dfrac{K_w^{\theta}}{K_{a1}^{\theta}} = 1.1 \times 10^{-7} \approx 10^{-7}$。

HS⁻ 作为碱可以用 HCl 滴定。

$$[H^+] = \sqrt{c \cdot K_{a1}^{\theta}} = \sqrt{0.05 \times 8.9 \times 10^{-8}} = 6.7 \times 10^{-5} \quad pH = 4.18$$

可以用甲基橙为指示剂，终点产物为 H_2S。

（3）顺丁烯二酸：$K_{a1}^{\theta} = 1.2 \times 10^{-2} > 10^{-7}$，$K_{a2}^{\theta} = 6.0 \times 10^{-7} > 10^{-7}$，$\dfrac{K_{a1}^{\theta}}{K_{a2}^{\theta}} > 10^4$，可以用 NaOH 滴定至第二化学计量点（可以分步滴定）。

第一化学计量点时，产物为顺丁烯二酸氢钠：

$$[H^+] = \sqrt{K_{a1}^{\theta} \cdot K_{a2}^{\theta}} = \sqrt{1.2 \times 10^{-2} \times 6.0 \times 10^{-7}} = 8.5 \times 10^{-5} \ (mol \cdot L^{-1})$$

pH = 4.07

选用甲基橙为指示剂。

第二化学计量点时，产物为顺丁烯二酸钠：

$$[OH^-] = \sqrt{c \cdot K_{b1}^{\theta}} = \sqrt{0.033 \times \frac{1.0 \times 10^{-14}}{6.0 \times 10^{-7}}} = 2.3 \times 10^{-5} \ (mol \cdot L^{-1})$$

pOH = 4.63　pH = 9.37

选用酚酞作指示剂。

（4）NaOH + $(CH_2)_6N_4$（浓度均为 $0.1 \ mol \cdot L^{-1}$）：由于 $(CH_2)_6N_4$ 的 $K_b^{\theta} = 1.35 \times 10^{-9} < 10^{-7}$，可以在 $(CH_2)_6N_4$ 存在的情况下以 HCl 作标准溶液滴定 NaOH，终点产物为 $(CH_2)_6N_4$。

$$[OH^-] = \sqrt{c \cdot K_b^{\theta}} = \sqrt{0.05 \times 1.35 \times 10^{-9}} = 8.3 \times 10^{-6} \ (mol \cdot L^{-1})$$

pOH = 5.08　pH = 8.92

选用酚酞作为指示剂。

（5）$0.1 \ mol \cdot L^{-1}$ 氯乙酸 + $0.01 \ mol \cdot L^{-1}$ HAc：

氯乙酸①：$K_a^{\theta}(1) = 1.38 \times 10^{-3} > 10^{-7}$，可以直接滴定。

$K_b^{\theta}(1) = 7.24 \times 10^{-12}$

HAc②：$K_a^{\theta}(2) = 1.75 \times 10^{-5} > 10^{-7}$ 可以直接滴定。

$K_b^{\theta}(2) = 5.6 \times 10^{-10}$

$$\frac{c（1）\cdot K_a^\theta（1）}{c（2）\cdot K_a^\theta（2）}=\frac{0.5\times1.38\times10^{-3}}{0.01\times1.75\times10^{-5}}=3.9\times10^3<10^4$$，可以用 NaOH 标准溶液

滴定两种酸的总量，不能分别滴定。终点产物为氯乙酸钠和醋酸钠混合溶液。

$$[OH^-]=\sqrt{c\cdot K_b^\theta（1）+c\cdot K_b^\theta（2）}=\sqrt{0.1\times7.2\times10^{-12}+0.002\times5.6\times10^{-10}}$$
$$=1.3\times10^{-6}（mol\cdot L^{-1}）$$

pOH = 5.87　pH = 8.13

选用甲酚红 – 百里酚蓝混合指示剂。

4. 解：（1）HCl + NH$_4$Cl 混合液：取混合液一份，以甲基红为指示剂，用 NaOH 滴定至橙色，终点产物是 NH$_4^+$。

$$[H^+]=\sqrt{c\cdot K_a^\theta}=\sqrt{0.05\times5.6\times10^{-10}}=5.3\times10^{-6}（mol\cdot L^{-1}）\qquad pH=5.3$$

设所消耗体积为 V_1，则 $c（HCl）=\dfrac{c（NaOH）\cdot V_1}{V_样}$；滴定反应完成后（HCl 反应完全），在此溶液中加入中性甲醛，反应后，加入酚酞作指示剂，用 NaOH 标准溶液滴定至浅红，消耗体积为 V_2，以 V_2 计算 NH$_4$Cl 的含量，终点产物（CH$_2$)$_6$N$_4$，

$$c（NH_4Cl）=\frac{c（NaOH）\cdot V_2}{V_样}。$$

（2）硼酸 + 硼砂（H$_3$BO$_3$ + Na$_2$B$_4$O$_7$）混合物：取混合物的试液一份，用甲基红作指示剂，以 HCl 滴定，终点产物为 H$_3$BO$_3$，以此计算 Na$_2$B$_4$O$_7$ 的含量。另取一份试液用甘油强化后，用 NaOH 滴定配位酸的总量，即求出 H$_3$BO$_3$ + Na$_2$B$_4$O$_7$ 所产生的 H$_3$BO$_3$ 的总量，扣除 Na$_2$B$_4$O$_7$ 的量后，即为 H$_3$BO$_3$ 的量。

$$B_4O_7^{2-}+5H_2O =\!\!= 2H_3BO_3+2H_2BO_3^-$$

$$w（Na_2B_4O_7）=\frac{n（HCl）\cdot M（Na_2B_4O_7）\times\frac{1}{2}}{m_s}\times100\%$$

$$=\frac{c（HCl）\cdot V（HCl）\cdot M（Na_2B_4O_7）\times\frac{1}{2}}{m_s}\times100\%$$

$$w（H_3BO_3）=\frac{n（NaOH）\cdot M（H_3BO_3）}{m_s}\times100\%$$

$$=\frac{[c（NaOH）\cdot V（NaOH）-2c（HCl）\cdot V（HCl）]\times M（H_3BO_3）}{m_s}\times100\%$$

（3）HCl + H$_3$PO$_4$ 混合液：取一份试液，用甲基橙为指示剂，用 NaOH 滴定，设消耗体积为 V_1；另取一份试液，用酚酞为指示剂，用 NaOH 滴定，设消耗体积为 V_2。

$$c（HCl）=\frac{c（NaOH）\cdot（2V_1-V_2）}{V_样}\qquad c（H_3PO_4）=\frac{c（NaOH）\cdot（V_2-V_1）}{V_样}$$

5. 解：1 Na$_2$C$_2$O$_4$ ~ 1 Na$_2$CO$_3$ ~ 2HCl

$$n（HCl）=2n（Na_2C_2O_4）=2\frac{m（Na_2C_2O_4）}{M（Na_2C_2O_4）}$$

$$c\ (\text{HCl})\ =\frac{2\dfrac{m\ (\text{Na}_2\text{C}_2\text{O}_4)}{M\ (\text{Na}_2\text{C}_2\text{O}_4)}}{V\ (\text{HCl})}=\frac{2\times\dfrac{0.3042}{134.0}}{22.38\times10^{-3}}=0.2028\ (\text{mol}\cdot\text{L}^{-1})$$

6. 解：$1\text{P}\sim1\ (\text{NH}_4)_2\text{HPO}_4\cdot12\text{MoO}_3\cdot\text{H}_2\text{O}\sim24\ \text{OH}^-$

$$n\ (\text{P})\ =\frac{1}{24}n\ (\text{NaOH})\qquad n\ (\text{P}_2\text{O}_5)\ =\frac{1}{48}\ (\text{NaOH})$$

$$w(\text{P})=\frac{[c(\text{NaOH})\cdot V(\text{NaOH})-c(\text{HNO}_3)\cdot V(\text{HNO}_3)]\cdot M(\text{P})\times\dfrac{1}{24}}{m_s}\times100\%$$

$$=\frac{(0.1000\times50.00-0.2000\times10.27)\ \times10^{-3}\times30.97\times\dfrac{1}{24}}{1.000}\times100\%$$

$$=38.02\%$$

$$w\ (\text{P}_2\text{O}_5)\ =\frac{M\ (\text{P}_2\text{O}_5)}{2M\ (\text{P})}\times w\ (\text{P})\ =\frac{141.9}{2\times30.97}\times38.03\%=87.10\%$$

7. 解：$w\ (\text{Na}_2\text{CO}_3)\ =\dfrac{c\ (\text{HCl})\ \cdot V_2\cdot M\ (\text{Na}_2\text{CO}_3)}{m_s}\times100\%$

$$=\frac{0.3000\times12.02\times106.0\times10^{-3}}{0.5895}\times100\%=64.84\%$$

$$w\ (\text{NaOH})\ =\frac{c\ (\text{NaOH})\ \cdot\ (V_1-V_2)\ \cdot M\ (\text{NaOH})}{m_s}\times100\%$$

$$=\frac{0.3000\ (24.08-12.02)\ \times10^{-3}\times40.00}{0.5895}\times100\%$$

$$=24.55\%$$

8. 解：$V_1=20.10\ \text{mL}\quad V_2=27.60\ \text{mL}$

$$w\ (\text{Na}_2\text{CO}_3)\ =\frac{c\ (\text{HCl})\ \cdot V_1\cdot M\ (\text{Na}_2\text{CO}_3)}{m_s}\times100\%$$

$$=\frac{0.1060\times20.10\times10^{-3}\times106.0}{0.3010}\times100\%=75.03\%$$

$$w\ (\text{NaHCO}_3)\ =\frac{c\ (\text{HCl})\ (V_2-V_1)\ \cdot M\ (\text{NaHCO}_3)}{m_s}\times100\%$$

$$=\frac{0.1060\times\ (27.60-20.10)\ \times10^{-3}\times84.01}{0.3010}\times100\%$$

$$=22.19\%$$

9. 解：由题意得，混合液由 H_2PO_4 和 NaHPO_4 组成，设其体积分别为 X mL，Y mL。

由 $2V_1+V_2=48.36$，$V_1+V_2=33.72$

得：

$$V_1=14.64\ \text{mL}\quad V_2=19.08\ \text{mL}$$

$c_1=1.000\ V_1=14.64\ \text{mmol}\quad c_2=1.000\quad V_2=19.08\ \text{mmol}$

10. 解：设试样中 HA 的质量分数为 A。

(1) 当 HA 被中和一半时溶液的 pH = 5.00：

$$pH = pK_a^\theta + \lg \frac{c(A^-)}{c(HA)}$$

$c(A^-) = c(HA)$　　$pH = pK_a^\theta$　$K_a^\theta = 10^{-5.00}$

(2) 当 HA 被中和至计量点时：

$$c(HA) = \frac{m \cdot A}{M \cdot V} = \frac{1.600A}{82.00 \times 0.0600} = 0.3252A \ (mol \cdot L^{-1})$$

$$c(HA) \cdot V(HA) = c(NaOH) \cdot V(NaOH)$$

$$V(NaOH) = \frac{c(HA) \cdot V(HA)}{c(NaOH)} = \frac{0.3252A \times 0.0600}{0.2500} = 0.07805A$$

$$c(A^-) = \frac{c(HA) \cdot V(HA)}{V(HA) + V(NaOH)} = \frac{0.3252A \times 0.0600}{0.0600 + 0.07805A}$$

$$[OH^-] = \sqrt{c(A^-) \cdot K_b^\theta}$$

$$10^{-5.00} = \sqrt{\frac{0.3252A \times 0.0600}{0.0600 + 0.07805A} \times 10^{-9.00}}　A = 0.51 \quad w(A) = 51\%$$

第 4 章　配位滴定法

4.1　重要概念和知识要点

配位滴定的理论基础

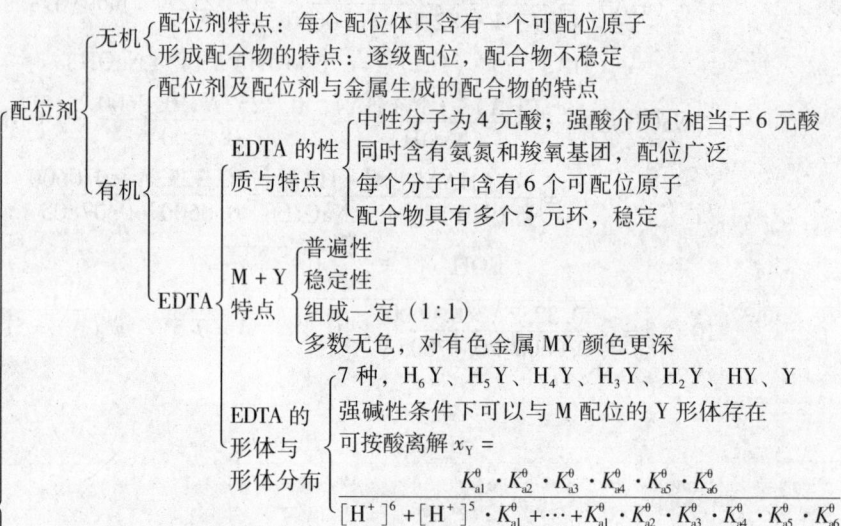

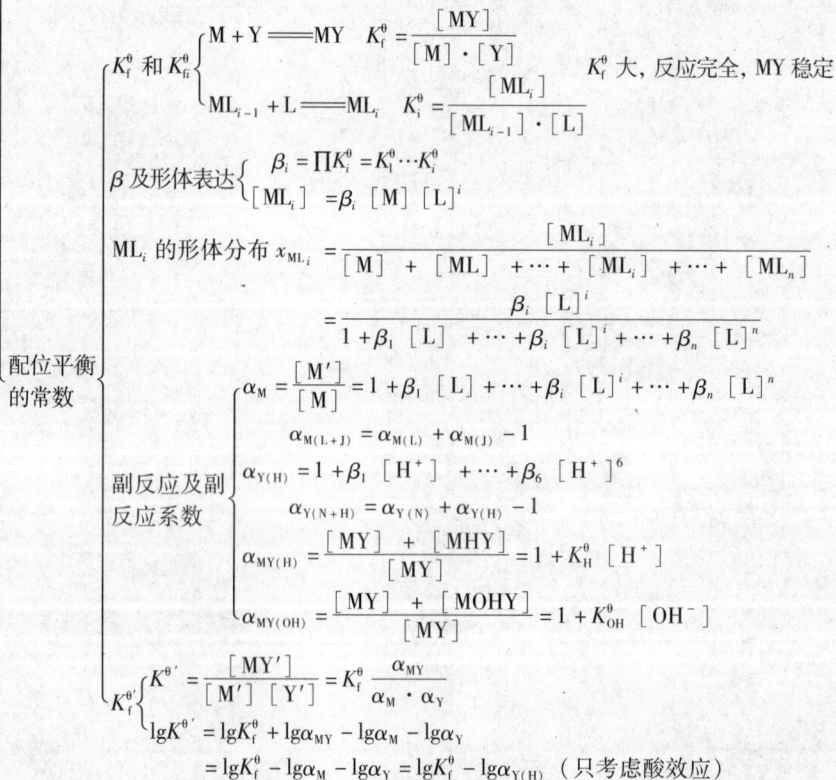

配位剂

- **无机**
  - 配位剂特点：每个配位体只含有一个可配位原子
  - 形成配合物的特点：逐级配位，配合物不稳定
- **有机**
  - 配位剂及配位剂与金属生成的配合物的特点
  - **EDTA**
    - **EDTA 的性质与特点**
      - 中性分子为 4 元酸；强酸介质下相当于 6 元酸
      - 同时含有氨氮和羧氧基团，配位广泛
      - 每个分子中含有 6 个可配位原子
      - 配合物具有多个 5 元环，稳定
    - **M + Y 特点**
      - 普遍性
      - 稳定性
      - 组成一定（1:1）
      - 多数无色，对有色金属 MY 颜色更深
    - **EDTA 的形体与形体分布**
      - 7 种，H_6Y、H_5Y、H_4Y、H_3Y、H_2Y、HY、Y
      - 强碱性条件下可以与 M 配位的 Y 形体存在
      - 可按酸离解 $x_Y =$
      $$\frac{K_{a1}^{\theta} \cdot K_{a2}^{\theta} \cdot K_{a3}^{\theta} \cdot K_{a4}^{\theta} \cdot K_{a5}^{\theta} \cdot K_{a6}^{\theta}}{[H^+]^6 + [H^+]^5 \cdot K_{a1}^{\theta} + \cdots + K_{a1}^{\theta} \cdot K_{a2}^{\theta} \cdot K_{a3}^{\theta} \cdot K_{a4}^{\theta} \cdot K_{a5}^{\theta} \cdot K_{a6}^{\theta}}$$

配位平衡的常数

- **K_f^{θ} 和 K_{fi}^{θ}**
  $$M + Y \Longrightarrow MY \quad K_f^{\theta} = \frac{[MY]}{[M] \cdot [Y]} \qquad K_f^{\theta} \text{ 大，反应完全，MY 稳定}$$
  $$ML_{i-1} + L \Longrightarrow ML_i \quad K_i^{\theta} = \frac{[ML_i]}{[ML_{i-1}] \cdot [L]}$$

- **β 及形体表达**
  $$\beta_i = \prod K_i^{\theta} = K_1^{\theta} \cdots K_i^{\theta}$$
  $$[ML_i] = \beta_i [M] [L]^i$$

- **ML_i 的形体分布**
  $$x_{ML_i} = \frac{[ML_i]}{[M] + [ML] + \cdots + [ML_i] + \cdots + [ML_n]}$$
  $$= \frac{\beta_i [L]^i}{1 + \beta_1 [L] + \cdots + \beta_i [L]^i + \cdots + \beta_n [L]^n}$$

- **副反应及副反应系数**
  $$\alpha_M = \frac{[M']}{[M]} = 1 + \beta_1 [L] + \cdots + \beta_i [L]^i + \cdots + \beta_n [L]^n$$
  $$\alpha_{M(L+J)} = \alpha_{M(L)} + \alpha_{M(J)} - 1$$
  $$\alpha_{Y(H)} = 1 + \beta_1 [H^+] + \cdots + \beta_6 [H^+]^6$$
  $$\alpha_{Y(N+H)} = \alpha_{Y(N)} + \alpha_{Y(H)} - 1$$
  $$\alpha_{MY(H)} = \frac{[MY] + [MHY]}{[MY]} = 1 + K_H^{\theta} [H^+]$$
  $$\alpha_{MY(OH)} = \frac{[MY] + [MOHY]}{[MY]} = 1 + K_{OH}^{\theta} [OH^-]$$

- **$K_f^{\theta'}$**
  $$K^{\theta'} = \frac{[MY']}{[M'] [Y']} = K_f^{\theta} \frac{\alpha_{MY}}{\alpha_M \cdot \alpha_Y}$$
  $$\lg K^{\theta'} = \lg K_f^{\theta} + \lg \alpha_{MY} - \lg \alpha_M - \lg \alpha_Y$$
  $$= \lg K_f^{\theta} - \lg \alpha_M - \lg \alpha_Y = \lg K_f^{\theta} - \lg \alpha_{Y(H)} \text{（只考虑酸效应）}$$

$$\left[M\right] = \frac{n_{Ca^{2+}(剩余)}}{V_{(总)}} = \frac{n_{Ca^{2+}(起始)} \cdot 剩余分数}{V_{(起始)} + V_{(起始)} \cdot 完成分数} = \frac{c_{Ca^{2+}(起始)} \cdot 剩余分数}{1 + 完成分数}$$

化学计量点前：剩余的 Ca^{2+} 抑制 CaY 的离解，体系的 $\left[M\right]$ 为 Ca^{2+} 的剩余量

当完成分数为 99.9% 时：$\left[M\right] = \frac{c_{Ca^{2+}(起始)} \cdot 0.1\%}{1 + 99.9\%} \approx \frac{c_{Ca^{2+}(起始)}}{2} \times 0.1\%$

计量点：计量点时 Ca^{2+} 与 Y 浓度关系有：$\left[Ca^{2+}\right] = \left[Y\right]$，由于反应过程

都服从 K_f^θ 表达式，故：$K_f^\theta = \frac{\left[MY\right]}{\left[M\right]\left[Y\right]} = \frac{\left[MY\right]}{\left[M\right]^2} \Rightarrow \left[M\right] = \sqrt{\frac{\left[MY\right]}{K_f^\theta}}$

化学计量点后：$K_f^\theta = \frac{\left[MY\right]}{\left[M\right]\left[Y\right]} \Rightarrow \left[M\right] = \frac{1}{K_f^\theta} \cdot \frac{\left[MY\right]}{\left[Y\right]} = \frac{1}{K_f^\theta} \cdot \frac{n_{MY}}{n_{Y(过量)}} = \frac{1}{K_f^\theta} \cdot \frac{1}{过量}$

完成程度 100.1% 时：$\left[M\right] = \frac{1}{K_f^\theta} \cdot \frac{1}{0.1\%} \Rightarrow pM = \lg K_f^\theta - 3$

滴定曲线

由前后 0.1% 公式可知，突跃范围受金属离子浓度和 K_f^θ 或 $K_f^{\theta'}$ 影响：

c_M 越大，低端 pM 值越小；$K_f^{\theta'}$ 越大，高端 pM 值越大，突跃范围扩展。

c_M 越小，低端 pM 值越大；$K_f^{\theta'}$ 越小，高端 pM 值越小，突跃范围压缩。

又 $\lg K_f^{\theta'} = \lg K_f^\theta - \lg \alpha_{Y(H)}$，因此，pH 对突跃范围大小有着直接影响

影响突跃范围的因素

单一离子：临界条件：前后 0.1% 重合，不形成突跃。

有 $\frac{c_M}{2} \times 0.1\% = \frac{1}{K_f^\theta} \cdot \frac{1}{0.1\%} \Rightarrow K_f^\theta \frac{c_M}{2} = 10^6 \Leftrightarrow \lg K_f^\theta \cdot c_M^{sp} = 6$，

对实际过程，判据为　$\lg c K_f^{\theta'} \geq 6$ 或 $\lg K_f^{\theta'} \geq 8$

准确滴定的判据

混合离子：$\Delta \lg c K_f^{\theta'} \geq 5$ 或 6 和 $\lg K_f^{\theta'} \geq 8$，

$\Delta \lg c K_f^{\theta'} = \lg c_M K_f^\theta(MY) - \lg c_N K_f^{\theta'}(NY)$

满足条件：调节酸度

不满足：配位掩蔽／沉淀掩蔽／氧化还原掩蔽

配位滴定原理

金属指示剂必须具备的条件：颜色差别／溶解性能／稳定性：太稳：封闭指示剂／太不稳：终点提前

选择原则，酸度影响

金属指示剂的封闭与僵化现象

常用金属指示剂

变色原理、点、范围：原理：$M + In \rightleftharpoons MIn$

$K_f^\theta = \frac{\left[MIn\right]}{\left[M\right]\left[In\right]} \Rightarrow$ 变色点：$pM = \lg K_f^\theta$／变色范围：$pM = \lg K_f^\theta \pm 1$

实际情况以 $K_f^{\theta'}$ 替代 K_f^θ

指示剂

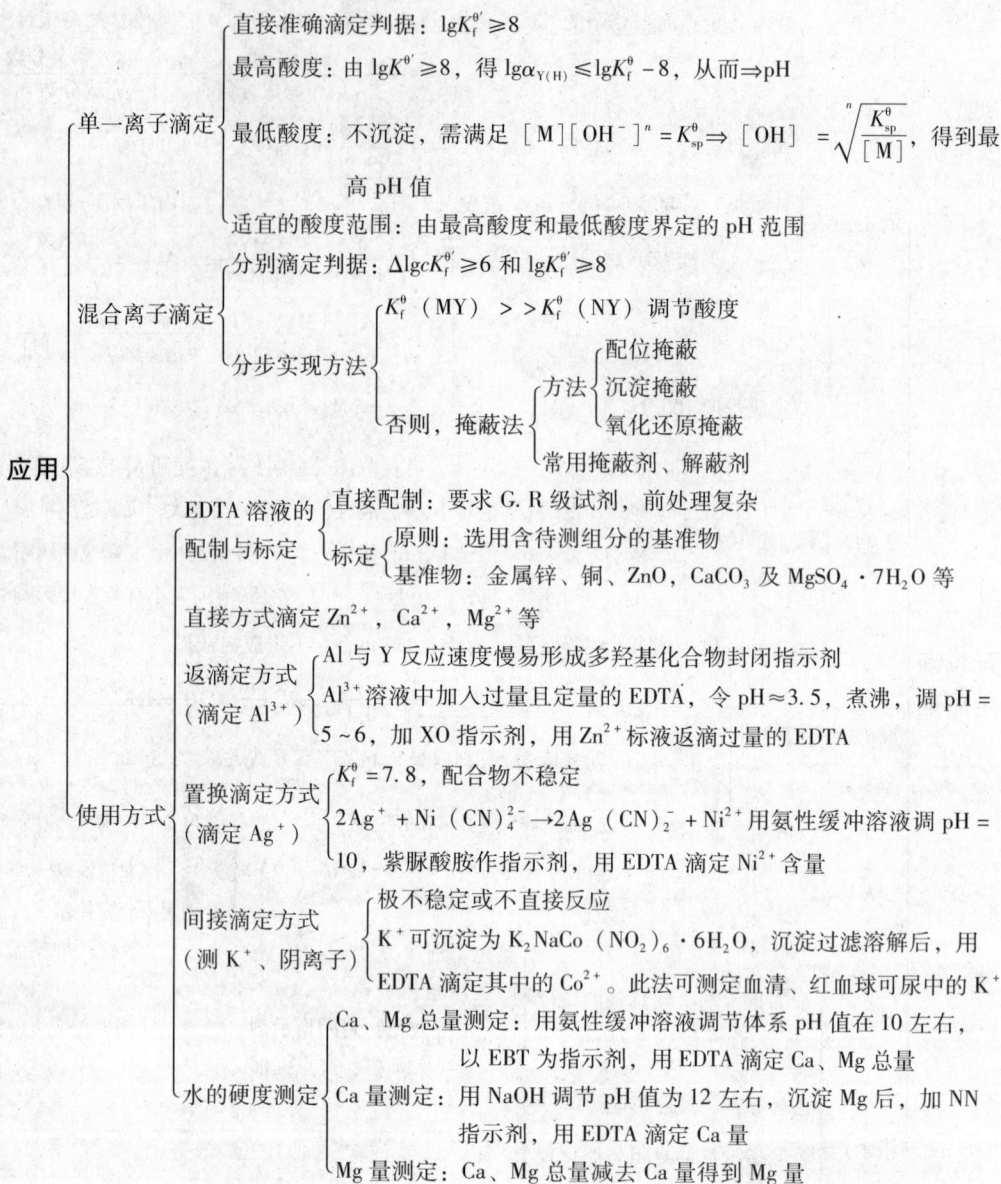

$$
\left.\begin{array}{l}
\text{单一离子滴定}
\end{array}\right\{
\begin{array}{l}
\text{直接准确滴定判据：} \lg K_f^{\theta'} \geq 8 \\[2pt]
\text{最高酸度：由 } \lg K^{\theta'} \geq 8 \text{，得 } \lg \alpha_{Y(H)} \leq \lg K_f^{\theta} - 8 \text{，从而} \Rightarrow \text{pH} \\[2pt]
\text{最低酸度：不沉淀，需满足 } [M][OH^-]^n = K_{sp}^{\theta} \Rightarrow [OH] = \sqrt[n]{\dfrac{K_{sp}^{\theta}}{[M]}} \text{，得到最} \\
\qquad\qquad \text{高 pH 值} \\[2pt]
\text{适宜的酸度范围：由最高酸度和最低酸度界定的 pH 范围}
\end{array}
$$

混合离子滴定
- 分别滴定判据：$\Delta \lg c K_f^{\theta'} \geq 6$ 和 $\lg K_f^{\theta'} \geq 8$
- 分步实现方法
  - $K_f^{\theta}(MY) > > K_f^{\theta}(NY)$ 调节酸度
  - 否则，掩蔽法
    - 方法
      - 配位掩蔽
      - 沉淀掩蔽
      - 氧化还原掩蔽
    - 常用掩蔽剂、解蔽剂

应用

使用方式

EDTA 溶液的配制与标定
- 直接配制：要求 G.R 级试剂，前处理复杂
- 标定
  - 原则：选用含待测组分的基准物
  - 基准物：金属锌、铜、ZnO、$CaCO_3$ 及 $MgSO_4 \cdot 7H_2O$ 等

直接方式滴定 Zn^{2+}，Ca^{2+}，Mg^{2+} 等

返滴定方式（滴定 Al^{3+}）
- Al 与 Y 反应速度慢易形成多羟基化合物封闭指示剂
- Al^{3+} 溶液中加入过量且定量的 EDTA，令 pH ≈ 3.5，煮沸，调 pH = 5～6，加 XO 指示剂，用 Zn^{2+} 标液返滴过量的 EDTA

置换滴定方式（滴定 Ag^+）
- $K_f^{\theta} = 7.8$，配合物不稳定
- $2Ag^+ + Ni(CN)_4^{2-} \rightarrow 2Ag(CN)_2^- + Ni^{2+}$ 用氨性缓冲溶液调 pH = 10，紫脲酸胺作指示剂，用 EDTA 滴定 Ni^{2+} 含量

间接滴定方式（测 K^+、阴离子）
- 极不稳定或不直接反应
- K^+ 可沉淀为 $K_2NaCo(NO_2)_6 \cdot 6H_2O$，沉淀过滤溶解后，用 EDTA 滴定其中的 Co^{2+}。此法可测定血清、红血球可尿中的 K^+

水的硬度测定
- Ca、Mg 总量测定：用氨性缓冲溶液调节体系 pH 值在 10 左右，以 EBT 为指示剂，用 EDTA 滴定 Ca、Mg 总量
- Ca 量测定：用 NaOH 调节 pH 值为 12 左右，沉淀 Mg 后，加 NN 指示剂，用 EDTA 滴定 Ca 量
- Mg 量测定：Ca、Mg 总量减去 Ca 量得到 Mg 量

4.2　例题解析

【例 4-1】称取含硫试样 0.3000 g，将试样处理成溶液后，加入 20.00 mL 0.05000 mol·L^{-1} $BaCl_2$ 溶液，加热产生 $BaSO_4$ 沉淀，再以 0.02500 mol·L^{-1} EDTA 标准溶液滴定剩余的 Ba^{2+} 离子，用去 24.81 mL。求试样中硫的质量分数。

解： $w(S) = \dfrac{\left[(cV)_{BaCl_2} - (cV)_{EDTA}\right] \times M(S)}{m_s \times 1000} \times 100\%$

$$= \frac{(0.05000 \times 20.00 - 0.02500 \times 24.81) \times 32.06}{0.3000 \times 1000} \times 100\% = 4.06\%$$

【例 4-2】 称取含氟矿样 0.5000 g，溶解，在弱碱性介质中加入 0.1000 mol·L^{-1} Ca^{2+} 溶液 50.00 mL，将沉淀过滤，收集滤液和洗液，然后于 pH = 10.00 时用 0.05000 mol·L^{-1}EDTA 返滴定过量的 Ca^{2+} 至化学计量点，消耗 20.00 mL。计算试样中氟的质量分数。

解： 1 mol Ca^{2+} 与 2 mol F$^-$ 生成 1 mol CaF$_2$ 沉淀，即：

$$w(F) = \frac{2 \left[(c \cdot V)_{Ca^{2+}} - (c \cdot V)_{EDTA} \right] \times M(F)}{m_s \times 1000} \times 100\%$$

$$= \frac{2 \left[(0.1000 \times 50.00) - (0.05000 \times 20.00) \right] \times 19.00}{0.5000 \times 1000} \times 100\% = 30.40\%$$

【例 4-3】 某合金由 Cu，Zn，Mg 这 3 种金属元素组成，为了测定各组分含量，称取试样 0.2000 g，溶解后配成体积 100 mL，调节 pH = 6，以 PAN 做指示剂，用 0.02000 mol·L^{-1}EDTA 标准溶液滴定至终点，消耗 29.43 mL。另取 25.00 mL 试液调 pH = 10，加入 KCN 掩蔽剂，以铬黑 T 做指示剂，用同浓度的 EDTA 滴定至终点，消耗 24.38 mL，然后在此溶液中加入甲醛，再用同浓度的 EDTA 滴定至铬黑 T 变蓝，指示终点，消耗 V（EDTA）= 20.12 mL，说明各主要测定步骤的作用，计算试样中各组分的含量。

解：

$$w(Mg) = \frac{cV_2 \times \frac{100}{25} \times M(Mg) \times 10^{-3}}{m_s} \times 100\%$$

$$= \frac{0.02000 \times 24.38 \times 24.30 \times 10^{-3}}{0.2000} \times 100\% = 23.70\%$$

$$w(Zn) = \frac{0.02000 \times 20.12 \times 4 \times 65.39 \times 10^{-3}}{0.2000} \times 100\% = 52.63\%$$

$$w(Cu) = \frac{0.02000 \times (29.43 - 20.12) \times 4 \times 65.546 \times 10^{-3}}{0.2000} \times 100\% = 24.41\%$$

【例 4-4】 有一 FeCl$_3$ 和 HCl 的混合溶液，分别按下列步骤测定其中酸和铁的含量。取 25.00 mL 溶液，以磺基水杨酸为指示剂，用 20.04 mL 0.02012 mol·L^{-1}EDTA 滴定至终点。另取同量试液，加入 20.04 mL 0.02012 mol·L^{-1}EDTA 以配合铁，加热冷却后，以甲基红为指示剂，用 0.1015 mol·L^{-1}NaOH 滴定，消耗 32.35 mL。求试样中 FeCl$_3$ 和 HCl 的浓度。

解： Fe^{3+} + H$_2$Y^{2-} ══ FeY$^-$ + 2H$^+$，

由题意可知：n（FeCl$_3$）= n（EDTA）　　n（HCl）= n（NaOH）- 2n（EDTA）

$$c(FeCl_3) = \frac{c(EDTA) \cdot V(EDTA)}{V_{样}} = \frac{0.02012 \times 20.04}{25.00} = 0.01613 \ (mol \cdot L^{-1})$$

$$c(HCl) = \frac{c(NaOH) \cdot V(NaOH) - 2c(EDTA) \cdot V(EDTA)}{V_{样}}$$

$$= \frac{0.1015 \times 32.35 - 2 \times 0.02012 \times 20.04}{25.00} = 0.09908 \ (mol \cdot L^{-1})$$

【例4-5】测定锆英石中 ZrO_2、Fe_2O_3 含量时，称取 1.000 g 试样，以适当的熔样方法制成 200.0 mL 溶液，取 50.00 mL 试液，调节 pH = 0.8，加入盐酸羟胺还原 Fe^{3+}，以二甲酚橙为指示剂，用 $0.00100\ mol \cdot L^{-1}$ EDTA 滴定，用去 10.00 mL。加入浓 HNO_3 加热，使 Fe^{2+} 被氧化为 Fe^{3+}，调节 pH 约 1.5，用磺基水杨酸为指示剂，用上述 EDTA 滴定，用去 20.00 mL。计算试样中 ZrO_2 和 Fe_2O_3 质量分数。

解：pH = 0.8 时测定的是 Zr^{4+}，pH = 1.5 时测定的是 Fe^{3+}

由题意可知：$n\ (ZrO_2)\ =n_1\ (EDTA)$ 　　 $n\ (1/2Fe_2O_3)\ =n_2\ (EDTA)$

$$w\ (ZrO_2)\ =\frac{0.01000 \times 10.00 \times 10^{-3} \times 123.22}{0.1000 \times \dfrac{50.00}{200.0}} \times 100\% = 0.493\%$$

$$w\ (Fe_2O_3)\ =\frac{0.01000 \times 10.00 \times 10^{-3} \times 159.69 \times \dfrac{1}{2}}{0.1000 \times \dfrac{50.00}{200.0}} \times 100\% = 0.639\%$$

4.3　习题参考答案

1. 配合物的稳定常数与条件稳定常数有什么不同？为什么要引用条件稳定常数？

答：配合物的稳定性用稳定常数来表示，稳定常数（又称为绝对稳定常数）只考虑金属离子和配位剂阴离子及形成的配合物间的浓度关系，并未考虑酸度及其他配位剂（掩蔽剂、缓冲剂）等存在的影响。而当有副反应存在时，EDTA 配位反应进行的程度，用绝对稳定常数 K_f^θ（MY）衡量，已不能反映实际情况。必须用副反应系数进行校正后的实际稳定常数 K_f^θ（MY）（即条件稳定常数）衡量。它表示在发生副反应的情况下，配位反应进行的程度。

2. 在配位滴定中控制适当的酸度有什么意义？实际应用时应如何全面考虑选择滴定时的 pH 值？

答：同一配合物的稳定性高低与溶液的酸度有关，可以通过计算，得出准确滴定时所允许的最低 pH 值（或称最高酸度）。若低于最低 pH 值，就不能进行准确滴定。配位滴定时实际采用的 pH 值一般比允许的最低 pH 值稍高，可使配位滴定进行得更完全。但是，若酸度过低，金属离子将发生羟合反应，生成 $M\ (OH)_m^{n-m}$ 型的羟基配合物，甚至生成 $M\ (OH)_n$ 沉淀，妨碍 MY 的形成，使配位滴定不能进行。因此，需要计算出滴定时的最高 pH 值（最低酸度）。在没有辅助配位剂存在下，最低酸度值可由 $M\ (OH)_n$ 的溶度积（K_{sp}^θ）求得。只要有合适的指示终点的方法，在最高酸度和最低酸度之间的范围内进行滴定，均能获得较准确的结果。因此通常将此酸度范围称为配位滴定的适宜酸度范围。

在配位滴定中，不仅要调节滴定前溶液的酸度，同时也要注意在滴定过程中控制溶液酸度的变化。因为在配位滴定过程中，随着配合物的生成，不断有 H^+ 释出：$M^{2+} + H_2Y \xrightarrow{\hspace{1cm}} MY + 2H^+$，溶液的酸度不断增大。其结果不仅降低了配合物的条件稳定常数，使滴定突跃范围减小，而且破坏了指示剂变色的最适宜酸度范围，导致产生很大的误差。因此在配位滴定中，通常需要加入缓冲溶液来控制溶液的 pH 值。

3. 两种金属离子 M 和 N 共存时，什么条件下才可用控制酸度的方法进行分别滴定？

答：当两种金属离子 M 和 N 共存时，首先要判断是否满足准确滴定条件：$\lg K_f^{\theta'}(MY) \geqslant 8$，$\lg K_f^{\theta'}(NY) \geqslant 8$；且 $\lg K_f^{\theta}(MY) - \lg K_f^{\theta}(NY) \geqslant \lg c(M) - \lg c(N) + 5$，即可通过控制 pH 进行分别滴定。

4. 计算 pH = 5.0 时，镁离子与 EDTA 形成的配合物的条件稳定常数是多少？此时，Mg^{2+} 能否用 EDTA 准确滴定？当 pH = 10.0 时，情况如何？

解：查表已知　$\lg K_f^{\theta}(MgY) = 8.70$，pH = 5.0 时 $\lg\alpha_{Y(H)} = 6.45$；pH = 10.0 时 $\lg\alpha_{Y(H)} = 0.45$，此时忽略其他副反应。

pH = 5.0 时：$\lg K_f^{\theta'}(MgY) = \lg K_f^{\theta}(MgY) - \lg\alpha_{Y(H)} = 8.70 - 6.45 = 2.25$

由于 $\lg K_f^{\theta'}(MgY) < 8$，不符合准确滴定条件，无法用 EDTA 准确滴定。

pH = 10.0 时：$\lg K_f^{\theta'}(MgY) = \lg K_f^{\theta}(MgY) - \lg\alpha_{Y(H)} = 8.70 - 0.45 = 8.25$

由于 $\lg K_f^{\theta'}(MgY) > 8$，符合准确滴定条件，可以用 EDTA 准确滴定。

5. 试求以 EDTA 标准溶液滴定浓度均为 0.01 $mol \cdot L^{-1}$ 的 Fe^{3+} 和 Fe^{2+} 溶液时，允许的最低 pH 值？

解：查表已知 $\lg K_f^{\theta}(Fe(II)Y) = 14.32$，$\lg K_f^{\theta}(Fe(III)Y) = 25.10$

Fe^{2+}：$\lg\alpha_{Y(H)} = \lg K_f^{\theta}(MgY) - \lg K_f^{\theta'}(MgY) = 14.32 - 8 = 6.32$，pH = 5.5

Fe^{3+}：$\lg\alpha_{Y(H)} = \lg K_f^{\theta}(MgY) - \lg K_f^{\theta'}(MgY) = 25.10 - 8 = 17.10$，pH = 1.5

6. 计算用 EDTA 滴定 Mn^{2+} 时所允许的最高酸度。

解：查表已知 $\lg K_f^{\theta}(MnY) = 13.87$

$\lg\alpha_{Y(H)} = \lg K_f^{\theta}(MnY) - \lg K_f^{\theta'}(MnY) = 13.87 - 8 = 5.87$，pH = 5.5

$[H^+] = 3.2 \times 10^{-6}$（$mol \cdot L^{-1}$）

7. 在 pH = 12.0 时，用钙指示剂以 EDTA 为标准溶液进行石灰石中 CaO 含量的测定。称取试样 0.4068 g 在 250.00 mL 容量瓶中定容后，用移液管吸取 25.00 mL 试液，以 EDTA 滴定，用去 0.02040 $mol \cdot L^{-1}$ EDTA 17.50 mL，求该石灰石试样中 CaO 的质量分数。

解：$n(CaO) = n(Ca) = n(Y)$

$$w(CaO) = \frac{c(Y) \cdot V(Y) \cdot M(CaO)}{m_s \times \dfrac{25.00}{250.0}} \times 100\%$$

$$= \frac{0.0204 \times 17.50 \times 10^{-3} \times 56.80}{0.4068 \times \dfrac{25.00}{250.0}} \times 100\% = 49.21\%$$

8. 取水样 100.00 mL，控制溶液 pH 值为 10.0，以铬黑 T 为指示剂，用 0.01000 $mol \cdot L^{-1}$ EDTA 滴定至终点，共用去 21.56 mL。求水的总硬度（或用 CaO $mg \cdot L^{-1}$ 表示）。

解：总硬度（CaO） $= \dfrac{c(Y) \cdot V(Y) \cdot M(CaO)}{V_{水}} \times 1000$

$$= \dfrac{0.01000 \times 21.56 \times 10^{-3} \times 56.08 \times 1000}{100.00/1000}$$

$$= 120.9 \ (mg \cdot L^{-1})$$

9. 用配位滴定法测定 $ZnCl_2$ 的含量。称取 0.2500 g 试样，溶于水后，稀释至 250.00 mL，吸取 25.00 mL，在 pH 值为 5~6 时，用二甲酚橙作指示剂，用 0.01024 $mol \cdot L^{-1}$ EDTA 标准溶液滴定，用去 17.16 mL，计算试样中 $ZnCl_2$ 的质量分数。

解：$n(ZnCl_2) = n(Zn) = n(Y)$

$$w(ZnCl_2) = \dfrac{c(Y) \cdot V(Y) \cdot M(ZnCl_2)}{m_s \times \dfrac{25.00}{250.0}} \times 100\%$$

$$= \dfrac{0.01024 \times 17.16 \times 10^{-3} \times 136.29}{0.2500 \times 0.1} \times 100\% = 95.79\%$$

10. 称取 0.1005 g 纯 $CaCO_3$ 溶解后，用容量瓶配成 100.00 mL 溶液。吸取 25.00 mL，在 pH > 12 时，用钙指示剂指示终点，用 EDTA 标准溶液滴定，用去 24.90 mL。试计算：（1）EDTA 溶液的浓度；（2）每毫升 EDTA 溶液相当于多少克 ZnO、Fe_2O_3？

解：（1）$n(Y) = n(Ca) = n(CaCO_3)$

$$c(Y) \cdot V(Y) = \dfrac{m_s \times \dfrac{25.00}{100.0}}{M(CaO)}$$

$$c(Y) = \dfrac{m_s \times \dfrac{25.00}{100.0}}{V(Y) \cdot M(CaO)} = \dfrac{0.1005}{4 \times 24.90 \times 10^{-3} \times 100.09} = 0.01004 \ (mol \cdot L^{-1})$$

（2）$n(ZnO) = n(Zn) = n(Y)$

$T_{Y/Zn} = c(Y) \cdot M(ZnO) \times 10^{-3}$

$\quad = 0.01004 \times 81.38 \times 10^{-3} = 8.170 \times 10^{-3} \ (g \cdot mL^{-1})$

$n(Fe_2O_3) = \dfrac{1}{2} c(Y) \cdot M(Fe_2O_3) = \dfrac{1}{2} \times 0.01004 \times 159.9 \times 10^{-3}$

$\quad = 8.016 \times 10^{-4} \ (g \cdot mL^{-1})$

11. 称取含磷的试样 0.1000 g，处理成溶液，将磷沉淀为 $MgNH_4PO_4$，沉淀经过滤洗涤后，再溶解，控制在适宜的条件下，用 0.01000 $mol \cdot L^{-1}$ EDTA 标准溶液 20.00 mL 完成滴定，计算试样中 P_2O_5 的质量分数。

解：$n(P_2O_5) = \dfrac{1}{2} n(p) = \dfrac{1}{2}(Mg) = \dfrac{1}{2} n(Y)$

$$w(P_2O_5) = \dfrac{c(Y) \cdot V(Y) \cdot M(P_2O_5) \times \dfrac{1}{2}}{m_s} \times 100\%$$

$$= \dfrac{0.01000 \times 20.00 \times 10^{-3} \times 141.94 \times \dfrac{1}{2}}{0.1000} \times 100\% = 14.19\%$$

12. 称取 1.0320 g 氧化铝试样，溶解后，移入 250.00 mL 容量瓶，稀释至刻度。吸取 25.00 mL，加入 $T_{EDTA/Al_2O_3} = 1.505$ mg·mL^{-1}的 EDTA 标准溶液 10.00 mL。以二甲酚橙为指示剂，用 Zn（Ac）$_2$ 标准溶液进行返滴定至红紫色终点，消耗 Zn（Ac）$_2$ 标准溶液 12.20 mL。已知 1 mL Zn（Ac）$_2$ 溶液相当于 0.6812 mL EDTA 溶液。求试样中 Al$_2$O$_3$ 的质量分数。

解：$w（Al_2O_3） = \dfrac{T_{Al_2O_3/Y} \cdot V（Y）}{m_s \times \dfrac{25.00}{250.0}} \times 100\% = \dfrac{1.505 \times 10^{-3} \times 1.69}{1.0320 \times \dfrac{1}{10}} \times 100\%$

$= 2.46\%$

13. 称取 0.5000 g 煤试样，灼烧并使其中硫完全氧化成为 SO$_4^{2-}$，处理成溶液，除去重金属离子后，加入 0.05000 mol·L^{-1} BaCl$_2$ 溶液 20.00 mL，使其生成 BaSO$_4$ 沉淀。用 0.02500 mol·L^{-1} EDTA 溶液滴定过量的 Ba^{2+}，用去 20.00 mL。计算煤中含硫量（质量分数）。

解：由题意可知 $n（s） = n（BaCl_2） - n（Y）$

$w（s） = \dfrac{[c（BaCl_2） \cdot V（BaCl_2） - c（Y） \cdot V（Y） \cdot M（S）]}{m_s} \times 100\%$

$= \dfrac{[0.0500 \times 20.00 \times 10^{-3} - 0.02500 \times 20.00 \times 10^{-3}] \times 32.06}{0.500} \times 100\%$

$= 3.21\%$

14. 分析含铜、锌、镁混合试样时，称取 0.5000 g 试样，溶解后用容量瓶配成 100.00 mL 试液。吸取 25.00 mL，调至 pH = 6，用 PAN 作指示剂，用 0.05000 mol·L^{-1} EDTA 准溶液滴定铜和锌，用去 37.30 mL。另外，又吸取 25.00 mL 试液，调至 pH = 10，加 KCN，以掩蔽铜和锌。用同浓度 EDTA 溶液滴定铁，用去 4.10 mL。然后再滴加甲醛以解蔽锌，又用同浓度的 EDTA 溶液滴定，用去 13.40 mL。计算试样中含铜、锌、镁的质量分数。

解：由题意可知

Cu^{2+}、Zn^{2+}→消耗的 EDTA　37.30 mL

Mg^{2+}→消耗的 EDTA　4.10 mL

Zn^{2+}→消耗的 EDTA　13.40 mL

则 Cu^{2+} 消耗的 EDTA：37.30 - 13.40 = 23.90 mL

$w（Cu） = \dfrac{0.05000 \times 23.9 \times 10^{-3} \times 63.55}{0.05000 \times \dfrac{25.00}{100.00}} \times 100\% = 60.75\%$

$w（Zn） = \dfrac{0.05000 \times 13.40 \times 10^{-3} \times 65.39}{0.05000 \times \dfrac{25.00}{100.00}} \times 100\% = 34.11\%$

$w（Cu） = \dfrac{0.05000 \times 4.10 \times 10^{-3} \times 24.31}{0.05000 \times \dfrac{25.00}{100.00}} \times 100\% = 3.99\%$

4.4　自测题

一、选择题

1. 用 EDTA 滴定 Ca^{2+}、Mg^{2+} 时，可用下列掩蔽剂掩蔽 Fe^{3+} 是（　　）。

（A）KCN 或抗坏血酸　　　　　　　（B）盐酸羟胺或三乙醇胺

（C）三乙醇胺或 KCN　　　　　　　（D）盐酸羟胺或抗坏血酸

2. 用 EDTA 滴定 Bi^{3+} 时，可用于掩蔽 Fe^{2+} 的掩蔽剂是（　　）。

（A）三乙醇胺　　　（B）KCN　　　（C）草酸　　　（D）抗坏血酸

3. 以 EDTA 滴定金属离子 M，影响滴定曲线化学计量点后突跃范围大小，说法正确的是（　　）。

（A）金属离子 M 的配位效应　　　　（B）金属离子 M 的浓度

（C）EDTA 的酸效应　　　　　　　（D）金属离子 M 的浓度及其配位效应

4. 以 2.0×10^{-2} mol·L^{-1} EDTA 滴定同浓度的 Zn^{2+}，若 $\Delta pM = 0.2$，终点误差为 0.1%，要求 $\lg K_f^{\theta'}$（ZnY）的最小值是（　　）。

（A）5　　　　　（B）6　　　　　（C）7　　　　　（D）8

5. EDTA 的 $pK_{a1}^{\theta} \sim pK_{a6}^{\theta}$，分别为：0.9，1.6，2.0，2.67，6.16，10.26。在 pH = 13 时，以 EDTA 滴定同浓度的 Ca^{2+}，以下叙述正确的是（　　）。

（A）滴定至 50% 时，pCa = pY　　　（B）滴定至化学计量点时，pCa = pY

（C）滴定至 150% 时，pCa = pY　　　（D）以上说法都不正确

6. 以 EDTA 为滴定剂，下列叙述中错误的是（　　）。

（A）在酸度较高的溶液中，可形成 MHY 配合物

（B）在碱度较高的溶液中，可形成 MOHY 配合物

（C）不论形成 MHY 或 MOHY，均有利于滴定反应

（D）不论溶液 pH 值的大小，只形成 MY 一种形式配合物

7. 以 EDTA 滴定同浓度的金属离子 M，已知检测终点时，$\Delta pM = 0.2$，K_f^{θ}（MY）$= 10^{9.0}$，若要求终点误差为 0.1%，则被测离子 M 的最低原始浓度是（　　）。

（A）0.010 mol·L^{-1}　　　　　　　（B）0.020 mol·L^{-1}

（C）0.0010 mol·L^{-1}　　　　　　　（D）0.0020 mol·L^{-1}

8. 当 M 和 N 离子共存时，欲以 EDTA 滴定其中的 M 离子。当 $c(M) = \dfrac{1}{10} c(N)$ 时，要准确滴定 M，则要求 $\Delta \lg K_f^{\theta}$ $[\lg K_f^{\theta}(MY) - \lg K_f^{\theta}(NY)]$ 值为（　　）。

（A）6　　　　　（B）5　　　　　（C）7　　　　　（D）4

9. 为了测定 Ca^{2+}、Mg^{2+} 的含量，以下消除少量 Fe^{3+}、Al^{3+} 干扰的方法中，正确的是（　　）。

（A）于 pH = 10 的氨性溶液中直接加入三乙醇胺

（B）于酸性溶液中加入 KCN，然后调至 pH = 10

（C）于酸性溶液中加入三乙醇胺，然后调至 pH = 10 的氨性溶液

（D）加入三乙醇胺时，不需要考虑溶液的酸碱性

10. 采用返滴定法测定 Al^{3+} 的含量时，欲在 pH = 5.5 条件下以某一金属离子的标准溶液返滴定过量的 EDTA，此金属离子标准溶液最好选用（　　）。

（A）Ca^{2+}　　　　　　（B）Pb^{2+}　　　　　　（C）Fe^{3+}　　　　　　（D）Th^{4+}

11. 当 M 和 N 离子共存时，欲以 EDTA 滴定其中的 M 离子。当 $c(M) = 10c(N)$ 时，$\Delta pM = 0.2$，若要求终点误差为 0.1% ，则要求 $\lg K_f^\theta$ 的大小是（　　）。

（A）5　　　　　　　（B）6　　　　　　　（C）4　　　　　　　（D）7

12. 在 pH = 10 的氨性溶液中，用 EDTA 滴定同浓度的 Zn^{2+} 之化学计量点时，下列关系式正确的是（　　）。

（A）$[Zn] = [Y]$　　　　　　　　　　　（B）$[Zn] = [HY]$

（C）$[Zn]^2 = \dfrac{[ZnY]}{K_f^{\theta'}(ZnY)}$　　　　　　（D）$[Zn]^2 = \dfrac{[ZnY]}{K_f^\theta(ZnY)}$

13. 要用 EDTA 测定某水样中的 Ca^{2+} 的含量，则用于标定 EDTA 的基准物质应为（　　）。

（A）$Pb(NO_3)_2$　　　　（B）Na_2CO_3　　　　（C）Zn　　　　（D）$CaCO_3$

14. 在金属离子 M 和 N 等浓度的混合液中，以 HIn 为指示剂，用 EDTA 标准溶液直接滴定测定其中的 M，若 TE ≤ 0.1% ，$\Delta pM = \pm 0.2$，则要求（　　）。

（A）$\lg K_f^{\theta'}(MY) - \lg K_f^\theta(NY) \geqslant 6$　　　（B）$K_f^{\theta'}(MY) < K_f^\theta(NY)$

（C）$pH = pK_f^\theta(MY)$　　　　　　　　　（D）NIn 与 HIn 的颜色应有明显差别

15. 用含少量 Cu^{2+} 离子的蒸馏水配制 EDTA 溶液，于 pH = 5.0，用锌标准溶液标定 EDTA 溶液的浓度。然后用上述 EDTA 溶液，于 pH = 10.0，滴定试样中 Ca^{2+} 的含量，问对测定结果是否有影响？（　　）

（A）基本上无影响　（B）偏高　　　　（C）偏低　　　　（D）不能确定

16. 以下物质的测定只能用返滴定的是（　　）。

（A）EDTA 测定 Al^{3+}　　　　　　　　（B）硫代硫酸钠测 Cu^{2+}

（C）$K_2Cr_2O_7$ 测定 Fe^{3+}　　　　　　　（D）EDTA 测 Ag^+

17. 在 pH = 10.0 时，用 0.010 mol·L^{-1} EDTA 标准溶液滴定 20.00 mL 0.010 mol·L^{-1} Ca^{2+} 溶液，其突跃范围为（　　）。（已知 $\lg K_f^\theta(CaY) = 10.96$；pH = 10.0 时，$\lg \alpha_{Y(H)} = 0.45$）

（A）5.30 ~ 7.50　　（B）5.30 ~ 7.96　　（C）5.30 ~ 10.51　　（D）6.40 ~ 10.51

18. 金属离子 M、N，能用 EDTA 直接分步测定的条件是（　　）。

（A）$\Delta \lg K_f^\theta \geqslant 10^5$

（B）$\Delta \lg K_f^\theta \geqslant 8$

（C）$cK_f^{\theta'}(MY) \geqslant 10^5$，$\lg cK(MY) \geqslant 10^6$

（D）$\dfrac{c(M)}{c(N)} \geqslant 10^5$

（E）$\dfrac{c(M)}{c(N)} \geqslant 10^5$，$c(M)K_f^{\theta'}(MY) \geqslant 10^6$，$c(N)K_f^{\theta'}(NY) \geqslant 10^6$

19. 用 EDTA 滴定法测定 Ag^+，采用的滴定方式是（　　）。

（A）直接滴定　　　（B）返滴定　　　（C）置换滴定　　　（D）间接滴定

20. 现测定 Bi^{3+}、Pb^{2+} 混合样中的 Bi^{3+}，为消除 Pb^{2+} 的干扰，你认为下列哪个方法最好。（　　）

（A）控制酸度　　　（B）配位掩蔽　　　（C）沉淀掩蔽　　　（D）氧化还原掩蔽

21. EDTA 测定 Al^{3+} 可用的滴定方式是（　　）。

（A）直接滴定　　　（B）置换滴定　　　（C）重量法　　　（D）间接滴定

22. 用 EDTA 滴定金属离子，为达到误差 ≤0.2%，应满足的条件是（　　）。

（A）$cK_f^{\theta'}(MY) \geq 10^{-8}$　　　　　　　　　（B）$cK_f^{\theta}(MY) \geq 10^{-8}$

（C）$cK_f^{\theta'}(MY) \geq 10^{6}$　　　　　　　　　（D）$cK_f^{\theta}(MY) \geq 10^{6}$

（E）$\lg cK(MY) \geq 6$

23. Fe^{2+}、Ca^{2+} 混合溶液，可分别测定各组分的方法是（　　）。

（A）控制酸度用 EDTA 滴定　　　　　（B）沉淀掩蔽用 EDTA 滴定

（C）氧化还原掩蔽用 EDTA 滴定　　　（D）控制溶液 pH，分别滴定

24. 用 EDTA 滴定金属离子 M，为满足滴定要求（误差 ≤0.2%），$\lg\alpha_{Y(H)}$ 应满足的关系是（　　）。

（A）$\alpha_{Y(H)} \leq K_f^{\theta'}(MY) - 9$　　　　　（B）$\lg\alpha(MY) = 6$

（C）$\lg\alpha_{Y(H)} \geq \lg K_f^{\theta}(MY) + 8$　　　（D）$\lg\alpha_{Y(H)} \leq \lg K_f^{\theta}(MY) - 8$

25. 能够用 EDTA 直接滴定金属离子 M 的必要条件是（　　）。

（A）$c \cdot K_a \geq 10^{-8}$　　　　　　　　　（B）$c \cdot K_f^{\theta'}(MY) \geq 10^{6}$

（C）$c \cdot K_f^{\theta}(MY) \geq 10^{6}$　　　　　（D）$\lg c \cdot K_f^{\theta}(MY) \geq 6$

（E）$c \cdot K_f^{\theta'}(MY) \geq 10^{-6}$

26. 能够直接用 EDTA 滴定，金属离子 M 的最大 $\alpha_{Y(H)}$ 是（　　）。

（A）$\lg\alpha_{Y(H)} \leq \lg K_f^{\theta}(MY) - 8$　　　（B）$\lg\alpha_{Y(H)} \geq \lg K_f^{\theta}(MY) - 8$

（C）$\lg\alpha_{Y(H)} \leq \lg K_f^{\theta'}(MY) - 8$　　　（D）$\lg\alpha_{Y(H)} \geq \lg K_f^{\theta}(MY) + 8$

27. 分别测定溶液中 Fe^{3+}、Fe^{2+} 的方法有（　　）。

（A）EDTA 配位滴定　　（B）沉淀滴定　　　（C）重量分析　　　（D）酸碱滴定

28. 用 $0.01\ mol \cdot L^{-1}$ EDTA 滴定同浓度 M、N 离子中的 M 离子，已知 $\lg K_f^{\theta}(MY) = 21.51$，$\lg K_f^{\theta}(NY) = 10.27$，$K_{sp}^{\theta}(M(OH)_2) = 10^{-15}$，滴定 M 离子的 pH 范围应是（　　）。

（A）2~4　　　　　　（B）4~6　　　　　　（C）5~8

（D）1~8　　　　　　（E）2~6

29. 在 EDTA 配位滴定中，pH、酸效应系数 $\alpha_{Y(H)}$ 对配位滴定的影响是（　　）。

（A）pH 升高，$\alpha_{Y(H)}$ 增大，配合物稳定性增大

（B）pH 升高，$\alpha_{Y(H)}$ 变小，配合物稳定性升高

（C）酸度增大，$\alpha_{Y(H)}$ 增大，配合物稳定性增大

（D）酸度增大，$\alpha_{Y(H)}$ 变小，pH 突跃范围变大

30. 用 0.01 mol·L^{-1} EDTA 滴定同浓度的 M 离子，已知 lgK_f^θ（MY） = 14，K_{sp}^θ（M(OH)$_2$） = 10^{-15}，滴定的 pH 范围应是（　　）。

(A) 2 ~ 5 　　　　　　　　　　(B) 5.2 ~ 6.5

(C) 5.2 ~ 7.5 　　　　　　　　(D) 6.2 ~ 7.5

(E) 4 ~ 8.5

31. EDTA 滴定中，选择金属离子指示剂应符合的条件有（　　）。

(A) 在任何 pH 下，指示剂的游离色（In）要与配合色（MIn）不同

(B) $K_f^{\theta'}$（MIn） > $K_f^{\theta'}$（MY）

(C) $K_f^{\theta'}$（MY） > $K_f^{\theta'}$（MIn）

(D) 滴定的 pH 与指示剂变色的 pH 相同

32. 下列哪种情况，某指示剂适用于只是滴定 M 离子？（　　）

(A) $K_f^{\theta'}$（MIn） > $K_f^{\theta'}$（MY）

(B) $K_f^{\theta'}$（MY） > $K_f^{\theta'}$（MIn）

(C) MIn 难溶于水

(D) $K_f^{\theta'}$（MIn） ≫ $K_f^{\theta'}$（MY）

(E) 指示剂配制时间较长

33. EDTA 滴定中，铬黑 T 用于指示下列哪种离子的测定及 pH 范围？（　　）

(A) Mg^{2+}，pH = 8 ~ 10 　　　　(B) Ca^{2+}，pH > 12

(C) Cu^{2+}，pH = 7 ~ 8 　　　　　(D) Fe^{3+}，pH = 1 ~ 2

34. 用 0.01 mol·L^{-1} EDTA 滴定同浓度的 M、N 离子混合溶液中的 M 离子，已知 lgK_f^θ（MY） = 18.6，lgK_f^θ（NY） = 10，滴定 M 离子的适宜 pH 范围应是（　　）。

(A) 2 ~ 5 　　　(B) 3 ~ 8 　　　(C) 4 ~ 8

(D) 5 ~ 9 　　　(E) 4 ~ 10

二、填空题

1. EDTA 是一种氨羧配位剂，名称为＿＿＿＿＿＿，用符号＿＿＿＿＿＿表示，其结构式为＿＿＿＿＿。配制标准溶液时一般采用 EDTA 二钠盐，分子式为＿＿＿＿，其水溶液 pH 值为＿＿＿＿，可通过公式＿＿＿＿＿进行计算，标准溶液常用浓度为＿＿＿＿。

2. 一般情况下水溶液中的 EDTA 总是以＿＿＿＿等＿＿＿＿种型体存在，其中以＿＿＿＿与金属离子形成的配合物最稳定，但仅在＿＿＿＿时 EDTA 才主要以此种型体存在。除个别金属离子外。EDTA 与金属离子形成配合物时，配合比都是＿＿＿＿＿。

3. $K_f^{\theta'}$（MY） 称＿＿＿＿，它表示＿＿＿＿配位反应进行的程度，其计算式为＿＿＿＿＿。

4. 配位滴定曲线滴定突跃的大小取决于＿＿＿＿。在金属离子浓度一定的条件下，＿＿＿＿越大，突跃＿＿＿＿；在条件常数 $K_f^{\theta'}$（MY） 一定时，＿＿＿＿越大，突跃＿＿＿＿。

5. $K_f^{\theta'}$（MY） 值是判断配位滴定误差大小的重要依据。在 pM 一定时，$K_f^{\theta'}$（MY）

越大，配位滴定的准确度_____。影响 $K_f^{\theta'}(MY)$ 的因素有_____，其中酸度越高_____越大，$\lg K_f^{\theta'}(MY)$ _____；_____的配位作用常能增大_____，减小_____。在 $K_f^{\theta'}(MY)$ 一定时，终点误差的大小由_____决定，而误差的正负由_____决定。

6. 在 $[H^+]$ 一定时，EDTA 酸效应系数的计算公式为_____。

7. 某试液含 Fe^{3+} 和 Co^{2+}，浓度均为 $2.0 \times 10^{-2} mol \cdot L^{-1}$，今欲用同浓度的 EDTA 分别滴定。滴定 Fe^{3+} 的合适的酸度范围为_____。

8. 某溶液含有 M 和 N 离子，且 $K_f^{\theta}(MY) \geqslant K_f^{\theta}(NY)$。$\lg K_f^{\theta'}(NY)$ 先随溶液 pH 值增大而增大，这是由于_____。然后当 pH 值增大时，$\lg K_f^{\theta'}(NY)$ 保持在某一定值。

9. 在 pH = 1.0 的 Bi^{3+}、Pb^{2+} 均为 $0.020 mol \cdot L^{-1}$ 的 HNO_3 溶液中，以二甲酚橙为指示剂，用 $0.020 mol \cdot L^{-1}$ EDTA 滴定其中的 Bi^{3+}。此时 $\lg\alpha_{Y(H)}$ = _____；Pb^{2+} 对 Bi^{3+} 的滴定是否产生干扰？_____

10. EDTA 的酸效应曲线是指_____，溶液的 pH 值越大，则_____越小。

11. 采用 EDTA 为滴定剂测定水的硬度时，因水中含有少量的 Fe^{3+}、Al^{3+}，应加入_____作掩蔽剂，滴定时控制溶液的 pH = _____。

12. 在用 EDTA 滴定 Zn^{2+} 时，有时会使用 $NH_3 - NH_4^+$ 溶液，其作用是_____。

13. 在 EDTA 配位滴定中，为了使滴定突跃增大，一般来说，pH 值应较大。但也不能太大，还需要同时考虑到待测金属离子的_____和_____的使用范围。所以，在配位滴定中要有一个合适的 pH 值范围。

14. 草酸与 Al^{3+} 的逐级稳定常数 $\lg K_{f1}^{\theta} = 7.26$，$\lg K_{f2}^{\theta} = 5.74$，$\lg K_{f3}^{\theta} = 3.30$。则累计稳定常数 $\lg\beta_2$ 为_____，总稳定常数 $\lg\beta_{\dot{\!\!\!\ddot{\rm E}}}$ 为_____。

15. 用 EDTA 滴定同浓度的 Ca^{2+} 时，当浓度增大 10 倍时，滴定突跃范围增大_____个 pH 单位。

16. EDTA 配合物的条件稳定常数 $K_f^{\theta'}(MY)$ 随溶液的酸度而改变，酸度越_____，$K_f^{\theta'}(MY)$ 越_____；配合物越_____，滴定的突跃越_____。

17. 在 pH = 5.0 缓冲溶液中以 $2.000 \times 10^{-2} mol \cdot L^{-1}$ EDTA 滴定同浓度的 Zn^{2+}，在化学计量点时，$[Zn^{2+}]$ = _____，$[Y^{4-}]$ = _____。$[$ 已知 $\lg K_f^{\theta}(ZnY) = 16.5$，$\lg\alpha_{Y(H)} = 6.6]$

18. 用 EDTA 滴定某金属离子 M 时，滴定突跃范围是 5.30 ~ 7.50，若被滴定金属离子浓度增大 10 倍，则突跃范围是_____。

19. 用 EDTA 直接测定钙、镁中的钙时，通常采用_____来消除镁的干扰。

20. 假定某溶液中含 Bi^{3+}、Zn^{2+}、Mg^{2+} 这 3 种离子，为了提高配位滴定的选择性，宜采用_____方法最简单。

21. 配位滴定中金属离子能够滴定的最低 pH 可利用_____式和_____

值与 pH 的关系求得，表示 pH 与 lgK_f^θ（MY）关系的曲线称为_____曲线，滴定金属离子的最高 pH，在不存在辅助配体时，可利用_____进行计算。

22. EDTA 是_____元酸，在酸性溶液中相当于_____元酸，有_____种存在形式，这是由于_____能接受质子。

23. 配制 EDTA 标准溶液应使用_____水，应储存在_____瓶中，或_____瓶中，标定 EDTA 的_____条件应尽量与测定时的_____一致。

24. $\alpha_{Y(H)}$ = _____，$\alpha_{Y(H)}$ 越_____，表示酸效应引起的副效应越_____。

25. 金属离子与 EDTA 配合物的稳定性首先由_____决定，外界条件中最主要的影响因素是_____和_____。

26. 由于酸度影响 M-EDTA 平衡常数，为了衡量不同_____条件下，配合物的实际稳定性，引入_____，它与 K_f^θ（MY）的关系为_____。它反映了配合物的实际_____。

27. 配位效应是指_____与金属离子反应，造成对_____的影响，配位效应大小用_____表示，在同时考虑_____效应和____效应时的条件稳定常数表示式为_____。

28. EDTA 配位滴定中，条件稳定常数 $K_f^{\theta'}$ 越_____，pM 突跃越_____，在允许滴定的 pH 范围内酸度越_____，pM 突跃越_____。

29. EDTA 滴定中，终点时溶液呈_____颜色，为使准确指示终点，要求（1）在滴定的 pH 条件下，指示剂的_____与_____有明显_____；（2）指示剂金属离子配合物的_____；（3）指示剂金属离子配合物应_____。

30. 当指示剂与待测离子配合物的稳定性过高，会出现_____现象，将无法指示终点，如果指示剂与待测离子配合物_____，会造成_____，称为指示剂的_____，克服的办法是提高配合物的_____。

31. 配位滴定的最低 pH 可利用关系式_____和_____值与 pH 的关系求出，反映 pH 与 lgK_f^θ（MY）关系的曲线称为_____曲线，利用它可方便地确定待测离子滴定的_____。

32. Ca^{2+}、Mg^{2+} 离子共存时，分别测定各自含量的方法是在 pH =_____，用 EDTA 滴定测得_____。另取同体积溶液加入_____，使 Mg^{2+} 成为_____，再用 EDTA 滴定测得_____。

33. 用 0.01 mol·L^{-1} EDTA 滴定同浓度的 Bi^{3+}，滴定的最低 pH 为_____，滴定的最高 pH 为_____。

34. EDTA 滴定中，共存离子 N 是否干扰 N 的测定，可根据以下关系式确定：首先是否满足 cK_f^θ（MY）≥_____，同时当 $TE \leq 0.2\%$，ΔpM = ±0.2 时，ΔlgK_f^θ ≥_____，或者浓度之间存在_____的关系。

35. 配位滴定中，两种金属离子的稳定性相差越_____，待测离子浓度越

_____（在一定范围内），干扰离子浓度越_____，测定结果越_____，干扰越_____。

36. 用 EDTA 测定共存金属离子时，要解决的主要问题是_____，常用的消除干扰方法有控制_____，_____法，_____法和_____法。

37. 当不同金属离子与 EDTA 生成配合物的稳定性相差很小时，可以通过_____消除干扰，这类方法统称_____法，如果这类方法也无济于事，则可以采用_____的方法。

38. 在 EDTA 滴定中，配位掩蔽法应用范围广，但掩蔽剂应具备以下条件：（1）_____稳定配合物；（2）_____；（3）_____应无色或浅色；（4）使用_____的 pH 范围与_____的 pH 范围_____。

39. 天然水中同时存在 Ca^{2+}、Mg^{2+}、Fe^{3+}、Al^{3+}，测定 Ca^{2+}、Mg^{2+} 时，选用_____在 pH = 10 掩蔽_____，用 EDTA 滴定，测定 Fe^{3+} 时利用_____消除_____的干扰，在已测定 Fe^{3+} 的溶液中，通过_____的方式可测定 Al^{3+}。

40. EDTA 测定混合液中 Fe^{2+}、Cr^{3+} 两种离子的方法之一是，控制 pH = _____，用 EDTA 滴定测得_____，另取同样体积试液，利用强氧化剂将_____氧化成_____，用 EDTA 滴定_____。

三、判断题

1. 根据稳定常数的大小，即可比较不同配合物的稳定性，即 K_f^θ 越大，配合物越稳定。　　　　（　　）

2. 酸效应系数越大，配合物的稳定性越大。（　　）

3. EDTA 滴定金属离子至终点时，溶液呈现的颜色是 MY 的颜色。（　　）

4. 在非缓冲溶液中，用 EDTA 标准溶液滴定金属离子的过程中，溶液的酸度逐渐降低。　　　　（　　）

5. EDTA 与金属离子配位时，一分子 EDTA 可提供 6 个配位原子。（　　）

6. EDTA 溶液以 Y^{4-} 形式存在的分布系数 $x_{Y^{4-}}$ 随酸度减小而增大。（　　）

7. 若配位滴定反应为 $M + Y \Longrightarrow MY$，则酸效应系数表示为 $\alpha_{Y(H)} = \dfrac{[Y]}{[Y] + \sum (H_iY)}$。$H_iY\ (i = 1 \sim 6)$（　　）

8. 在 EDTA(Y) 滴定金属离子 M 时，指示剂的封闭是由于 $K_f^{\theta'}(MIn) \ll K_f^{\theta'}(MY)$。（　　）

9. 在配位滴定中，各种副反应均使配合物的稳定性降低。（　　）

10. 配位滴定法只能用于溶液中金属含量的测定。（　　）

11. EDTA 滴定金属离子反应中因酸效应的作用，使 $K_f^{\theta'}(MY)$ 总是大于 $K_f^\theta(MY)$。（　　）

12. 利用 $\lg\alpha_{Y(H)} \leqslant \lg K_f^{\theta'}(MY) - 8$ 式可以求得 M 离子滴定的最低 pH。（　　）

13. Ca^{2+}、Mg^{2+} 离子共存时，可以通过控制溶液 pH 对 Ca^{2+}、Mg^{2+} 进行分别滴

定。　　　　　　　　　　　　　　　　　　　　　　　　　　　（　　）

14. EDTA 滴定金属离子反应中，条件稳定常数 $K_f^{\theta'}$（MY）必定小于 K_f^{θ}（MY）。

（　　）

15. 金属指示剂与金属离子生成的配合物越稳定，测定准确度越高。　（　　）

16. EDTA 滴定某种金属离子的最高 pH 可以在酸效应曲线上方便地查出。

（　　）

17. EDTA 滴定中消除共存离子干扰的通用方法是控制溶液的酸度。　（　　）

18. EDTA 滴定中消除共存离子最有效的方法是分离干扰离子。　　（　　）

19. 在两种金属离子 M、N 共存时，如能满足 $\Delta\lg K_f^{\theta} \geq 5$，则 N 离子就不干扰 M 离子的测定。　　　　　　　　　　　　　　　　　　　　　　（　　）

20. Fe^{3+}、Fe^{2+} 共存时，要对其进行分别测定可采用配位滴定和氧化还原滴定。

（　　）

21. Fe^{3+}、Al^{3+} 共存时，可以通过控制溶液 pH，先测定 Fe^{3+}，然后提高 pH，再用 EDTA 直接滴定 Al^{3+}。　　　　　　　　　　　　　　　　　　（　　）

四、计算题

1. Zn^{2+}、Mg^{2+} 混合溶液，浓度均为 $0.01\ mol \cdot L^{-1}$，为了达到测定误差均小于 0.2% 和两种离子互不干扰测定的要求，求测定 Zn^{2+} 的 pH 范围和测定 Mg^{2+} 的最低 pH。

2. 以 ZnO 作基准物，标定 EDTA 溶液浓度，准确称取 800～1000 ℃ 灼烧过的 ZnO 0.5038 g，用 HCl 溶液溶解后，稀释至 250 mL，取 25.00 mL，加适量水，用 1:1 氨水调 pH，然后用六次甲基四胺调 pH 至 5～6，用 EDTA 滴定至终点，消耗 29.75 mL，计算 EDTA 标准溶液的浓度。

3. $0.02\ mol \cdot L^{-1}$ EDTA 滴定同浓度的 Ni^{2+}，设 $\Delta pM = 0.2$，$TE = 0.2\%$，计算滴定 Ni^{2+} 的适宜 pH 范围。

4. 有一浓度均为 $0.01\ mol \cdot L^{-1}$ 的 Pb^{2+}、Ca^{2+} 的混合液，能否用 $0.01\ mol \cdot L^{-1}$ EDTA 分别测定这两种离子？试计算滴定 Pb^{2+} 的 pH 范围和测定 Ca^{2+} 的最低 pH。

5. 某试样含有 Bi^{3+}、Cd^{2+} 两组分，取试液 25 mL，以二甲酚橙作指示剂，用 $0.01\ mol \cdot L^{-1}$ EDTA 滴定至终点，消耗 30.00 mL，另取同体积试液加入镉汞剂，使 Bi^{3+} 与 Cd 发生置换反应，反应完成后用同浓度 EDTA 滴定至终点，消耗体积 35.00 mL，计算试液中 Bi^{3+}、Cd^{2+} 浓度。

6. 为了测定冰晶石（Na_3AlF_6）矿样中的 F 含量，称取试样 1.524 g，溶解后定容至 100 mL，移取 25.00 mL，加入 $0.2000\ mol \cdot L^{-1}$ Ca^{2+} 离子溶液 25 mL，使生成 CaF_2 沉淀，经过滤收集滤液和洗涤液，调 pH 为 10，以钙指示剂指示终点，用 $0.01240\ mol \cdot L^{-1}$ EDTA 滴定，消耗 20.17 mL，求冰晶石中 F 的含量。

7. 若配制试样溶液的蒸馏水中含有少量 Ca^{2+}，在 pH = 5.5 或在 pH = 10（氨性缓冲溶液）滴定 Zn^{2+}，所消耗 EDTA 的体积是否相同？哪种情况产生的误差大？

8. 用 $CaCO_3$ 基准物质标定 EDTA 溶液的浓度，称取 0.1005 g $CaCO_3$ 基准物质溶解后定容为 100.0 mL。移取 25.00 mL 钙溶液，在 pH = 12 时用钙指示剂指示终点，以待标定 EDTA 滴定之, 用去 24.90 mL。(1) 计算 EDTA 的浓度; (2) 计算 EDTA 对 ZnO 和 Fe_2O_3 的滴定度。

9. 称取 0.5000 g 煤试样, 熔融并使其中硫完全氧化成 SO_4^{2-}。溶解并除去重金属离子后, 加入 0.05000 mol·$L^{-1}BaCl_2$20.00 mL, 使生成 $BaSO_4$ 沉淀。过量的 Ba^{2+} 用 0.02500 mol·L^{-1}EDTA 滴定, 用去 20.00 mL。计算试样中硫的质量分数。

10. 称取 0.5000 g 铜锌镁合金, 溶解后配成 100.0 mL 试液。移取 25.00 mL 试液调至 pH=6.0, 以 PAN 作指示剂, 用 37.30 mL 0.05000 mol·L^{-1}EDTA 滴定 Cu^{2+} 和 Zn^{2+}。另取 25.00 mL 试液调至 pH=10.0, 加 KCN 掩蔽 Cu^{2+} 和 Zn^{2+} 后, 用 4.10 mL 等浓度的 EDTA 溶液滴定 Mg^{2+}。然后再滴加甲醛解蔽 Zn^{2+}, 又用上述 EDTA 13.40 mL 滴定至终点。计算试样中铜、锌、镁的质量分数。

11. 称取含 Fe_2O_3 和 Al_2O_3 的试样 0.2000 g, 将其溶解, 在 pH=2.0 的热溶液中 (50℃左右), 以磺基水杨酸为指示剂, 用 0.02000 mol·L^{-1}EDTA 标准溶液滴定试样中的 Fe^{3+}, 用去 18.16 mL, 然后将试样调至 pH=3.5, 加入上述 EDTA 标准溶液 25.00 mL, 并加热煮沸。再调试液 pH=4.5, 以 PAN 为指示剂, 趁热用 $CuSO_4$ 标准溶液 (每毫升含 $CuSO_4·5H_2O$ 0.005000 g) 返滴定, 用去 8.12 mL。计算试样中 Fe_2O_3 和 Al_2O_3 的质量分数。

12. 称取 Pb、Bi、Cd 合金试样 1.000 g, 溶解后定容至 100 mL, 移取试液 25.00 mL, 调溶液 pH 至 1.0, 选用二甲酚橙指示剂, 用 0.02036 mol·L^{-1}EDTA 滴定至终点, 消耗 21.32 mL, 将此溶液的 pH 调至 5, 用浓度为 0.03054 mol·L^{-1} 的 EDTA 滴定, 消耗 34.30 mL, 向此溶液中加入邻菲啰啉, 充分置换后, 用 0.02000 mol·L^{-1} Pb^{2+} 标准溶液滴定, 用去 30.48 mL。计算合金中各组分的含量。

4.5 自测题参考答案

一、选择题

1. C   2. D   3. C   4. D   5. B   6. D   7. D   8. C   9. C   10. B   11. A   12. C
13. D   14. A   15. A   16. A   17. A   18. E   19. C   20. A   21. B   22. E   23. A
24. D   25. B   26. A   27. A   28. E   29. B   30. B   31. C   32. A   33. B   34. C

二、填空题

1. 乙二胺四乙酸 H_4Y $HOOCCH_2$, $^-OOCCH_2$ 连接 $\overset{+}{H}N-CH_2CH_2-\overset{+}{N}H$ 连接 CH_2COO^-, CH_2COOH

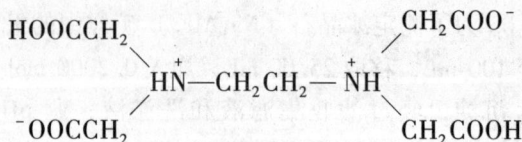

$Na_2H_2Y·2H_2O$ 4.4 $[H^+]=\sqrt{K_{a_4}^\theta · K_{a_5}^\theta}$ 0.01 mol·L^{-1}

2. H_6Y^{2+}、H_5Y^+、H_4Y、H_3Y^-、H_2Y^{2-}、HY^{3-} 和 Y^{4-} 7 Y^{4-} pH>10   1:1。

3. 条件形成常数   一定条件下 $\lg K_f^{\theta'}(MY)=\lg K_f^\theta(MY)-\lg\alpha_M-\lg\alpha_Y$

4. 金属离子的分析浓度 c（M）和配合物的条件形成常数 $K_f^{\theta'}$（MY）　$K_f^{\theta'}$（MY）也越大　c（M）　也越大

5. 越高　酸度的影响、干扰离子的影响、配位剂的影响、OH^- 的影响　H^+ 浓度　值越小　螯合　K_f^{θ}　K_d^{θ}　ΔpM、c（M）、$K_f^{\theta'}$（MY）　ΔpM

6. $\alpha_{Y(H)} = \dfrac{[Y']}{[Y]} = \dfrac{[Y] + [HY] + [H_2Y] + \cdots + [H_6Y]}{[Y]} = \dfrac{1}{x_Y}$

7. $1 < pH < 2.7$

8. $\alpha_{Y(H)}$ 减小（酸效应系数减小），$\alpha_{Y(N)} > \alpha_{Y(H)}$，$\lg K_f^{\theta'}$（MY）的大小由 $\alpha_{Y(H)}$ 决定，$\alpha_{Y(N)}$ 与 pH 值无关

9. 16.0　不产生干扰

10. $\lg\alpha_{Y(H)}$-pH 曲线　$\alpha_{Y(H)}$

11. 三乙醇胺　10

12. 控制 pH 值，防止 Zn^{2+} 水解

13. 水解　指示剂

14. 13.00　16.30

15. 1

16. 小　大　稳定　大

17. 1.12×10^{-6} mol·L^{-1}　2.82×10^{-13} mol·L^{-1}

18. 4.3～7.50

19. 沉淀掩蔽

20. 控制酸度

21. $\lg\alpha_{Y(H)} \leqslant \lg K_f^{\theta}$（MY）$-8$　$\alpha_{Y(H)}$　酸效应　$M(OH)_n$ 的 K_{sp}^{θ}

22. 四　六　七　氨基 N

23. 高质量的去离子　聚乙烯塑料　硬质玻璃　pH　pH 条件

24. $[Y']/[Y^{4-}]$　大　严重

25. 中心离子与配体的性质　酸度　其他配体

26. pH　条件稳定常数　$K_f^{\theta'}$（MY）$= K_f^{\theta}$（MY）$/\alpha_{Y(H)}$　稳定性

27. 其他配体　K_f^{θ}（MY）　配位效应系数　酸　配位　$K_f^{\theta'}$（MY）$= \dfrac{K_f^{\theta}（MY）}{\alpha_{Y(H)}\alpha（M）}$

28. 大　大　大　小

29. 游离指示剂　游离颜色　指示剂金属离子配合物颜色　差别　稳定性适当　易溶于水

30. 指示剂封闭　弱碱性差　终点拖长　僵化　溶解度

31. $\lg\alpha_{Y(H)} \leqslant \lg K_f^{\theta}$（MY）$-8$　$\alpha_{Y(H)}$　酸效应　最低 pH

32. 10　Ca^{2+}、Mg^{2+} 合量　KOH　$Mg(OH)_2\downarrow$　Ca^{2+}

33. 0.7　4.5

34. 10^6　5　$c_M/c_N \geqslant 10^5$

35. 大　大　小　准确　小

36. 提高测定的选择性　溶液酸度　配位掩蔽　氧化还原掩蔽　沉淀掩蔽
37. 降低干扰离子浓度　掩蔽　分离
38. 不与待测离子生成　$K_f^{\theta'}$（NL）$= K_f^{\theta}$（NY）　NL　掩蔽剂　测定　一致
39. 三乙醇胺　Fe^{3+}、Al^{3+}　控制酸度　Ca^{2+}、Mg^{2+}、Al^{3+}　返滴定
40. 2　Fe^{2+}　Cr^{3+} 含量　Cr^{3+}　$Cr_2O_7^{2-}$　Fe^{3+}

三、判断题

1. ×　2. ×　3. ×　4. ×　5. √　6. √　7. ×　8. ×　9. ×　10. ×　11. ×
12. ×　13. ×　14. ×　15. ×　16. ×　17. ×　18. √　19. √　20. √　21. ×

四、计算题

1. 滴定 Zn^{2+} 的 pH 范围是 4.0 ~ 7.04，滴定 Mg^{2+} 的最低 pH = 9.8。

2. c（EDTA）$= 0.02080\ mol \cdot L^{-1}$

3. pH 为 2.9 ~ 6.2

4. Pb^{2+} 的 pH 范围为 4.0 ~ 7.0，测定 Ca^{2+} 的最低 pH 为 7.6。

5. $c(Cd^{2+}) = 0.01120\ mol \cdot L^{-1}$，$c(Bi^{3+}) = 0.01280\ mol \cdot L^{-1}$

6. w（F）$= 47.37\%$

7. 解：在 pH = 5.5 时，$\lg K_f^{\theta'}$（ZnY）$= \lg K_f^{\theta}$（ZnY）$- \lg \alpha_{Zn} - \lg \alpha_{Y(H)} = 16.50 - 5.1 - 1.04 = 10.36$。

在 pH = 10（氨性缓冲溶液）时，滴定 Zn^{2+}，由于溶液中部分游离的 NH_3 与 Zn^{2+} 配位，致使滴定 Zn^{2+} 不准确，消耗 EDTA 的量少，偏差大。

8. 解：（1）根据配位反应关系应为 1:1，则 n（$CaCO_3$）$= n$（EDTA）

$$\frac{0.1005}{100.09 \times 100} \times 1000 \times 25 = 24.9 \times c\text{（EDTA）}$$

c（EDTA）$= 0.01008\ mol \cdot L^{-1}$.

（2）根据滴定度定义，得：

$$T_{EDTA/ZnO} = \frac{c\text{（EDTA）} \cdot M\text{（ZnO）}}{1000} = \frac{0.01008 \times 81.38}{1000} = 8.203 \times 10^{-4}\ （g \cdot mL^{-1}）$$

$$T_{EDTA/Fe_2O_3} = \frac{c\text{（EDTA）} \cdot M\text{（Fe}_2O_3）}{2 \times 1000} = \frac{0.01008 \times 159.69}{2 \times 1000} = 8.048 \times 10^{-4}\ （g \cdot mL^{-1}）$$

9. 解：所加物质的量为：$0.05000\ mol \cdot L^{-1} \times 20.00\ mL \times \dfrac{1}{1000}$

消耗去物质的量为：$0.02500\ mol \cdot L^{-1} \times 20.00\ mL \times \dfrac{1}{1000}$

用来沉淀 SO_4^{2-} 所消耗去 $BaCl_2$ 物质的量为：

$$0.05000\ mol \cdot L^{-1} \times 20.00\ mL \times \frac{1}{1000} - 0.02500\ mol \cdot L^{-1} \times 20.00\ mL \times \frac{1}{1000}$$

此量即为 SO_4^{2-} 物质的量，故煤样中硫的质量分数为：

$$w\text{（S）} = \frac{\left(0.05000 \times 20.00 \times \dfrac{1}{1000} - 0.02500 \times 20.00 \times \dfrac{1}{1000}\right) M\text{（S）}}{0.5000} \times 100\%$$

$$= \frac{\left(0.05000 \times 20.00 \times \frac{1}{1000} - 0.02500 \times 20.00 \times \frac{1}{1000}\right) \times 32.07}{0.5000} \times 100\%$$

$$= 3.21\%$$

10. 解：已知滴定 Cu^{2+}、Zn^{2+} 和 Mg^{2+} 时，所消耗去 EDTA 溶液的体积分别为：

$(37.30 - 13.40)$ mL、13.40 mL 和 4.10 mL

$M(Mg) = 24.30$ g·mol^{-1}、$M(Zn) = 65.39$ g·mol^{-1} 和 $M(Cu) = 63.55$ g·mol^{-1}

试样的质量：$m = 0.5000$ g $\times \frac{25}{100}$

$$w(Mg) = \frac{4.10 \times 0.05000 \times \frac{1}{1000} \times M(Mg)}{0.5000 \times \frac{25}{100}} \times 100\%$$

$$= \frac{4.10 \times 0.05000 \times \frac{1}{1000} \times 24.31}{0.5000 \times \frac{25}{100}} \times 100\% = 3.99\%$$

$$w(Zn) = \frac{13.40 \times 0.05000 \times \frac{1}{1000} \times M(Zn)}{0.5000 \times \frac{25}{100}} \times 100\%$$

$$= \frac{13.40 \times 0.05000 \times \frac{1}{1000} \times 65.39}{0.5000 \times \frac{25}{100}} \times 100\% = 35.05\%$$

$$w(Cu) = \frac{(37.30 - 13.40) \times 0.05000 \times \frac{1}{1000} \times M(Cu)}{0.5000 \times \frac{25}{100}} \times 100\%$$

$$= \frac{(37.30 - 13.40) \times 0.05000 \times \frac{1}{1000} \times 63.55}{0.5000 \times \frac{25}{100}} \times 100\% = 60.75\%$$

11. 解：设试样中含 Fe_2O_3 为 x g。根据

$$n(Fe_2O_3) = \frac{1}{2} n(EDTA)$$

$$\frac{x}{M(Fe)} = \frac{1}{2} \times c(EDTA) \cdot V(EDTA)$$

$$\frac{x}{159.96} = \frac{1}{2} \times 0.02 \times 18.16 \times 10^{-3}$$

$$x = 2.905 \times 10^{-2}$$

$$w(Fe_2O_3) = \frac{2.905 \times 10^{-2}}{0.2000} \times 100\% = 14.50\%$$

又因为 Y^{4-} 与 Cu^{2+} 和 Al^{3+} 同时配合存在，故根据关系式

$$n\ (AlY^-)\ \sim n\ (Y^{4-})\ \sim n\ (Cu^{2+})\ \sim 2n\ (Al_2O_3)$$

$$n\ (CuSO_4)\ +2n\ (Al_2O_3)\ =n\ (Y^{4-})$$

$$\frac{8.12 \times 0.005 \times 10^{-3}}{249.68} +2n\ (Al_2O_3)\ =25 \times 0.02 \times 10^{-2}$$

$$n\ (Al_2O_3)\ =1.687 \times 10^{-4}\ mol$$

$$m\ (Al_2O_3)\ =1.687 \times 10^{-4} \times 101.96 = 0.0172\ g$$

$$w\ (Al_2O_3)\ =\frac{0.0172}{0.2000} \times 100\% = 8.60\%$$

12. $w\ (Pb)\ =36.29\%$, $w\ (Bi)\ =36.29\%$, $w\ (Cd)\ =27.41\%$

第 5 章　氧化还原滴定法

5.1　重要概念和知识要点

氧化还原的方向及程度

- 条件电极电势
  - $\varphi^{\theta'}$
    - 定义：当氧化型、还原型浓度均为 $1\ \text{mol} \cdot \text{L}^{-1}$ 时的实际电极电势
    - 意义：用条件电极电势来判定反应进行的方向更为合理
    - 推导：$\varphi = \varphi^{\theta} + \dfrac{0.059}{n}\lg\dfrac{[\text{Ox}]}{[\text{Red}]} = \varphi^{\theta} + \dfrac{0.059}{n}\lg\dfrac{\gamma_{\text{Ox}} \cdot \alpha_{\text{Red}} \cdot c_{\text{Ox}}}{\gamma_{\text{Red}} \cdot \alpha_{\text{Ox}} \cdot c_{\text{Red}}} \Rightarrow$
    - $\varphi = \varphi^{\theta} + \dfrac{0.059}{n}\lg\dfrac{\gamma_{\text{Ox}} \cdot \alpha_{\text{Red}}}{\gamma_{\text{Red}} \cdot \alpha_{\text{Ox}}} + \dfrac{0.059}{n}\lg\dfrac{c_{\text{Ox}}}{c_{\text{Red}}} \Rightarrow \varphi^{\theta'} = \varphi^{\theta} + \dfrac{0.059}{n}\lg\dfrac{\gamma_{\text{Ox}} \cdot \alpha_{\text{Red}}}{\gamma_{\text{Red}} \cdot \alpha_{\text{Ox}}}$
  - 影响条件电极电势的因素
    - 离子强度：表达式中的 γ。影响通常可忽略
    - 表达式中的 α，副反应系数
      - 沉淀：金属离子的有效浓度表达为
        $[\text{M}] = \dfrac{K_{\text{sp}}^{\theta}}{[\text{沉淀剂}]^n}$，如 CuI ↓ 中 $[\text{Cu}^+] = \dfrac{K_{\text{sp}}^{\theta}(\text{CuI})}{[\text{I}^-]}$
      - 配位：金属离子的有效浓度表达为
        $[\text{M}] = \dfrac{c_{\text{M}}}{\alpha_{\text{M}}}$ 其中 $\alpha_{\text{M}} = 1 + \beta_1[\text{L}] + \cdots + \beta_n[\text{L}]^n$
    - 酸度调节
      - 有 H^+ 参与反应，改变反应物浓度
      - 氧化型或还原型为有机弱酸弱碱，pH 决定 x
  - 方向判断：由电对的电极电势值进行判断。电极电势高的电对的氧化型氧化电对电势低的电对的还原型

- 程度
  - 反应平衡常数 K^{θ}：氧化还原反应式中产物幂次方的乘积除以反应物幂次方的乘积
  - K^{θ} 与 φ 的关系推导：$\varphi_{\text{Ox}} = \varphi_{\text{Ox}}^{\theta'} + \dfrac{0.059}{n_1}\lg\dfrac{c_{\text{Ox}}}{c_{\text{Red}}}$，$\varphi_{\text{Red}} = \varphi_{\text{Red}}^{\theta'} + \dfrac{0.059}{n_2}\lg\dfrac{c_{\text{Ox}}}{c_{\text{Red}}}$

    对氧化还原反应的任意时刻，因处于反应平衡，故 $\varphi_{\text{Ox}} = \varphi_{\text{Red}}$。两电对电极电势差

    $0 = \varphi_{\text{Ox}}^{\theta'} + \dfrac{0.059}{n_1}\lg\dfrac{c_{\text{Ox}}}{c_{\text{Red}}} - \varphi_{\text{Red}}^{\theta'} - \dfrac{0.059}{n_2}\lg\dfrac{c_{\text{Ox}}}{c_{\text{Red}}}$

    $\Rightarrow n_1 n_2 \Delta\varphi^{\theta'} + 0.059\lg\dfrac{c_{\text{Ox}}^{n_2} c_{\text{Red}}^{n_1}}{c_{\text{Red}}^{n_2} c_{\text{Ox}}^{n_1}} = n_1 n_2 \Delta\varphi^{\theta'} + 0.059\lg\dfrac{1}{K^{\theta}} = 0$

    $\Rightarrow \lg K^{\theta} = \dfrac{n\Delta\varphi^{\theta'}}{0.059}$

  - 反应程度推导：先由氧化还原电对的条件电极电势求 K^{θ}，然后根据 K^{θ} 与产物、反应物之间的比例关系求完成程度，准确定量要求完成程度 $>99.9\%$。可由 K^{θ} 值或 $\Delta\varphi$ 判断能否进行直接准确滴定

氧化还原反应速率 {

特征：反应速率较慢，机理比较复杂

影响因素 {

浓度影响：基于质量作用定律，增大反应物浓度，降低产物浓度有利于反应正向进行；反之，不利于反应正向进行

温度影响：温度每升高 $10℃$，反应速度加快 $2 \sim 4$ 倍

催化剂的使用：改变反应所需活化能，改变反应路径，催化剂在反应前后不变。加快反应——正催化剂；减慢反应——副催化剂

诱导反应：$KMnO_4$ 氧化 Cl^- 的反应，因 Fe^{2+} 的加入，而使得前一氧化还原反应的速率加快。称 Fe^{2+} 为诱导体；$KMnO_4$ 为作用体；Cl^- 为受诱体。加速反应因素 Fe^{2+} 反应前后发生改变

区分：催化剂的使用与诱导反应。二者都是通过加入新的物质而使反应速率加快，但区别在于，催化剂在反应前后不发生组成的改变（本质是改变了反应路径及活化能），而诱导反应所加入的物质参与到反应中并发生了变化

}

指示剂分类 {

自身指示剂：标准溶液或被滴定物质本身有颜色，而滴定产物无色或颜色很浅，则溶液本身的颜色变化起着指示剂的作用，叫做自身指示剂

特殊指示剂（专属指示剂）：有些物质本身并不具有氧化还原性，但它能与滴定剂或被测物产生特殊的颜色而指示滴定终点

氧化还原指示剂 {

变色原理：$\underset{A色}{In_{Ox}} + ne \rightarrow \underset{B色}{In_{Red}}$

变色点及变色范围：由能斯特方程推导 $\varphi = \varphi^{\theta'} + \dfrac{0.059}{n}\lg\left[\dfrac{In_{Ox}}{In_{Red}}\right]$

当两种形体浓度相等时，为变色点：$\varphi_{ep} = \varphi^{\theta'}_{In_{Ox}/In_{Red}}$

当两形体浓度在 10 倍以内时为变色范围：$\varphi = \varphi^{\theta'}_{In_{Ox}/In_{Red}} \pm \dfrac{0.059}{n}$

选择原则：指示剂的条件电极电势在滴定突跃范围内，指示剂的变色点的电极电势尽可能与化学计量点的电极电势接近

常用指示剂 { 二苯胺磺酸钠　邻二氮菲 – 亚铁

指示剂误差消除 {

两次移取法：在待测液中加指示剂，滴定至终点后记录体积 V_1；再次加入同样量的待测溶液，滴定至终点，记录体积 V_2。$V_1 - V_2$ 即为指示剂消耗量

标准溶液法：通过理论计算得到标准溶液的理论消耗 V_0；在同样物质的量的标准溶液中加入指示剂，滴定到终点后记录体积 V，$V - V_0$ 即为滴定剂的消耗

与仪器对比法：采用指示剂与电位计指示终点，当电位计读数发生突变时记录滴定体积 V_1，指示剂变色时记录体积 V_2。$V_1 - V_2$ 即为指示剂的消耗量

}

}

}

25℃ $0.1mol/L$ Ce^{4+} 滴定 20 mL $0.1mol \cdot L^{-1}$ Fe^{2+}。

任意滴定点反应平衡都有 $\varphi = \varphi_{Ox} = \varphi_{Red}$。故通过求电对的电极电势可得体系的电势。在电极电势的能斯特表达中包含浓度项。因此，在计量点前应按被滴定电对的电极电势进行计算；计量点后则按滴定电对的电极电势计算。计量点时物料关系具有特殊性，由电极电势表达式求计量点电势

氧化还原滴定原理

滴定曲线（以 Fe^{3+} 滴定 Ce^{4+} 为例）

化学计量点前 0.1%（反应完成程度 99.9%）：有 99.9% 的 Fe^{2+} 反应生成 Fe^{3+}。

$$n(Fe^{3+}) = n(Fe^{2+})_s \cdot 99.9\% ；而 n(Fe^{2+}) = n(Fe^{2+})_s \cdot 0.1\%。$$

由 $\varphi = \varphi^{\theta'} + \dfrac{0.059}{n}\lg \dfrac{c_{Ox}}{c_{Red}} \Rightarrow \varphi_{Red} = \varphi_{Red}^{\theta'} + 0.059 \cdot \lg \dfrac{c(Fe^{3+})}{c(Fe^{2+})}$

$$= \varphi_{Red}^{\theta'} + 0.059 \times 3$$

$$n_{Fe^{3+}} = n_{Fe^{2+}(s)} \cdot 99.9\%$$

计量点：Ce^{4+} 与 Fe^{2+} 按反应式等比例投料并等比例反应生成 Ce^{3+} 和 Fe^{3+}，故有 $[Ce^{4+}] = [Fe^{2+}]$ 及 $[Ce^{3+}] = [Fe^{3+}]$

$\left. \begin{array}{l} \varphi_{sp} = \varphi_{Ox} = \varphi_{Ox}^{\theta'} + 0.059\lg \dfrac{c(Ce^{4+})}{c(Ce^{3+})} \\[3mm] \varphi_{sp} = \varphi_{Red} = \varphi_{Red}^{\theta'} + 0.059\lg \dfrac{c(Fe^{3+})}{c(Fe^{2+})} \end{array} \right\}$ $2\varphi_{sp} = \varphi_{Red}^{\theta'} + \varphi_{Ox}^{\theta'} + 0.059\lg \dfrac{c(Fe^{3+})}{c(Fe^{2+})} \cdot \dfrac{c(Ce^{4+})}{c(Ce^{3+})}$

$$= \varphi_{Red}^{\theta'} + \varphi_{Ox}^{\theta'} \Rightarrow \varphi_{sp} = \dfrac{\varphi_{Red}^{\theta'} + \varphi_{Ox}^{\theta'}}{2}$$

化学计量点后 0.1%：Ce^{3+} 的生成量可视为 Fe^{2+} 量，过量的 Ce^{4+} 可计算

$$n(Ce^{4+}) = n(Fe^{2+})_s \cdot 0.1\% \Rightarrow \varphi = \varphi_{Ox} = \varphi_{Ox}^{\theta'} + 0.059\lg \dfrac{c(Ce^{4+})}{c(Ce^{3+})}$$

$$= \varphi_{Ox}^{\theta'} - 0.059 \times 3$$

推广：当转移电子数分别为 n_1 和 n_2 时，计量点 $\varphi_{sp} = \dfrac{n_1\varphi_1^{\theta'} + n_2\varphi_2^{\theta'}}{n_1 + n_2}$

突跃范围为 $\varphi_{Red}^{\theta'} + \dfrac{0.059 \times 3}{n_1} \sim \varphi_{Ox}^{\theta'} - \dfrac{0.059 \times 3}{n_2}$

影响突跃范围的因素：由前后 0.1% 公式可知，突跃范围受电极电势差 $\Delta\varphi$ 的影响，又平衡常数 K^{θ} 与 $\Delta\varphi$ 互推，因此 $\Delta\varphi$ 越大，K^{θ} 越大，突跃范围越大准确滴定的判据：使前后 0.1% 重合，即滴定时无法形成突跃

$$\varphi_{Red}^{\theta'} + \dfrac{0.059 \times 3}{n_1} = \varphi_{Ox}^{\theta'} - \dfrac{0.059 \times 3}{n_2} \Rightarrow \Delta\varphi^{\theta'} = 0.18\left(\dfrac{1}{n_1} + \dfrac{1}{n_2}\right)$$

$n_1 = n_2 = 1$ 时，$\Delta\varphi^{\theta'} = 0.36$ V；$\lg K^{\theta} = \dfrac{0.36 \times 1}{0.059} = 6$

$n_1 = 1$，$n_2 = 2$ 时，$\Delta\varphi^{\theta'} = 0.27$ V；$\lg K^{\theta} = \dfrac{0.27 \times 2}{0.059} = 9$

$n_1 = n_2 = 2$ 时，$\Delta\varphi^{\theta'} = 0.18$ V；$\lg K^{\theta} = \dfrac{0.18 \times 2}{0.059} = 6$

$n_1 = 2$，$n_2 = 3$ 时，$\Delta\varphi^{\theta'} = 0.15$ V；$\lg K^{\theta} = \dfrac{0.15 \times 6}{0.059} = 15$

$\left. \begin{array}{l} \Delta\varphi^{\theta'} \geqslant 0.4，判据严谨 \\[2mm] \lg K^{\theta} \geqslant 6，判决不严谨 \end{array} \right\}$

氧化还原滴定应用

	KMnO₄ 法	K₂Cr₂O₇ 法	碘量法
方法优缺点	氧化能力强，可多种方式，应用广泛，可有机、无机 自身指示剂 含杂质，不稳定 氧化性太强，选择性差 氧化能力及产物受 pH 影响	易提纯 溶液稳定 氧化能力较弱 选择性好 反应快速 需要指示剂 有毒	反应可逆性好，φ 稳定 指示剂灵敏，10^{-5} 应用广泛，强氧化剂及强还原剂 I_2 挥发，I^- 氧化误差
溶液的配制与标定	粗称微过量 $KMnO_4$，溶解 溶液煮沸 1h，冷却 过滤 草酸钠标定	准确称取，溶解 定容 计算浓度	直接碘量法标准 I_2 间接碘量法 $Na_2S_2O_3$ 粗称 $Na_2S_2O_3$，加 Na_2CO_3，去离子水 溶解后置于棕色瓶中，放置 1 周后标定
应用	直接法测 H_2O_2：酸性溶液 $5H_2O_2 + 2MnO_4^- + 6H^+ \rightarrow 2Mn^{2+} + 5O_2 + 8H_2O$ 返滴定法测 MnO_2：H_2SO_4 介质中加热 MnO_2 与过量 $Na_2C_2O_4$ 反应后，用 $KMnO_4$ 返滴 $MnO_2 + C_2O_4^{2-} + 4H^+ \rightarrow Mn^{2+} + 2CO_2 \uparrow + 2H_2O$ 间接测 Ca^{2+} 有机物测定 化学需氧量 COD 的测定	全铁的测定 COD 的测定	铜含量的测定： $2Cu^{2+} + 4I^- \rightarrow 2CuI \downarrow + I_2$ $I_2 + 2S_2O_3^{2-} \rightarrow 2I^- + S_4O_6^{2-}$ 标定：$BrO_3^- + 6I^- + H^+ \rightarrow Br^- + 3I_2 + H_2O$ 氯含量的测定 有机物的测定 S^{2-} 和 H_2S 的测定
其他	高锰酸钾法的酸度调节 可选酸限定 不同酸度条件下的反应	废液处理	碘量法产生误差的原因 碘量法酸度控制 碘量法重要反应 配制 Na_2SO_3 条件控制原因

5.2　例题解析

【例5-1】计算在 $0.10\ mol\cdot L^{-1}\ Ag(NH_3)^+$ 和 $0.10mol\cdot L^{-1}\ NH_3$ 溶液中银电极的条件电势。$[\varphi^\theta(Ag^+/Ag)=0.80\ V$，银氨配离子的 $lg\beta_1=3.2$，$lg\beta_2=7.1]$

解： 副反应系数　$\alpha_{Ag(NH_3)}=1+\beta_1 c(NH_3)+\beta_2 c^2(NH_3)$

$$=1+10^{3.2}\times0.10+10^{7.1}\times(0.10)^2=10^{5.1}$$

由 Nernst 公式　$\varphi(Ag^+/Ag)=\varphi^\theta(Ag^+/Ag)+0.0592lg[Ag^+]$

$$=\varphi^\theta(Ag^+/Ag)+0.0592lg\frac{c(Ag^+)}{\alpha_{Ag(NH_3)}}$$

当 $c(Ag^+)=1\ mol\cdot L^{-1}$ 时，$\varphi(Ag^+/Ag)=\varphi^\theta(Ag^+/Ag)+0.0592lg\dfrac{1}{10^{5.1}}=$

$\varphi^{\theta'}(Ag^+/Ag)$

则　　　　　　　　$\varphi^{\theta'}(Ag^+/Ag)=0.80+0.0592\ lg\dfrac{1}{10^{5.1}}=0.50\ (V)$

【例5-2】计算 KI 浓度为 $1\ mol\cdot L^{-1}$ 时，Cu^{2+}/Cu^+ 电对的条件电势（忽略离子强度的影响），并说明何以能发生下述反应：

$$2Cu^{2+}+5I^-\Longrightarrow 2CuI\downarrow+I_3^-$$

$[\varphi^\theta(Cu^{2+}/Cu^+)=0.16\ V，\varphi^\theta(I_3^-/I^+)=0.545\ V\quad K_{sp}^\theta(CuI)=1.1\times10^{-12}]$

解： 因忽略离子强度的影响，当 $c(Cu^{2+})=c(Cu^+)=1\ mol\cdot L^{-1}$ 时，则：

$$\varphi^{\theta'}(Cu^{2+}/Cu^+)=\varphi^\theta(Cu^{2+}/Cu^+)+0.0592\ lg\frac{\alpha(Cu^+)}{\alpha(Cu^{2+})}$$

Cu^{2+} 未发生副反应，$\alpha(Cu^{2+})=1$，Cu^+ 发生了沉淀反应，

$$\alpha(Cu^+)=\frac{c(Cu^+)}{[Cu^+]}=\frac{1}{K_{sp}^\theta/[I^-]}=\frac{[I^-]}{K_{sp}^\theta}$$

$$\varphi^{\theta'}(Cu^{2+}/Cu^+)=\varphi^\theta(Cu^{2+}/Cu^+)+0.0592\ lg\frac{[I^-]}{K_{sp}^\theta}$$

$$=0.16+0.0592\ lg\frac{1}{1.0\times10^{-12}}=0.87\ (V)$$

由于 Cu^+ 与 I^- 生成 $CuI\downarrow$ 极大地降低了 Cu^+ 的浓度，使 Cu^{2+}/Cu^+ 电对的电势升高，Cu^{2+} 的氧化性增强。而 I_3^- 和 I^- 均未发生副反应，I_3^-/I^+ 电对的电势当 $[I^+]=1\ mol\cdot L^{-1}$ 时就等于其标准电势。此时 $\varphi^{\theta'}(Cu^{2+}/Cu^+)>\varphi^\theta(I_3^-/I^+)$，因此题设的反应能顺利发生。

【例5-3】$KMnO_4$ 在酸性溶液中有下列还原反应：

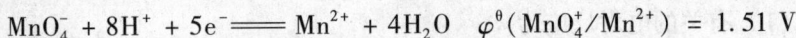

$$MnO_4^-+8H^++5e^-\Longrightarrow Mn^{2+}+4H_2O\quad\varphi^\theta(MnO_4^-/Mn^{2+})=1.51\ V$$

试求其电势与 pH 的关系，并计算 pH＝2.0 和 pH＝5.0 时的条件电势。（忽略离子强度的影响）

解： $\varphi(MnO_4^+/Mn^{2+})=\varphi^\theta(MnO_4^+/Mn^{2+})+\dfrac{0.0592}{5}lg\dfrac{[MnO_4^-][H^+]^8}{[Mn^{2+}]}$

$$= \varphi^{\theta} \ (MnO_4^+/Mn^{2+}) \ + \frac{0.0592}{5} lg \ [H^+]^8 + \frac{0.0592}{5} lg \frac{[MnO_4^-]}{[Mn^{2+}]}$$

当 $\frac{[MnO_4^-]}{[Mn^{2+}]} = 1$ 时，且忽略离子强度的影响，其条件电势为

$$\varphi^{\theta'} \ (MnO_4^+/Mn^{2+}) \ = \varphi^{\theta} \ (MnO_4^+/Mn^{2+}) \ + \frac{0.0592}{5} lg \ [H^+]^8$$

$$= 1.51 + 0.0947 lg \ [H^+] = 1.51 - 0.0947 pH$$

pH = 2.0 时：$\varphi^{\theta'} \ (MnO_4^+/Mn^{2+}) = 1.51 - 0.0947 \times 2.0 = 1.32$ （V）

pH = 5.0 时：$\varphi^{\theta'} \ (MnO_4^+/Mn^{2+}) = 1.51 - 0.0947 \times 5.0 = 1.04$ （V）

【例 5-4】 以 $K_2Cr_2O_7$ 标准溶液滴定 Fe^{2+}，计算 25℃时反应的平衡常数；若在计量点时，$c \ (Fe^{3+}) = 0.05000 \ mol \cdot L^{-1}$，欲使反应定量进行，所需 H^+ 的最低浓度为多少？$[\varphi^{\theta} \ (Fe^{3+}/Fe^{2+}) = 0.771V，\varphi^{\theta} \ (Cr_2O_7^{2-}/Cr^{3+}) = 1.33 \ V]$

解： 反应式为　　　　$6Fe^{2+} + Cr_2O_7^{2-} + 14H^+ === 6Fe^{3+} + 2Cr^{3+} + 7H_2O$

$$lgK^{\theta} = \frac{(\varphi^{\theta}_{Cr_2O_7^{2-}/Cr^{3+}} - \varphi^{\theta}_{Fe^{3+}/Fe^{2+}}) \times n}{0.0592} = \frac{(1.33 - 0.771) \times 6}{0.0592} = 56.9$$

$$K^{\theta} = 8 \times 10^{56}$$

又　　　　　　$$lgK^{\theta} = lg \frac{[Cr^{3+}]^2 \ [Fe^{3+}]^6}{[Cr_2O_7^{2-}] \ [Fe^{2+}]^6 \ [H^+]^{14}} = 56.9$$

计量点时：$[Cr^{3+}] = \frac{2}{6} \ [Fe^{3+}]$ 　　　　$[Cr_2O_7^{2-}] = \frac{1}{6} \ [Fe^{2+}]$

反应能定量进行，则：$c \ (Fe^{2+}) \le 10^{-6} \ mol \cdot L^{-1}$，故

$$lg \frac{\left(\frac{2}{6} \ [Fe^{3+}]\right)^2 \ [Fe^{3+}]^6}{\left(\frac{1}{6} \ [Fe^{2+}]\right) \ [Fe^{2+}]^6 \ [H^+]^{14}} = 56.9$$

$$[H^+]^{14} = \frac{\left(\frac{2}{6}\right)^2 \ [Fe^{3+}]^8}{\frac{1}{6} \ [Fe^{2+}]^7} \times 10^{-56.9} = \frac{6 \times 0.05000^8}{9 \times (10^{-6})^7} \times 10^{-56.9}$$

$$[H^+] = 1.5 \times 10^{-2} \ (mol \cdot L^{-1}) 　　　　pH = 1.82$$

【例 5-5】 计算在 $1 \ mol \cdot L^{-1} HCl$ 溶液中，下述反应的条件平衡常数：

$$2Fe^{3+} + 3I^- === 2Fe^{2+} + I_3^-$$

当 20 mL 0.10 $mol \cdot L^{-1} Fe^{3+}$ 与 20 mL 0.30 $mol \cdot L^{-1} I^-$ 混合后，溶液中残留的 Fe^{3+} 还有百分之几？如何才能做到定量地测定 Fe^{3+}？

解：（1）有关的电对反应为

$$Fe^{3+} + e^- === Fe^{2+} 　　　　\varphi^{\theta'} \ (Fe^{3+}/Fe^{2+}) = 0.68 \ V$$

$$I_3^- + 2e === 3I^- 　　　　\varphi^{\theta'} \ (I_3^-/I^-) = 0.545 \ V$$

$$lgK^{\theta'} = \frac{(0.68 - 0.545) \times 2}{0.0592} = 4.56 　　　　K^{\theta'} = 3.6 \times 10^4$$

（2）达到平衡时，两电对的电势相等，因 I^- 过量，用 I_3^-/I^- 电对容易计算出体系的电势，进而可计算出残留 Fe^{3+} 的百分含量。

因为 I^- 过量，设平衡时 Fe^{3+} 基本上被还原为 Fe^{2+}：

$$c\ (Fe^{2+})\ = \frac{0.10 \times 20}{20 + 20} = 0.050\ (mol \cdot L^{-1})$$

$$c\ (I_3^-)\ = \frac{1}{2}c\ (Fe^{2+})\ = 0.025\ (mol \cdot L^{-1})$$

剩余的

$$c\ (I^-)\ = \frac{0.30 \times 20}{20 + 20} - \frac{3}{2} \times 0.050 = 0.075\ (mol \cdot L^{-1})$$

平衡时体系的电势为：

$$\varphi^{\theta}\ (I_3^-/I^-)\ = \varphi^{\theta'}\ (I_3^-/I^-)\ + \frac{0.0592}{2}lg\frac{c\ (I_3^-)}{c\ (I^-)^3}$$

$$= 0.545\ + \frac{0.0592}{2}lg\frac{0.025}{(0.075)^3} = 0.597\ (V)$$

则：　　$$\varphi^{\theta}\ (Fe^{3+}/Fe^{2+})\ = \varphi^{\theta'}\ (Fe^{3+}/Fe^{2+})\ + 0.0592lg\frac{c\ (Fe^{3+})}{c\ (Fe^{2+})} = 0.597$$

$$lg\frac{c\ (Fe^{3+})}{c\ (Fe^{2+})}\ = -1.41 \qquad \frac{c\ (Fe^{3+})}{c\ (Fe^{2+})}\ = 0.039$$

残留 Fe^{3+} 的百分含量 $= \dfrac{c\ (Fe^{3+})}{c\ (Fe^{2+})\ + c\ (Fe^{3+})} \times 100\% = \dfrac{0.039}{1 + 0.039} \times 100\% = 3.8\%$

计算结果表明，此反应不太完全，为了定量测定 Fe^{3+}，必须增大 I^- 的浓度，进一步降低 $\varphi^{\theta}\ (I_3^-/I^-)$ 值。

【例 5-6】试证明有不对称电对和 H^+ 参加的氧化还原反应，如

$$n_2O_1 + n_1R_2 + xH^+ \Longrightarrow n_2bR_1 + n_1O_2 + yH_2O$$

其化学计量点时的电势为

$$\varphi_{sp} = \frac{n_1\varphi_1^{\theta} + n_2\varphi_2^{\theta}}{n_1 + n_2} + \frac{0.0592}{n_1 + n_2}lg\frac{1}{b\alpha\ (R_1)^{b-1}} + \frac{0.0592}{n_1 + n_2}lg\alpha\ (H^+)^x$$

证明：有关的电对反应为

$$O_1 + xH^+ + n_1e^- \Longrightarrow bR_1 \qquad\qquad O_2\ + n_2e^- \Longrightarrow R_2$$

则：

$$\varphi_1 = \varphi_1^{\theta} + \frac{0.0592}{n_1}lg\frac{\alpha\ (O_1)\ \alpha\ (H^+)^x}{\alpha\ (R_1)^b} \qquad\qquad \varphi_2 = \varphi_2^{\theta} + \frac{0.0592}{n_2}lg\frac{\alpha\ (O_2)}{\alpha\ (R_2)}$$

反应达到化学计量点时，$\varphi_1 = \varphi_2 = \varphi_{sp}$，则：

$$n_1\varphi_1 + n_2\varphi_2 = (n_1 + n_2)\ \varphi_{sp} = n_1\varphi_1^{\theta} + n_2\varphi_2^{\theta} + 0.0592lg\frac{\alpha\ (O_1)\ \alpha\ (O_2)\ \alpha\ (H^+)^x}{\alpha\ (R_1)^b\alpha\ (R_2)}$$

在化学计量点时，有如下平衡关系：

$$n_1\alpha\ (O_1)\ = n_2\alpha\ (R_2), \quad n_1\alpha\ (R_1)\ = n_2b\alpha\ (O_2)$$

则：　　$$\frac{\alpha\ (O_1)\ \alpha\ (O_2)}{\alpha\ (R_1)^b\alpha\ (R_2)} = \frac{1}{b\alpha\ (R_1)^{b-1}}$$

代入，得

$$(n_1 + n_2)\ \varphi_{sp} = n_1\varphi_1^\theta + n_2\varphi_2^\theta + 0.0592\ \lg\frac{\alpha\ (H^+)^x}{b\alpha\ (R_1)^{b-1}}$$

$$= n_1\varphi_1^\theta + n_2\varphi_2^\theta + 0.0592\ \lg\frac{1}{b\alpha\ (R_1)^{b-1}} + 0.0592\ \lg\alpha\ (H^+)^x$$

所以

$$\varphi_{sp} = \frac{n_1\varphi_1^\theta + n_2\varphi_2^\theta}{n_1 + n_2} + \frac{0.0592}{n_1 + n_2}\ \lg\frac{1}{b\alpha\ (R_1)^{b-1}} + \frac{0.0592}{n_1 + n_2}\ \lg\alpha\ (H^+)^x$$

【例 5-7】 测定丙酮的方法如下：将丙酮试样溶于 NaOH 溶液中，加入一定量过量的标准碘溶液，然后将溶液调至弱酸性，以 $Na_2S_2O_3$ 溶液滴定过量的碘。今称取丙酮试样 1.000 g，于 250 mL 容量瓶中稀释定容，移取试样 25.00 mL，加入适量 NaOH 溶液，再加入 $0.05000\ mol \cdot L^{-1}\ I_3^-$ 溶液 50.00 mL，静置片刻，反应完全后，加 H_2SO_4 使溶液呈弱酸性，以 $0.1000\ mol \cdot L^{-1}\ Na_2S_2O_3$ 溶液滴定过量的 I_3^-，消耗 10.00 mL，计算试样中丙酮的质量分数。[M（CH_3COCH_3）= 58.08]

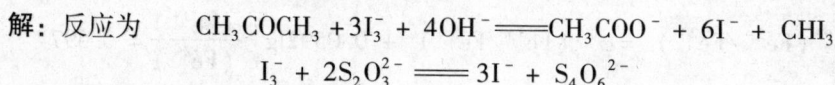

解： 反应为

$$CH_3COCH_3 + 3I_3^- + 4OH^- \Longequal CH_3COO^- + 6I^- + CHI_3$$

$$I_3^- + 2S_2O_3^{2-} \Longequal 3I^- + S_4O_6^{2-}$$

存在以下物质的量关系　　$n\left(\dfrac{1}{3}CH_3COCH_3\right) = n\ (I_3^-)$　　$n\ (S_2O_3^{2-}) = n\left(\dfrac{1}{2}I_3^-\right)$

$$n\left(\frac{1}{6}CH_3COCH_3\right) = n\ (S_2O_3^{2-})$$

所以，依据题意　　$n\ (CH_3COCH_3) = n\ (I_3^-) - n\ (S_2O_3^{2-})$

w（CH_3COCH_3）=

$$\frac{[c\ (I_3^-)\ V\ (I_3^-)\ \times 2 - c\ (Na_2S_2O_3)\ V\ (Na_2S_2O_3)]\ \times M\left(\dfrac{1}{6}CH_3COCH_3\right)}{m_s} \times 100\%$$

$$= \frac{(0.05000 \times 2 \times 50.00 - 0.1000 \times 10.00)\ \times 10^{-3} \times \dfrac{58.08}{6}}{1.000 \times \dfrac{25}{250}} \times 100\%$$

$$= 38.72\%$$

【例 5-8】 某 $KMnO_4$ 溶液在酸性介质中对 Fe^{2+} 的滴定度 $T_{KMnO_4/Fe} = 0.02792\ g \cdot mL^{-1}$，而 1.00 mL KH（$HC_2O_4$）$_2$ 溶液在酸性介质中恰好与 0.80mL 上述 $KMnO_4$ 溶液完全反应。问上述 KH（HC_2O_4）$_2$ 溶液作为酸与 $0.1000\ mol \cdot L^{-1}$ NaOH 溶液反应时，1.00 mL 可中和多少 mL 的 NaOH 溶液？

解： 涉及的反应为

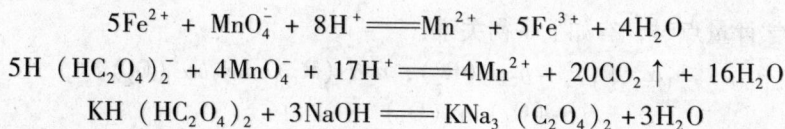

$$5Fe^{2+} + MnO_4^- + 8H^+ \Longequal Mn^{2+} + 5Fe^{3+} + 4H_2O$$

$$5H\ (HC_2O_4)_2^- + 4MnO_4^- + 17H^+ \Longequal 4Mn^{2+} + 20CO_2 \uparrow + 16H_2O$$

$$KH\ (HC_2O_4)_2 + 3NaOH \Longequal KNa_3\ (C_2O_4)_2 + 3H_2O$$

存在以下物质的量关系

$$n\left(\frac{1}{5}KMnO_4\right) = n\ (Fe^{2+}) \qquad n\left(\frac{1}{5}KMnO_4\right) = n\left(\frac{1}{4}KH\ (HC_2O_4)_2\right)$$

$$n\left(\frac{1}{3}KH\ (HC_2O_4)_2\right) = n\ (NaOH)$$

所以

$$\frac{3}{4}n\left(\frac{1}{5}KMnO_4\right) = n\ (NaOH)$$

依据题意

$$T_{KMnO_4/Fe} = \frac{c\left(\frac{1}{5}KMnO_4\right)M\ (Fe)}{1000}$$

$$c\left(\frac{1}{5}KMnO_4\right) = \frac{T_{KMnO_4/Fe} \times 10^3}{M\ (Fe)} = \frac{0.02792 \times 1000}{55.85} = 0.4999\ (mol \cdot L^{-1})$$

$$c\ (NaOH)\ V\ (NaOH) = \frac{3}{4}c\left(\frac{1}{5}KMnO_4\right)\ V\ (KMnO_4)$$

$$0.1000 \times V\ (NaOH) = \frac{3}{4} \times 0.4999 \times 0.80$$

$$V\ (NaOH) = 3.00\ (mL)$$

【例 5-9】一定质量的 $KHC_2O_4 \cdot H_2C_2O_4 \cdot 2H_2O$ 既能被 30.00 mL 0.1000 mol · L^{-1} 的 NaOH 中和，又恰好被 40.00 mL 的 $KMnO_4$ 溶液所氧化。计算 $KMnO_4$ 溶液的浓度。

解： 涉及的化学反应为 $\qquad HC_2O_4^- \cdot H_2C_2O_4 + 3OH^- \Longrightarrow 2C_2O_4^{2-} + 3H_2O$

$$5HC_2O_4^- \cdot H_2C_2O_4 + 4MnO_4^- + 17H^+ \Longrightarrow 4Mn^{2+} + 20CO_2 \uparrow + 16H_2O$$

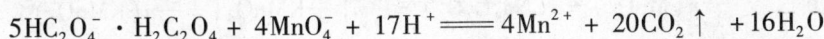

存在以下物质的量关系

$$n\ (NaOH) = n\left(\frac{1}{3}KHC_2O_4 \cdot H_2C_2O_4 \cdot 2H_2O\right) = 3n\ (KHC_2O_4 \cdot H_2C_2O_4 \cdot 2H_2O)$$

$$n\left(\frac{1}{5}KMnO_4\right) = n\left(\frac{1}{4}KHC_2O_4 \cdot H_2C_2O_4 \cdot 2H_2O\right) = 4n\ (KHC_2O_4 \cdot H_2C_2O_4 \cdot 2H_2O)$$

所以 $\quad \frac{1}{3}n\ (NaOH) = \frac{1}{4}n\left(\frac{1}{5}KMnO_4\right) \quad \frac{1}{3}n\ (NaOH) = \frac{5}{4}n\ (KMnO_4)$

$$n\ (KMnO_4) = \frac{4}{15}n\ (NaOH)$$

$$c\ (KMnO_4) = \frac{4}{15}\frac{c(NaOH)\ V\ (NaOH)}{V\ (KMnO_4)}$$

$$= \frac{4}{15} \times \frac{0.1000 \times 30.00}{40.00} = 0.02000\ (mol \cdot L^{-1})$$

【例 5-10】为了测定工业甲醇中甲醇的含量，称取试样 0.1280 g，在 H_2SO_4 溶液中加入浓度为 0.1428 mol · L^{-1} 的 $K_2Cr_2O_7$ 标准溶液 25.00 mL，充分反应后，以邻苯氨基苯甲酸作指示剂，用 Fe^{3+} 标准溶液（浓度为 0.1032 mol · L^{-1}）返滴定过剩的 $K_2Cr_2O_7$，用去 12.47 mL，计算甲醇的含量。

解： 涉及的化学反应为 $\quad CH_3OH + Cr_2O_7^{2+} + 8H^+ \Longrightarrow 2Cr^{3+} + CO_2 \uparrow + 7H_2O$

$$6Fe^{2+} + Cr_2O_7^{2+} + 14H^+ \Longrightarrow 2Cr^{3+} + 6Fe^{3+} + 7H_2O$$

存在以下物质的量关系

$$n(\text{CH}_3\text{OH}) = n(\text{K}_2\text{Cr}_2\text{O}_7) \quad n(\text{Fe}) = n\left(\frac{1}{6}\text{K}_2\text{Cr}_2\text{O}_7\right)$$

所以，依据题意 $\quad n(\text{CH}_3\text{OH}) = n(\text{K}_2\text{Cr}_2\text{O}_7) - n(\text{Fe})$

$$w(\text{CH}_3\text{OH}) = \frac{\left[c\left(\frac{1}{6}\text{K}_2\text{Cr}_2\text{O}_7\right)V(\text{K}_2\text{Cr}_2\text{O}_7) - c(\text{Fe})V(\text{Fe})\right] \times M\left(\frac{1}{6}\text{CH}_3\text{OH}\right)}{m_s} \times 100\%$$

$$= \frac{(0.1428 \times 6 \times 25.00 - 0.1032 \times 12.47) \times 10^{-3} \times \dfrac{32.04}{6}}{0.1280} \times 100\%$$

$$= 83.99\%$$

【例 5-11】 称取软锰矿 0.2500 g，加入 1.4350 g $\text{Na}_2\text{C}_2\text{O}_4$ 及稀 H_2SO_4，加热至反应完全，过量的 $\text{Na}_2\text{C}_2\text{O}_4$ 用 15.60 mL 0.02000 mol·L^{-1} KMnO_4 溶液滴定。求软锰矿的氧化能力（以百分数表示）。[已知 $M(\text{MnO}_2) = 86.94$]

解： 涉及的化学反应为 $\quad \text{MnO}_2 + \text{C}_2\text{O}_4^{2-} + 4\text{H}^+ =\!=\!= \text{Mn}^{2+} + 2\text{CO}_2\uparrow + 2\text{H}_2\text{O}$

$$5\text{C}_2\text{O}_4^{2-} + 2\text{MnO}_4^- + 16\text{H}^+ =\!=\!= 2\text{Mn}^{2+} + 10\text{CO}_2\uparrow + 8\text{H}_2\text{O}$$

存在以下物质的量关系

$$n(\text{MnO}_2) = n(\text{Na}_2\text{C}_2\text{O}_4) \quad n\left(\frac{1}{5}\text{KMnO}_4\right) = n\left(\frac{1}{2}\text{Na}_2\text{C}_2\text{O}_4\right)$$

所以 $\quad n(\text{MnO}_2) = n(\text{Na}_2\text{C}_2\text{O}_4) = \frac{1}{2}n\left(\frac{1}{5}\text{KMnO}_4\right) = \frac{5}{2}n(\text{KMnO}_4)$

依据题意

$$w(\text{MnO}_2) = \frac{\left[\dfrac{m(\text{Na}_2\text{C}_2\text{O}_4)}{M(\text{Na}_2\text{C}_2\text{O}_4)} - \dfrac{5}{2}c(\text{KMnO}_4)V(\text{KMnO}_4) \times 10^{-3}\right] \times M(\text{MnO}_2)}{m_s} \times 100\%$$

$$= \frac{\left[\dfrac{0.4350}{134.00} - \dfrac{5}{2} \times 0.02000 \times 15.60 \times 10^{-3}\right] \times 86.94}{0.2500} \times 100\%$$

$$= 85.76\%$$

【例 5-12】 有一浓度为 0.01726 mol·L^{-1} 的 $\text{K}_2\text{Cr}_2\text{O}_7$ 标准溶液，求 $T_{\text{K}_2\text{Cr}_2\text{O}_7/\text{Fe}}$，$T_{\text{K}_2\text{Cr}_2\text{O}_7/\text{Fe}_2\text{O}_3}$。称取某铁矿试样 0.2150 g，用 HCl 溶解后，加入 SnCl_2 将溶液中的 Fe^{3+} 还原为 Fe^{2+}，然后用上述 $\text{K}_2\text{Cr}_2\text{O}_7$ 标准溶液滴定，用去 22.32 mL。求试样中的铁含量分别以 Fe 和 Fe_2O_3 的质量分数表示。[$M(\text{Fe}) = 55.85$，$M(\text{Fe}_2\text{O}_3) = 159.7$]

解： 涉及的化学反应为 $\quad 6\text{Fe}^{2+} + \text{Cr}_2\text{O}_7^{2-} + 14\text{H}^+ =\!=\!= 6\text{Fe}^{3+} + 2\text{Cr}^{3+} + 7\text{H}_2\text{O}$

存在以下物质的量关系

$$n\left(\frac{1}{6}\text{K}_2\text{Cr}_2\text{O}_7\right) = n(\text{Fe}) \quad n\left(\frac{1}{6}\text{K}_2\text{Cr}_2\text{O}_7\right) = n\left(\frac{1}{2}\text{Fe}_2\text{O}_3\right)$$

依据题意

$$T_{\text{K}_2\text{Cr}_2\text{O}_7/\text{Fe}} = \frac{c\left(\frac{1}{6}\text{K}_2\text{Cr}_2\text{O}_7\right) \times M(\text{Fe})}{1000} = 6 \times 0.01726 \times 55.85 \times 10^{-3} = 0.005784 \ (\text{g}\cdot\text{mL}^{-1})$$

$$T_{K_2Cr_2O_7/Fe_2O_3} = \frac{c\left(\frac{1}{6}K_2Cr_2O_7\right) \times M\left(\frac{1}{2}Fe_2O_3\right)}{1000} = 3 \times 0.01726 \times 159.7 \times 10^{-3}$$

$$= 0.008269 (g \cdot mL^{-1})$$

因此，试样中 Fe 和 Fe_2O_3 的质量分数分别为

$$w(Fe) = \frac{T_{K_2Cr_2O_7/Fe} \times V(K_2Cr_2O_7)}{m_s} \times 100\% = \frac{0.005784 \times 22.32}{0.2150} \times 100\% = 60.05\%$$

$$w(Fe_2O_3) = \frac{T_{K_2Cr_2O_7/Fe_2O_3} \times V(K_2Cr_2O_7)}{m_s} \times 100\% = \frac{0.008269 \times 22.32}{0.2150} \times 100\% = 85.84\%$$

【例 5-13】 今取废水样 100.0 mL，用 H_2SO_4 酸化后，加入 25.00 mL 0.01667 $mol \cdot L^{-1}$ $K_2Cr_2O_7$ 溶液，以 Ag_2SO_4 为催化剂煮沸一定时间，待水样中还原性物质较完全地氧化后，以邻二氮菲亚铁为指示剂，用 0.1000 $mol \cdot L^{-1}$ $FeSO_4$ 溶液滴定剩余的 $Cr_2O_7^{2-}$，消耗 15.00 mL，计算废水样中的化学耗氧量。

解： 有关电对反应为

$$Cr_2O_7^{2-} + 14H^+ + 6e \rightleftharpoons 2Cr^{3+} + 7H_2O$$

$$O_2 + 4H^+ + 4e \rightleftharpoons 2H_2O$$

由以上电对反应可知，在氧化同一还原性物质时，3mol O_2 相当于 2 mol $K_2Cr_2O_7$。即

$$1 \text{ mol } O_2 \sim \frac{2}{3} \text{ mol } K_2Cr_2O_7 \sim 4 \text{ mol e}$$

用 $FeSO_4$ 溶液滴至剩余的 $Cr_2O_7^{2-}$ 时，其滴定反应为

$$Cr_2O_7^{2-} + 6Fe^{2+} + 14H^+ \rightleftharpoons 2Cr^{3+} + 6Fe^{3+} + 7H_2O$$

$$1 \text{ mol } Fe \sim \frac{1}{6} \text{ mol } K_2Cr_2O_7$$

因此，与废水样品中还原性物质作用的 $K_2Cr_2O_7$ 物质的量应为加入的总的 $K_2Cr_2O_7$ 物质的量减去与 $FeSO_4$ 作用的物质的量。故

$$COD(mg \cdot L^{-1}) = \frac{\frac{3}{2}\left[(c \cdot V)_{K_2Cr_2O_7} - \frac{1}{6}(c \cdot V)_{Fe^{2+}}\right] \times 32.00 \times 10^3}{V_{水样}}$$

$$= \frac{\frac{3}{2}\left(0.01667 \times 25.00 - \frac{1}{6} \times 0.1000 \times 15.00\right) \times 32.00 \times 10^3}{100}$$

$$= 0.8002$$

【例 5-14】 K_2FeO_4 是一种新型水处理剂，用 ClO^- 氧化 $Fe(OH)_3$ 制备高铁酸盐，方法简便。但体系中 FeO_4^{2-} 和 ClO^- 共存，需分别测定，请设计测定方案。

解： 解题思路：FeO_4^{2-} 和 ClO^- 均为强氧化剂，应采用氧化还原滴定法。要分别测定，可以寻找一种方法单独测定其中某一种物质，再用另一种方法测定这两种物质的总量，由此可测定另一种组分。ClO^- 可变为 Cl_2 通过加热除去，使 ClO^- 与 Fe^{3+} 分离，因此就可单独测 FeO_4^{2-}；利用 FeO_4^{2-} 和 ClO^- 在碱性溶液中均能将 $Cr(OH)_4^-$

氧化成 CrO_4^{2-}，在酸性溶液中 CrO_4^{2-} 变为 $Cr_2O_7^{2-}$，可利用还原剂标准溶液返滴定生成的 $Cr_2O_7^{2-}$。

FeO_4^{2-} 的测定：

方法步骤：试液 $\xrightarrow{\text{除去 Fe(OH)}_3}$ $\xrightarrow{1+1\text{HCl, }\Delta}$ $\xrightarrow{\text{除 Cl}_2\text{、O}_2}$ $\xrightarrow{\text{滴加 SnCl}_2\text{, }\Delta}$ $\xrightarrow{\text{Na}_2\text{WO}_4 \text{ 指示剂}}$

$\xrightarrow{\text{TiCl}_3}$ $\xrightarrow{\text{CuSO}_4+\text{H}_2\text{O}}$ $\xrightarrow{\text{H}_2\text{SO}_4+\text{H}_3\text{PO}_4}$ $\xrightarrow{\text{指示剂}}$ $\xrightarrow{\text{K}_2\text{Cr}_2\text{O}_7 \text{ 滴定}} V(\text{K}_2\text{Cr}_2\text{O}_7)$

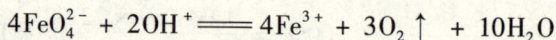

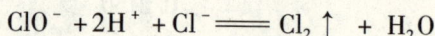

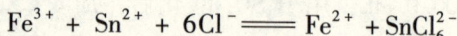

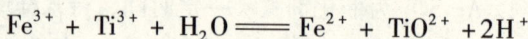

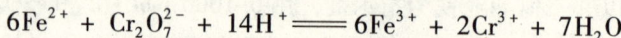

主要反应：$2FeO_4^{2-} + 16H^+ + 6Cl^- == 2Fe^{3+} + 3Cl_2\uparrow + 8H_2O$

$4FeO_4^{2-} + 20H^+ == 4Fe^{3+} + 3O_2\uparrow + 10H_2O$

$ClO^- + 2H^+ + Cl^- == Cl_2\uparrow + H_2O$

$Fe^{3+} + Sn^{2+} + 6Cl^- == Fe^{2+} + SnCl_6^{2-}$

$Fe^{3+} + Ti^{3+} + H_2O == Fe^{2+} + TiO^{2+} + 2H^+$

$6Fe^{2+} + Cr_2O_7^{2-} + 14H^+ == 6Fe^{3+} + 2Cr^{3+} + 7H_2O$

计算：$\quad c(FeO_4^{2-}) = \dfrac{6c(K_2Cr_2O_7) \cdot V(K_2Cr_2O_7)}{V_{\text{试液}} \times 10^{-3}} \ (\text{mol} \cdot L^{-1})$

FeO_4^{2-} 和 ClO^- 总量的测定：

方法步骤：强碱性溶液 $\xrightarrow{\text{加入 Cr(NO}_3)_3}$ $Cr(OH)_4^-$ $\xrightarrow{\text{除去 Fe(OH)}_3}$ $\xrightarrow{60℃\text{水溶液保持}15\sim30\text{ min}}$

$\xrightarrow{\text{冷却加 H}_2\text{SO}_4\text{, 中和过量碱}}$ $\xrightarrow{\text{加适量水及硫磷混酸}}$ $\xrightarrow{\text{Fe}^{2+}\text{标液滴定至淡黄色}}$ $\xrightarrow{\text{指示剂二苯胺磺酸钠}}$

$\xrightarrow{\text{Fe}^{2+}\text{继续滴定至紫色褪去}} V(\text{Fe}^{2+}\text{标准体积})$

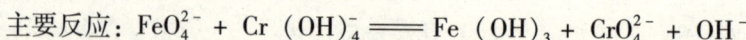

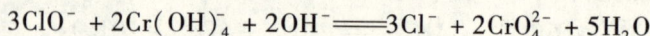

主要反应：$FeO_4^{2-} + Cr(OH)_4^- == Fe(OH)_3 + CrO_4^{2-} + OH^-$

$3ClO^- + 2Cr(OH)_4^- + 2OH^- == 3Cl^- + 2CrO_4^{2-} + 5H_2O$

$6Fe^{2+} + Cr_2O_7^{2-} + 14H^+ == 6Fe^{3+} + 2Cr^{3+} + 7H_2O$

计算：

由反应式可知：$\quad n(FeO_4^{2-}) : n(ClO^-) = 2:3$

$$n(ClO^-) = \frac{3}{2}n(FeO_4^{2-})$$

因此，$c(ClO^-) = \dfrac{\frac{1}{2}c(Fe^{2+}) \cdot V(Fe^{2+})}{V_{\text{试液}}} - \dfrac{3}{2}c(FeO_4^{2-})$

5.3 习题参考答案

1. 何为条件电极电势？与标准电极电势有何异同？哪些因素影响条件电极电势？如何影响？

答：条件电极电势是在特定的条件下，即氧化态浓度与还原态浓度都为 1 mol·L^{-1} 时的实际电极电势。在一定条件下为常数，条件电极电势反映了离子强度与各种副反应的影响的总结果。用它来处理问题，比较符合实际情况。

条件电极电势与标准电极电势的关系，与配位平衡中的稳定常数和条件稳定常数的关系相似。标准电极电势是指氧化态和还原态离子浓度均为 $1\ mol\cdot L^{-1}$ 时的电极电势，它仅与浓度有关。

影响条件电极电势的因素有离子强度、沉淀的形成、配合物的形成、溶液的酸度。

离子强度：在氧化还原反应中，溶液的离子强度较大，氧化态还原态的形态比较高，二者的活度系数远小于 1，条件电势与标准电势有较大差异。离子强度对条件电势的影响取决于氧化态和还原态物质负载电荷的多少。若还原态物质负载的电荷多，其活度系数小，这时离子强度越大，其活度系数越小，条件电势越大；若氧化态物质负载的电荷多，条件电势则变小。

沉淀的形成：氧化态生成沉淀，电势变低；还原态生成沉淀，电势升高。

配合物的形成：氧化态形成的配合物更稳定，电势降低；还原态形成的配合物更稳定，则电势升高。

溶液的酸度：不少氧化还原反应有 H^+ 或 OH^- 参加。有关电对的 Nerst 方程，将包括 $[H^+]$ 或 $[OH^-]$，酸度直接影响电势值。一些物质的氧化态或还原态是弱酸或弱碱，酸度的变化会影响其存在的形式，也会影响其电势值。有时上述两方面的影响都会存在。

2. 在 $1\ mol\cdot L^{-1}$ HCl 溶液中，用 Fe^{3+} 滴定 Sn^{2+}，计算化学计量点时以及滴定至 50%，99.9%，100.1%，150% 时的电极电势。为何化学计量点前后同样变化 0.1% 时，电极电势的变化不同？在此滴定中应选用何种指示剂？

解：$\varphi^{\theta'}_{Fe^{3+}/Fe^{2+}}=0.68$（V）（$1\ mol\cdot L^{-1}$ 的 HCl）

$\varphi^{\theta'}_{Sn^{4+}/Sn^{2+}}=0.14$（V）（$1\ mol\cdot L^{-1}$ 的 HCl）

50% 时：$\varphi=\varphi^{\theta'}_{Sn^{4+}/Sn^{2+}}+\dfrac{0.059}{2}\lg\dfrac{[Sn^{4+}]}{[Sn^{2+}]}=\varphi^{\theta'}_{Sn^{4+}/Sn^{2+}}=0.14$（V）

99.9% 时：$\dfrac{[Sn^{4+}]}{[Sn^{2+}]}=999\approx10^3$，$\varphi=\varphi^{\theta'}_{Sn^{4+}/Sn^{2+}}+\dfrac{0.059}{2}\lg\dfrac{[Sn^{4+}]}{[Sn^{2+}]}$

$$=0.14+\dfrac{3}{2}\times0.059=0.229\text{（V）}$$

100.1% 时：$\dfrac{[Fe^{3+}]}{[Fe^{2+}]}=10^{-3}$，$\varphi=\varphi^{\theta'}_{Fe^{3+}/Fe^{2+}}+\dfrac{0.059}{2}\lg\dfrac{[Fe^{3+}]}{[Fe^{2+}]}$

$$=0.68+0.059\times(-3)=-0.503\text{（V）}$$

150% 时：$\dfrac{[Fe^{3+}]}{[Fe^{2+}]}=\dfrac{1}{2}=0.5$，$\varphi=\varphi^{\theta'}_{Fe^{3+}/Fe^{2+}}+\dfrac{0.059}{2}\lg\dfrac{[Fe^{3+}]}{[Fe^{2+}]}=0.68+0.059\lg0.5$

$$=0.662\text{（V）}$$

因为在化学计量点前后，计算电势时采用不同的电对，在两个电对的电极半反应中，电子得失的数目是不同的，造成电极电势的变化不同。

$Sn^{4+}+2e=\!\!=\!\!=Sn^{2+}$　　　　　　$Fe^{3+}+e=\!\!=\!\!=Fe^{2+}$

从上面的计算可知，该滴定的突跃范围为 0.229 ~ 0.503 V，可用次甲基蓝为指示剂。

3. 在 $0.5 \text{ mol} \cdot \text{L}^{-1} \text{H}_2\text{SO}_4$ 介质中，用 KMnO_4 标准液滴定 Fe^{2+}。

（1）写出滴定反应方程式；

（2）求此反应的条件平衡常数；

（3）求化学计量点时的电极电势值，指出化学计量点在滴定突跃中的位置。

解：$\text{MnO}_4^- + 5\text{Fe}^{2+} + 8\text{H}^+ \Longrightarrow \text{Mn}^{2+} + 5\text{Fe}^{3+} + 4\text{H}_2\text{O}$

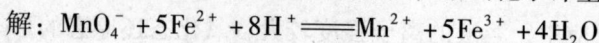

$$\lg K' = \frac{5 \ (\varphi_{\text{MnO}_4^-/\text{Mn}^{2+}}^{\theta'} - \varphi_{\text{Fe}^{3+}/\text{Fe}^{2+}}^{\theta'})}{0.059} = \frac{5 \times \ (1.491 - 0.68)}{0.059} = 68.72$$

$K' = 5.36 \times 10^{68}$

$$\varphi_{\text{sp}} = \frac{n_1 \varphi_{\text{MnO}_4^-/\text{Mn}^{2+}}^{\theta'} + n_2 \varphi_{\text{Fe}^{3+}/\text{Fe}^{2+}}^{\theta'}}{n_1 + n_2} + \frac{0.059}{n_1 + n_2} \lg \ [\text{H}^+]^m \qquad \frac{1}{2} n_1 m = 4, \ n_1 = 5, \ m = \frac{8}{5}$$

$$\varphi_{\text{sp}} = \frac{5 \times 1.491 + 1 \times 0.68}{1 + 5} + \frac{0.059}{1 + 5} \lg 1.0^{\frac{8}{5}} = 1.36 \text{ V}$$

因 $\text{MnO}_4^-/\text{Mn}^{2+}$ 电对得到电子数目更多，故 φ_{sp} 更偏向 $\varphi_{\text{MnO}_4^-/\text{Mn}^{2+}}$。

4. 有一 0.1602 g 石灰石试样溶解在 HCl 溶液中，将钙沉淀为 CaC_2O_4，沉淀过滤洗涤后溶于 H_2SO_4 中，用 $0.02406 \text{ mol} \cdot \text{L}^{-1}$ 的 KMnO_4 溶液滴定，用去 20.70 mL，求石灰石中 CaCO_3 的含量。

解：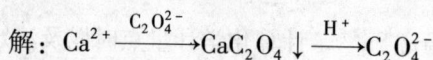 $\text{Ca}^{2+} \xrightarrow{\text{C}_2\text{O}_4^{2-}} \text{CaC}_2\text{O}_4 \downarrow \xrightarrow{\text{H}^+} \text{C}_2\text{O}_4^{2-}$

$2\text{MnO}_4^- + 5\text{C}_2\text{O}_4^{2-} + 16\text{H}^+ \Longrightarrow 2\text{Mn}^{2+} + 10\text{CO}_2 + 8\text{H}_2\text{O}$

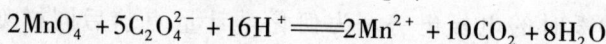

$$n(\text{CaCO}_3) = n(\text{C}_2\text{O}_4^{2-}) = \frac{5}{2} n(\text{KMnO}_4)$$

$$w(\text{CaCO}_3) = \frac{\dfrac{5}{2} c(\text{KMnO}_4) \cdot V(\text{KMnO}_4) \cdot M(\text{CaCO}_3)}{m_{\text{s}}} \times 100\%$$

$$= \frac{\dfrac{5}{2} \times 0.02406 \times 20.70 \times 10^{-3} \times 100.09}{0.1602} \times 100\% = 77.79\%$$

5. 以 $\text{K}_2\text{Cr}_2\text{O}_7$ 标准溶液滴定 0.4000 g 褐铁矿，若所用 $\text{K}_2\text{Cr}_2\text{O}_7$ 溶液的毫升数等与试样中 Fe_2O_3 的质量分数的 100 倍，求 $\text{K}_2\text{Cr}_2\text{O}_7$ 溶液对铁的滴定度。

解：$\text{Cr}_2\text{O}_7^{2-} + 6\text{Fe}^{2+} + 14\text{H}^+ \Longrightarrow 2\text{Cr}^{3+} + 6\text{Fe}^{3+} + 7\text{H}_2\text{O}$

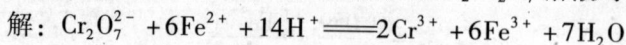

$$n(\text{Fe}_2\text{O}_3) = \frac{1}{2} n(\text{Fe}) = 3n(\text{K}_2\text{Cr}_2\text{O}_7)$$

$$w(\text{Fe}_2\text{O}_3) = \frac{3c(\text{K}_2\text{Cr}_2\text{O}_7) \cdot V(\text{K}_2\text{Cr}_2\text{O}_7) \cdot M(\text{Fe}_2\text{O}_3)}{m_{\text{s}}} \times 100\%$$

$$V(\text{K}_2\text{Cr}_2\text{O}_7) = 100 \times 100w(\text{Fe}_2\text{O}_3)$$

$$c(\text{K}_2\text{Cr}_2\text{O}_7) = \frac{m_{\text{s}} \times 10}{M(\text{Fe}_2\text{O}_3)} = \frac{0.4000 \times 10}{159.69} = 0.2505 (\text{mol} \cdot \text{L}^{-1})$$

$$T_{\text{K}_2\text{Cr}_2\text{O}_7/\text{Fe}} = 6c(\text{K}_2\text{Cr}_2\text{O}_7) \times 10^{-3} \times M(\text{Fe}) = 6 \times 0.2505 \times 10^{-3} \times 55.85$$

$$= 8.394 \times 10^{-2} (\text{g} \cdot \text{mL}^{-1})$$

6. 按国家标准，试剂 $\text{FeSO}_4 \cdot 7\text{H}_2\text{O}$ 含量规定为：$w = 99.95\% \sim 100.5\%$ 为一级；

$w = 99.00\% \sim 100.5\%$ 为二级；$w = 98.00\% \sim 101.0\%$ 为三级。现用 $KMnO_4$ 滴定，试问：

(1) 如何配制 $c\left(\dfrac{1}{5}KMnO_4\right) = 0.1000\ mol \cdot L^{-1}$ 的 $KMnO_4$ 溶液 2L ？

(2) 用 $Na_2C_2O_4$ 标定溶液时，准确称取 $NaC_2O_4\ 200.0\ mg$，滴定用去 $KMnO_4$ 29.50 mL，计算 $KMnO_4$ 的浓度是多少？

(3) 称取硫酸亚铁样品 1.012 g，用上述标好的溶液滴定，消耗 35.90 mL，问此批样品属于哪一级标准？

解：(1) $m\ (KMnO_4) = n\left(\dfrac{1}{5}KMnO_4\right) \cdot M\left(\dfrac{1}{5}KMnO_4\right)$

$$= c\left(\dfrac{1}{5}KMnO_4\right) \cdot V\ (KMnO_4) \cdot M\left(\dfrac{1}{5}KMnO_4\right)$$

$$= 0.1000 \times 2.000 \times \dfrac{1}{5} \times 158.03 = 6.32\ (g)$$

在天平上称取约 6.3 g 的 $KMnO_4$ 样品，在 2 L 的试剂瓶中用 2 L 的水溶解。

(2) $2MnO_4^- + 5C_2O_4^{2-} + 16H^+ =\!=\!= 2Mn^{2+} + 10CO_2 + 8H_2O$

$n\ (KMnO_4) = \dfrac{2}{5}n\ (Na_2C_2O_4)$

$c\ (KMnO_4) = \dfrac{\dfrac{2}{5}m\ (Na_2C_2O_4)}{M\ (Na_2C_2O_4) \cdot V\ (KMnO_4)} = \dfrac{\dfrac{2}{5} \times 0.2000}{29.50 \times 10^{-3} \times 134.0}$

$$= 0.02024\ (mol \cdot L^{-1})$$

$c\left(\dfrac{1}{5}KMnO_4\right) = 5c\ (KMnO_4) = 5 \times 0.02024 = 0.1012\ (mol \cdot L^{-1})$

(3) $MnO_4^- + 5Fe^{2+} + 8H^+ =\!=\!= Mn^{2+} + 5Fe^{3+} + 4H_2O$

$w\ (FeSO_4 \cdot 7H_2O) = \dfrac{5c\ (KMnO_4) \cdot V\ (KMnO_4) \cdot M\ (FeSO_4)}{m_s} \times 100\%$

$$= \dfrac{5 \times 0.02406 \times 35.90 \times 10^{-3} \times 278.01}{1.012} \times 100\% = 99.81\%$$

故该批样品属二级标准。

7. 测定工业甲醇。称取甲醇试样 0.1000 g，在 H_2SO_4 溶液中与 25.00 mL $c\left(\dfrac{1}{6}K_2Cr_2O_7\right) = 0.1000\ mol \cdot L^{-1}\ K_2Cr_2O_7$ 溶液作用。反应后过量的 $K_2Cr_2O_7$ 用 $0.1000\ mol \cdot L^{-1}\ Fe^{2+}$ 标准溶液返滴，用去 Fe^{2+} 溶液 10.00 mL，计算试样中甲醇的质量分数（反应式：$CH_3OH + Cr_2O_7^{2-} + 8H^+ =\!=\!= 2Cr^{3+} + CO_2 + 6H_2O$）

解：$CH_3OH + Cr_2O_7^{2-} + 8H^+ =\!=\!= 2Cr^{3+} + CO_2 + 6H_2O$　$n(CH_3OH) = n_1(K_2Cr_2O_7)$

$Cr_2O_7^{2-} + 6Fe^{2+} + 14H^+ =\!=\!= 2Cr^{3+} + 6Fe^{3+} + 7H_2O$　$n(Fe^{2+}) = 6n(K_2Cr_2O_7)$

所以 $n(K_2Cr_2O_7) = n_1(K_2Cr_2O_7) + n_2(K_2Cr_2O_7) = n(CH_3OH) + \dfrac{1}{6}n(Fe^{2+})$

$$n(CH_3OH) = n(K_2Cr_2O_7) - \dfrac{1}{6}n(Fe^{2+})$$

$$w(CH_3OH) = \frac{\left[c(K_2Cr_2O_7)V(K_2Cr_2O_7) - \frac{1}{6}c(Fe^{2+})V(Fe^{2+})\right] \cdot M(CH_3OH)}{m_s} \times 100\%$$

$$= \frac{\left[\frac{1}{6} \times 0.1000 \times 25.00 \times 10^{-3} - \frac{1}{6} \times 0.1000 \times 10.00 \times 10^{-3}\right] \times 32.04}{0.1000} \times 100\%$$

$$= 8.01\%$$

也可以用等物质规则:

$$n\left(\frac{1}{6}CH_3OH\right) + n(Fe^{2+}) = n\left(\frac{1}{6}K_2Cr_2O_7\right)$$

8. 测定柠檬果汁中的维生素 C（抗坏血酸，$M = 176.1$）。取 100.0 mL 柠檬果汁，用 H_2SO_4 酸化，加入 20.00 mL 0.02500 mol·L^{-1} I_2 标准液与之反应（维生素为还原剂，半反应为 $C_6H_{10}O_6 \rightarrow C_6H_8O_6 + 2H^+ + 2e$），过量的 I_2 用 $Na_2S_2O_3$ 标准溶液返滴，消耗 $Na_2S_2O_3$ 10.00 mL，计算柠檬果汁中维生素 C 的质量浓度 ρ（以 mg·mL^{-1} 表示）。

解:
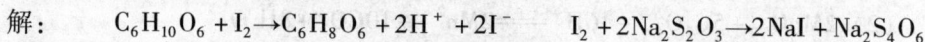
$$C_6H_{10}O_6 + I_2 \rightarrow C_6H_8O_6 + 2H^+ + 2I^- \qquad I_2 + 2Na_2S_2O_3 \rightarrow 2NaI + Na_2S_4O_6$$

$$n\left(\frac{1}{2}C_6H_{10}O_6\right) + n(Na_2S_2O_3) = n\left(\frac{1}{2}I_2\right)$$

$$\rho(Vc) = \frac{\left[n\left(\frac{1}{2}I_2\right) - n(Na_2S_2O_3)\right] \cdot M(Vc)}{V(Vc)}$$

$$= \frac{\left[c\left(\frac{1}{2}I_2\right)V(I_2) - c(Na_2S_2O_3)V(Na_2S_2O_3)\right] \cdot M(Vc)}{V(Vc)}$$

$$= \frac{\left[2 \times 0.02500 \times 20.000 - 0.02000 \times 10.00\right] \times 176.1}{100.0} = 0.198 (mg·mL^{-1})$$

9. 称取苯酚试样 0.5005 g，用 NaOH 溶解后，准确配制成 250 mL 试液，移取 25.00 mL 试液与碘量瓶中，加入 $KBrO_3$ - KBr 标准溶液 25.00 mL 及 HCl，使苯酚溴化为三溴苯酚。加入 KI 溶液，使未反应的 Br_2 还原并析出定量的 I_2，然后用 0.1008 mol·L^{-1} $Na_2S_2O_3$ 标准溶液滴定，用去 15.05 mL。另取 25.00 mL $KBrO_3$ - KBr 标准溶液，加入 HCl 和 KI 溶液，析出 I_2，用上述 $Na_2S_2O_3$ 标准溶液滴定，用去 40.20 mL，计算苯酚的质量分数。[苯酚 $M(C_6H_5OH) = 94.11$]

解:
$$BrO_3^- + 5Br^- + 6H^+ = 3Br_2 + 3H_2O$$

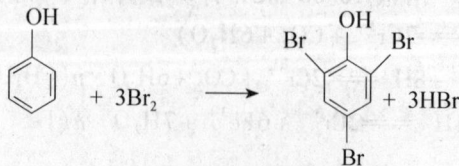

$$2I^- + Br_2 = 2Br^- + I_2$$
$$I_2 + 2Na_2S_2O_3 \rightarrow 2NaI + Na_2S_4O_6$$

由第二个实验可知，25.00 mL 的 KBrO$_3$ – KBr 溶液可生成的 Br$_2$ 的量。

$$n(\text{Br}_2) = \frac{1}{2}n(\text{Na}_2\text{S}_2\text{O}_3) = \frac{1}{2}c(\text{Na}_2\text{S}_2\text{O}_3) \cdot V(\text{Na}_2\text{S}_2\text{O}_3)$$

$$V(\text{Na}_2\text{S}_2\text{O}_3) = 40.20 \text{ mL}$$

由上述反应关系可知，在第一个实验中生成的 Br$_2$ 中过量的部分为

$$n'(\text{Br}_2) = \frac{1}{2}n'(\text{Na}_2\text{S}_2\text{O}_3) = \frac{1}{2}c(\text{Na}_2\text{S}_2\text{O}_3) \cdot V'(\text{Na}_2\text{S}_2\text{O}_3)$$

$$V'(\text{Na}_2\text{S}_2\text{O}_3) = 15.05 \text{ mL}$$

$$n(\text{苯酚}) = \frac{1}{3}[n(\text{Br}_2) - n'(\text{Br}_2)]$$

$$= \frac{1}{6}c(\text{Na}_2\text{S}_2\text{O}_3) \cdot [V(\text{Na}_2\text{S}_2\text{O}_3) - V'(\text{Na}_2\text{S}_2\text{O}_3)]$$

$$w(\text{苯酚}) = \frac{c(\text{Na}_2\text{S}_2\text{O}_3)[V(\text{Na}_2\text{S}_2\text{O}_3) - V'(\text{Na}_2\text{S}_2\text{O}_3)] \cdot M(\text{苯酚})}{6m_\text{s}} \times 100\%$$

$$= \frac{0.1008 \times [40.20 - 15.05] \times 10^{-3} \times 94.11}{6 \times 0.5005 \times \frac{25}{250}} \times 100\% = 79.45\%$$

10. 今有 I$_2$ 标准溶液对 As$_2$O$_3$ 的滴定度为 0.9892 g·mL^{-1} 及 Na$_2$S$_2$O$_3$ 标准溶液对 KBrO$_3$ 的滴定度为 0.5567 g·mL^{-1}，求：

（1）此两种溶液的浓度各为多少？

（2）Na$_2$S$_2$O$_3$ 对 Cu 的滴定度为多少？

（3）I$_2$ 对硫化物中 S^{2-} 的滴定度为多少？

（4）用 0.002000 mol·L^{-1} KMnO$_4$ 标准液 30.00 mL 与过量 KI 作用，析出的 I$_2$ 用上述 Na$_2$S$_2$O$_3$ 标准溶液滴定，需消耗 Na$_2$S$_2$O$_3$ 多少毫升？

（5）称取含有 Na$_2$S 和 Sb$_2$S$_5$ 的试样 0.2000 g，用酸溶解后，使 Sb 全部变为 SbO$_3^{3-}$ 后，在 NaHCO$_3$ 介质中，用 0.01000 mol·L^{-1} I$_2$ 标准溶液滴定，消耗 20.00 mL。另取同样质量的试样，溶于酸后，将产生的 H$_2$S 完全吸收在 70.00 mL 上述 I$_2$ 溶液中，过量的 I$_2$ 用上述的标准 Na$_2$S$_2$O$_3$ 溶液滴定，消耗 10.00 mL，计算试样中 Na$_2$S 和 Sb$_2$S$_5$ 的质量分数。

解：（1）　　　　$2\text{I}_2 + \text{As}_2\text{O}_3 + 5\text{H}_2\text{O} =\!=\!= 2\text{H}_3\text{AsO}_4 + 4\text{HI}$

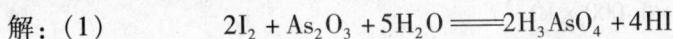 $\text{BrO}_3^- + 6\text{I}^- + 6\text{H}^+ =\!=\!= \text{Br}^- + 3\text{I}_2 + 3\text{H}_2\text{O}$ 　　　$\text{I}_2 + 2\text{S}_2\text{O}_3^{2-} \rightarrow 2\text{I}^- + \text{S}_4\text{O}_6^{2-}$

$$T_{\text{I}_2/\text{As}_2\text{O}_3} = \frac{1}{2}c(\text{I}_2) \times 10^{-3} \times M(\text{As}_2\text{O}_3)$$

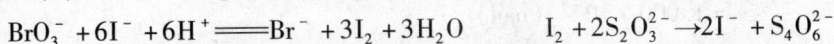 $$c(\text{I}_2) = \frac{2T_{\text{I}_2/\text{As}_2\text{O}_3}}{10^{-3} \times M(\text{As}_2\text{O}_3)} = \frac{2 \times 0.9892 \times 10^{-3}}{10^{-3} \times 197.84} = 0.01000 \text{ (mol·L}^{-1}\text{)}$$

$$n(\text{KBrO}_3) = \frac{1}{6}n(\text{Na}_2\text{S}_2\text{O}_3)$$

$$T_{\text{Na}_2\text{S}_2\text{O}_3/\text{KBrO}_3} = \frac{1}{6}c(\text{Na}_2\text{S}_2\text{O}_3) \times 10^{-3} \times M(\text{KBrO}_3)$$

$$c \ (\text{Na}_2\text{S}_2\text{O}_3) = \frac{6T_{\text{Na}_2\text{S}_2\text{O}_3/\text{KBrO}_3}}{10^{-3} \times M \ (\text{As}_2\text{O}_3)} = \frac{6 \times 0.5557 \times 10^{-3}}{10^{-3} \times 167.00} = 0.02000 \ (\text{mol} \cdot \text{L}^{-1})$$

（2）　　　$2\text{Cu}^{2+} + 4\text{I}^- =\!=\!= 2\text{CuI} + \text{I}_2$　　　　$\text{I}_2 + 2\text{S}_2\text{O}_3^{2-} =\!=\!= 2\text{I}^- + \text{S}_4\text{O}_6^{2-}$

$$n \ (\text{Cu}) = n \ (\text{Na}_2\text{S}_2\text{O}_3)$$

$$T_{\text{Na}_2\text{S}_2\text{O}_3/\text{Cu}} = c \ (\text{Na}_2\text{S}_2\text{O}_3) \times 10^{-3} \times M \ (\text{Cu}) = 0.02000 \times 10^{-3} \times 63.55$$
$$= 1.271 \times 10^{-3} \ (\text{g} \cdot \text{mL}^{-1})$$

（3）　　　　　　　　　　　$\text{I}_2 + \text{S}^{2-} \rightarrow 2\text{I}^- + \text{S} \downarrow$

$$T_{\text{I}_2/\text{S}} = c \ (\text{I}_2) \times 10^{-3} \times M \ (\text{S}) = 0.01000 \times 10^{-3} \times 32.06 = 3.206 \times 10^{-4} \ (\text{g} \cdot \text{mL}^{-1})$$

（4）　　　　　　$2\text{MnO}_4^- + 10\text{I}^- + 16\text{H}^+ =\!=\!= 2\text{Mn}^{2+} + 5\text{I}_2 + 8\text{H}_2\text{O}$

$$\text{I}_2 + 2\text{Na}_2\text{S}_2\text{O}_3 =\!=\!= 2\text{NaI} + \text{Na}_2\text{S}_4\text{O}_6$$

$$V \ (\text{Na}_2\text{S}_2\text{O}_3) = \frac{5c \ (\text{KMnO}_4) \cdot V \ (\text{KMnO}_4)}{c \ (\text{Na}_2\text{S}_2\text{O}_3)} = \frac{5 \times 0.002000 \times 30.00}{0.02000} = 15.00 \ (\text{mL})$$

（5）第一步，测定 Sb：

$$\text{I}_2 + \text{H}_3\text{SbO}_3 + \text{H}_2\text{O} =\!=\!= 2\text{I}^- + \text{H}_2\text{SbO}_4^- + 3\text{H}^+$$

$$n \ (\text{H}_3\text{SbO}_3) = n \ (\text{I}_2) = 2n \ (\text{Sb}_2\text{O}_5)$$

$$n(\text{Sb}_2\text{O}_5) = \frac{1}{2}n \ (\text{I}_2) = \frac{1}{2} \times 0.01000 \times 20.00 \times 10^{-3} = 1.00 \times 10^{-4} \ (\text{mmol})$$

$$w(\text{Sb}_2\text{O}_5) = \frac{n \ (\text{S}_2\text{O}_5) \cdot M \ (\text{Sb}_2\text{O}_5)}{m_s} \times 100\% = \frac{1.000 \times 10^{-4} \times 403.85}{0.2000} \times 100\%$$
$$= 20.19\%$$

第二步，测定 Na_2S

$$\text{H}_2\text{S} + \text{I}_2 =\!=\!= \text{S} \downarrow + 2\text{H}^+ + 2\text{I}^-　　　　\text{I}_2 + 2\text{S}_2\text{O}_3^{2-} =\!=\!= 2\text{I}^- + \text{S}_4\text{O}_6^{2-}$$

$$n' \left(\frac{1}{2}\text{I}_2 \right) = n \ (\text{Na}_2\text{S}_2\text{O}_3) + n \left(\frac{1}{2}\text{H}_2\text{S} \right)$$

即　　　　　　$2n' \ (\text{I}_2) = n \ (\text{Na}_2\text{S}_2\text{O}_3) + 2n \ (\text{H}_2\text{S})$

$$n \ (\text{Sb}_2\text{O}_5) = \frac{1}{2}n \ [2n' \ (\text{I}_2) - n \ (\text{Na}_2\text{S}_2\text{O}_3) - 10n \ (\text{Sb}_2\text{O}_5)]$$

$$= \frac{1}{2} \times (2 \times 0.01000 \times 70.00 \times 10^{-3} - 0.02000 \times 10^{-3} \times 10.00$$
$$- 10 \times 1.000 \times 10^{-4})$$
$$= 1.000 \times 10^{-4} \ (\text{mol})$$

$$w(\text{Na}_2\text{S}) = \frac{n(\text{Na}_2\text{S}) \cdot M(\text{Na}_2\text{S})}{m_s} \times 100\% = \frac{1.000 \times 10^{-4} \times 78.04}{0.2000} \times 100\% = 3.90\%$$

11. 称取含 Na_2S 和 Sb_2S_3 试样 0.2000 g 溶于浓 HCl 中，反应生成的 H_2S 用 50.00 mL 0.01000 mol · L^{-1} I_2 标液吸收（使 $\text{H}_2\text{S} \rightarrow \text{S}$），然后用 0.02000 mol · L^{-1} $\text{Na}_2\text{S}_2\text{O}_3$ 标液滴定剩余的 I_2，用去 10.00 mL；此后将试液（已除去 H_2S）调至弱碱性，再用上述 I_2 标液滴定 Sb（Ⅲ），耗用 10.00 mL，试计算试样中 Sb_2S_3 与 Na_2S 的质量分数。（已知 M（Na_2S）= 78.04，M（Sb_2S_3）= 339.7）

解：　　$\text{H}_2\text{S} + \text{I}_2 =\!=\!= \text{S} \downarrow + 2\text{HI}$　　　　$\text{I}_2 + 2\text{Na}_2\text{S}_2\text{O}_3 =\!=\!= 2\text{NaI} + \text{Na}_2\text{S}_4\text{O}_6$

第一步测定：
$$n\left(\frac{1}{2}H_2S\right) + n\ (Na_2S_2O_3)\ = n\left(\frac{1}{2}I_2\right)$$

即 $2n\ (H_2S)\ + n\ (Na_2S_2O_3)\ = 2n\ (I_2)$ 　$n\ (H_2S)\ = n\ (Na_2S)\ + 3n\ (Sb_2S_3)$

$2n\ (Na_2S)\ + 6n\ (Sb_2S_3)\ = 2n\ (I_2)\ - n\ (Na_2S_2O_3)$

$$= 2 \times 0.01000 \times 50.00 \times 10^{-3} - 0.02000 \times 10.00 \times 10^{-3}$$

$$= 8.000 \times 10^{-4}\ (mol)$$

第二步测定：　$I_2 + H_3SbO_3 + H_2O = 2I^- + H_2SbO_4^- + 3H^+$

$n'\ (I_2)\ = n\ (H_3SbO_3)\ = 2n\ (Sb_2O_5)$

$$n\ (Sb_2O_5)\ = \frac{1}{2}n'\ (I_2)\ = \frac{1}{2} \times 0.01000 \times 10.00 \times 10^{-3} = 5.000 \times 10^{-5}\ (m\ mol)$$

$$n\ (Na_2S)\ = \frac{1}{2}n'\ (8.000 \times 10^{-4} - 6 \times 5.000 \times 10^{-5})\ = 2.5000 \times 10^{-4}\ (mol)$$

$$w(Sb_2O_5) = \frac{n(S_2O_5) \cdot M(Sb_2O_5)}{m_s} \times 100\% = \frac{5.000 \times 10^{-5} \times 339.7}{0.2000} \times 100\% = 8.49\%$$

$$w(Na_2S) = \frac{n(Na_2S) \cdot M(Na_2S)}{m_s} \times 100\% = \frac{2.5000 \times 10^{-4} \times 78.04}{0.2000} \times 100\% = 3.90\%$$

12. 取同量 $KIO_3 \cdot HIO_3$ 溶液，其一直接用 $0.1000\ mol \cdot L^{-1}$ NaOH 滴定，耗用 NaOH V mL；其二溶液酸化后，加入过量 KI，以 $Na_2S_2O_3$ 标液滴定，用去 $4V$ mL，试求 $Na_2S_2O_3$ 的浓度。

解：　　　　　$HIO_3 + NaOH = NaIO_3 + H_2O$

$n\ (KIO_3 \cdot HIO_3)\ = n\ (NaOH)\ = 0.1000 \times v \times 10^{-3}\ (mol)$

$IO_3^- + 5I^- + 6H^+ = 3I_2 + 3H_2$ 　　　　$I_2 + 2S_2O_3^{2-} = 2I^- + S_4O_6^{2-}$

$n\ (Na_2S_2O_3)\ = 6n\ (IO_3)\ = 12n\ (KIO_3 \cdot HIO_3)$

$c\ (Na_2S_2O_3)\ \times 4v \times 10^{-3} = 0.1000 \times v \times 10^{-3} \times 12$

$c\ (Na_2S_2O_3)\ = 0.3000\ (mol \cdot L^{-1})$

5.4　自测题

一、选择题

1. 下列关于条件电势的叙述中正确的是（　　）。

（A）条件电势是任意温度下的电极电势

（B）条件电势是任意浓度下的电极电势

（C）条件电势是电对氧化态和还原态浓度均等于 $1\ mol \cdot L^{-1}$ 时的电极电势

（D）条件电势是在一定条件下，电势氧化态和还原态总浓度都为 $1\ mol \cdot L^{-1}$，校正了各种外界因素影响的实际电势

2. 碘量法要求在中性或弱酸性介质中进行滴定，若酸度太高，将会（　　）。

（A）反应不定量　　　　　　　　　　（B）I_2 易挥发

（C）终点不明显　　　　　　　　　　（D）I^- 被氧化，$Na_2S_2O_3$ 被分解

3. 用 $KMnO_4$ 滴定 Fe^{2+} 之前，加入几滴 $MnSO_4$ 的作用是（　　　）。

（A）催化剂　　　（B）诱导剂　　　（C）氧化剂　　　（D）配位剂

4. 在间接碘量法测定中，下列操作正确的是（　　　）。

（A）边滴定边快速摇动

（B）加入过量的 KI，并在室温和避光直射的条件下滴定

（C）在 70～80℃恒温条件下滴定

（D）滴定一开始就加入淀粉指示剂

5. 为下列物质含量的测定选择适当的标准溶液：① $CuSO_4$（　　　）② $Na_2C_2O_4$（　　　）③ $FeSO_4$（　　　）④ $Na_2S_2O_3$（　　　）。

（A）$K_2Cr_2O_7$ 标准溶液　　　　　（B）$KMnO_4$ 标准溶液

（C）$Na_2S_2O_3$ 标准溶液　　　　　（D）I_2 标准溶液

6. 用 $c(NaOH)$ 和 $c(1/5KMnO_4)$ 相等的两溶液分别滴定相同质量的 $KHC_2O_4 \cdot H_2C_2O_4 \cdot 2H_2O$，滴定至终点时消耗两种溶液的体积关系是（　　　）。

（A）$V(NaOH) = V(KMnO_4)$　　　　（B）$4V(NaOH) = 3V(KMnO_4)$

（C）$5V(NaOH) = V(KMnO_4)$　　　　（D）$3V(NaOH) = 4V(KMnO_4)$

7. 已知在 $1\ mol \cdot L^{-1}\ H_2SO_4$ 溶液中，$\varphi^{\theta'}_{MnO_4^-/Mn^{2+}} = 1.45\ V$，$\varphi^{\theta'}_{Fe^{3+}/Fe^{2+}} = 0.68\ V$，在此条件下用 $KMnO_4$ 标准溶液滴定 Fe^{2+}，其计量点的电势值为（　　　）。

（A）0.38 V　　　（B）0.89 V　　　（C）1.32 V　　　（D）1.49 V

8. 配制同体积的 $KMnO_4$ 溶液，浓度分别为 $c(KMnO_4) = 0.1 mol \cdot L^{-1}$ 和 $c\left(\frac{1}{5}KMnO_4\right) = 0.1 mol \cdot L^{-1}$，所称 $KMnO_4$ 的质量比为（　　　）。

（A）1∶5　　　（B）5∶1　　　（C）1∶1　　　（D）无法判断

9. 下列基准物质不能用来标定 $KMnO_4$ 溶液的是（　　　）。

（A）$Na_2C_2O_4$　　　　　　　　（B）$(NH_4)_2Fe(SO_4)_2$

（C）$H_2C_2O_4$　　　　　　　　　（D）Na_2CO_3

10. 下面关于 $K_2Cr_2O_7$ 的叙述不正确的是（　　　）。

（A）是基准物质　　　　　　　　（B）其标准溶液可用直接法配制

（C）是自身指示剂　　　　　　　（D）标准溶液很稳定，可长期保存

11. 间接碘量法测 Cu^{2+} 反应中物质间的物质的量的关系为（　　　）。

（A）$n(Cu^{2+}) = n\left(\frac{1}{2}I_2\right) = n(Na_2S_2O_3)$

（B）$n\left(\frac{1}{2}Cu^{2+}\right) = n\left(\frac{1}{2}I_2\right) = n\left(\frac{1}{2}Na_2S_2O_3\right)$

（C）$n\left(\frac{1}{2}Cu^{2+}\right) = n(I_2) = n(Na_2S_2O_3)$

（D）$n(Cu^{2+}) = n(I_2) = n(Na_2S_2O_3)$

12. 用 $KMnO_4$ 法测定 Ca^{2+}，采用的是（　　　）。

（A）间接滴定法　　（B）直接滴定法　　（C）返滴定法　　（D）置换滴定法

13. 用 $KMnO_4$ 法测定 Fe^{2+}，若用盐酸酸化，测定结果将（　　　）。

（A）偏低 　　　　（B）不受影响 　　（C）偏高 　　　（D）无法判断

14. 下列哪一条不符合氧化还原滴定法应具备的条件。（ 　　 ）

（A）滴定剂和被滴定物质电极电势相差 0.2 V

（B）滴定剂必须是氧化剂

（C）有适当的方法或指示剂指示反应的终点

（D）滴定反应能较快地完成

15. 氧化还原滴定中，计量点时电势恰好等于两电对条件电势的算术平均值，应满足（ 　　 ）。

（A）两电对电子转移数不等

（B）参与反应的同一物质反应前后反应系数相等，而电子转移数不等

（C）两电对电子转移数均为 1

（D）参与反应的同一物质反应前后反应系数不等

16. 在含有 Fe^{3+} 和 Fe^{2+} 的溶液中，加入下述（ 　　 ）溶液，Fe^{3+}/Fe^{2+} 电对的电势将降低。（不考虑离子强度影响）

（A）邻二氮菲 　　（B）HCl 　　　　（C）NH_4F 　　　（D）H_2SO_4

17. 已知在 $1 \ mol \cdot L^{-1}$ HCl 介质中，$\varphi^{\theta}_{Cr_2O_7^{2-}/Cr^{3+}} = 1.00$ V，$\varphi^{\theta}_{Fe^{3+}/Fe^{2+}} = 0.68$ V。以 $K_2Cr_2O_7$ 滴定 Fe^{2+} 时，选择下列指示剂中的（ 　　 ）最合适。

（A）二苯胺（$\varphi^{\theta'}_{In} = 0.76$ V） 　　　（B）二甲基邻二氮菲 – Fe^{3+}（$\varphi^{\theta'}_{In} = 0.97$ V）

（C）次甲基蓝（$\varphi^{\theta'}_{In} = 0.53$ V） 　　　（D）中性红（$\varphi^{\theta'}_{In} = 0.24$ V）

18. 在 $1 \ mol \cdot L^{-1}$ H_2SO_4 溶液中，$\varphi^{\theta}_{Ce^{4+}/Ce^{3+}} = 1.44$ V，$\varphi^{\theta}_{Fe^{3+}/Fe^{2+}} = 0.68$ V。以 Ce^{4+} 滴定 Fe^{2+} 时，最适宜的指示剂为（ 　　 ）。

（A）二苯胺磺酸钠（$\varphi^{\theta'}_{In} = 0.84$ V） 　（B）邻苯胺基苯甲酸（$\varphi^{\theta'}_{In} = 0.89$ V）

（C）邻二氮菲 – 亚铁（$\varphi^{\theta'}_{In} = 1.06$ V） 　（D）硝基邻二氮菲 – 亚铁（$\varphi^{\theta'}_{In} = 1.25$ V）

19. 已知 $\varphi^{\theta}_{MnO_4^-/Mn^{2+}} = 1.51$ V，则当 pH = 2.0 及 4.0 时 MnO_4^-/Mn^{2+} 电对的条件电势分别为（ 　　 ）。

（A）1.32 V，1.13 V 　　　　　（B）1.51 V，1.51 V

（C）1.13 V，1.32 V 　　　　　（D）1.13 V，1.01 V

20. 在含有 Fe^{3+} 和 Fe^{2+} 的溶液中，加入（ 　　 ）溶液，Fe^{3+}/Fe^{2+} 电对的电势将升高。（不考虑离子强度影响）

（A）邻二氮菲 　　（B）HCl 　　　　（C）NH_4F 　　　（D）H_2SO_4

21. 若两电对在反应中电子转移数分别为 1 和 2，为使反应完全程度达到 99.9%，两电对的条件电势差至少应大于（ 　　 ）。

（A）0.09 V 　　（B）0.27 V 　　（C）0.36 V 　　（D）0.18 V

22. 根据下列电极电势数据，叙述正确的是（ 　　 ）。（$\varphi^{\theta}_{F_2/F^-} = 2.87$ V，$\varphi^{\theta}_{Cl_2/Cl^-} = 1.36$ V，$\varphi^{\theta}_{Br_2/Br^-} = 1.09$ V，$\varphi^{\theta}_{I_2/I^-} = 0.54$ V，$\varphi^{\theta}_{Fe^{3+}/Fe^{2+}} = 0.77$ V）

（A）在卤素离子中，除 F^- 外，均能被 Fe^{3+} 氧化

（B）全部卤素离子均能被 Fe^{3+} 氧化

(C) 在卤素离子中只有 Br^-、I^- 能被 Fe^{3+} 氧化

(D) 在卤素离子中，只有 I^- 能将 Fe^{3+} 还原至 Fe^{2+}

23. 利用下列反应进行氧化还原滴定时，其滴定曲线在化学计量点前后对称的是（　　）。

(A) $2Fe^{3+} + Sn^{2+} \rule[0.5ex]{1.5em}{0.4pt} Sn^{4+} + 2Fe^{2+}$

(B) $I_2 + 2S_2O_3^{2-} \rule[0.5ex]{1.5em}{0.4pt} 2I^- + S_4O_6^{2-}$

(C) $Ce^{4+} + Fe^{2+} \rule[0.5ex]{1.5em}{0.4pt} Ce^{3+} + Fe^{3+}$

(D) $Cr_2O_7^{2-} + 6Fe^{2+} + 14H^+ \rule[0.5ex]{1.5em}{0.4pt} 2Cr^{3+} + 6Fe^{3+} + 7H_2O$

24. 用 $0.02\ mol \cdot L^{-1}$ $KMnO_4$ 溶液滴定 $0.1\ mol \cdot L^{-1}$ Fe^{2+} 溶液和 $0.002\ mol \cdot L^{-1}$ $KMnO_4$ 溶液滴定 $0.01\ mol \cdot L^{-1}$ Fe^{2+} 溶液两种情况下，滴定突跃的大小（　　）。

(A) 相同
(B) 浓度大的突跃大
(C) 浓度小的突跃大
(D) 无法判断

25. $\varphi^{\theta}_{BrO_3^-/Br_2} = 1.52\ V$，$\varphi^{\theta}_{Br_2/Br^-} = 1.09\ V$，则以 $KBrO_3$ 滴定 Br^-，这一滴定反应的平衡常数为（　　）。

(A) 7.6×10^{72}
(B) 2.8×10^{36}
(C) 3.7×10^{14}
(D) 1.7×10^{18}

26. 用氧化还原法测定钡的含量，先将 Ba^{2+} 沉淀为 $Ba(IO_3)_2$，过滤，洗涤后溶解于酸，加入过量 KI，析出的 I_2 用 $Na_2S_2O_3$ 标准溶液滴定，则 $BaCl_2$ 与 $Na_2S_2O_3$ 的物质的量之比为（　　）。

(A) 1:2　　　　　(B) 1:12　　　　　(C) 1:3　　　　　(D) 1:6

27. 对于不可逆电对而言，实测电势与理论计算值存在一定差异的原因是（　　）。

(A) 不可逆电对一般为含氧酸，实际电势较难测准

(B) 不可逆电对一般不对称，因此存在差异

(C) 不可逆电对反应速率较慢，无法达到平衡状态

(D) 不可逆电对的氧化态和还原态无法达成动态相互转化

28. 已知 $\varphi^{\theta}_{Cu^{2+}/Cu^+} = 0.153\ V$，$\varphi^{\theta}_{I_3^-/I^-} = 0.536\ V$，$Cu^{2+}$ 能氧化 I^- 离子的原因是（　　）。

(A) 生成沉淀升高了 Cu^{2+}/Cu^+ 电势

(B) I_3^- 氧化能力强于 Cu^{2+}

(C) I_3^- 浓度较低使氧化反应进行

(D) 过量 I^- 离子降低 I_3^-/I^- 电势

29. 已知 Fe^{3+} 和 Fe^{2+} 与 CN^- 配位反应的 lgK_f^{θ} 分别为 42 和 35，在铁盐溶液中加入氰化钠溶液，将使 Fe^{3+}/Fe^{2+} 电对电势（　　）。

(A) 升高
(B) 电极电势变化取决于 CN^- 浓度
(C) 降低
(D) 电极电势变化取决于溶液酸度

30. 在使用基准物质 $Na_2C_2O_4$ 标定 $KMnO_4$ 溶液浓度时，加热反应溶液的目的是（　　）。

(A) 赶掉溶液中的溶解氧
(B) 赶掉反应中生成的 CO_2

（C）使 $Na_2C_2O_4$ 较容易分解　　　　（D）加快 $Na_2C_2O_4$ 与 $KMnO_4$ 反应的速率

31. $KMnO_4$ 与 Fe^{2+} 的反应可以使 Cl^- 还原 $KMnO_4$ 的反应加速，Fe^{2+} 称之为（　　）。

（A）催化剂　　　（B）诱导体　　　（C）受诱体　　　（D）加速剂

32. 在氧化还原滴定中，配制 Fe^{2+} 标准溶液时，为防止 Fe^{2+} 被氧化，应加入（　　）。

（A）HCl　　　（B）H_3PO_4　　　（C）HF　　　（D）金属铁

33. 标定 $Na_2S_2O_3$ 溶液浓度时，不直接用 $K_2Cr_2O_7$ 滴定 $Na_2S_2O_3$ 溶液的原因是（　　）。

（A）反应没有确定的计量关系　　　（B）没有合适的指示剂

（C）反应速率过慢　　　（D）$K_2Cr_2O_7$ 氧化能力不足

34. 标定 $0.2\ mol \cdot L^{-1}$ $KMnO_4$ 溶液的浓度宜选择的基准物质是（　　）。

（A）$Na_2S_2O_3$　　　　　　　　（B）Na_2SO_3

（C）$FeSO_4 \cdot 7H_2O$　　　　　　（D）$Na_2C_2O_4$

二、填空题

1. $KMnO_4$ 与 HCl 反应速度非常缓慢，加入 Fe^{2+} 后，反应速度加快，是由于产生了_____。

2. 氧化还原滴定曲线描述了随_____加入，溶液_____的变化。

3. 在氧化还原滴定中，两电对的 $\Delta\varphi^{\theta'} > 0.2\ V$ 时，才有_____，当 $\Delta\varphi^{\theta'}$_____时，才可用指示剂指示终点。

4. 在高锰酸钾法中，$KMnO_4$ 既是_____，又是_____，终点时粉红色越_____，滴定误差越_____。

5. 氧化还原指示剂的变色点是_____，298K 时，其变色范围是_____。

6. 间接碘量法测 Cu^{2+} 时，滴定至近计量点时，加入 KSCN 的目的是_____，_____，使终点易观察。

7. 用直接碘量法可滴定一些较强的_____，如_____；用间接碘量法可测定一些_____，如_____。

8. 在热的酸性溶液中用 $Na_2C_2O_4$ 标定 $KMnO_4$ 时，若开始滴定速度过快，溶液出现_____，这是由于_____，这将使得浓度产生_____误差。

9. $K_2Cr_2O_7$ 法测 Fe^{2+} 实验中，加 H_3PO_4 的目的是_____和_____。

10. 标定 $KMnO_4$ 溶液时，为了加快反应速度，反映必须在_____温度下进行，并以_____控制酸度，利用反应生成的_____作催化剂，此即为_____。

11. 向 $20.00\ mL$ $0.1000\ mol \cdot L^{-1}$ 的 Ce^{4+} 溶液分别加入 $15.00\ mL$ 及 $25.00\ mL$ $0.1000\ mol \cdot L^{-1}$ 的 Fe^{2+} 溶液，平衡时体系的电势分别为_____及_____。（$\varphi^{\theta}_{Ce^{4+}/Ce^{3+}} = 1.44\ V$，$\varphi^{\theta}_{Fe^{3+}/Fe^{2+}} = 0.68\ V$）

12. 若两电对的电子转移数均为 1，为使反应完全程度达到 99.9%，则两电对的条件电极电势差至少应大于_____V。若两电对的电子转移数均为 2，为使反应完全程度达到 99.9%，则两电对的条件电极电势差至少应大于_____V。

13. 称取 $K_2Cr_2O_7$ 基准物质时，有少量 $K_2Cr_2O_7$ 撒在天平盘上而未发现，则配得的标准溶液真实浓度将偏_____；用此溶液测定试样中的 Fe 的含量时，将引起_____误差（填正或负），用它标定 $Na_2S_2O_3$ 溶液，则所得浓度将会偏_____；以此 $Na_2S_2O_3$ 溶液测定试样中的 Cu 含量时，将引起_____误差（填正或负）。

14. 氧化还原法测定 KBr 纯度时，将 Br^- 氧化为 BrO_3^-，除去过量氧化剂后，加入过量 KI，以 $Na_2S_2O_3$ 标准溶液滴定析出的 I_2，则 Br^- 与 $S_2O_3^-$ 的物质的量之比 $n(Br^-) : n(S_2O_3^-) =$ _____。

15. 以 $KMnO_4$ 溶液滴定 Fe^{2+} 的理论滴定曲线与实验滴定曲线有较大的差别，这是因为_____；化学计量点 φ_{sp} 不在滴定突跃的中点，是由于_____。

16. 间接碘量法的主要误差来源于_____和_____。

17. $KHC_2O_4 \cdot H_2C_2O_4 \cdot 2H_2O$ 用于标定 NaOH 溶液，其基本单元应选_____；用于标定 $KMnO_4$ 溶液，其基本单元应选_____；若将其灼烧后转化为碳酸盐，再用于标定酸，用甲基橙为指示剂，则其基本单元应选_____。

18. 配制 $Na_2S_2O_3$ 溶液时，需采用新鲜煮沸冷却的蒸馏水。煮沸蒸馏水的目的是_____。

19. 写出用 $K_2Cr_2O_7$ 标准溶液标定 $Na_2S_2O_3$ 的反应方程式：①_____；②_____。

20. 依据如下反应测定 Ni：

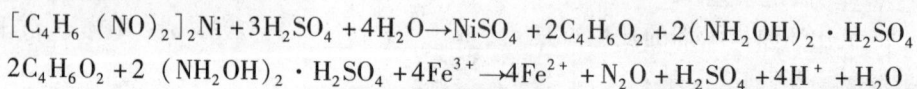

$$[C_4H_6(NO)_2]_2Ni + 3H_2SO_4 + 4H_2O \rightarrow NiSO_4 + 2C_4H_6O_2 + 2(NH_2OH)_2 \cdot H_2SO_4$$

$$2C_4H_6O_2 + 2(NH_2OH)_2 \cdot H_2SO_4 + 4Fe^{3+} \rightarrow 4Fe^{2+} + N_2O + H_2SO_4 + 4H^+ + H_2O$$

用 $K_2Cr_2O_7$ 标准溶液滴定生成的 Fe^{2+}。则 $n(Ni) : n(K_2Cr_2O_7) =$ _____。

21. 已知 $\varphi^{\theta}_{Ag^+/Ag} = 0.80$ V，$K^{\theta}_{sp}(Ag_2S) = 2 \times 10^{-49}$，则 $\varphi^{\theta}_{Ag_2S/Ag} =$ _____V。

22. 写出氧化还原滴定中指示剂的类型，并各举出一个例子：①_____；②_____；③_____。

23. 下列现象各属什么反应：

①用 $KMnO_4$ 滴定 Fe^{2+} 时 Cl^- 的氧化还原反应速率被加速属于_____反应。②用 $KMnO_4$ 滴定 $C_2O_4^{2-}$ 时，红色的消失由慢到快属于_____反应。③Ag^+ 存在时，Mn^{2+} 被 $S_2O_8^{2-}$ 氧化为 MnO_4^- 属于_____反应。

24. 间接碘量法测定 Cu^{2+} 时，加入 KI，它起_____、_____和_____的作用。

25. 氧化还原滴定化学计量点附近的电势突跃的长短和氧化剂与还原剂两电对的_____有关，它们相差越_____，电势突跃越大。

26. 氧化还原反应中，反应的完全程度用平衡常数来衡量，其计算公式是_____。

27. 碘量法测定 Cu^{2+}，除了加入过量 KI 外，还加入了 KSCN。若 KSCN 与 KI 同时加入，会使测定结果＿＿＿＿＿＿＿＿。

三、判断题

1. 碘量法就是以碘作为标准溶液的滴定方法。（　　）
2. 任意两电对都可通过改变电对的浓度来改变反应的方向。（　　）
3. 氧化还原滴定中，只要反应达到平衡，理论上就可以用任何一个电对的能斯特方程计算溶液的电势。（　　）
4. $K_2Cr_2O_7$ 的标准电极电势较低，因此在滴定中一般不受 Cl^- 的影响。（　　）
5. 在诱导效应中，虽然诱导体参与反应变成其他物质，但它不消耗滴定剂。（　　）
6. 影响氧化还原滴定曲线突跃范围的因素是电对的 φ 值及氧化剂与还原剂的浓度。（　　）
7. 用 $KMnO_4$ 法测 Fe^{2+} 时，若以 HCl 为介质，会使测定结果偏低。（　　）
8. 因在酸性介质中会分解，因此，在滴定碘法中应控制溶液为中性或碱性。（　　）
9. 标定 $KMnO_4$ 可采用的基准物质为 $Na_2C_2O_4$ 或 $Na_2B_2O_7 \cdot 10H_2O$。（　　）
10. 氧化还原滴定能否准确进行主要取决于氧化还原反应的平衡常数的大小。（　　）

四、计算题

1. 计算 $K_2Cr_2O_7$ 在 H_2SO_4 介质中滴定 Fe^{2+} 的平衡常数。（$\varphi^\theta_{Cr_2O_7^{2-}/Cr^{3+}} = 1.33$ V，$\varphi^\theta_{Fe^{3+}/Fe^{2+}} = 0.77$ V）

2. 证明：在 Ce^{4+} 滴定 Fe^{2+} 的反应中，滴定至 200% 时的电势是 Ce^{4+}/Ce^{3+} 的条件电势，滴定至 50% 时的电势是 Fe^{3+}/Fe^{2+} 的条件电势，并求 φ^θ_{eq}。（$\varphi^{\theta'}_{Ce^{4+}/Ce^{3+}} = 1.44$ V，$\varphi^{\theta'}_{Fe^{3+}/Fe^{2+}} = 0.68$ V）

3. 以 0.01000 mol $\cdot$ L^{-1} $K_2Cr_2O_7$ 测定水垢中的 Fe_2O_3，使滴定管读数（即 $K_2Cr_2O_7$ 消耗的毫升数）与 Fe_2O_3 的百分含量相等，问应取水垢多少克？

4. 用 $KMnO_4$ 法测某污染物中的铁时，称取试样 0.5000 g，滴定用去 0.04000 mol $\cdot$ L^{-1} $KMnO_4$ 溶液 35.22 mL。因为滴定时不慎超过终点，所以用了 1.23 mL 的 $FeSO_4$ 回滴，已知每毫升 $FeSO_4$ 相当于 0.88 mL $KMnO_4$，求该污染物中铁的含量。

5. 漂白粉中"有效氯"可用亚砷酸钠法测定，其反应为

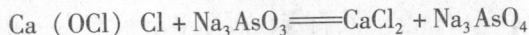

$$Ca(OCl)Cl + Na_3AsO_3 =\!\!=\!\!= CaCl_2 + Na_3AsO_4$$

现有含"有效氯" 29.00% 的试样 0.3000 g，用 25.00 mL Na_3AsO_3 溶液恰能与之作用，问每毫升 Na_3AsO_3 溶液含多少克砷？又同样质量的试样用碘量法测定，需用 $Na_2S_2O_3$ 标准溶液（1 mL 相当于 0.01250 g $CuSO_4 \cdot 5H_2O$）多少毫升？

6. 在 0.10 mol $\cdot$ L^{-1} HCl 介质中，用 0.2000 mol $\cdot$ L^{-1} Fe^{3+} 滴定 0.10 mol $\cdot$ L^{-1} Sn^{2+}，试计算在化学计量点时的电极电势及其突跃范围。在此条件中选用什么指示剂，滴定终点与化学计量点是否一致？（已知在此条件下，$\varphi^{\theta'}_{Fe^{3+}/Fe^{2+}} = 0.73$ V，

$\varphi^{\theta'}_{Sn^{4+}/Sn^{2+}} = 0.07 \text{ V}$)

7. 用 30.00 mL 某 $KMnO_4$ 标准溶液恰能氧化一定的 $KHC_2O_4 \cdot H_2O$，同样质量的标准溶液又恰能与 25.20 mL 浓度为 0.2012 mol·L^{-1} 的 KOH 溶液反应。计算此 $KMnO_4$ 溶液的浓度。

8. 某 $KMnO_4$ 标准溶液的浓度为 0.02484 mol·L^{-1}，求滴定度：（1）$T_{KMnO_4/Fe}$；（2）T_{KMnO_4/Fe_2O_3}；（3）$T_{KMnO_4/FeSO_4 \cdot 7H_2O}$。

9. 准确称取铁矿石试样 0.5000 g，用酸溶解后加入 $SnCl_2$，使 Fe^{3+} 还原为 Fe^{2+}，然后用 24.50 mL $KMnO_4$ 标准溶液滴定。已知 1 mL $KMnO_4$ 相当于 0.01260 g $H_2C_2O_4 \cdot 2H_2O$。试问：（1）矿样中 Fe 及 Fe_2O_3 的质量分数各为多少？（2）取市售双氧水 3.00 mL 稀释定容至 250.0 mL，从中取出 20.00 mL 试液，需用上述溶液 $KMnO_4$ 21.18 mL 滴定至终点。计算每 100.0 mL 市售双氧水所含 H_2O_2 的质量。

10. 准确称取含有 PbO 和 PbO_2 混合物的试样 1.234 g，在其酸性溶液中加入 20.00 mL 0.2500 mol·L^{-1} $H_2C_2O_4$ 溶液，将 PbO_2 还原为 Pb^{2+}。所得溶液用氨水中和，使溶液中所有的 Pb^{2+} 均沉淀为 PbC_2O_4。过滤，滤液酸化后用 0.04000 mol·L^{-1} $KMnO_4$ 标准溶液滴定，用去 10.00 mL。然后将所得 PbC_2O_4 沉淀溶于酸后，用 0.04000 mol·L^{-1} $KMnO_4$ 标准溶液滴定，用去 30.00 mL。计算试样中 PbO 和 PbO_2 的质量分数。

11. 仅含有惰性杂质的铅丹（Pb_3O_4）试样重 3.500 g，加一移液管 Fe^{2+} 标准溶液和足量的稀 H_2SO_4 于此试样中。溶解作用停止以后，过量的 Fe^{2+} 需 3.05 mL 0.04000 mol·L^{-1} $KMnO_4$ 溶液滴定。同样一移液管的上述 Fe^{2+} 标准溶液，在酸性介质中用 0.04000 mol·L^{-1} $KMnO_4$ 标准溶液滴定时，需用去 48.05 mL。计算铅丹中 Pb_3O_4 的质量分数。

12. 准确称取软锰矿试样 0.5261 g，在酸性介质中加入 0.7049 g 纯 $Na_2C_2O_4$。待反应完全后，过量的 $Na_2C_2O_4$ 用 0.02160 mol·L^{-1} $KMnO_4$ 标准溶液滴定，用去 30.47 mL。计算软锰矿中 MnO_2 的质量分数。

13. 用 $K_2Cr_2O_7$ 标准溶液测定 1.000 g 试样中的铁。试问 1.000 L $K_2Cr_2O_7$ 标准溶液中应含有多少克 $K_2Cr_2O_7$ 时，才能使滴定管读到的体积（单位 mL）恰好等于试样铁的质量分数？

14. 0.4987 g 铬铁矿试样经 Na_2O_2 熔融后，使其中的 Cr^{3+} 氧化为 $Cr_2O_7^{2-}$，然后加入 10 mL 3 mol·L^{-1} H_2SO_4 及 50 mL 0.1202 mol·L^{-1} 硫酸亚铁溶液处理。过量的 Fe^{2+} 需用 15.05 mL K_2CrO_7 标准溶液滴定，而标准溶液相当于 0.006023 g。试求试样中的铬的质量分数；若以 Cr_2O_3 表示时又是多少？

15. 将 0.1963 g 分析纯 $K_2Cr_2O_7$ 试剂溶于水，酸化后加入过量 KI，析出的 I_2 需用 33.61 mL $Na_2S_2O_3$ 溶液滴定。计算 $Na_2S_2O_3$ 溶液的浓度？

16. 今有不纯的 KI 试样 0.3504 g，在 H_2SO_4 溶液中加入纯 K_2CrO_4 0.1940 g 与之反应，煮沸后逐出生成的 I_2。放冷后又加入过量 KI，使之与剩余的 K_2CrO_4 作用，析出的 I_2 用 0.1020 mol·L^{-1} $Na_2S_2O_3$ 标准溶液滴定，用去 10.23 mL。问试样中 KI

的质量分数是多少?

5.5　自测题参考答案

一、选择题

1. D　2. D　3. A　4. B　5. ①C　②B　③A　④D　6. B　7. C　8. B　9. D
10. C　11. A　12. A　13. C　14. B　15. C　16. C　17. B　18. C　19. A　20. A　21. B
22. D　23. C　24. A　25. B　26. B　27. D　28. A　29. C　30. D　31. B　32. A
33. A　34. D

二、填空题

1. 诱导效应

2. 滴定剂　电极电势

3. 较明显的突跃范围　$>0.4\ V$

4. 滴定剂　指示剂　浅(深)　小(大)

5. $\varphi_{In(Ox)/In(Red)} = \varphi^{\theta'}_{In(Ox)/In(Red)}\quad \varphi^{\theta'}_{In(Ox)/In(Red)} \pm \dfrac{0.0592}{n}$

6. 将 CuI 转化为溶解度更小的 $CuSCN$,并且减小对 I_2 的吸附

7. 还原性物质　SO_3^{2-}、AsO_3^{3-}　氧化性物质　$K_2Cr_2O_7$、Cu^{2+}

8. 棕色沉淀　热的酸性溶液中 $KMnO_4$ 分解　负

9. 降低 Fe^{3+}/Fe^{2+} 电对的电势,使滴定突跃范围增大　生成无色的 $[Fe(HPO_4)_2]^-$,消除黄色,有利于终点的观察

10. $75\sim85℃$　H_2SO_4　Mn^{2+}　自身催化

11. $1.41\ V$,$0.72\ V$

12. 0.36,0.18

13. 低　正　高　正

14. $1:6$

15. MnO_4^-/Mn^{2+} 电对为不可逆电对　两电对的电子转移数不相等

16. I^- 的氧化　I_2 的挥发

17. $\dfrac{1}{3}KHC_2O_4 \cdot H_2C_2O_4 \cdot 2H_2O$　$\dfrac{1}{4}KHC_2O_4 \cdot H_2C_2O_4 \cdot 2H_2O$　$KHC_2O_4 \cdot H_2C_2O_4 \cdot 2H_2O$

18. 赶去蒸馏水中的溶解 O_2 和 CO_2,杀死细菌

19. $Cr_2O_7^{2-} + 6I^- + 14H^+ =\!=\!= 2Cr^{2+} + 3I_2 + 7H_2O$　$I_2 + S_2O_3^{2-} =\!=\!= 2I^- + S_4O_6^{2-}$

20. $3:4$

21. -0.64

22. 自身指示剂:$KMnO_4$ 法中的 $KMnO_4$　特殊指示剂:碘量法中的淀粉　氧化还原指示剂,如二苯胺磺酸钠

23. 诱导　自动催化　催化

24. 还原剂　沉淀剂　配位剂

25. 条件电极电势（或标准电极电势）　大

26. $\lg K^{\theta'} = \dfrac{n\ (\varphi_1^{\theta'} - \varphi_2^{\theta'})}{0.0592}$ （n 为 n_1、n_2 的最小公倍数）

27. 偏低

三、判断题

1. ×　2. ×　3. √　4. √　5. ×　6. ×　7. ×　8. ×　9. ×　10. ×

四、计算题

1. $\lg K = \dfrac{6 \times \left[\varphi^{\theta}(Cr_2O_7^{2-}/Cr^{3+}) - \varphi^{\theta}(Fe^{3+}/Fe^{2+})\right]}{0.0592} = 56.9$

2. 解：滴定反应为　$Ce^{4+} + Fe^{2+} =\!=\!= Ce^{3+} + Fe^{3+}$

滴定至 200% 时的电势为 $\varphi = \varphi(Ce^{4+}/Ce^{3+})$

$$= \varphi^{\theta'}(Ce^{4+}/Ce^{3+}) + \frac{0.0592}{1}\lg\frac{c(Ce^{4+})}{c(Ce^{3+})}$$

$$= 1.44 + 0.0592\lg\frac{100}{100}$$

$$= 1.44(V) = \varphi^{\theta'}(Ce^{4+}/Ce^{3+})$$

滴定至 50% 时的电势为 $\varphi = \varphi\ (Fe^{3+}/Fe^{2+})$

$$= \varphi^{\theta'}(Fe^{3+}/Fe^{2+}) + \frac{0.0592}{1}\lg\frac{c(Fe^{3+})}{c(Fe^{2+})}$$

$$= 0.68 + 0.0592\lg\frac{50}{50}$$

$$= 0.68(V) = \varphi^{\theta'}(Fe^{3+}/Fe^{2+})$$

$$\varphi_{eq} = \frac{1 \times \varphi^{\theta'}(Ce^{4+}/Ce^{3+}) + 1 \times \varphi^{\theta'}(Fe^{3+}/Fe^{2+})}{1+1} = 1.06\ (V)$$

3. 解：$n(Fe_2O_3) = n(\frac{1}{3}K_2Cr_2O_7)$

$$\frac{w(Fe_2O_3) \cdot m(Fe_2O_3)}{M(Fe_2O_3)} = 3V \times 10^{-3} \times c(K_2Cr_2O_7)$$

$$m(Fe_2O_3) = 3 \times 0.01000 \times 10^{-3} \times 100 \times 159.69 = 0.4791(g)$$

4. 解：$n(Fe) = n(\frac{1}{5}KMnO_4)$

依据题意 $n(Fe) = \left[n(KMnO_4) - n(KMnO_4)_{过量}\right] \times 5$

$$= (0.04000 \times 35.22 \times 10^{-3} - 1.23 \times 10^{-3} \times 0.88 \times 0.04000) \times 5$$

$$= 6.828 \times 10^{-3}\ (mol \cdot L^{-1})$$

$w(Fe) = \dfrac{n(Fe) \cdot M(Fe)}{m_s} \times 100\% = 7.626\%$

5. 解：$Ca(OCl)Cl$ 遇酸放出的即为"有效氯"。

$n(Cl_2) = n[Ca(OCl)Cl] = n(Na_3AsO_3)$

每毫升 Na_3AsO_3 含 As 的克数为

$$\frac{0.3000 \times 0.2900}{35.45 \times 2 \times 25.00 \times 10^{-3}} \times 74.92 \times 10^{-3} = 0.003677 \ (g)$$

碘量法测"有效氯"的反应为

$$OCl^- + 2I^- + 2H^+ \Longrightarrow I_2 + Cl^- + H_2O$$

$$I_2 + 2S_2O_3^{2-} \Longrightarrow 2I^- + S_4O_6^{2-}$$

又已知 1 mL $Na_2S_2O_3$ 相当于 0.01250 g 的 $CuSO_4 \cdot 5H_2O$，即

$$c \ (Na_2S_2O_3) = \frac{0.01250}{249.69} \times 10^3 \ (mol \cdot L^{-1})$$

$$n\left[\frac{1}{2}Ca(OCl)Cl\right] = n(Na_2S_2O_3)$$

$$V \ (Na_2S_2O_3) = \frac{0.3000 \times 0.2900 \times 2}{34.45 \times 2} \times \frac{249.69}{0.01250 \times 10^3} \times 10^3 = 49.84 (mL)$$

6. 解：用 Fe^{3+} 标准溶液滴定 Sn^{2+} 的反应为

$$2Fe^{3+} + Sn^{2+} \Longrightarrow 2Fe^{2+} + Sn^{4+}$$

已知实验条件下，$\varphi^{\theta'}_{Fe^{3+}/Fe^{2+}} = 0.73 \ V$，$\varphi^{\theta'}_{Sn^{4+}/Sn^{2+}} = 0.07 \ (V)$。

化学计量点前，Sn^{2+} 剩余 0.1% 时：

$$\varphi = \varphi^{\theta'}_{Sn^{4+}/Sn^{2+}} + \frac{0.059}{2}\lg\frac{c \ (Sn^{4+})}{c \ (Sn^{2+})} = 0.07 + \frac{0.059}{2}\lg\frac{99.9}{0.1} = 0.16 \ (V)$$

化学计量点后，Fe^{3+} 过量 0.1% 时：

$$\varphi = \varphi^{\theta'}_{Fe^{3+}/Fe^{2+}} + 0.059\lg\frac{c \ (Fe^{3+})}{c \ (Fe^{2+})} = 0.73 + 0.059\lg\frac{0.1}{100.1} = 0.55 \ (V)$$

故其电极电势的突跃范围为 $0.16 \sim 0.55 \ V$

化学计量点时的电极电势 $\varphi_{sp} = \frac{n_1\varphi_1^{\theta'} + n_2\varphi_2^{\theta'}}{n_1 + n_2} = \frac{0.73 + 2 \times 0.07}{3} = 0.29 \ (V)$

此滴定中应选用次甲基蓝作指示剂，$\varphi^{\theta'}_{In} = 0.36 \ V$，由于 $\varphi_{sp} \neq \varphi^{\theta'}_{In}$ 故滴定终点和化学计量点不一致。

7. 解：$n \ (KHC_2O_4 \cdot H_2O) = 0.2012 \times 25.20 \times 10^{-3}$

$5 \times c \ (KMnO_4) \cdot V \ (KMnO_4) = 2 \times n \ (KHC_2O_4 \cdot H_2O)$

$$c(KMnO_4) = \frac{0.2012 \times 25.20 \times 10^{-3} \times 2}{30.00 \times 10^{-3} \times 5} = 0.06760 \ (mol \cdot L^{-1})$$

8. 解：$MnO_4^- + 5Fe^{2+} + 8H^+ \Longrightarrow Mn^{2+} + 5Fe^{3+} + 4H_2O$

(1) $T_{KMnO_4/Fe} = \frac{b}{a} \times c \times M \times 10^{-3} = 5 \times 0.02484 \times 55.85 \times 10^{-3}$

$$= 0.006937 \ (g \cdot mol^{-1})$$

(2) $T_{KMnO_4/Fe_2O_3} = 2.5 \times 0.02484 \times 159.69 \times 10^{-3}$

$$= 0.009917 \ (g \cdot mol^{-1})$$

(3) $T_{KMnO_4/FeSO_4 \cdot 7H_2O} = 5 \times 0.02484 \times 278.03 \times 10^{-3}$

$$= 0.03453 \ (g \cdot mol^{-1})$$

9. 解：$Fe_2O_3 \sim 2Fe^{3+} \sim 2Fe^{2+}$

$$MnO_4^- + 5Fe^{2+} + 8H^+ = Mn^{2-} + 5Fe^{3+} + 4H_2O$$

$$2MnO_4^- + 5C_2O_4^{2-} + 6H^+ = 2Mn^{2-} + 10CO_2 \uparrow + 8H_2O$$

$$2MnO_4^- + 5H_2O_2 + 6H^+ = 2Mn^{2-} + 5O_2 \uparrow + 8H_2O$$

$$5Fe_2O_3 \sim 10\ Fe^{2+} \sim 2MnO_4^-$$

（1）先求 $KMnO_4$ 的浓度 c 　$1 \times 5 \times \dfrac{1}{1000} \times c = \dfrac{0.01260}{126.07} \times 2$

$$c = 0.04000\ (mol \cdot L^{-1})$$

$$w(Fe_2O_3) = \left[\left(2.5 \times 24.50 \times 0.04000 \times \dfrac{1}{1000} \times 159.69 \right) / 0.5000 \right] \times 100\%$$
$$= 78.25\%$$

$$w(Fe) = \left[\left(5 \times 24.50 \times 0.04 \times \dfrac{1}{1000} \times 55.85 \right) / 0.5000 \right] \times 100\%$$
$$= 53.73\%$$

（2）先求浓度 $c(H_2O_2)$

$$2c(H_2O_2) \times V(H_2O_2) = 5c(KMnO_4) \times V(KMnO_4)$$

$$2c(H_2O_2) \times 20.00 = 5 \times 0.04000 \times 21.18$$

$$c(H_2O_2) = 0.1059\ (mol \cdot L^{-1})$$

100.0 mL 市售双氧水所含 H_2O_2 的质量为

$$\dfrac{0.10595 \times 250 \times 10^{-3} \times 34.02}{3} \times 100 = 30.00\ (g/100\ mL)$$

10. 解：$n_{总} = 0.2500 \times 20 \times 10^{-3} = 5 \times 10^{-3}\ (mol)$

$$n_{过} = 0.04 \times 10 \times 10^{-3} \times \dfrac{5}{2} = 1 \times 10^{-3}\ (mol)$$

$$n_{沉} = 0.04 \times 30 \times 10^{-3} \times \dfrac{5}{2} = 3 \times 10^{-3}\ (mol)$$

$$n_{还} = n_{总} - n_{过} - n_{沉} = 5 \times 10^{-3} - 1 \times 10^{-3} - 3 \times 10^{-3} = 1 \times 10^{-3}\ (mol)$$

$$n(PbO_2) = n_{还} = 1 \times 10^{-3}\ (mol)$$

$$w(PbO_2) = \dfrac{10^{-3} \times 239.2}{1.234} \times 100\% = 19.38\%$$

$$n(PbO) = n_{沉} - n_{还} = 2 \times 10^{-3}\ (mol)$$

$$w(PbO) = \dfrac{2 \times 10^{-3} \times 223.2}{1.234} \times 100\% = 36.18\%$$

11. 解：$Pb_3O_4 + 2Fe^{2+} + 8H^+ = 3Pb^{2+} + 2Fe^{3+} + 4H_2O$

$$MnO_4^- + 5Fe^{2+} + 8H^+ = Mn^{2+} + 5Fe^{3+} + 4H_2O$$

$$\Rightarrow 5Pb_3O_4 \sim 10Fe^{2+} \sim 2MnO_4^-$$

$$w(Pb_3O_4) = \dfrac{\dfrac{5}{2} \times (V_1 - V_2) \times c \times 10^{-3} \times M}{m_s} \times 100\%$$

$$= \dfrac{\dfrac{5}{2} \times (48.05 - 3.05) \times 0.04000 \times 10^{-3} \times 685.6}{3.500} \times 100\%$$

$$=88.15\%$$

12. 解：$n_{过}=\dfrac{5}{2}\times0.02160\times30.47\times10^{-3}$　$n_{总}=\dfrac{0.7049}{134}$

$$(n_{总}-n_{过})\times2=2n\Rightarrow n=3.615\times10^{-3}$$

$$w(MnO_2)=\dfrac{3.615\times10^{-3}\times86.94}{0.5261}\times100\%=59.74\%$$

13. 解：$Cr_2O_7^{2-}+6Fe^{2+}+14H^+\mathop{=\!=\!=}2Cr^{3+}+6Fe^{3+}+14H_2O$

$$\dfrac{m}{294.18}=c\quad c\cdot V\times\dfrac{1}{1000}\times6=n(Fe)$$

$$w(Fe)=\dfrac{c\cdot V\times\dfrac{1}{1000}\times6\times55.85}{1}\times100\%\quad w(Fe)=V$$

$$c=\dfrac{10}{6\times55.85}=0.02984\ (mol\cdot L^{-1})\quad m=0.02984\times294.18=8.778\ (g)$$

14. 解：$n_{过}=\dfrac{15.05\times0.006023}{55.85}=1.623\times10^{-3}\ (mol)$

$$n_{总}=50\times10^{-3}\times0.1202=6.01\times10^{-3}\ (mol)\quad n_{沉}=4.387\ (mol)$$

$$n=\dfrac{4.387}{6}=0.7312\ (mol)\quad w(Cr)=\dfrac{0.7312\times2\times51.99}{0.4897}\times100\%=15.53\%$$

$$w(Cr_2O_3)=\dfrac{0.7312\times151.99}{0.4897}\times100\%=22.69\%$$

15. 解：$Cr_2O_7^{2-}+6I^-+14H^+\mathop{=\!=\!=}2Cr^{3+}+3I_2+7H_2O$

$$2S_2O_3^{2-}+I_2\mathop{=\!=\!=}2I^-+S_4O_6^{2-}\quad Cr_2O_7^{2-}\sim3I_2\sim6S_2O_3^{2-}$$

$$\dfrac{0.1963}{294.18}\times6=33.61\times c\times10^{-3}\quad c=0.1191\ (mol\cdot L^{-1})$$

16. 解：$2CrO_4^{2-}+2H^+\mathop{=\!=\!=}Cr_2O_7^{2-}+H_2O$

$$Cr_2O_7^{2-}+6I^-+14H^+\mathop{=\!=\!=}2Cr^{3+}+3I_2+7H_2O$$

$$2S_2O_3^{2-}+I_2\mathop{=\!=\!=}2I^-+S_4O_6^{2-}$$

$$2CrO_4^{2-}\sim Cr_2O_7^{2-}\sim6I^-\sim3I_2\sim6\ S_2O_3^{2-}$$

$$CrO_4^{2-}\sim3I^-\quad CrO_4^{2-}\sim3\ S_2O_3^{2-}$$

剩余 K_2CrO_4 的物质的量 $n(K_2CrO_4)=0.1020\times10.23\times\dfrac{1}{3}\times10^{-3}$

$$=3.478\times10^{-4}\ (mol)$$

K_2CrO_4 的总物质的量 $n=\dfrac{0.194}{194.19}=10^{-3}\ (mol)$

与试样作用的 K_2CrO_4 的物质的量 $n=6.522\times10^{-4}\ (mol)$

第6章 沉淀滴定法

6.1 重要概念和知识要点

沉淀滴定原理
- 概述
  - 依据：以沉淀反应为基础的反应
  - 特点：具有局限性，可用于滴定分析的反应很少

- 滴定曲线 $Ag^+ \rightarrow X$
  - 化学计量点前：计算溶液中剩余的 $[X]$ 的量，然后由 $[X][Ag^+] = K_{sp}^\theta$ 计算 pAg

  $$[X] = \frac{n_{X(剩余)}}{V_{总}} = \frac{n_{X(理论)} \times 剩余分数}{V_{X(始)} + V_{Ag(加)}} = \frac{c_{X(始)} \times 剩余分数}{1 + 反应分数}$$

  化学计量点前 0.1%，完成 99.9%：

  $$[X] = \frac{c_{X(始)} \times 0.1\%}{1 + 99.9\%} \approx \frac{c_{X(始)} \times 0.1\%}{2} \qquad [Ag^+] = \frac{K_{sp}^\theta}{[X]} = \frac{2 \times K_{sp}^\theta \times 1000}{c_{X(始)}}$$

  化学计量点：$[X^-][Ag^+] = K_{sp}^\theta$ 有 $[Ag^+] = \sqrt{K_{sp}^\theta} \Rightarrow pAg = \frac{pK_{sp}^\theta}{2}$

  化学计量点后：按过量的 Ag^+ 计算 pAg

  $$[Ag^+] = \frac{n_{Ag(过量)}}{V_{总}} = \frac{n_{Ag(理论)} \times 过量分数}{V_{X(始)} + V_{Ag(加)}} = \frac{c_{X(始)} \times 过量分数}{1 + 反应分数}$$

  化学计量点后 0.1%，完成 100.1%

  $$[Ag^+] = \frac{c_{Ag(始)} \times 0.1\%}{1 + 100.1\%} \approx \frac{c_{Ag(始)} \times 0.1\%}{2}$$

- 影响滴定突跃范围的因素
  - 由前、后 0.1% 表达式，得影响因素

    化学计量点前 0.1%，$[Ag^+] = \frac{K_{sp}^\theta}{[X]} = \frac{2 \times K_{sp}^\theta \times 1000}{c_{X(始)}}$；化学计量点后

    0.1%，$[Ag^+] = \frac{c_{Ag(始)} \times 0.1\%}{2}$

    K_{sp}^θ 固定，c_{Ag} 越大，后 0.1% 的 pAg 越低，又通常 $c_{Ag} = c_X$。前 0.1% c_X
    越大，$[Ag^+]$ 越小，pAg 越大

    c 固定，K_{sp}^θ 越小，$[Ag^+]$ 越小，后 0.1% pAg 越大

    c 大，K_{sp}^θ 小，突跃范围拓展；反之，压缩

沉淀滴定终点的确定方法
- 莫尔法：铬酸钾作指示剂
  - 原理：AgCl 的溶解度比 Ag_2CrO_4 小；先沉淀。Cl^- 沉淀完毕后过量的 Ag^+ 与 CrO_4^- 形成砖红色沉淀
  - 注意：指示剂消耗 Ag^+ 造成误差，用通过空白实验校正
  - 强碱性溶液中 Ag^+ 与 OH^- 反应生成 AgO 黑色沉淀，溶液应选中性或弱碱性
- 佛尔哈德法：用铁铵矾为指示剂
  - 直接法：用 NH_4SCN 标准溶液为滴定剂，当 Ag^+ 完全生成 AgSCN 后，过量 SCN^- 与 Fe^{3+} 生成红色 $Fe(SCN)_3$ 红色配合物

$$\text{沉淀滴定终点}\atop\text{的确定方法}\left\{\begin{array}{l}\text{返滴定：先加过量 } AgNO_3 \text{ 标液，再用 } SCN^- \text{滴定剩余 } AgNO_3\text{。容易产生}\\\text{误差（加热使 } AgCl \text{ 凝聚减少吸附；加入氯仿等使 } AgCl \text{ 进入有机层，不}\\\text{与溶液接触）}\\\text{法扬司：吸附指示剂（荧光黄、二氯荧光黄、曙红 – 四溴荧光黄）}\\\text{电势滴定法：以银电极为指示电极，指示 } [Ag^+] \text{ 的变化。计量点附近浓度有突变}\end{array}\right.$$

6.2　例题解析

【例 6-1】 有生理盐水 10.00 mL，加入 K_2CrO_4 指示剂，以 0.1003 mol·L^{-1} $AgNO_3$ 标准溶液滴定至出现砖红色，用去 $AgNO_3$ 标准溶液 15.34 mL，计算生理盐水中 NaCl 的质量浓度 $\rho(NaCl)$。（$M(NaCl) = 58.44$ g·mol^{-1}）

解： $\rho(NaCl) = \dfrac{c(AgNO_3) \cdot V(AgNO_3) \cdot M(NaCl)}{V_{\text{生理盐水}}}$

$$= \frac{0.1003 \times 15.34 \times 10^{-3} \times 58.44}{10.00} = 8.991 \times 10^{-3} \ (g \cdot mL^{-1})$$

【例 6-2】 100 mL 0.00287 mol·L^{-1} KCl 溶液中加入 0.3210 g 固体 $AgNO_3$。计算此溶液中的 pCl、pAg。（$M(AgNO_3) = 169.87$ g·mol^{-1}, $K_{sp}^{\theta}(AgCl) = 1.56 \times 10^{-10}$）

解： $c(Cl^-)_{\text{余}} = \dfrac{\left[c(KCl) \cdot V(KCl) - \dfrac{m(AgNO_3)}{M(AgNO_3)} \right]}{V_{\text{液体}}}$

$$= \frac{0.0287 \times 100 \times 10^{-3} - \dfrac{0.3210}{169.87}}{100 \times 10^{-3}} = 0.0089 \ (mol \cdot L^{-1})$$

$$pCl = 2.05$$

$$c(Ag^+) = \frac{K_{sp}^{\theta}(AgCl)}{c(Cl^-)} = \frac{1.56 \times 10^{-10}}{0.0089} = 1.75 \times 10^{-8} \ mol \cdot L^{-1} \quad pAg = 7.76$$

【例 6-3】 在 30.00 mL $AgNO_3$ 溶液中加入 0.1100 g 纯 NaCl，过量的 $AgNO_3$ 需用 3.50 mL 0.07100 mol·L^{-1} 的 KSCN 滴定至终点，计算 $AgNO_3$ 溶液浓度。假设在上述滴定过程中未采取措施防止 AgCl 转化为 AgSCN，则 $AgNO_3$ 溶液的实际浓度应为多少？相对误差有多大？（滴定至终点时溶液总体积为 50.00 mL；M（NaCl）= 58.44；$K_{sp}^{\theta}(AgCl) = 1.8 \times 10^{-10}$；$K_{sp}^{\theta}(AgSCN) = 1.0 \times 10^{-12}$；$[Fe^{3+}] = 0.015$ mol·L^{-1}；观察到明显的终点时，$[[FeSCN]^{2+}] = 6.0 \times 10^{-6}$ mol·L^{-1}；$K_f^{\theta}([FeSCN]^{2+}) = 138$）

解：（1）设 $AgNO_3$ 溶液的浓度为 x，根据溶液中的沉淀反应

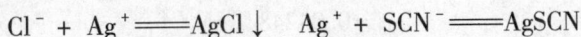

$$Cl^- + Ag^+ =\!=\!= AgCl\downarrow \quad Ag^+ + SCN^- =\!=\!= AgSCN$$

可知　$30.00 \times x = 0.07100 \times 3.50 + \dfrac{0.1100}{58.44} \times 1000$

$$x = 0.07102 \ (mol \cdot L^{-1})$$

（2）若没有采取措施保护所生成的 AgCl，则有一部分 AgCl 会转化为 AgSCN，

从而会多消耗一些 KSCN 滴定剂。当转化反应达到平衡时，则

$$[Ag^+][Cl^-] = K_{sp}^\theta(AgCl) = 1.8 \times 10^{-10}$$

$$[Ag^+][SCN^{-1}] = K_{sp}^\theta(AgSCN) = 1.0 \times 10^{-12}$$

即

$$\frac{[Cl^-]}{[SCN^-]} = 180, \quad [Cl^-] = 180[SCN^-]$$

而 $[SCN^{-1}]$ 与溶液中的指示剂量有关，由于指示剂的变色反应为

$$Fe^{3+} + SCN^- \rightleftharpoons [FeSCN]^{2+}$$

故

$$[SCN^-] = \frac{[[FeSCN]^{2+}]}{[Fe^{3+}]K_f^\theta([FeSCN]^{2+})}$$

$$= \frac{6.0 \times 10^{-6}}{0.015 \times 138} = 2.9 \times 10^{-6} \quad (mol \cdot L^{-1})$$

因此 $[Cl^-] = 180[SCN^-] = 180 \times 2.9 \times 10^{-6} = 5.4 \times 10^{-4}$ （$mol \cdot L^{-1}$）

即为有 AgCl 发生转化的情况下，滴定至终点时溶液中 Cl^- 的平衡浓度。而在 AgCl 不转化的溶液中，$[Cl^-]$ 的理论值为

$$[Cl^-] = [Ag^+] = \sqrt{K_{sp}^\theta(AgCl)} = \sqrt{1.8 \times 10^{-10}} = 1.3 \times 10^{-5} \quad (mol \cdot L^{-1})$$

由于 AgCl 发生转化使溶液中的 $[Cl^-]$ 增加了

$$5.2 \times 10^{-4} - 1.3 \times 10^{-5} \approx 5.1 \times 10^{-4} \quad (mol \cdot L^{-1})$$

需多消耗 KSCN 的量为

$$5.1 \times 10^{-4} \times 50.00 = 0.0255 \quad (mmol)$$

设 $AgNO_3$ 溶液的浓度为 x'，则

$$30.00 \times x' = 0.07100 \times 3.50 + \frac{0.1100}{58.44} \times 1000 - 0.0255$$

$$x' = 0.07018 \quad (mol \cdot L^{-1})$$

（3）相对误差 $E_r = \dfrac{x - x'}{x'} \times 100\% = \dfrac{0.07102 - 0.07018}{0.17018} \times 100\% = 1.20\%$

【例 6-4】 称取某由纯 NaCl 和 KBr 混合而成的试样 0.3100 g，溶解后，以 K_2CrO_4 为指示剂，用 0.1000 $mol \cdot L^{-1}$ $AgNO_3$ 溶液滴定至终点，用 $AgNO_3$ 29.75 mL。试求混合试验中 NaCl 和 KBr 的质量比。[$M(NaCl) = 58.44$，$M(KBr) = 119.00$]

解： 设试样中 NaCl 为 x g，则 KBr 为 $(0.3100 - x)$ g。根据滴定反应可知，

$$\frac{x}{M(NaCl)} + \frac{0.3100 - x}{M(KBr)} = (V \cdot c)(AgNO_3) \times 10^{-3}$$

即

$$\frac{x}{58.44} + \frac{0.3100 - x}{119.00} = 29.75 \times 0.10000 \times 10^{-3}$$

$$x = 0.04248 \quad (g)$$

试样中 NaCl 和 KBr 的质量比为：$\dfrac{0.04248}{0.3100 - 0.04248} = 0.1588$

【例 6-5】 称取某杀虫剂试样 0.7344 g，用融熔法分解试样后，用水浸取，过滤后收集滤液。然后向滤液中加入过量的 HCl 和 $Pb(NO_3)_2$，使其中的 F^- 转化为 PbClF

沉淀形式。将分离得到的 PbClF 沉淀溶于稀 HNO_3 中，并往溶液中加入 45.00 mL 0.3000 mol·L^{-1} $AgNO_3$ 溶液和适量硝基苯，再以 $NH_4Fe(SO_4)_2$ 为指示剂，用 0.2000 mol·L^{-1} NH_4SCN 溶液滴定过量的 Ag^+，消耗 NH_4SCN 10.50 mL。求试样中 Na_2SeF_6 和 F 的含量。[$M(F) = 18.998$，$M(Na_2SeF_6) = 238.91$]

解：计算 F 和 Na_2SeF_6 的含量，首先应找到它们与滴定剂之间的计量关系。由题目设定的处理过程可知，F 与其他物质或型体的转化关系可简单表示为：

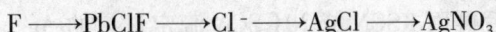

$$F \longrightarrow PbClF \longrightarrow Cl^- \longrightarrow AgCl \longrightarrow AgNO_3$$

因此，试样中 F 的物质的量与所消耗的 $AgNO_3$ 物质的量相等。则

$$\frac{0.7344 \times x_1}{M(F)} = (45.00 \times 0.3000 - 10.50 \times 0.2000) \times 10^{-3}$$

即

$$\frac{0.7344 x_1}{18.98} = 0.01140，\quad x_1 = 29.49\%$$

又

$$\frac{0.7344 \times x_1}{M(F)} = \frac{0.7344 \times x_2}{M(Na_2SeF_6)} \times 6$$

故

$$x_2 = \frac{x_1 \times M(Na_2SeF_6)}{6 \times M(F)} = \frac{0.2949 \times 238.91}{6 \times 18.998} = 61.81\%$$

【例 6-6】通过计算解释下列现象：（1）用法扬司法测 Cl^-，以荧光黄为指示剂，则滴定液的 pH 值应控制在 7～10 范围内；（荧光黄的 $K_a^\theta \approx 10^{-7}$，$K_{sp}^\theta(AgOH) = 2.0 \times 10^{-8}$，$K_{sp}^\theta(AgCl) = 1.8 \times 10^{-10}$ ）

（2）用佛尔哈德法测定 Cl^-，若溶液中不加入硝基苯等保护沉淀，分析结果会偏低；（$K_{sp}^\theta(AgSCN) = 1.0 \times 10^{-12}$ ）

（3）莫尔法测定 Cl^- 时，介质的 pH 值应控制为 6.5～10，若酸度过高，则结果偏高。（H_2CrO_4 的 $K_{a1}^\theta = 0.18$，$K_{a2}^\theta = 3.2 \times 10^{-7}$ ）

解：（1）控制溶液 pH 值，主要是为了防止副反应发生，促进主反应进行，也是为了使某些物质以适当的型体存在于溶液中，用法扬司法测 Cl^- 的主反应为：

$$Ag^+ + Cl^- \Longrightarrow AgCl \downarrow$$

与溶液 pH 值有关的副反应为：

$$Ag^+ + OH^- \Longrightarrow AgOH \downarrow$$

在化学计量点时，溶液中的 [Ag^+] 与 [Cl^-] 相同，为：

$$[Ag^+] = [Cl^-] = \sqrt{K_{sp}^\theta(AgCl)} = \sqrt{1.8 \times 10^{-10}} = 1.3 \times 10^{-5}（mol·L^{-1}）$$

要想防止溶液中析出 AgOH，则

$$[OH^-] < \frac{K_{sp}^\theta(AgOH)}{[Ag^+]} = \frac{2.0 \times 10^{-8}}{1.3 \times 10^{-5}} = 1.5 \times 10^{-3}（mol·L^{-1}）$$

即

$$pH < 1$$

由于滴定至终点时，溶液中的 Ag^+ 过量，所以，溶液的 pH 上限比 11 还要小一些，为 10 左右。另一方面，滴到终点时，AgCl 沉淀微粒因吸附溶液中过剩的 Ag^+ 而带正电荷。欲使吸附指示剂变色灵敏，则指示剂应主要以带负电荷形式存在。而荧光黄 $K_a^{\theta} \approx 10^{-7}$，因此只有 pH > 7 时，荧光黄才主要以负电荷的形式存在。这样一来，测定 Cl^- 的合适 pH 范围为 7~10。

（2）佛尔哈德法测定 Cl^- 为一返滴定法，即：先将溶液中加入过量的 $AgNO_3$ 使 Cl^- 转化为 AgCl，然后再用 KSCN 或 NH_4SCN 滴定过量的 Ag^+。根据有关沉淀溶解平衡可知，

$$[Ag^+][Cl^-] = K_{sp}^{\theta}(AgCl) = 1.8 \times 10^{-10}$$

$$[Ag^+][SCN^-] = K_{sp}^{\theta}(AgSCN) = 1.0 \times 10^{-12}$$

当溶液中加硝基苯等保护沉淀时，就相当于 AgCl 和 AgSCN 单独存在，相互不影响。此时，溶液中的 $[Cl^-]$ 可通过下式计算：

$$[Cl^-] = [Ag^+] = \sqrt{K_{sp}^{\theta}(AgCl)} = \sqrt{1.8 \times 10^{-10}}$$
$$= 1.3 \times 10^{-5} \ (mol \cdot L^{-1})$$

在化学计量点时：

$$[SCN^-] = [Ag^+] = \sqrt{K_{sp}^{\theta}(AgSCN)} = \sqrt{1.0 \times 10^{-12}}$$
$$= 1.0 \times 10^{-6} \ (mol \cdot L^{-1})$$

实际上，为了观察颜色变化，滴到终点时，溶液中的 $[SCN^-]$ 比 $1.0 \times 10^{-6} mol \cdot L^{-1}$ 要大一些。溶液中的 $[Ag^+]$ 则由 AgSCN 的溶解平衡确定。

当溶液中未加硝基苯等保护剂时，由于 AgSCN 的溶解度较小，AgCl 会转化为 AgSCN，直至上述两个溶解平衡都被满足，即达到转化平衡。此时

$$\frac{[Cl^-]}{[SCN^-]} = \frac{1.8 \times 10^{-10}}{1.0 \times 10^{-12}} = 180$$

若 $[SCN^{-1}]$ 为 $1.0 \times 10^{-6} mol \cdot L^{-1}$，则 $[Cl^-] = 1.8 \times 10^{-4} mol \cdot L^{-1}$，溶液中增加的 $[Cl^-]$ 则由多加入的 NH_4SCN 置换而来。

$$c(Cl^-) = \frac{(c \cdot V)_{AgNO_3} - (c \cdot V)_{NH_4SCN}}{V(Cl^-)}$$

因此，消耗的 NH_4SCN 溶液体积偏大，所得的 Cl^- 浓度偏低。

（3）介质的 pH 上限取决于 AgOH 沉淀的溶度积和溶液的 $[Ag^+]$。由（1）可知，要使溶液中不产生 AgOH（或 Ag_2O），介质的 pH 值应小于 10 为宜。介质的 pH 下限则与 CrO_4^{2-} 的质子化有关，要使 CrO_4^{2-} 与 Ag^+ 较易生成沉淀，则 H_2CrO_4 应主要以 CrO_4^{2-} 型体存在为宜。

$$K_{a2}^{\theta} = \frac{[CrO_4^{2-}][H^+]}{[HCrO_4^-]} \qquad \frac{[CrO_4^{2-}]}{[HCrO_4^-]} = \frac{K_{a2}^{\theta}}{[H^+]}$$

只有当 $[H^+] > K_{a2}^{\theta}$，即 pH > $pK_{a2}^{\theta} = 6.5$ 时，CrO_4^{2-} 才是主要存在形式。综上所述，介质的 pH 值应以 6.5~10 为宜。另外，根据 $AgCrO_4$ 的溶解平衡可知，

$$[Ag^+] = \sqrt{\frac{K_{sp}^{\theta}(Ag_2CrO_4)}{[CrO_4^{2-}]}} = \sqrt{\frac{K_{sp}^{\theta}(Ag_2CrO_4)}{c(CrO_4^{2-}) \times x_2}}$$

介质酸度过高，则 x_2 较小，对相同浓度的指示剂来讲，观察到终点所要求过量的 $[Ag^+]$ 增大，即滴加的 $AgNO_3$ 体积增大，使计算出的 Cl^- 浓度偏高。

【例 6-7】 称取 Na_2CO_3 试样 0.1076 g，加水溶解后，向其中加入 50.00 mL 0.06876 mol·L^{-1} AgNO$_3$ 及适量硝基苯，然后用 0.05778 mol·L^{-1} KSCN 返滴定，滴定至终点时消耗 KSCN 溶液 27.42 mL，计算 Na_2CO_3 试样纯度。$[M(Na_2CO_3) = 105.99]$

解： 设试样的纯度为 $w(Na_2CO_3)$，由题意可知，

$$\frac{m_s \cdot w(Na_2CO_3)}{M(Na_2CO_3)} = \frac{(cV)_{AgNO_3} - (cV)_{KSCN}}{1000} \times \frac{1}{2}$$

$$\frac{0.1076 w(Na_2CO_3)}{105.99} = \frac{50 \times 0.06876 - 27.42 \times 0.05778}{1000} \times \frac{1}{2}$$

$$w(Na_2CO_3) = 91.31\%$$

6.3 习题参考答案

1. 说明以下测定的分析结果偏高、偏低还是没有影响，为什么？

(1) 在 pH = 4 或 pH = 11 时，以莫尔法测定 Cl^-；

(2) 采用佛尔哈德法测定 Cl^- 或 Br^-，未采取改进措施；

(3) 用法扬司法测定 Cl^-，选用曙红为指示剂；

(4) 用莫尔法测定 NaCl、Na_2SO_4 混合液中的 NaCl。

答：(1) 莫尔法需在中性或弱碱性（pH = 6.5 ~ 10.5）的溶液中进行。当 pH = 4 时，由于 CrO_4^{2-} 与 H^+ 作用生成 $Cr_2O_7^{2-}$，降低了 CrO_4^{2-} 的浓度，使滴定终点延后，分析结果偏高；在 pH = 11 时，由于 Ag^+ 与 OH^- 作用生成 $Ag_2O \downarrow$，使滴定终点延后，分析结果偏高。

(2) AgSCN 的溶度积小于 AgCl 的溶度积，如果不采取改进措施，将会使第二步滴定到达化学计量点后，发生如下的反应：

$$AgCl + SCN^- \rightleftharpoons AgSCN + Cl^-$$

这样，到滴定终点时，多消耗了 NH_4SCN 标准溶液，使测定结果偏低。

(3) AgCl 沉淀对曙红的吸引能力大于对 Cl^- 的吸引能力，使得指示剂在化学计量点前变色，分析结果偏低。

(4) Ag^+ 和 SO_4^{2-} 作用生成 Ag_2SO_4 沉淀，使得 Ag^+ 的消耗量增大，测定结果偏高。

2. 试述银量法指示剂的作用原理，并与酸碱滴定法加以比较。

答：银量法滴定终点的确定，按指示剂作用原理的不同分为 3 种：形成有色沉淀、形成有色配合物、指示剂被吸附引起沉淀颜色改变。

用铬酸钾作指示剂称为摩尔法，其作用原理是：在含有 Cl^- 的溶液中，以 K_2CrO_4 作为指示剂，用硝酸银标准溶液滴定，当定量沉淀后，过量的 Ag^+ 即与 K_2CrO_4 反应，形成砖红色的 Ag_2CrO_4 沉淀，指示终点的到达。

用铁铵矾作指示剂称为佛尔哈德法，其作用原理是：在含有 Ag^+ 的溶液中以铁铵矾作指示剂，用 NH_4SCN 标准溶液滴定，定量反应后过量的 SCN^- 与铁铵矾中的 Fe^{3+} 反应，生成红色 $FeSCN^{2+}$ 配合物，指示终点的到达。

用吸附指示剂指示终点的方法称为法扬司法，其作用原理是：吸附指示剂是一种有色的有机化合物，它被吸附在带不同电荷的胶体微粒表面后发生分子结构的变化，从而引起颜色的变化，指示终点的到达。

酸碱指示剂一般是弱的有机酸或有机碱，或是有机酸碱两性物质。其中酸与其共轭碱有着不同的结构，因而具有不同的颜色。当溶液的 pH 值改变时，由于指示剂本身结构上的变化而引起颜色的改变，这就是酸碱指示剂的变色原理。

3. 说明用下述方法进行测定是否会引入误差：（1）pH =2 溶液中用莫尔法测定 Cl^-；（2）中性溶液中用莫尔法测定 Br^-；（3）用佛尔哈德法测定 Cl^-，但没有加硝基苯。

答：（1）正误差；（2）不引入误差；（3）负误差。

4. 试讨论莫尔法的局限性。

答：莫尔法的测定条件：

（1）测定时溶液的酸度应在中性至弱碱性范围（即 pH =6.5 ~10.5）。

若酸性强，则 Ag_2CrO_4 会分解：$Ag_2CrO_4 + H^+ =\!=\!= 2Ag^+ + HCrO_4^-$

若碱性过高，会生成 Ag_2O 沉淀：$2Ag^+ + 2OH^- =\!=\!= Ag_2O\downarrow + H_2O$

所以当溶液为酸性时，可用 $NaHCO_3$、$CaCO_3$ 或硼砂中和；若碱性强，则用稀酸中和。

（2）不可在氨性溶液中滴定。因 Ag^+ 与 NH_3 会生成 $[Ag(NH_3)]^+$ 或 $[Ag(NH_3)_2]^+$ 配离子，故当溶液中 NH_3 浓度较高时，应先用 HNO_3 中和；若较低，则不必除去，但需控制溶液 pH = 6.5 ~7.2。

（3）莫尔法选择性较差，应先将干扰离子除去。干扰离子包括能与 Ag^+ 形成沉淀的阴离子（PO_4^{3-}、AsO_4^{2-}、SO_3^{2-}、S^{2-}、CO_3^{2-}、$C_2O_4^{2-}$ 等）；能与 CrO_4^{2-} 形成沉淀的阳离子（Ba^{2+}、Pb^{2+}、Hg^{2+} 等）；有色离子（Cu^{2+}、Co^{2+}、Ni^{2+} 等）。

（4）滴定时应剧烈摇动溶液。因 $AgCl\downarrow$ 和 $AgBr\downarrow$ 均会吸附 Cl^- 或 Br^-，使终点提前。

应注意，因 $AgI\downarrow$ 和 $AgSCN\downarrow$ 强烈吸附 I^- 和 SCN^-，使终点过早出现，造成较大的误差，所以莫尔法主要用于测定 Cl^-、Br^-，不适用于测定 I^- 和 SCN^-。

由于上述测定条件，莫尔法的应用受到了一定限制。

5. 为了使终点颜色变化敏锐，使用吸附指示剂应注意哪些问题？

答：为使终点颜色变化明显，应用吸附指示剂要注意以下几点：

（1）由于吸附指示剂的颜色变化发生在沉淀表面上，应尽可能使沉淀呈胶体状态，具有较大的表面积。为此滴定时可加入糊精或淀粉等胶体保护剂，阻止卤化银凝聚，使其保持胶体状态。

（2）被滴定溶液的浓度不能太稀，否则沉淀很少，终点很难观察。以荧光黄作指示剂，用 $AgNO_3$ 标准溶液滴定 Cl^- 时，Cl^- 浓度要大于 5.0×10^{-3} mol·L^{-1}。在滴定 Br^-、I^-、SCN^- 时，灵敏度较高，浓度降低至 1.0×10^{-3} mol·L^{-1} 时仍可准确滴定。

（3）溶液的酸度要适宜。常用的吸附指示剂大多为有机弱酸，其 K_a^{θ} 值各不相同。为使指示剂呈阴离子状态，必须控制适当的酸度。例如，荧光黄的 $K_a^{\theta} \approx 10^{-7}$，因此当溶液的 pH 值远小于 7 时，荧光黄大部分将以 HFI 形式存在，不被卤化银沉淀吸附，故无法指示终点。所以用荧光黄作指示剂时，溶液的 pH 值可为 7~10。二氯荧光黄的 $K_a^{\theta} \approx 10^{-4}$，可在 pH 为 4~10 范围使用。曙红（四溴荧光黄）的 $K_a^{\theta} \approx 10^{-2}$，酸性更强，即使 pH 值小于 2，也能指示终点。

（4）溶液应当避免被强光照射。卤化银沉淀对光敏感，易分解出金属银使沉淀变为灰黑色，影响滴定终点的观察。

5. 沉淀对指示剂的吸附能力应略小于对被测离子的吸附能力，否则指示剂将在化学计量点前变色。但也不能太小，否则终点将出现过迟。卤化银对卤化物和几种吸附指示剂的吸附能力次序为：$I^- > SCN^- > Br^- >$ 曙红 $> Cl^- >$ 荧光黄。

6. 设计用银量法测定下列试样中 Cl^- 含量的实验方案：（1）NH_4Cl；（2）$BaCl_2$；（3）$FeCl_2$；（4）$NaCl$ 和 Na_3AsO_4；（5）$NaCl + Na_2SO_3$；（6）$CaCl_2$。

答：具体过程从略。

（1）选用佛尔哈德法，以铁铵矾为指示剂；若采用莫尔法须控制 pH 值为 6.5~7.2。

（2）由于 Ba^{2+} 与 $Cr_2O_4^{2-}$ 生成沉淀，干扰滴定，所以采用莫尔法时，应先加入过量的 Na_2SO_4。也可采用佛尔哈德法和法扬司法。

（3）选用法扬司法，以吸附指示剂确定终点。

（4）选用佛尔哈德法，以铁铵矾为指示剂。

（5）选用莫尔法，以铬酸钾为指示剂。

（6）三种银量法均可。

7. 在含有相等浓度的 Cl^- 和 I^- 的溶液中，滴加 $AgNO_3$ 溶液，哪一种离子先沉淀？第二种离子开始沉淀时，Cl^- 与 I^- 的浓度比为多少？

解：$K_{sp}^{\theta}(AgCl) = 1.56 \times 10^{-10}$　　　　$K_{sp}^{\theta}(AgI) = 1.5 \times 10^{-16}$

Cl^- 开始沉淀时，$K_{sp}^{\theta}(AgCl) > K_{sp}^{\theta}(AgI)$，所以先生成 AgI，即 I^- 先沉淀。

当 Cl^- 开始出现沉淀时：

$$\frac{K_{sp}^{\theta}(AgCl)}{K_{sp}^{\theta}(AgI)} = \frac{c(Cl^-)}{c(I^-)} = \frac{1.56 \times 10^{-10}}{1.5 \times 10^{-16}} = 1.04 \times 10^6$$

8. 含有 Cl^- 的水样 15.00 mL，加入 K_2CrO_4，以 0.1145 mol·L^{-1} $AgNO_3$ 标准溶液滴定至出现砖红色，用去 $AgNO_3$ 标准溶液 15.86 mL，计算水样中氯离子的质量浓度。

解：$\rho(Cl^-) = \dfrac{c(AgNO_3) \cdot V(AgNO_3) \cdot M(Cl)}{V_{水样}}$

$= \dfrac{0.1145 \times 15.86 \times 10^{-3} \times 35.45}{15.00 \times 10^{-3}} = 4.292 \ (g \cdot L^{-1})$

9. 将含有防高血压药物（$C_{14}H_{18}Cl_6N_2$，$M = 427.0$）的试样 2.89 g 置于封闭试管中加热分解，然后用水浸取游离出的氯化物，于水溶液中加入过量的 $AgNO_3$，得 AgCl 0.187 g。假定该药物是氯化物的唯一来源，计算试样中 $C_{14}H_{18}Cl_6N_2$ 的质量分数。

解：$w(C_{14}H_{18}Cl_6N_2) = \dfrac{m(AgCl) \dfrac{M(C_{14}H_{18}Cl_6N_2)}{6M(AgCl)}}{m_s} \times 100\%$

$= \dfrac{0.187 \times \dfrac{427.0}{6 \times 143.3}}{2.89} \times 100\% = 3.21\%$

6.4　自测题

一、选择题

1. pH = 4 时用莫尔法滴定 Cl^- 含量，将使结果（　　）。

（A）偏高　　　　（B）偏低　　　　（C）忽高忽低　　　　（D）无影响

2. 某吸附指示剂 $pK^{\theta} = 5.0$，以银量法测卤素离子时，pH 值应控制在（　　）。

（A）pH < 5.0　　（B）pH > 5.0　　（C）5.0 < pH < 10.0　　（D）pH > 10.0

3. 用佛尔哈德法测定 Cl^- 时，未加硝基苯保护沉淀，分析结果会（　　）。

（A）偏高　　　　（B）偏低　　　　（C）无影响　　　　（D）忽高忽低

4. 下列条件适于佛尔哈德法的是（　　）。

（A）pH = 6.5　　　　　　　　　（B）以 $K_2Cr_2O_7$ 为指示剂

（C）滴定酸度为 0.1 ~ 1 mol $\cdot$ L^{-1}　　（D）以荧光黄为指示剂

5. 在佛尔哈德法中，指示剂能够指示滴定终点是因为（　　）。

（A）生成 Ag_2CrO_4 沉淀　　　　　（B）指示剂吸附在沉淀上

（C）Fe^{3+} 被还原　　　　　　　　（D）生成有色配合物

6. 沉淀滴定中的莫尔法不适于测定 I^-，是因为（　　）。

（A）生成的沉淀强烈吸附被测物　　（B）没有适当的指示剂指示终点

（C）生成的沉淀溶解度太小　　　　（D）滴定酸度无法控制

7. 用沉淀滴定法测定银，下列方式中适宜的是（　　）。

（A）莫尔法直接滴定　　　　　　　（B）法扬司法间接滴定

（C）佛尔哈德法直接滴定　　　　　（D）佛尔哈德法间接滴定

8. 在沉淀滴定的莫尔法中，溶液的 pH 值需要控制在一定范围内，是基于下列何种理由（　　）。

（A）AgCl 在酸性溶液中易溶解且在碱性溶液易形成配合物

（B）Ag^+ 离子容易水解且 AgCl 在酸性溶液中易溶解

（C）Ag_2CrO_4 容易水解且 Ag_2CrO_4 在酸中易溶解

（D）Ag^+ 离子容易水解且 Ag_2CrO_4 在酸中易溶解

9. 用沉淀滴定中佛尔哈德法测定 Ag^+，使用的滴定剂是（　　）。

（A）NaCl　　　　　　　　　（B）NaBr

（C）NH_4SCN　　　　　　　（D）Na_2S

10. 佛尔哈德法测定碘化物中的碘，指示剂 $NH_4Fe(SO_4)_2$ 必须在过量沉淀剂 $AgNO_3$ 与碘反应完全后再加入，其原因是（　　）。

（A）防止 AgI 沉淀转化　　　　（B）阻止 AgI 对待测离子的吸附

（C）防止指示剂与待测离子反应　（D）防止指示剂与沉淀剂反应

11. 下面哪种情况下不希望沉淀有较大的表面积（　　）？

（A）法扬司法测定 Br^-　　　　（B）$Fe(OH)_3$ 共沉淀富集溶液中的 As

（C）重量分析法测定土壤中的 SiO_2　（D）动物胶共沉淀富集溶液中的痕量 Nb

12. 在莫尔法中用标准溶液 Cl^- 测定 Ag^+ 时不适合用直接滴定法，是由于（　　）。

（A）AgCl 的溶解度太大

（B）AgCl 强烈吸附 Ag^+ 离子

（C）Ag_2CrO_4 转化为 AgCl 的速度太慢

（D）Ag^+ 离子容易水解

13. 在铵盐存在下，用莫尔法测定氯离子时溶液 pH 值不能太高，主要是由于（　　）。

（A）防止生成 Ag_2CrO_4 沉淀　　（B）防止生成 Ag_2O

（C）防止干扰终点颜色变化　　　（D）防止生成 $Ag(NH_3)_2^+$ 配合物

二、填空题

1. 沉淀滴定法中，莫尔法的指示剂是＿＿＿＿＿＿＿＿＿＿＿＿＿。

2. 沉淀滴定法中，佛尔哈德法的指示剂是＿＿＿＿＿＿＿＿＿＿＿。

3. 沉淀滴定法中，法扬司法指示剂的名称是＿＿＿＿＿＿＿＿＿。

4. 沉淀滴定法中，莫尔法滴定时，其酸度 pH 是＿＿＿＿＿＿＿＿。

5. 沉淀滴定法中，佛尔哈德法的滴定剂是＿＿＿＿＿＿＿＿＿。

6. 沉淀滴定法中，佛尔哈德法测定 Cl^- 时，为保护 AgCl 沉淀不被溶解，须加入的试剂是＿＿＿＿＿＿＿＿＿。

7. 沉淀滴定法中，铵盐存在时莫尔法滴定时，其酸度 pH 是＿＿＿＿＿＿。

8. 沉淀滴定法中，莫尔法测定 Cl^- 的终点颜色变化是＿＿＿＿＿＿。

9. 沉淀滴定法中，已知荧光黄指示剂的 $pK_a^\theta = 7.0$，则法扬司法滴定时，其酸度 pH 为＿＿＿＿＿＿。

10. 佛尔哈德法既可直接用于测定＿＿＿＿离子，又可间接用于测定各种＿＿＿

_____离子。

11. 佛尔哈德法的滴定终点，理论上应在化学计量点_____到达，但因为 AgSCN 沉淀吸附 Ag^+，在实际操作中常常在化学计量点_____到达。

12. $K_{sp}^{\theta}(AgCl) = 1.8 \times 10^{-10}$，$K_{sp}^{\theta}(Ag_2CrO_4) = 2.0 \times 10^{-12}$，它们在纯水中溶解度的关系是 S(AgCl)_____ S(Ag_2CrO_4)。（填大于、小于或等于）

13. 已知某温度下测得 Ag_3AsO_4 在水中的溶解度是 7.6×10^{-6} mol·L^{-1}，其溶度积常数为_____。

14. 在法扬司法测定 I^- 时，所需的卤化银沉淀量可以比测定 Cl^- 时的沉淀量少，其原因是_____。

15. 在法扬司法测定 Cl^- 时，需要在溶液中加入适量糊精，其目的是_____、_____和_____。

三、判断题

1. 所谓完全沉淀，就是用沉淀剂将某一离子完全除去。（　　）

2. 两种难溶电解质，K_{sp} 小的那一种，它的溶解度一定小。（　　）

3. $K_{sp}^{\theta}(AgCl)(1.56 \times 10^{-10}) > K_{sp}^{\theta}(Ag_2CrO_4)(9 \times 10^{-12})$，但 AgCl 的溶解度小于 Ag_2CrO_4 的溶解度。（　　）

4. PbI_2、$CaCO_3$ 的 K_{sp}^{θ} 相近，约为 10^{-8}，饱和溶液中 $c(Pb^{2+})$ 和 $c(Ca^{2+})$ 应近似相等。（　　）

5. 向难溶电解质的饱和溶液中，加入含有共同离子的另一种强电解质，可使难溶电解质的溶解度降低。（　　）

6. $BaSO_4$ 在 NaCl 溶液中溶解度比纯水中大些。（　　）

7. 佛尔哈德法应在酸性条件下进行测定。（　　）

8. 莫尔法可用于测定 Cl^-、Br^-、I^- 等与 Ag^+ 生成沉淀的离子。（　　）

9. 佛尔哈德法测定 Cl^- 时，溶液中未加硝基苯，测定结果为正误差。（　　）

10. 莫尔法测定样品中 Cl 含量，pH 控制在 4 左右，测定结果偏高。（　　）

三、计算题

1. 称取 NaCl 基准试剂 0.1173 g，溶解后加入 30.00 mL $AgNO_3$ 标准溶液，过量的 Ag^+ 需要 3.20 mL NH_4SCN 标准溶液滴定至终点。已知 20.00 mL $AgNO_3$ 标准溶液与 21.00 mL NH_4SCN 标准溶液能完全作用，计算 $AgNO_3$ 和 NH_4SCN 溶液的浓度各为多少？

2. 称取 NaCl 试液 20.00 mL，加入 K_2CrO_4 指示剂，用 0.1023 mol·L^{-1} $AgNO_3$ 标准溶液滴定，用去 27.00 mL，求每升溶液中含 NaCl 多少克？

3. 称取银合金试样 0.3000 g，溶解后加入铁铵矾指示剂，用 0.1000 mol·L^{-1} NH_4SCN 标准溶液滴定，用去 23.80 mL，计算银的质量分数。

4. 称取可溶性氯化物试样 0.2266 g 用水溶解后，加入 0.1121 mol·L^{-1} $AgNO_3$ 标准溶液 30.00 mL。过量的 Ag^+ 用 0.1185 mol·L^{-1} NH_4SCN 标准溶液滴定，用去 6.50 mL，计算试样中氯的质量分数。

5. 用移液管从食盐槽中吸取试液 25.00 mL，采用莫尔法进行测定，滴定用去 0.1013 mol·L^{-1} AgNO$_3$ 标准溶液 25.36 mL。往液槽中加入食盐（含 NaCl 96.61%）4.5000 kg，溶解后混合均匀，再吸取 25.00 mL 试液，滴定用去 AgNO$_3$ 标准溶液 28.42 mL。如吸取试液对液槽中溶液体积的影响可以忽略不计，计算液槽中食盐溶液的体积为多少升？

6. 称取纯 KIO$_x$ 试样 0.5000 g，将碘还原成碘化物后，以 0.1000 mol·L^{-1} AgNO$_3$ 标准溶液滴定，用去 23.36 mL。计算分子式中的 x。

7. 一卤化钠试样，仅含 NaCl 和 NaBr，未测定试样中两组分的含量，称取试样 1.0000 g 溶解后定容至 100 mL，移取 25.00 mL，用 0.1204 mol·L^{-1} AgNO$_3$ 标准溶液滴定至终点，消耗26.12 mL，试计算各组分的含量。

6.5　自测题参考答案

一、选择题

1. A　2. C　3. B　4. C　5. D　6. A　7. C　8. D　9. C　10. C　11. C　12. C

13. D

二、填空题

1. K$_2$CrO$_4$

2. 铁铵矾

3. 吸附指示剂

4. 6.5 ~ 10

5. NH$_4$SCN

6. 硝基苯

7. 6.5 ~ 7.2

8. 由白色到砖红色

9. 7 ~ 10

10. Ag$^+$　卤素

11. 之后　之前

12. 小于

13. 9.0 × 10^{-20}

14. 测定 I$^-$ 灵敏度较高，因为 AgI 比 AgCl 吸附能力强

15. 防止胶体凝聚　保持胶体具备较大的表面积和吸附能力　使终点变色敏锐

三、判断题

1. ×　2. ×　3. √　4. √　5. √　6. √　7. √　8. ×　9. ×　10. √

四、计算题

1. 解：设 AgNO$_3$ 和 NH$_4$SCN 溶液的浓度分别为 $c(\text{AgNO}_3)$ 和 $c(\text{NH}_4\text{SCN})$。

由题意可知

$$\frac{c(AgNO_3)}{c(NH_4SCN)} = \frac{21}{20}$$

则过量的 Ag^+ 体积为：$(3.20 \times 20) / 21 = 3.048$（mL）

则与 NaCl 反应的 $AgNO_3$ 的体积为 $30 - 3.0476 = 26.95$（mL）

因为 $n(Cl^-) = n(Ag^+) = \dfrac{0.1173}{58.44} = 0.002000$ mol

故 $c(AgNO_3) = \dfrac{n(Cl^-)}{V(AgNO_3)} = \dfrac{0.002000}{26.95 \times 10^{-3}} = 0.07421$（$mol \cdot L^{-1}$）

$$c(NH_4SCN) = \frac{20}{21} \times c(AgNO_3) = 0.07067 \ (mol \cdot L^{-1})$$

2. 解：由题意可知 $Cl^- + Ag^+ \Longrightarrow AgCl$

$c(NaCl) = \dfrac{c(AgNO_3) \cdot V(AgNO_3)}{V(NaCl)} = \dfrac{0.1023 \times 27.00 \times 10^{-3}}{20.00 \times 10^{-3}} = 0.1363$（$mol \cdot L^{-1}$）

$M(NaCl) = c(NaCl) \times M(NaCl) = 0.1363 \times 58.5 = 7.974$（$g \cdot L^{-1}$）

3. 解：由题意可知 $n(Ag) = n(NH_4SCN) = 0.1000 \times 0.0238 = 0.00238$（mol）

$$w(AgNO_3) = [n(Ag) \times M(Ag)] \times 100\% / m_s$$
$$= (0.00238 \times 107.8682) \times 100\% / 0.3000$$
$$= 85.58\%$$

4. 解：据题意，与可溶性氯化物试样作用的 $AgNO_3$ 的物质的量为：

$n(Cl^-) = n(AgNO_3) - n(NH_4SCN)$
$$= 0.1121 \times 30.00 \times 10^{-3} - 0.1185 \times 6.50 \times 10^{-3} = 0.002593$（mol）$$

$w(Cl^-) = \dfrac{n(Cl^-) \cdot M(Cl^-)}{m_s} \times 100\% = \dfrac{0.002593 \times 35.45}{0.2266} \times 100\% = 40.56\%$

5. 解：分析题意，加入食盐后用去溶液的体积与原用去溶液的体积之差，即为滴定加入 4.50 g 食盐溶液的体积。

设液槽中食盐溶液的体积为 V，据题意：

$$\frac{96.61\% \times 4.500 \times 1000}{58.44} = \frac{0.1013 \times (28.42 - 25.36)}{25} V$$

$$V = 6000 \ (L)$$

6. 解：依题意：$n(KIO_x) = n(I^-) = n(AgNO_3) = 0.1000 \times 0.02336 = 0.002336$（mol）

即：$\dfrac{0.5}{39 + 127 + 16x} = 0.002336$

$$x = 3$$

7. $w(NaCl) = 38.72\%$，$w(NaBr) = 61.28\%$

第7章 紫外－可见分光光度法

7.1 重要概念和知识要点

概述

- 定义：基于物质对光的选择性吸收而建立的分析方法
  - 定性
  - 定量
    - 目视比色法
    - 光电比色法
    - 分光光度法
- 特点
  - 灵敏度高：$10^{-5}\% \sim 10^{-4}\%$；$10^{-6} \sim 10^{-5}\,mol \cdot L^{-1}$；微量
  - 准确度满足微量分析要求：$2\% \sim 5\%$，精密仪器 $1\% \sim 2\%$
  - 仪器相对简单：构造简单，价格便宜，对环境要求低
  - 应用广泛
    - 无机、有机分析
    - 定性、定量分析
    - 微量、痕量分析
    - 单一组分、混合组分分析
    - 其他
      - 络合物组成
      - 有机酸碱及络合物的 K

（互补色示意图：红、橙、黄、绿、青、青蓝、蓝、紫，中心为白）

光谱介绍

- 分类

电磁波	λ	跃迁类型
γ	$< 10^{-2}$ nm	原子核内中子
X	$10^{-2} \sim 10$ nm	原子内层电子
紫外 远	$10 \sim 200$ nm	分子中原子的外层电子
紫外 近	$200 \sim 400$ nm	分子中原子的外层电子
可见	$400 \sim 800$ nm	分子中原子的外层电子
红外 近	780 nm $\sim 2.5\,\mu m$	分子中涉及氢原子的振动
红外 中	$2.5 \sim 50\,\mu m$	分子中原子振动及分子转动
红外 远	$50 \sim 300\,\mu m$	分子转动
微波	0.3 mm ~ 1 m	分子转动
无线电波	1 m ~ 1000 m	核磁共振

（能级跃迁示意图：σ^*，π^*，n，π，σ）

- 光谱
  - 基本概念
    - 单色光：由同一波长的光组成
    - 复合光：不同波长的光组成的光
    - 互补光：两种颜色的光按一定比例混合，可以得到白光，则该两种颜色的光互为互补光
    - 吸收曲线：以光的波长为横坐标，以吸光度 A 为纵坐标，绘制得到的谱图
    - 最大吸收波长：在吸收曲线上，最大吸光度值对应的波长称为最大吸收波长，在该波长处进行吸光度测定的灵敏度最高，故常选为测量波长
  - 互补光示意图：圆中直线相连的光互为互补光
  - 颜色：物质选择性吸收一定波长的光后，自身呈现出与所吸收颜色的光互补的颜色，即物质对其互补光吸收最强；例如，测硫酸铜，用黄色滤光片让与蓝色互补的黄光透过，由于吸收最好，因此，测定的灵敏度最高
  - 操作：测定时利用互补光入射，灵敏度最高，即透过率或吸光度改变最大

朗伯 - 比耳定律概述：

假设：单色光垂直照射到均一的非散射性介质上

$A = kbc$ A——吸光度；b——液层厚度；c——溶液浓度

将液层分为厚度为 db 的薄层，截面积为 S，吸光质子数为 dn，入射光强为 Ib，减弱为

$$dI - dI = kI_b dn = kI_b c dV = kI_b c S db = k'I_b c db \Rightarrow \int_{I_0}^{I} \frac{-dI}{I_b} = k'c \int_0^b db \Rightarrow \lg \frac{I_0}{I} = Kbc$$

定量分析依据 朗伯 - 比耳定律

朗伯 - 比耳定律表达：

$$A = \varepsilon bc \quad \varepsilon——摩尔吸光系数；c——mol \cdot L^{-1}$$

$$A = abc \quad a——摩尔吸光系数；c——g \cdot L^{-1} \quad \varepsilon = Ma$$

$$A = -\lg T = \lg \frac{1}{T} \quad T = \frac{I_t}{I_0} \times 100\%$$

$$A = A_1 + A_2 + \cdots$$

偏离朗伯 - 比耳定律的因素

物理因素：

单色光不纯：以 λ_{max} 为测量波长可以一定程度上克服非单色光因素引起的误差

$$A_1 = \lg \frac{I_{01}}{I_1} = \varepsilon_1 bc \Rightarrow I_1 = I_{01} 10^{-\varepsilon_1 bc}; A_2 = \lg \frac{I_{02}}{I_2} = \varepsilon_2 bc$$

$$\Rightarrow I_2 = I_{02} 10^{-\varepsilon_2 bc} \Rightarrow A = \lg \frac{I_{01} + I_{02}}{I_1 + I_2} = \lg \frac{I_{01} + I_{02}}{I_{01} 10^{-\varepsilon_1 bc} + I_{02} 10^{-\varepsilon_2 bc}}$$

介质不均匀：存在反射、散射，导致偏离

化学因素：

离解：有机酸碱的酸型、碱型对光的吸收性质不同，溶液 pH 值不同，酸型、碱型比例改变，A 发生改变

配位：逐级配位形成配位比不同的配合物形式，对光的吸收性质不同。

Fe（Ⅲ）与 SCN^- 的配合物中 $FeSCN^{2+}$ 的颜色最浅，$Fe(SCN)_3$ 的颜色最深，所以 SCN^- 浓度对 A 产生影响

缔合：酸性条件下，CrO_4^{2-} 缔合成 $Cr_2O_7^{2-}$，两种形式对光吸收的差异造成偏离

其他因素：浓度、温度、比色皿不配套或不洁净及参比溶液选择不当等

测量条件选择

显色反应及显色条件

显色剂

特征：具有生色团和助色团，可产生 $n \rightarrow \pi^*$、$\pi \rightarrow \pi^*$ 跃迁

要求

显色反应灵敏度高：$\varepsilon > 10^4$

显色反应选择性好

对照性大：显色剂 R 与所生成的 MR 吸收差别明显，$\Delta\lambda > 60$ nm

MR 组成、颜色恒定

显色条件

$M + nR \rightarrow MR_n$

显色剂用量

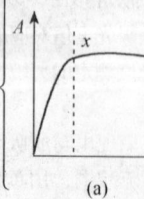 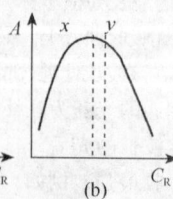 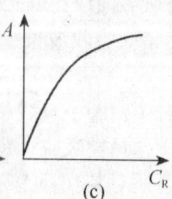

用量选择：

（a）：用量高于 x 即可

（b）：用量严格控制在 $x \sim y$ 之间

（c）：无法用于分析

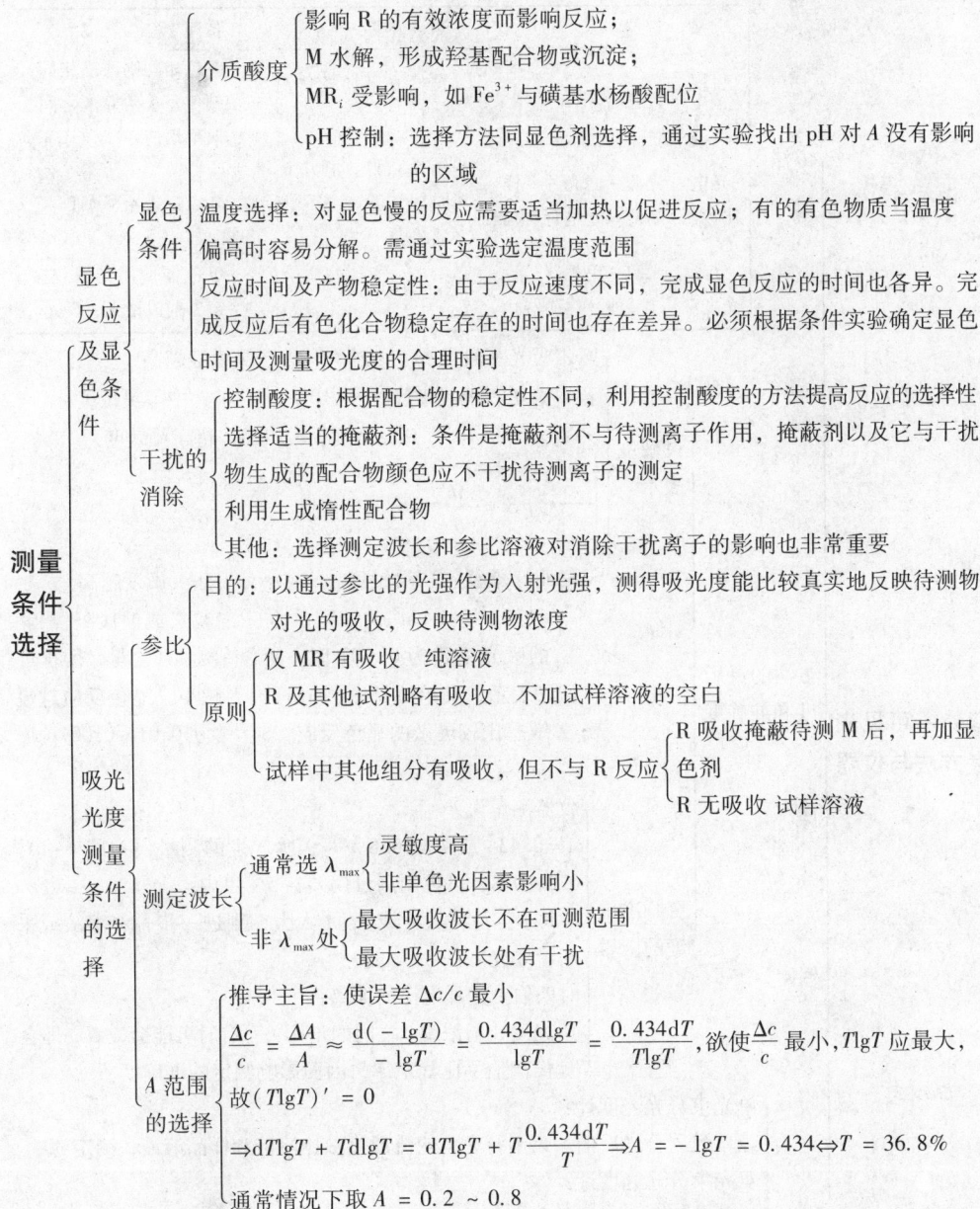

测量条件选择

显色反应及显色条件
├─ 显色条件
│　├─ 介质酸度
│　│　├─ 影响 R 的有效浓度而影响反应；
│　│　├─ M 水解，形成羟基配合物或沉淀；
│　│　├─ MR_i 受影响，如 Fe^{3+} 与磺基水杨酸配位
│　│　└─ pH 控制：选择方法同显色剂选择，通过实验找出 pH 对 A 没有影响的区域
│　├─ 温度选择：对显色慢的反应需要适当加热以促进反应；有的有色物质当温度偏高时容易分解。需通过实验选定温度范围
│　└─ 反应时间及产物稳定性：由于反应速度不同，完成显色反应的时间也各异。完成反应后有色化合物稳定存在的时间也存在差异。必须根据条件实验确定显色时间及测量吸光度的合理时间
└─ 干扰的消除
　　├─ 控制酸度：根据配合物的稳定性不同，利用控制酸度的方法提高反应的选择性
　　├─ 选择适当的掩蔽剂：条件是掩蔽剂不与待测离子作用，掩蔽剂以及它与干扰物生成的配合物颜色应不干扰待测离子的测定
　　├─ 利用生成惰性配合物
　　└─ 其他：选择测定波长和参比溶液对消除干扰离子的影响也非常重要

吸光光度测量条件的选择
├─ 参比
│　├─ 目的：以通过参比的光强作为入射光强，测得吸光度能比较真实地反映待测物对光的吸收，反映待测物浓度
│　└─ 原则
│　　　├─ 仅 MR 有吸收　纯溶液
│　　　├─ R 及其他试剂略有吸收　不加试样溶液的空白
│　　　└─ 试样中其他组分有吸收，但不与 R 反应
│　　　　　├─ R 吸收掩蔽待测 M 后，再加显色剂
│　　　　　└─ R 无吸收 试样溶液
├─ 测定波长
│　├─ 通常选 λ_{max}
│　│　├─ 灵敏度高
│　│　└─ 非单色光因素影响小
│　└─ 非 λ_{max} 处
│　　　├─ 最大吸收波长不在可测范围
│　　　└─ 最大吸收波长处有干扰
└─ A 范围的选择
　　├─ 推导主旨：使误差 $\Delta c/c$ 最小
　　├─ $\dfrac{\Delta c}{c} = \dfrac{\Delta A}{A} \approx \dfrac{\mathrm{d}(-\lg T)}{-\lg T} = \dfrac{0.434\mathrm{d}\lg T}{\lg T} = \dfrac{0.434\mathrm{d}T}{T\lg T}$，欲使 $\dfrac{\Delta c}{c}$ 最小，$T\lg T$ 应最大，故 $(T\lg T)' = 0$
　　├─ $\Rightarrow \mathrm{d}T\lg T + T\mathrm{d}\lg T = \mathrm{d}T\lg T + T\dfrac{0.434\mathrm{d}T}{T} \Rightarrow A = -\lg T = 0.434 \Leftrightarrow T = 36.8\%$
　　└─ 通常情况下取 $A = 0.2 \sim 0.8$

紫外－可见光度方法与仪器

方法

方法	仪器	测量方案	备注
目视比色法	比色管	自然光下比较待测溶液与标准色阶的颜色	颜色相同则浓度相同；颜色介于两标液之间，取平均值
光电比色法	光源－滤光片－样品池－光电管/检测器	选择条件，利用标准曲线法等求算待测溶液浓度	缺点：透光率太低
分光光度法	光源－单色器－样品池－检测器		单色器使用光栅或棱镜，辅以聚光、反光

方法的灵敏度和准确度

灵敏度表示

摩尔吸光系数（ε）：ε 越大，方法灵敏度越高

若 $\varepsilon < 10^4$，低灵敏度；$\varepsilon = 10^4 \sim 5 \times 10^4$，中等灵敏度；$\varepsilon = 5 \times 10^4 \sim 10^5$，高灵敏度；$\varepsilon > 10^5$，超高灵敏度

$$S = \frac{M}{\varepsilon}$$

Sandell（桑德尔）灵敏度：S 越小，方法灵敏度越高

截面积为 $1\ cm^2$ 的液层，在一定波长或波段处测得的吸光度 A 为 0.001 时，所含待测物质之量，用符号 S 表示，其单位是 $\mu g \cdot cm^{-2}$。S 越小，显色反应越灵敏。比较灵敏的显色反应，S 大多在 $0.01 \sim 0.001\mu g \cdot cm^{-2}$ 范围

影响准确度的因素

仪器测量误差

$A = 0.434$ 或 $T = 36.8\%$ 时，吸光度的测量误差最小；$A = 0.2 \sim 0.8$，可控制测量误差在 5% 以内

A 太小，可增大 b 或 c；A 太大，则进一步稀释溶液或采用示差光度法

对朗伯－比耳定律的偏离：

吸光度 A 与浓度 c 之间的正比关系有时可能会失效，即会偏离朗伯－比耳定律，因而影响测定的准确度

仪器

单光束分光光度计：

经单色器分光后的一束平行光，轮流通过参比溶液和样品溶液，测定 A

双光束分光光度计：

将单色器分光后的单色光分成两束，一束通过参比溶液，一束通过样品溶液，经过一次测量即可得到样品溶液的吸光度。双光束光度计又可分为空间分隔方式和时间分隔方式两种

双波长分光光度计：

由同一光源发出的光被分成两束，分别经过两个单色器，得到两束不同波长的单色光。利用斩波器使两束光以一定的频率交替照射到吸收池，然后经过光电倍增管和电子控制系统，最后由指示器显示出两个波长处的吸光度之差 $\Delta A = A_{\lambda_2} - A_{\lambda_1}$。对于多组分混合物、混浊试样（如生物组织液）分析，以及存在背景感染或共存组分感染的情况下，利用双波长分光光度法往往能提高方法的灵敏度和选择性

吸收系数法：当 ε、b 已知时，根据朗伯－比耳定律，由待测物的 A_x 求得 c_x

单组分测定

标准曲线法：由 $A = \varepsilon bc$，当物质固定，测定波长固定，则 ε 不变。B 选定后，朗伯－比耳定律可改写为 $A = Kc$。配制一系列已知浓度的溶液 c_s，测得其吸光度值 A_s，绘制曲线；测得待测溶液的 A_x 后，从曲线上对应得到 c_x 值

对照法：在同样条件下配制浓度比较接近的标准溶液和样品溶液，在选定波长处，分别测量吸光度，根据 $c_x = \dfrac{A_x}{A_s} \cdot c_s$，求得待测溶液浓度

示差光度法

方法优点：减小 $A > 0.8$ 造成的读数误差，提高测定的准确度

示差法：以浓度与待测相近标液为参比，测定具有较高浓度的样品

定量计算：

$$A_{相对} = \Delta A = A_x - A_s = \varepsilon b(c_x - c_s) = \varepsilon b\Delta c = \varepsilon bc_{相对}$$

$$c_x = c_s + \Delta c$$

原理：以水为参比溶液，由普通光度法测得浓度为 c_s 的标准溶液的透射比 T_s 为 10%，浓度为 c_x 的试样溶液的透射比 T_x 为 5%；当采用示差光度法，以浓度为 c_s 的标准溶液做参比，调节仪器的透射比率 T 为 100%，则相当于将仪器的读数标尺放大了 10 倍，因此，测试液的透射比 T 变为 50%

启发：定量测定过程的朗伯-比耳表达式可改写为 $A_{读数} = A_{待测液} - A_{参比}$

应用

多组分测定：如二组分，绘制吸收曲线分别得到二组分的 λ_{max} 为测定波长，由标准系列分别得到 2 个波长下二组分的 εb（共计 4 个）值，并测定混合二组分在 2 个波长下的 A_x，联立方程求两个浓度结果

其他

配合物组成的测定

酸碱离解常数的测定

7.2 例题解析

【例7-1】某有色溶液在 1 cm 比色皿中的 $A = 0.400$。将此溶液稀释到原浓度的一半后，转移至 3 cm 的比色皿中。计算在相同波长下的 A 和 T 值。

解：设 $b_1 = 1$ cm，$b_2 = 3$ cm，$A_1 = 0.400$，$C_2 = 0.5C_1$

$A_1 = \varepsilon b_1 C_1$，$A_2 = \varepsilon b_2 C_2$，得 $A_2 = 0.60$，$T = 10^{-A_2} = 10^{-0.6} = 25\%$

【例7-2】以邻二氮菲光度法测定 Fe（Ⅱ），称取试样 0.500 g，经处理后，加入显色剂，最后定容为 50.0 mL，用 1.0 cm 吸收池在 510 nm 波长下测得吸光度 $A = 0.430$，计算试样中的 $w(\text{Fe})$（以百分数表示）；当溶液稀释 1 倍后透光率是多少？（$\varepsilon_{510} = 1.1 \times 10^4$）

解：$c(\text{Fe}) = \dfrac{A}{\varepsilon b} = \dfrac{0.430}{1.0 \times 1.1 \times 10^4} = 3.9 \times 10^{-5}$

$$w(\text{Fe}) = \frac{c(\text{Fe}) \times 50.0 \times 10^{-3} \times M(\text{Fe})}{0.500} \times 100\%$$

$$= \frac{3.9 \times 10^{-5} \times 50.0 \times 10^{-3} \times 55.85}{0.500} \times 100\% = 0.022\%$$

溶液稀释一倍：

$$A = \frac{0.430}{2} = 0.215$$

$$T = 10^{-A} \times 100\% = 61.0\%$$

【例 7-3】 有 50.00 mL 含 Cd^{2+} 5.0μg 的溶液，用 10.0 mL 二苯硫腙－氯仿溶液萃取（萃取率≈100%）后，在波长 518 nm 处，用 1 cm 比色皿测量得 $T = 44.5\%$。求吸收系数 a、摩尔吸收系数 ε 和桑德尔灵敏度 S 各为多少？

解： 依题意可知，被萃取后 Cd^{2+} 的浓度为：

$$\frac{5.0 \times 10^{-6}}{10 \times 10^{-3}} = 5.0 \times 10^{-4} \quad (g \cdot L^{-1})$$

$$A = -\lg T = -\lg 0.445 = 0.35,$$

$$a = \frac{A}{bc} = \frac{0.35}{1 \times 5.0 \times 10^{-4}} = 7.0 \times 10^2 \quad (L \cdot g^{-1} \cdot cm^{-1})$$

$$\varepsilon = \frac{0.35}{1 \times \dfrac{5.0 \times 10^{-4}}{112.41}} = 7.869 \times 10^4 \approx 8.0 \times 10^4 \quad (L \cdot mol^{-1} \cdot cm^{-1})$$

$$S = \frac{M(Cd)}{\varepsilon} = \frac{112.41}{8.0 \times 10^4} = 1.4 \times 10^{-3} (\mu g \cdot cm^{-2})$$

【例 7-4】 将 0.376 g 土壤试样溶解后配成 50.00 mL 溶液，取 25.00 mL 溶液进行处理，以除去干扰物质，然后加入显色剂，将体积调至 50.00 mL。此溶液在 510 nm 处吸光度为 0.467，在 656 nm 处吸光度为 0.374，吸收池厚度为 1 cm。计算钴、镍在土壤中的含量（以 $\mu g \cdot g^{-1}$ 表示）。已知钴和镍与显色剂的配合物有如下数据：

λ （nm）	510	656
$\varepsilon(C_0)(L \cdot mol^{-1} \cdot cm^{-1})$	3.64×10^4	1.24×10^3
$\varepsilon(N_i)(L \cdot mol^{-1} \cdot cm^{-1})$	5.52×10^3	1.75×10^4

解： 根据题意列出方程组 $A_1 = \varepsilon_{1x} b C_x + \varepsilon_{1y} b C_y$，$A_2 = \varepsilon_{2x} b C_x + \varepsilon_{2y} b C_y$

已知 $A_1 = 0.476$，$A_2 = 0.374$；$\varepsilon_{1x} = 3.64 \times 10^4$，$\varepsilon_{2x} = 1.24 \times 10^3$，$\varepsilon_{1y} = 5.52 \times 10^3$，$\varepsilon_{2y} = 1.75 \times 10^4$

解得 $c_x = 0.96 \times 10^{-5}$ （mol $\cdot$ L^{-1}）　$c_y = 2.07 \times 10^{-5}$ （mol $\cdot$ L^{-1}）

$$M_x = [c_x \times 0.05 \times 2 \times 58.9332] / 0.376 = 152 \quad (\mu g \cdot g^{-1})$$

$$M_y = [c_y \times 0.05 \times 2 \times 58.6934] / 0.376 = 323 \quad (\mu g \cdot g^{-1})$$

【例 7-5】 2－硝基－4－氯酚为一有机弱酸，准确称取 3 份相同量的该物质置于相同体积的 3 种不同介质中，配制成 3 份试液，在 25℃与 427 nm 处测量各自的吸光度。在 0.1 mol $\cdot$ L^{-1} HCl 介质中该酸不解离，其吸光度为 0.062；在 pH = 6.22 的缓冲溶液中吸光度为 0.356；在 0.01 mol $\cdot$ L^{-1} NaOH 介质中该酸完全解离，其吸光度为 0.855。计算 25℃时该的解离常数。

解： 酸碱解离常数公式为：

$$pK_a^\theta = pH + \lg \frac{A - A_{B^-}}{A_{HB} - A}$$

其中，A_{B^-}、A_{HB} 分别是以 B^-、HB 型体存在时的吸光度，A 为在 pH 时的吸光度。

在本题中：$A_{HB} = 0.062$，$A_{B^-} = 0.855$，pH = 6.22 时的吸光度 $A = 0.356$

$$\therefore pK_a^\theta = pH + \lg \frac{A - A_{B^-}}{A_{HB} - A} = 6.22 + \lg \frac{0.356 - 0.855}{0.062 - 0.356} = 6.48$$

解得：$K_a^\theta = 3.31 \times 10^{-7}$

【例7-6】用普通分光光度法测定铜。在相同条件下测得 1.00×10^{-2} mol·L^{-1} 标准铜溶液和含铜试液的吸光度分别为 0.699 和 1.00。如果分光光度计透光度读数的相对误差为 0.5%，则试液浓度测定的相对误差为多少？如采用示差法测定，以铜标准液为参比，测试液的吸光度为多少？浓度测定的相对误差为多少？两种测定方法中标准溶液与试液的透光度各差多少？示差法使读数标尺放大了多少倍？

解：
$$\frac{\Delta c}{c} = \frac{0.434}{T\lg T} \Delta T = \frac{0.434}{10^{-1.00}\lg 10^{-1.00}} \times 0.5\% = -2.17\%$$

$$T_x = 10^{-1.00} \times 100\% = 10.0\% \qquad T_s = 10^{-0.699} \times 100\% = 20.0\%$$

$$T_{相对} = \frac{10.0\%}{20.0\%} \times 100\% = 50.0\% \qquad A_{相对} = -\lg 50.0\% = 0.301$$

$$\frac{\Delta c}{c} = \frac{0.434}{T_{相对}\lg T_{相对} T_s} \Delta T = \frac{0.434}{50.0\% \times \lg 50.0\% \times 20.0\%} \times 0.5\% = -0.434\%$$

标液由 20.0% 调到 100.0%，所以读数标尺放大了 5 倍。

【例7-7】有一浓度为 2.0×10^{-4} mol·L^{-1} 的某显色溶液，当 $b_1 = 3$ cm 时测得 $A_1 = 0.120$。将其稀释一倍后改用 $b_2 = 5$ cm 的比色皿测定，得 $A_2 = 0.200$（λ 相同）。问此时是否服从朗伯－比耳定律？

解： 假设符合朗伯－比耳定律，$A = \varepsilon bc$，则摩尔吸光系数

$$\varepsilon_1 = \frac{A_1}{b_1 c_1} = \frac{0.120}{3 \times 2.0 \times 10^{-4}} = 200 \; (L \cdot mol^{-1} \cdot cm^{-1}), \; \varepsilon_2 = \frac{A_2}{b_2 c_2} = \frac{0.200}{5 \times 1.0 \times 10^{-4}} = 400$$

因为 $\varepsilon_1 \neq \varepsilon_2$，所以假使条件不成立，即此时不符合朗伯－比耳定律

【例7-8】服从朗伯－比耳定律的某有色溶液，当其浓度为 c 时，透射比为 T。问当其浓度变化为 $0.5c$、$1.5c$ 和 $3.0c$，且液层的厚度不变时，透射比分别是多少？哪个最大？

解： 由 $A = -\lg T = \varepsilon bc$，$T = 10^{-\varepsilon bc}$

（1）当 $c_2 = 0.5c$ 时，$T_2 = \sqrt{T}$

（2）当 $c_3 = 1.5c$ 时，$T_3 = \sqrt{T^3}$

（3）当 $c_4 = 3.0c$ 时，$T_4 = T^3$

比较发现，T_2 最大。

【例7-9】已知 $KMnO_4$ 的 $\varepsilon_{525} = 2.3 \times 10^3$ L·mol^{-1}·cm^{-1}，采用 $b = 2$ cm 的比色皿，欲将透射比 T 的读数范围调整为 15% ~ 70%，问溶液的浓度应控制在什么范围

（以 $\mu g \cdot mL^{-1}$ 表示）？若 T 值超出了上述范围时应采取何种措施？

解： 根据公式 $c = \dfrac{-0.434}{\varepsilon b} \ln T$

$T = 15\%$ 时， $c = \dfrac{-0.434}{2.3 \times 10^3 \times 2} \ln 0.15 = 1.79 \times 10^{-4}$ （$mol \cdot L^{-1}$）

$\rho = 1.79 \times 10^{-4}\ mol/L \times 158.03 \times 10^3 \mu g \cdot mL^{-1} = 28.3$ （$\mu g \cdot mL^{-1}$）

$T = 70\%$ 时， $c = \dfrac{-0.434}{2.3 \times 10^3 \times 2} \ln 0.70 = 3.36 \times 10^{-5}$ （$mol \cdot L^{-1}$）

$\rho = 3.36 \times 10^{-5}\ mol/L \times 158.03 \times 10^3 \mu g \cdot mL^{-1} = 5.3$ （$\mu g \cdot mL^{-1}$）

浓度应控制在 $5.3 \sim 28.3\ \mu g \cdot mL^{-1}$，若超过范围应适当稀释。

【例 7-10】 某样品含镍约 0.12%，用丁二酮光度法 （$\varepsilon = 1.3 \times 10^4\ L \cdot mol^{-1} \cdot cm^{-1}$）进行测定。试样溶解后转入 100 mL 容量瓶中，显色，再加水稀释至刻度。在 $\lambda = 470$ nm 处用 1 cm 吸收池测量，希望测量误差最小，应称取试样多少克？ ［已知 $M(Ni) = 58.69$］

解：
$$A = \varepsilon \cdot c \cdot b, \quad A = 0.434$$
$$c = \frac{A}{\varepsilon \cdot b} = \frac{0.434}{1.3 \times 10^4 \times 1} = 3.34 \times 10^{-5}\ (mol \cdot L^{-1})$$
$$m = c \cdot V \cdot M = 3.34 \times 10^{-5} \times 0.1 \times 58.69 = 1.96 \times 10^{-4}\ (g)$$
$$w = 0.12\% = \frac{m}{m_s} \times 100\%, \quad m_s = \frac{m}{w} = \frac{1.96 \times 10^{-4}}{0.12\%} = 0.16\ (g)$$

【例 7-11】 称取含铬、锰的钢样 0.5000 g，溶解后定容至 100 mL，吸取此试液 10.0 mL 置于 100 mL 容量瓶中，加硫磷混酸，在沸水浴中，用 Ag 做催化剂，用 $(NH_4)_2S_2O_8$ 将 Cr 和 Mn 分别定量氧化为 $Cr_2O_7^{2-}$ 和 MnO_4^-，冷却后，用水稀释至刻度，摇匀。再取 5.00 mL 铬标准溶液 （含 Cr $1.00\ mg \cdot mL^{-1}$） 和 1.00 mL 锰标准溶液 （含 Mn $1.00\ mg \cdot mL^{-1}$） 分别置于 2 只 100 mL 容量瓶中，按上述钢样的显色方法处理。用 2 cm 吸收池，在波长 440 nm 和 540 nm 处分别测量各有色溶液的吸光度列于下表中，计算钢样中 Cr 和 Mn 的质量分数。

溶液	c （mg/100 mL）	A_1 （440 nm）	A_2 （540 nm）
Mn	1.00	0.032	0.780
Cr	5.00	0.380	0.011
试液		0.368	0.604

解： $\begin{cases} A_{440}^{Mn+Cr} = A_{440}^{Mn} + A_{440}^{Cr} \\ A_{540}^{Mn+Cr} = A_{540}^{Mn} + A_{540}^{Cr} \end{cases}$ $\quad a_{440}^{Mn} = \dfrac{0.032}{1.00} = 0.032 \quad a_{440}^{Cr} = \dfrac{0.380}{5.00} = 0.076$

$a_{540}^{Mn} = \dfrac{0.780}{1.00} = 0.780 \quad a_{540}^{Cr} = \dfrac{0.011}{5.00} = 2.2 \times 10^{-3}$

$\begin{cases} 0.368 = 0.032 c(Mn) + 0.076 c(Cr) \\ 0.604 = 0.780 c(Mn) + 2.2 \times 10^{-3} c(Cr) \end{cases}$

解方程组得：$c(Mn) = 0.72 \ (mg \cdot 100 \ mL^{-1})$，$c(Cr) = 4.54 \times 10^{-4} (mg \cdot 100$ $mL^{-1})$

$$m(Mn) = \frac{c(Mn)}{10.0} \times 100 = 7.2 \ (mg)，\quad m(Cr) = \frac{c(Cr)}{10.0} \times 100 = 45.4 \ (mg)$$

$$w(Mn) = \frac{7.2 \times 10^{-3}}{0.5000} \times 100\% = 1.44\%，\quad w(Cr) = \frac{45.4 \times 10^{-3}}{0.5000} \times 100\% = 9.08\%$$

【例 7-12】 用示差光度法测量某含铁试液，用 $5.4 \times 10^{-4} \ mol \cdot L^{-1} \ Fe^{3+}$ 溶液作参比，在相同条件下显色，用 1 cm 吸收池测得溶液和参比溶液吸光度之差为 0.300。已知 $\varepsilon = 2.8 \times 10^3 \ L \cdot mol^{-1} \cdot cm^{-1}$，则样品溶液中 Fe^{3+} 的浓度为多少？

解： $A_{相对} = \Delta A = \varepsilon \cdot b \cdot \Delta c = \varepsilon \cdot b \cdot (c_x - c_s)$，$b = 1 \ cm$

$c_s = 5.4 \times 10^{-4} \ mol \cdot L^{-1}$ $\quad \Delta A = 0.300$ $\quad \varepsilon = 2.8 \times 10^3 \ L \cdot mL^{-1} \cdot cm^{-1}$

$0.300 = 2.8 \times 10^3 \times 1 \times \Delta c$ $\quad \Delta c = \dfrac{0.300}{2.8 \times 10^3} = 1.07 \times 10^{-4} \ (mol \cdot L^{-1})$

$\Delta c = c_x - c_s$，$c_x = \Delta c - c_s = 1.07 \times 10^{-4} + 5.4 \times 10^{-4} = 6.47 \times 10^{-4} \ (mol \cdot L^{-1})$

7.3 习题参考答案

1. 何谓复合光、单色光、可见光和互补色光？白光与复合光有何区别？

答：复合光指由不同单色光组成的光；单色光指其处于某一波长的光；可见光指人的眼睛所能感觉到的波长范围为 400 ~ 750 nm 的电磁波；将两种适当颜色的光按照一定的强度比例混合若可形成白光，它们称为互补色光；白光是一种特殊的复合光，它是将各种不同颜色的光按一定的强度比例混合而成的复合光。

2. 简述朗伯－比耳定律成立的前提条件及物理意义，写出其数学表达式。

答：前提条件为：①入射光为平行单色光且垂直照射；②吸光物质为均匀非散射体系；③吸光质点之间无相互作用；④辐射与物质之间的作用仅限于光吸收过程，无荧光和光化学现象发生。

其物理意义如下：当一束单色光垂直通过某一均匀非散射的吸光物质时，其吸光度 A 与吸光物质的浓度 c 及吸收层厚度 b 成正比。其数学表达式为：

$$A = \lg \frac{I_0}{I_t} = \lg \frac{1}{T} = Kbc$$

3. 摩尔吸光系数 ε 在光度分析中有什么意义？如何求出 ε 值？ε 值受什么因素的影响？

答：摩尔吸光系数 ε 在光度分析中的意义：当吸光物质的浓度为 $1 \ mol \cdot L^{-1}$ 和吸收层厚度为 1 cm 时，吸光物质对某波长光的吸光度。

在吸光物质的浓度适宜低时，测其吸光度 A，然后根据 $\varepsilon = \dfrac{A}{bc}$ 计算而求得。

ε 值受入射光的波长、吸光物质的性质、溶剂、温度、溶液的组成、仪器灵敏度等因素的影响。

4. 在光度法测定中引起偏离朗伯－比耳定律的主要因素有哪些？如何消除这些因素的影响？

答：影响因素：①物理因素：非单色光引起的偏离；非平行入射光引起的偏离；介质不均匀引起的偏离。②化学因素：溶液浓度过高引起的偏离；化学反应引起的偏离。

消除这些影响的方法：采用性能较好的单色器；采用平行光束进行入射；改造吸光物质使之为均匀非散射体系；在稀溶液中进行；控制解离度不变；加入过量的显色剂并保持溶液中游离显色剂的浓度恒定。

5. 吸收光谱曲线和标准曲线的实际意义是什么？如何绘制这两种曲线？

答：吸收光谱曲线是吸光度法选择测量波长的依据，它表示物质对不同波长光吸收能力的分布情况。由于每种物质组成的特性不同决定了一种物质只吸收一定波长的光，所以每种物质的吸收光谱曲线都有一个最大吸收峰，最大吸收峰对应的波长称为最大吸收波长，在最大吸收波长处测量吸光度的灵敏度最高。在光度分析中，一般都以最大吸收波长的光进行测量。

吸收光谱曲线的绘法：在选定的测定条件下，配制适当浓度的有色溶液和参比溶液，分别注入吸收池中，让不同波长的单色光依次照射此吸光物质，测量此物质在每一波长处对光吸收程度的大小（吸光度），以波长为横坐标，吸光度为纵坐标作图，即可得。

标准曲线是微量分析常用的一种定量分析方法。在一定的测定条件和浓度范围内，吸光度与溶液之间有线性关系，以浓度为横坐标，吸光度为纵坐标，一般可得一条通过坐标原点的直线，即工作曲线。利用工作曲线进行样品分析，非常方便。

标准曲线的绘法：首先在一定条件下配制一系列具有不同浓度吸光物质的标准溶液（称标准系列），然后在确定的波长等条件下，分别测量系列溶液的吸光度，绘制吸光度－浓度曲线，即为标准曲线。

6. 为了提高测量结果的准确程度，应该从哪些方面选择或控制光度测量的条件？

答：①选择合适的入射波长。没有干扰时，一般为最大吸收波长；有干扰时，可按"吸收最大，干扰最小"的原则选择。②控制准确的读数范围。一般控制在 $0.2 \sim 0.8$，为此，可通过控制试样的称量、稀释或浓缩试样、改变吸收池的厚度达到。③选择适当的参比溶液。

7. 为什么示差分光光度法可以提高测定高含量组分的准确度？

答：应用示差分光光度法测定高含量组分时，由于利用稍低于试样溶液的标准溶液作参比，所测试样溶液的吸光度则是试样溶液和标准参比溶液浓度之差的吸光度，即两溶液吸光度之差与两溶液浓度之差成正比：$\Delta A = \varepsilon \Delta c = \varepsilon (c_x - c_s)$。由于 c 比 Δc 大得多，故测定 Δc 的误差就比 c 的误差小得多。示差分光光度法可以提高测定高含量组分的准确度的原因，还在于用稍低于试样溶液浓度的标准溶液作参比，调节 $T\%$ 为 100% 时，相当于把光度计读数标尺进行了扩展。

8. 简述用摩尔比法测定配合物配位比的原理。

答：在一定的条件下，假设金属离子 M 与配合剂 R 发生下列显色反应（略去离子电荷）：$M + nR \rightleftharpoons MR_n$，为了测定配位比 n，可固定金属离子的浓度 c_M，改变配位剂的浓度 c_R，配制一系列 c_R/c_M 不同的显色溶液。在配合物的 λ_{max} 处，采用相同的比色皿测量各溶液的吸光度，并对 c_R/c_M 作图。在显色反应尚未进行完全阶段，$c_R/c_M < n$，故吸光度 A 随 c_R 的增加而上升。在显色反应进行完全时，溶液的吸光度基本保持不变，曲线的转折点所对应的 $c_R/c_M = n$。实际上在转折点附近，由于配合物多少有离解，故实测的吸光度要低一些。

9. 某有色溶液在 2.0 cm 吸收池中，测得百分透光率 $T\% = 50$，若改用 1 cm、3 cm 厚的吸收池，其 T 和 A 各为多少？

解：已知 $b_s = 2.0$ cm，$T_s = 50\%$，$A_s = -\lg T = 0.301$

$$\frac{A_s}{A_1} = \frac{b_s}{b_1}, \quad b_1 = 1 \text{ cm}, \quad A_1 = \frac{A_s b_1}{b_s} = \frac{0.301 \times 1}{2.0} = 0.1505, \quad T_1 = 70.7\%$$

同理 $\frac{A_s}{A_2} = \frac{b_s}{b_2}$，$b_2 = 3$ cm，$A_2 = \frac{A_s b_2}{b_s} = \frac{0.301 \times 3}{2.0} = 0.4515$，$T_2 = 35.4\%$

10. 用磺基水杨酸吸光光度法测铁，称取 0.5000 g 铁铵矾 $[NH_4Fe(SO_4)_2 \cdot 12H_2O]$ 溶于 250 mL 水中制成铁标准溶液，吸取 5.00 mL 铁标准溶液显色定容 50 mL，测量吸光度为 0.380，另吸取 5.00 mL 试液溶液稀释至 250 mL，从中吸取 2.00 mL 按标准溶液显色条件显色定容至 50 mL，测得 $A = 0.400$，求试样溶液中铁的含量（以 $g \cdot L^{-1}$ 计）。[已知 $M(Fe) = 55.85$，$M[NH_4Fe(SO_4)_2 \cdot 12H_2O] = 482.18$]

解：$\rho_{矾} = \frac{m_{矾}}{V} = \frac{0.5000}{0.250} = 2.00 \ (g \cdot L^{-1})$

$\rho_{铁} = \frac{M_{铁}}{M_{矾}} \times \rho_{矾} = \frac{55.85}{481.85} \times 2.00 = 0.2318 \ (g \cdot L^{-1})$

$c_s = \rho_{铁} \times \frac{5.00}{50} = 0.2318 \times 0.1 = 0.02318 \ (g \cdot L^{-1})$

$\frac{A_s}{A_x} = \frac{c_s}{c_x}, \quad c_x = \frac{A_x c_s}{A_s} = \frac{0.400 \times 0.02318}{0.380} = 0.0244 \ (g \cdot L^{-1})$

铁的含量为 $c_x \times \frac{50}{2.00} \times \frac{250}{5.00} = 0.0244 \times 25 \times 50 = 30.5 \ (g \cdot L^{-1})$

11. 强心药托巴丁胺（$M = 270$）在 260 nm 波长处有最大吸收，$\varepsilon = 7.0 \times 10^2 \ L \cdot mol^{-1} \cdot cm^{-1}$。取一片该药溶于水并稀释至 2.0 L，静置后取上层清液用 1.0 cm 吸收池于 260 nm 波长处测得吸光度为 0.687，计算药片中含托巴丁胺多少克？

解：$c = \frac{A}{\varepsilon \cdot b} = \frac{0.687}{7.0 \times 10^2 \times 1.0} = 9.8 \times 10^{-4} \ (mol \cdot L^{-1})$

$m = 9.8 \times 10^{-4} \times 2.0 \times 270 = 0.53 \ (g \cdot 片^{-1})$

12. 配制同浓度 (1.00×10^{-3} mol·L^{-1}) 但酸度不同的某指示剂 (HIn) 溶液 5 份, 用 1.0 cm 吸收池在 650 nm 波长下分别测量 5 份溶液的吸光度, 数据如下:

pH	1.00	2.00	7.00	10.00	11.00
A	0.00	0.00	0.588	0.840	0.840

计算: (1) 该指示剂的 pK_a^{θ}; (2) 在 650 nm 波长下 In^- 的摩尔吸光系数。

解: (1) 已知 $A_L = 0.840$, $A_{HL} = 0.00$

$$pH = 7.00 \text{ 时}, A = 0.588$$

$$pK_a^{\theta} = pH + \lg \frac{A - A_L}{A_{HL} - A} = 7.00 + \lg \frac{0.588 - 0.840}{0.00 - 0.588} = 6.63$$

(2) $c(In^-) = 1.00 \times 10^{-3}$ (mol·L^{-1})

则 $\varepsilon = \dfrac{A}{bc} = \dfrac{0.840}{1.0 \times 1.00 \times 10^{-3}} = 8.4 \times 10^2$ (L·mol^{-1}·cm^{-1})

13. 用硅钼蓝分光光度法测定硅的含量。用下列数据绘制标准曲线:

硅标准溶液的浓度 (mg·mL^{-1})	0.050	0.100	0.150	0.200	0.250
A	0.210	0.421	0.630	0.839	1.01

测定试样时称取钢样 0.5000 g, 溶解后转入 50 mL 容量瓶中, 与标准曲线相同的条件下测得吸光度 $A = 0.522$。求试样中硅的质量分数。

解: 根据题意得

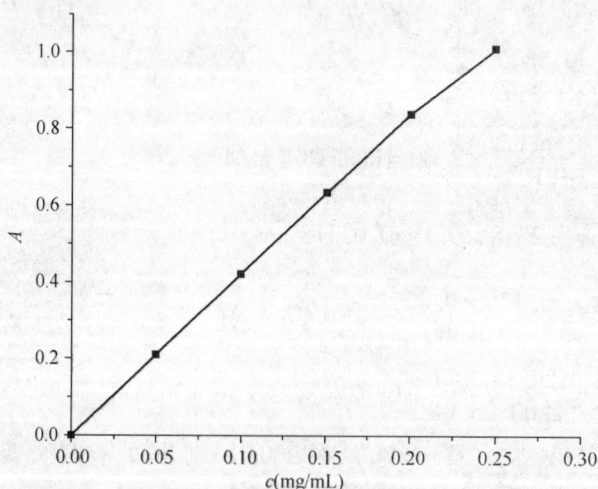

由图得 $ab = 4.200$, 故硅的质量百分数为:

$$w(Si) = \frac{m(Si)}{m_s} \times 100\% = \frac{\dfrac{A}{\varepsilon b} \times V}{m_s} \times 100\% = \frac{\dfrac{0.522}{4.200} \times 50 \times 10^{-3}}{0.500} \times 100\% = 1.24\%$$

答: 试样中硅的质量百分数为 1.24%。

14. 钢样 0.5000 g 溶解后在容量瓶中配成 100 mL 溶液。分取 20.00 mL 该溶液于

50 mL 容量瓶中，其中的 Mn^{2+} 氧化成 MnO_4^- 后，稀释定容。然后在 $\lambda = 525$ nm 处，用 $b = 2$ cm 的比色皿测得 $A = 0.60$。已知 $\varepsilon(525\ nm) = 2.3 \times 10^3$ L · mol^{-1} · cm^{-1}，计算钢样中 Mn 的质量分数。

解：$A = kbc$ 　　　　$c = \dfrac{A}{\varepsilon b} = \dfrac{0.60}{2.3 \times 10^3 \times 2} = 1.3 \times 10^{-4}$ （$mol \cdot L^{-1}$）

试样中锰的质量 $m = 1.3 \times 10^{-4} \times 0.05 \times 5 \times 54.94 = 17.86 \times 10^{-4}$ （g）

$$w(Mn) = \frac{m(Mn)}{m_s} \times 100\% = \frac{17.86 \times 10^{-4}}{0.500} \times 100\% = 0.36\%$$

15. 某一光度计的读数误差为 0.005，当测量的透射比分别为 9.5% 及 90% 时，计算浓度测量的相对误差各为多少？

解：光度计的读数误差为 $dT = 0.005$，T 为透光率。

根据朗伯-比耳定律，浓度的相对误差 $E_r = \dfrac{\Delta c}{c} \times 100\% = \dfrac{0.434 dT}{T lg T} \times 100\%$

当 T 为 9.5% 时：

$$E_r = \frac{\Delta c}{c} \times 100\% = \frac{0.434 dT}{T lg T} \times 100\% = \frac{0.434 \times 0.005}{9.5\% \times lg 9.5\%} \times 100\% = -2.2\%$$

当 T 为 90% 时：

$$E_r = \frac{\Delta c}{c} \times 100\% = \frac{0.434 dT}{T lg T} \times 100\% = \frac{0.434 \times 0.005}{90\% lg 90\%} \times 100\% = -5.2\%$$

答：浓度测量的相对误差分别为 -2.2% 和 -5.2%。

16. 某吸光物质 Y 的标准溶液浓度为 1.0×10^{-3} $mol \cdot L^{-1}$，其吸光度 $A = 0.699$。在同一条件下测量某一含 Y 的试液的吸光度为 $A = 1.000$。如果以上述标准溶液作参比溶液，试计算：（1）试液的吸光度为多少？（2）用两种方法测得的 T 值各为多少？

解：试液的吸光度 $A = A_x - A_s = 1.000 - 0.699 = 0.301$

一般方法下，测得的标准溶液 $T_s = 10^{-A} = 10^{-0.699} = 20\%$

$T_x = 10^{-A_x} = 10^{-1} = 10\%$

用示差法测得的 $T_s = 100\%$，$T_x = 10^{-A_f} = 10^{-0.301} = 50\%$。

17. 在 $Zn^{2+} + 2Q^{2-} \rightarrow ZnQ_2^{2-}$ 显色反应中，螯合剂浓度超过阳离子浓度 40 倍以上时，可以认为 Zn^{2+} 全部生成 ZnQ_2^{2-}。当 Zn 和 Q^{2+} 的浓度分别为 8.00×10^{-4} $mol \cdot L^{-1}$ 和 4.000×10^{-2} $mol \cdot L^{-1}$ 时，在选定波长下用 1 cm 吸收池测量的吸光度为 0.364。在同样条件下测量 $c(Zn) = 8.00 \times 10^{-4}$ $mol \cdot L^{-1}$，$c(Q) = 2.10 \times 10^{-3}$ $mol \cdot L^{-1}$ 的溶液时，所得吸光度为 0.273。求此配合物的形成常数。

解：依题意得：当螯合剂的浓度超过阳离子 40 倍以上时，Zn^{2+} 全部转化为 ZnQ_2^{2-}，当 $A_1 = 0.364$ 时：

$$\frac{c(Q^{2-})}{c(Zn^{2+})} = \frac{4.00 \times 10^{-2}}{8.00 \times 10^{-4}} = 50 > 40$$

故在 $c(Zn^{2+}) = 8.00 \times 10^{-4}$，$c(Q^{2-}) = 4.00 \times 10^{-2}$ 时，Zn^{2+} 全部转化为

ZnQ_2^{2-}，即 $c(ZnQ_2^{2-}) = 8.00 \times 10^{-4}$（$mol \cdot L^{-1}$）

当 $A_2 = 0.273$ 时：

$$\frac{c(Q^{2-})}{c(Zn^{2+})} = \frac{2.10 \times 10^{-3}}{8.00 \times 10^{-4}} < 40$$

故 Zn^{2+} 未完全转化为 ZnQ_2^{2-}，根据 $A = \varepsilon bc$，有 $\dfrac{A_1}{c(ZnQ_2^{2-})} = \dfrac{A_2}{c'(ZnQ_2^{2-})}$

即 $c'(ZnQ_2^{2-}) = \dfrac{A_2}{A_1}c(ZnQ_2^{2-}) = \dfrac{0.273}{0.364} \times 8.00 \times 10^{-4} = 6.00 \times 10^{-4}$（$mol \cdot L^{-1}$）

则溶液中剩余的 $c(Zn^{2+}) = 8.00 \times 10^{-4} - 6.00 \times 10^{-4} = 2.00 \times 10^{-4}$（$mol \cdot L^{-1}$）

$c(Q^{2-}) = 2.10 \times 10^{-3} - 2 \times 6.00 \times 10^{-4} = 9.00 \times 10^{-4}$（$mol \cdot L^{-1}$）

再根据 $Zn^{2+} + 2Q^{2-} \Longrightarrow ZnQ_2^{2-}$

$$K_{平衡}^{\theta} = \frac{c(ZnQ_2^{2-})}{c(Zn^{2+}) \cdot c(Q^{2-})^2} = \frac{6.00 \times 10^{-4}}{2.00 \times 10^{-4} \times (9 \times 10^{-4})^2} = 3.70 \times 10^6$$

18. 1、2 两种化合物的紫外吸收光谱如下图所示，欲双波长分光光度法测定混合物中 1、2 两种组分的含量，试用作图法选出相应的波长组合。

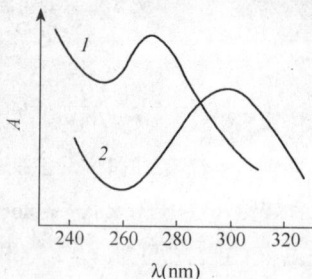

解：根据双波长组合的选择的等吸收点法应满足的两个条件——干扰组分在所选的两波长处具有相同的吸光度，被测组分在这两波长处具有较大的吸光度差的原则作图如下：

由图可知，在测定组分 1 时，选用的波长组合为 λ_1 为 248 nm，λ_2 为 270 nm。在测定组分 2 时，选用的波长组合为 λ_1 为 252 nm，λ_2 为 284 nm。

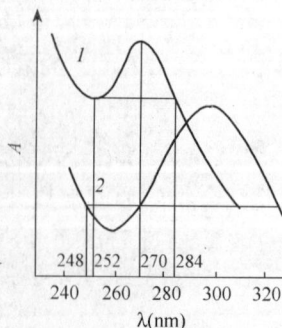

7.4 自测题

一、选择题

1. 有色溶液对某波长光的吸收遵守朗伯 - 比耳定律。当选用 2.0 cm 的比色皿时，测得透射比为 T，若改用 1.0 cm 的吸收池，则透射比应为（　　）。

(A) $2T$　　　　　(B) $T/2$　　　　　(C) T^2　　　　　(D) $T^{1/2}$

2. 符合朗伯 - 比耳定律的有色溶液，当有色物质的浓度增加时，最大吸收波长和吸光度分别（　　）。

(A) 不变、增加　　　　　　　　(B) 不变、减少

(C) 增加、不变　　　　　　　　(D) 减少、不变

3. 以下说法错误的是（　　）。

(A) 摩尔吸光系数 ε 随浓度增大而增大

(B) 吸光度 A 随浓度增大而增大

(C) 透射比 T 随浓度增大而减小

(D) 透射比 T 随比色皿加厚而减小

4. 有一化合物在某一波长处吸收系数很大，则表示（　　）。

(A) 测定该化合物时灵敏度不高

(B) 该化合物在测定波长处透光率很高

(C) 该化合物对测定波长处的光吸收能力很强

(D) 该化合物测定时溶液的浓度很高

(E) 测定时光程很长

5. 在分光光度法中，运用朗伯 - 比耳定律进行定量分析采用的入射光为（　　）。

(A) 白光　　　　(B) 单色光　　　　(C) 可见光　　　　(D) 紫外光

6. 指出下列哪种因素对朗伯 - 比耳定律不产生偏差？（　　）

(A) 溶质的离解作用　　　　　　(B) 杂散光进入检测器

(C) 溶液的折射指数增加　　　　(D) 改变吸收光程长度

7. Zn^{2+} 的双硫腙 - CCl_4 萃取吸光光度法中，已知萃取液为紫红色配合物，其吸收最大光的颜色为（　　）。

(A) 红　　　　(B) 橙　　　　(C) 黄　　　　(D) 绿

8. 物质与电磁辐射相互作用后，产生紫外 - 可见吸收光谱，这是由于（　　）。

(A) 分子的振动　　　　　　　　(B) 分子的转动

(C) 原子核外层电子跃迁　　　　(D) 原子核内层电子跃迁

9. 用普通分光光度法测得标液 c_1 的透光度为 20%，试液的透光度为 12%；若以示差吸光光度法测定，以 c_1 为参比，则试液的透光度为（　　）。

(A) 40%　　　　(B) 50%　　　　(C) 60%　　　　(D) 70%

10. 在吸光光度分析中，常出现标准曲线不通过原点的情况，下列说法中不会

引起这一现象的是（　　）。

（A）待测溶液与参比溶液所用比色皿不一样

（B）参比溶液选择不当

（C）显色反应的灵敏度太低

（D）显色反应的检测下限太高

11. 下列说法中错误的是（　　）。

（A）朗伯－比耳定律只适于单色光

（B）在邻二氮菲测铁试验中溶液为红色，应选用红色滤光片

（C）可见光应选择的光源是氢灯

（D）桑德尔系数 S 越小，说明反应越灵敏

12. 波长 300 nm 单色光属（　　）。

（A）红外光　　　　（B）可见光　　　　（C）X 光　　　　（D）紫外光

13. 以下说法错误的是（　　）。

（A）吸光度 A 与浓度呈直线关系

（B）透光率随浓度的增大而减小

（C）当透光率为 0 时吸光度为 ∞

（D）选用透光率与浓度作工作曲线准确度高

14. 分光光度分析中比较适宜的吸光度范围是（　　）。

（A）0.1～1.2　　（B）0.2～0.7　　（C）0.05～0.6　　（D）0.2～1.5

15. 某同学进行广度分析时，误将参比溶液调至 90% 而不是 100%，在此条件下，测得有色溶液的透光率为 35%，则该有色溶液的正确透光率是（　　）。

（A）36.0%　　　（B）34.5%　　　（C）38.9%　　　（D）32.1%

16. 目视比色法中，常用的标准系列法是比较（　　）。

（A）透过溶液的光强度　　　　　　（B）溶液吸收光的强度

（C）溶液对白光的吸收程度　　　　（D）一定厚度溶液的颜色深浅

17. 在分光光度法中，测试的样品浓度不能过大。这是因为高浓度的样品（　　）。

（A）不满足朗伯－比耳定律　　　　（B）在光照射下易分解

（C）光照下形成的配合物部分离解　　（D）显色速度无法满足要求

18. 下列表述中错误的是（　　）。

（A）吸收峰随浓度增加而增大，但最大吸收波长不变

（B）透射光与吸收光互为互补光，黄色和蓝色互为互补色

（C）比色法又称为分光光度法

（D）在公式 $A = \lg \dfrac{I_0}{I} = \varepsilon \cdot b \cdot c$ 中，ε 称为摩尔吸光系数，其数值越大，反应越灵敏

19. 进行光度分析时，误将标准系列的某溶液作为参比溶液调透光率 100%，在此条件下，测得有色溶液的透光率为 35%。已知此标准溶液对空白参比溶液的透光

率为 85%，则该有色溶液的正确透光率是（　　）。

(A) 50.0%　　　(B) 33.5%　　　(C) 41.2%　　　(D) 29.7%

20. 有色配合物的摩尔吸光系数 ε 与下述各因素有关的是（　　）。

(A) 比色皿厚度　　　　　　　　(B) 有色配合物的浓度

(C) 入射光的波长　　　　　　　(D) 配合物的稳定性

21. 符合朗伯 - 比耳定律的一有色溶液，通过 1 cm 比色皿，测得透光率为 80%，若通过 5 cm 的比色皿，其透光率为（　　）。

(A) 80.5%　　　(B) 40.0%　　　(C) 32.7%　　　(D) 67.3%

22. 摩尔吸光系数 ε 的单位为（　　）。

(A) $mol \cdot L^{-1} \cdot cm^{-1}$　　　　　(B) $L \cdot mol^{-1} \cdot cm^{-1}$

(C) $L \cdot g^{-1} \cdot cm^{-1}$　　　　　(D) $g \cdot mol^{-1} \cdot cm^{-1}$

23. 下列表述中错误的是（　　）。

(A) 比色分析所用的参比溶液又称为空白溶液

(B) 滤光片应选用使溶液吸光度最大者较适宜

(C) 吸光度具有加和性

(D) 一般来说，摩尔吸光系数 ε 达到 $10^5 \sim 10^6$ $L \cdot mol^{-1} \cdot cm^{-1}$ 范围，可以认为该反应灵敏度是高的

24. 若显色剂无色，而被测溶液中存在其他有色离子，在比色分析中，应采用的参比溶液是（　　）。

(A) 蒸馏水　　　　　　　　　　(B) 显色剂

(C) 加入显色剂的被测溶液　　　(D) 不加显色剂的被测溶液

25. 相同质量的 Fe^{3+} 和 Cd^{2+} 各用一种显色剂在同样体积溶液中显色，用分光光度法测定，前者用 2 cm 比色皿，后者用 1 cm 比色皿，测得的吸光度相同。则两有色配合物的摩尔吸光系数为（　　）。[$A_r(Fe) = 55.85$，$A_r(Cd) = 112.4$]

(A) 基本相同　　　　　　　　　(B) Fe^{3+} 为 Cd^{2+} 的 2 倍

(C) Cd^{2+} 为 Fe^{3+} 的 2 倍　　　(D) Cd^{2+} 为 Fe^{3+} 的 4 倍

26. 透光率与吸光度的关系是（　　）。

(A) $\frac{1}{T} = A$　　　(B) $\lg \frac{1}{T} = A$　　　(C) $\lg T = A$　　　(D) $T = \lg \frac{1}{A}$

27. 在光度测定中，使用参比溶液的作用是（　　）。

(A) 调节仪器透光率的零点

(B) 吸收入射光中测定所需要的光波

(C) 调节入射光的光强度

(D) 消除溶液和试剂等非测定物质对入射光吸收的影响

二、填空题

1. 光度法测定某物质，若有干扰，应根据_____和_____原则选择入射光波长。

2. 以波长为横坐标，吸光度为纵坐标，测量某物质对不同波长光的吸收程度，所获得的曲线称为＿＿＿＿＿；光吸收最大处的波长叫做＿＿＿＿＿，可用符号＿＿＿＿表示。

3. 吸光光度法中测量条件的选择应注意＿＿＿＿＿，＿＿＿＿＿，＿＿＿＿＿等几点。

4. 吸光光度法中，采用的空白（参比）溶液主要有＿＿＿＿＿，＿＿＿＿＿和＿＿＿＿＿。

5. 吸光光度法中，吸光度读数为＿＿＿＿＿＿，浓度测量误差最小，此时透光率为＿＿＿＿＿＿。

6. 在 721 型吸光光度计上读数刻度示意图如下：

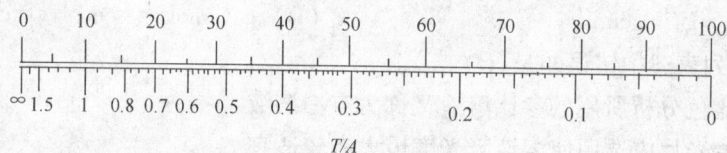

T/A

问：（1）图中的字母 T 代表＿＿＿＿＿，A 代表＿＿＿＿＿；（2）图中上面的刻度代表＿＿＿＿＿，下面的刻度代表＿＿＿＿＿；（3）下面的刻度不均匀，是因为＿＿＿＿＿。

7. 某显色剂 R 与金属离子 M 和 N 分别形成有色配合物 MR 和 NR，在某一波长测得 MR 和 NR 的总吸光度 A 为 0.630。已知在此波长下 MR 的透射比为 30%，则 NR 的吸光度为＿＿＿＿＿。

8. 用普通吸光光度法测得标液 c_1 的透射比为 20%，试液透射比为 12%。若以示差法测定，以标液 c_1 作参比，则试液透射比为＿＿＿＿＿，相当于将仪器标尺扩大＿＿＿＿＿倍。

9. 在相同条件下，测定某物质浓度，当浓度为 c 时，$T = 80\%$，若浓度为 $2c$ 时，$T = $＿＿＿＿＿。

10. 朗伯－比耳定律是分光光度法分析的基础，该定律的数学表达式为＿＿＿＿＿。该定律成立的前提是：（1）＿＿＿＿＿；（2）＿＿＿＿＿；（3）＿＿＿＿＿；（4）＿＿＿＿＿。

11. 某显色剂 R 分别与金属离子 M 和 N 形成有色配合物 MR 和 NR。在某一波长下分别测得 MR 和 NR 的吸光度为 0.250 和 0.150，则在此波长下 MR 和 NR 的总吸光度为＿＿＿＿＿。

12. 用双硫腙光度分析法测 Cd^{2+}（M = 112.4）时，已知 $\varepsilon_{520} = 8.8 \times 10^4$ L·mol^{-1}·cm^{-1}，其桑德尔系数 S 为＿＿＿＿＿。

13. 白光是一种＿＿＿＿＿，它是由＿＿＿＿＿等各种色光按一定比例混合而成。

14. 光电比色比较的是有色溶液对某一种波长＿＿＿＿＿的情况，即测＿＿＿＿＿；而目视比色比较的是＿＿＿＿＿强度。

15. 用 1 cm 比色皿测得 0.0010% 某有色配合物水溶液在 520 nm 处的吸光度 A 为 0.189，已知配合物的摩尔质量为 274，则此有色配合物的摩尔吸光系数为_____。

16. 符合朗伯－比耳定律的有色溶液，浓度为 $c(\text{mol}\cdot\text{L}^{-1})$，其吸光度 A 的数学表达式应为_____；若浓度为 $\rho(\text{g}\cdot\text{L}^{-1})$，表达式则应为_____。

17. 用普通吸光光度法测得标准溶液 c_1 的透光率为 16%，待测溶液透光率为 10%。若以示差法测定，以标准溶液 c_1 作参比，则待测溶液透光率为_____，相当于将仪器标尺扩大_____倍。

18. 有色溶液的光吸收曲线（吸收光谱曲线）是以_____为横坐标，以_____为纵坐标绘制的。

19. 符合朗伯－比耳定律的有色溶液进行光度分析时，所选择的滤光片应是有色溶液的_____色。

20. 互补色是指_____。

21. 用分光光度法测定时，工作（或标准）曲线是以_____为横坐标，以_____为纵坐标绘制的。

22. 在紫外－可见分光光度计中，色散元件一般是_____或_____；所起的作用是_____。

23. 示差分光光度法测试的对象是_____，参比溶液应采用_____。

24. 在显色反应中，加入的显色剂的量一般_____金属离子的量（填大于、等于或小于），目的是_____。

三、判断题

1. 有色溶液的透光率随着溶液浓度增大而减小，所以透光率与溶液浓度成反比关系。　　　　　　　　　　　　　　　　　　　　　　　　　（　　）

2. 在分光光度法中，根据在测定条件下吸光度与浓度成正比的朗伯－比耳定律的结论，被测定溶液浓度越大，吸光度也越大，测定的结果也越准确。　（　　）

3. 因为透射光和吸收光按一定比例混合而成白光，故称这两种光为互补光。
　　　　　　　　　　　　　　　　　　　　　　　　　　　　　　（　　）

4. 在实际工作中，应根据光吸收定律，通过改变吸收池厚度或待测溶液浓度，使吸光度的读数处于 0.2～0.8 范围以内，以减小测定的相对误差。　（　　）

5. 光吸收定律的物理意义为：当一束平行单色光通过均匀的有色溶液时，溶液的吸光度与吸光物质的浓度和液层厚度的乘积成正比。　　　　　　（　　）

6. 吸光光度法中所用的参比溶液总是采用不含被测物质和显色剂的空白溶液。
　　　　　　　　　　　　　　　　　　　　　　　　　　　　　　（　　）

7. 符合朗伯－比耳定律的有色溶液稀释时，其最大吸收峰的波长位置不移动，但吸收峰降低。　　　　　　　　　　　　　　　　　　　　　　　（　　）

8. 物质的颜色是由于选择性地吸收了白光中的某些波长的光所致，维生素 B_{12} 溶液呈现红色是由于它吸收了白光中的红色光。　　　　　　　　　（　　）

9. 紫外 – 可见吸收光谱是分子中电子能级变化产生的，振动能级和转动能级不发生变化。 （　　）

四、计算题

1. 已知 $KMnO_4$ 的 $\varepsilon_{545} = 2.2 \times 10^3$ L · mol^{-1} · cm^{-1}，计算此波长下的 0.2%（m/V）$KMnO_4$ 溶液在 3.0 cm 吸收池中的透光率；若溶液稀释一倍后，透光率为多少？

2. 现取某含铁试液 2.00 mL，定容至 100 mL。从中吸取 2.00 mL 显色定容至 50 mL，用 1 cm 吸收池测得透光率为 39.8%。已知有色配合物 $\varepsilon = 1.1 \times 10^4$ L · mol^{-1} · cm^{-1}。求该含铁试液中铁的含量（以 g · L^{-1} 计）。[已知 $M(Fe)$ = 55.85]

3. 有两份不同浓度的某一有色配合物溶液，当液层厚度均为 1.0 cm 时，对某一波长的透光率分别为：溶液 a 为 65.0%；溶液 b 为 41.8%。求：

（1）该两份溶液的吸光度 A_1、A_2。

（2）如果溶液 a 的浓度为 6.5×10^{-4} mol · L^{-1}，求溶液 b 的浓度。

（3）计算此波长下有色配合物的摩尔吸光系数。

4. 有下列一组数据：

吸光物质	浓度（mol · L^{-1}）	波长（nm）	吸收池厚度（cm）	吸光度
A	5.00×10^{-4}	440	1	0.683
		590	1	0.139
B	8.00×10^{-5}	440	1	0.106
		590	1	0.470
A + B	未知	440	1	1.022
		590	1	0.414

求未知液中 A 与 B 的浓度。

5. 配体 ERIOX 与 Mg^{2+} 在 pH = 10.00 条件下，生成 1 : 1 的有色配合物。现用光度法以 Mg^{2+} 滴定 ERIOX 溶液。滴定结果表明，在化学计量点处，[Mg – ERIOX] = [ERIOX] = 5.0×10^{-7} mol · L^{-1}，计算 Mg 配合物的生成常数。

6. 用示差光度法测量某含铁试液。用 5.4×10^{-4} mol · L^{-1} Fe^{3+} 溶液作参比，在相同条件下显色，用 1 cm 吸收池测得溶液和参比溶液吸光度之差为 0.300。已知 $\varepsilon = 2.8 \times 10^3$ L · mol^{-1} · cm^{-1}，则样品溶液中 Fe^{3+} 的浓度有多大？

7. 某药物浓度为 1.00 mol · L^{-1}，在 270 nm 下测得吸光度为 0.400，在 345 nm 下测得吸光度为 0.010，已经证明，此药物在人体内的代谢产物含量为 1.0×10^{-4} mol · L^{-1} 时，在 270 nm 下无吸收，而在 345 nm 下吸光度为 0.460。现取尿样 10 mL，稀释至 100 mL，相同条件下测量，在 270 nm 处测得 $A = 0.325$，在 345 nm 下测 $A = 0.720$。则在 100 mL 的检测尿样中代谢物的浓度为多少？

8. 电镀废水中的氰化物常以吡啶 – 巴比妥酸比色法测定。取 200 mL 水样，在 pH < 2 的 H_3PO_4 – EDTA 存在下进行蒸馏，馏出物被吸收于装有 10 mL 2% NaOH 溶液的 100 mL 容量瓶中，定容后取出 10 mL 放入 25 mL 容量瓶中，以 HAc 调节 pH =

7，加入氯胺 T 及吡啶－巴比妥酸显色定容，用 1 cm 比色皿于 580 nm 处对空白测得 $A = 0.380$。已知当 25 mL 显色液中含有 3.0 μg CN^- 时，吸光度为 0.400，求废水试样中氰化物的质量浓度？

9. 有 50.00 mL 含 Cd^{2+} 5.0 μg 的溶液，用 10.0 mL 二苯硫腙－氯仿溶液萃取（萃取率≈100%）后，在波长为 518 nm 处，用 1 cm 比色皿测量得 $T = 44.5\%$。求吸收系数 a、摩尔吸收系数 ε 和桑德尔灵敏度 S 各为多少？

10. 用硅钼蓝分光光度法测定硅的含量。用下列数据绘制标准曲线：

硅标准溶液的浓度（mg·mL^{-1}）	0.050	0.100	0.150	0.200	0.250
吸光度（A）	0.210	0.421	0.630	0.839	1.01

测定试样时称取钢样 0.500 g，溶解后转入 50 mL 容量瓶中，与标准曲线相同的条件下测得吸光度 $A = 0.522$。求试样中硅的质量分数。

11. 钢样 0.500 g 溶解后在容量瓶中配成 100 mL 溶液。分取 20.00 mL 该溶液于 50 mL 容量瓶中，其中的 Mn^{2+} 氧化成 MnO_4^- 后，稀释定容。然后在 $\lambda = 525$ nm 处，用 $b = 2$ cm 的比色皿测得 $A = 0.60$。已知 $\varepsilon_{525} = 2.3 \times 10^3 \text{L} \cdot \text{mol}^{-1} \cdot \text{cm}^{-1}$，计算钢样中 Mn 的质量分数。

12. 某有色溶液在 1 cm 比色皿中的 $A = 0.400$。将此溶液稀释到原浓度的一半后，转移至 3 cm 的比色皿中。计算在相同波长下的 A 和 T 值。

13. 已知 $KMnO_4$ 的 $\varepsilon_{525} = 2.3 \times 10^3 \text{ L} \cdot \text{mol}^{-1} \cdot \text{cm}^{-1}$，采用 $b = 2$ cm 的比色皿，欲将透光率 T 的读数范围 15% ~ 70%，问溶液的浓度应控制在什么范围（以 μg·mL^{-1} 表示）？若 T 值超出了上述范围时应采取何种措施？

14. 某吸光物质 X 的标准溶液浓度为 1.0×10^{-3} mol·L^{-1}，其吸光度 $A = 0.699$。一含 X 的试液在同一条件下测量的吸光度为 $A = 1.000$。如果以上述溶液作参比，试计算：（1）试液的吸光度为多少？（2）用两种方法测得的 T 值各为多少？

15. 有下列一组数据，求未知液中 A 与 B 的浓度。

吸光物质	浓度（mol·L^{-1}）	波长（nm）	吸收池厚度（cm）	吸光度
A	5.00×10^{-4}	440	1	0.683
		590		0.139
B	8.00×10^{-5}	440		0.106
		590		0.470
A + B	未知	440		1.025
		590		0.414

7.5　自测题参考答案

一、选择题

1. D　2. A　3. A　4. C　5. B　6. D　7. D　8. C　9. C　10. C　11. C　12. D

13. D　14. B　15. C　16. D　17. A　18. C　19. C　20. C　21. A　22. B　23. A　24. D

25. D　26. B　27. D

二、填空题

1. 吸收最大　干扰最小

2. 吸收光谱曲线　最大吸收波长　λ_{max}

3. 选择合适吸收波长　适当浓度　参比溶液

4. 试样空白　试剂空白　蒸馏水空白

5. 0.434　36.8%

6. 透过率　吸光度　T 透过率　A 吸光度　A 与 T 间为 $A = -\lg T$

7. 0.107

8. 60%　5

9. 64%

10. $A = -\lg T = \varepsilon b c$　入射光是单色光　吸收发生在均匀的介质中　吸收过程中，吸收物质互相不发生作用　在适当的浓度范围内

11. 0.400

12. $1.28 \times 10^{-3} \mu g \cdot cm^{-2}$

13. 混合光　红、橙、黄、绿、青、蓝、紫

14. 选择性吸收　A　透过光

15. 5.2×10^3

16. $A = \varepsilon \cdot c \cdot b$　$A = a \cdot \rho \cdot b$

17. 62.5%　6.25

18. 波长 λ（nm）　吸光度 A

19. 互补

20. 两种特定颜色的光按照一定比例混合，可以得到白光，这两种特定颜色的光称为互补光

21. 浓度　吸光度 A

22. 棱镜　光栅　分解光源的光得到单色光

23. 高浓度体系　比待测溶液略小的标准溶液

24. 大于　使金属离子反应完全（显色反应完全）

三、判断题

1. ×　2. ×　3. √　4. √　5. √　6. ×　7. √　8. ×　9. ×

四、计算题

1. 解：$w(\mathrm{KMnO_4}) = \dfrac{m(\mathrm{KMnO_4})}{m_{水}} \times 100\% = \dfrac{m(\mathrm{KMnO_4})}{V_{水}} \times 100\%$

$$= \frac{0.2}{100} \times 100\% = 0.2\%$$

$$c = \frac{w(\mathrm{KMnO_4})}{M} = \frac{0.002}{100 \times 158} = 1.26 \times 10^{-5} \ (\mathrm{mol \cdot L^{-1}})$$

$$A = \varepsilon \cdot c \cdot b = 2.2 \times 10^3 \times 3 \times \frac{0.002}{100 \times 158} = \frac{2.2 \times 3 \times 2}{100 \times 158} = 8.35 \times 10^{-2}$$

$$A = -\lg T \quad T = 10^{-A} = 10^{-8.35 \times 10^{-2}} = 82.5\%$$

$$A' = \frac{1}{2} A_0 = -\lg T' = -\frac{1}{2} \lg T \quad T' = \sqrt{T} = 90.8\%$$

2. 解：已知 $T = 39.8\%$ $\varepsilon = 1.1 \times 10^4 \, \text{L} \cdot \text{mol}^{-1} \cdot \text{cm}^{-1}$, $b = 1 \, \text{cm}$, $A = -\lg T = 0.400$

$$A = \varepsilon \cdot c \cdot b \quad c = \frac{A}{\varepsilon \cdot b} = \frac{0.400}{1.1 \times 10^4 \times 1} = 3.6 \times 10^{-5} \quad (\text{mol} \cdot \text{L}^{-1})$$

铁的含量为 $c \times \frac{50}{2.00} \times \frac{100}{2.00} \times 55.85 = 3.6 \times 10^{-5} \times 25 \times 50 \times 55.85 = 2.513 \quad (\text{g} \cdot \text{L}^{-1})$

3. 解：（1） $A_1 = -\lg T_1 = -\lg 0.65 = 0.187$

$A_2 = -\lg T_2 = -\lg 0.418 = 0.379$

（2） $\frac{A_1}{A_2} = \frac{c_1}{c_2}$ $c_1 = 6.5 \times 10^{-4} \, \text{mol} \cdot \text{L}^{-1}$

$$c_2 = \frac{A_2 c_1}{A_1} = \frac{0.379 \times 6.5 \times 10^{-4}}{0.187} = 1.32 \times 10^{-3} \quad (\text{mol} \cdot \text{L}^{-1})$$

（3） $A = \varepsilon \cdot c \cdot b$ $\varepsilon = \frac{A}{c \cdot b} = \frac{0.187}{6.5 \times 10^4 \times 1} = 2.88 \times 10^2 \quad (\text{L} \cdot \text{mol}^{-1} \cdot \text{cm}^{-1})$

4. 解：设 A、B 在 440 nm 时的摩尔吸光系数分别为 ε_{A_1}、ε_{B_1}

$$\varepsilon_{A_1} = \frac{A_{A_1}}{bc_A} = \frac{0.683}{1 \times 5.00 \times 10^{-4}} = 1.366 \times 10^3, \quad \varepsilon_{B_1} = \frac{A_{B_1}}{bc_B} = \frac{0.106}{1 \times 8.00 \times 10^{-5}} = 1.325 \times 10^3$$

在 $\lambda = 590 \, \text{nm}$ 时，A、B、ε 的分别为 ε_{A_2}、ε_{B_2}

$$\varepsilon_{A_2} = \frac{A_{A_2}}{bc_A} = \frac{0.139}{5.00 \times 10^{-4} \times 1} = 2.78 \times 10^2 \quad \varepsilon_{B_2} = \frac{A_{B_2}}{bc_B} = \frac{0.470}{1 \times 8.00 \times 10^{-5}} = 5.875 \times 10^3$$

两种溶液混合时：

$$A_1 = \varepsilon_{A_1} \times b \times c_A + \varepsilon_{B_1} \times b \times c_B \quad A_2 = \varepsilon_{A_2} \times b \times c_A + \varepsilon_{B_2} \times b \times c_B$$

$$1.022 = 1.366 \times 10^3 \times 1 \times c_A + 1.325 \times 10^3 \times 1 \times c_B$$

$$0.414 = 2.78 \times 10^2 \times 1 \times c_A + 5.875 \times 10^3 \times 1 \times c_B$$

代入以上数据，解得 $c_A = 7.12 \times 10^{-4} (\text{mol} \cdot \text{L}^{-1})$ $c_B = 3.69 \times 10^{-5} (\text{mol} \cdot \text{L}^{-1})$。

5. 解：ERIOX 与 Mg^{2+} 生成 1:1 的配合物，故

$$K'_{生成} = [Mg - ERIOX] / \{[Mg^{2+}][ERIOX]\}$$

在化学计量点时： $[Mg - ERIOX] = [ERIOX] = 5.0 \times 10^{-7} \, \text{mol} \cdot \text{L}^{-1}$

$$[Mg^{2+}] = 5.0 \times 10^{-7} \quad (\text{mol} \cdot \text{L}^{-1})$$

$$K^{\theta}_{生成} = 5.0 \times 10^{-7} / (5.0 \times 10^{-7} \times 5.0 \times 10^{-7}) = 2.0 \times 10^6$$

6. 解：$A_{相对} = \Delta A = \varepsilon \cdot b \cdot \Delta c = \varepsilon \cdot b \cdot (c_x - c_s)$, $b = 1 \, \text{cm}$

$c_s = 5.4 \times 10^{-4} \, \text{mol} \cdot \text{L}^{-1}$, $\Delta A = 0.300$, $\varepsilon = 2.8 \times 10^3 \, \text{L} \cdot \text{mol}^{-1} \cdot \text{cm}^{-1}$

$$0.300 = 2.8 \times 10^3 \times 1 \times \Delta c, \quad \Delta c = \frac{0.300}{2.8 \times 10^3} = 1.07 \times 10^{-4} \quad (\text{mol} \cdot \text{L}^{-1})$$

$\Delta c = c_x - c_s$，$c_x = \Delta c - c_s = 1.07 \times 10^{-4} + 5.4 \times 10^{-4} = 6.47 \times 10^{-4}$（$mol \cdot L^{-1}$）

7. 1.55×10^{-3} $mol \cdot L^{-1}$

8. 0.14

9. 解：依题意可知 Cd^{2+}的浓度为：$\dfrac{5.0 \times 10^{-6}}{10 \times 10^{-3}} = 5.0 \times 10^{-4}$（$g \cdot L^{-1}$）

$A = -\lg T = -\lg 0.445 = 0.35$ $a = \dfrac{A}{bc} = \dfrac{0.35}{1 \times 5.0 \times 10^{-4}} = 7.0 \times 10^{-2}$（$L \cdot g^{-1} \cdot cm^{-1}$）

$$\varepsilon = \dfrac{0.35}{1 \times \dfrac{5.0 \times 10^{-4}}{112.41}} = 7.869 \times 10^4 \approx 8.0 \times 10^4 \ （L \cdot mol^{-1} \cdot cm^{-1}）$$

$$S = \dfrac{M（Cd）}{\varepsilon} = \dfrac{112.41}{8.0 \times 10^4} = 1.4 \times 10^{-3} \ （\mu g \cdot cm^{-2}）$$

10. 解：根据题意得

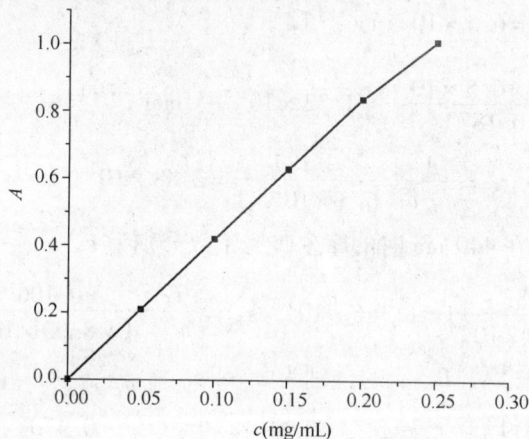

由图得 $K = 4.200$

硅的质量百分数 $w(Si) = \dfrac{cV}{M} \times 100\% = \dfrac{\dfrac{0.522}{4.2} \times 50}{0.500 \times 10^3} \times 100\% \approx 1.24\%$

答：试样中硅的质量百分数为 1.24%。

11. 解：$A = \varepsilon bc$ $c = \dfrac{A}{\varepsilon b} = \dfrac{0.60}{2.3 \times 10^3 \times 2} = 1.3 \times 10^{-4}$（$mol \cdot L^{-1}$）

试样中锰的质量 $m = 1.3 \times 10^{-4} \times 0.05 \times 5 \times 54.938049 = 17.85 \times 10^{-4}$（g）

$$w(Mn) = \dfrac{m}{0.500} = \dfrac{17.85 \times 10^{-4}}{0.500} \times 100\% = 0.36\%$$

12. 解：设 $b_1 = 1$ cm，$b_2 = 3$ cm，$A_1 = 0.400$，$c_2 = 0.5c_1$

$A_1 = Kb_1c_1$ $A_2 = Kb_2c_2$

得 $A_2 = 0.60$ $T = 10^{-A_2} = 10^{-0.6} = 25\%$

13. 解：根据公式 $c = \dfrac{-0.434}{Kb} \ln T$ $A = -\lg T = \varepsilon cb$

$T = 15\%$ 时：$c = \dfrac{-\lg T}{\varepsilon b} = \dfrac{-\lg 0.15}{2.3 \times 10^3 \times 2} = 1.79 \times 10^{-4}$（$mol \cdot L^{-1}$）

$$= 1.79 \times 10^{-4} \text{ mol} \cdot \text{L}^{-1} \times 158.03 = 28.2 \ (\mu g \cdot \text{mL}^{-1})$$

$$T = 70\% \text{ 时：} \ c = \frac{-\lg T}{\varepsilon b} = \frac{-\lg 0.70}{2.3 \times 10^3 \times 2} = 3.4 \times 10^{-5} \ (\text{mol} \cdot \text{L}^{-1})$$

$$= 3.4 \times 10^{-5} \text{ mol} \cdot \text{L}^{-1} \times 158.03 = 5.37 \ (\mu g \cdot \text{mL}^{-1})$$

浓度应控制在 $5.37 \sim 28.2 \ \mu g \cdot \text{mL}^{-1}$，若超过范围应适当稀释。

14. 解：试液的吸光度 $A_f = A_x - A_s = 1.000 - 0.699 = 0.301$

一般方法下，测得的标准溶液 $T_s = 10^{-A} = 10^{-0.699} = 20\%$，$T_x = 10^{-Ax} = 10^{-1}$
$= 10\%$。

用示差法测得 $T_s = 100\%$，$T_x = 10^{-A_f} = 10^{-0.301} = 50\%$。

15. 解：设 A 和 B 在 440 nm 时的摩尔吸光系数分别为 ε_{A_1}、ε_{B_1}

$$\varepsilon_{A_1} = \frac{A_1}{bc_1} = \frac{0.683}{1 \times 5.00 \times 10^{-4}} = 1.366 \times 10^3 \qquad \varepsilon_{B_1} = \frac{A_{B_1}}{bc_2} = \frac{0.106}{1 \times 8.00 \times 10^{-5}} = 1.325 \times 10^3$$

在 $\lambda = 590$ nm 时，A、B 的 K 分别为 ε_{A_2}、ε_{B_2}

$$\varepsilon_{A_2} = \frac{A_2}{bc_2} = \frac{0.139}{5.00 \times 10^{-4} \times 1} = 2.78 \times 10^2 \qquad \varepsilon_{B_2} = \frac{A_{B_2}}{bc_{B_2}} = \frac{0.470}{1 \times 8.00 \times 10^{-5}} = 5.875 \times 10^3$$

两种溶液混合时，$A_1 = \varepsilon_{A_1} \times b \times c_1 + \varepsilon_{B_1} \times b \times c_2 \qquad A_2 = \varepsilon_{A_2} \times b \times c_1 + \varepsilon_{B_2} \times b \times c_2$

$A_1 = 1.022 \quad A_2 = 0.414 \quad b = 1 \quad \varepsilon_{A_1} = 1.366 \times 10^3 \quad \varepsilon_{B_1} = 1.325 \times 10^3 \quad \varepsilon_{A_2} = 2.78 \times 10^2$

$\varepsilon_{B_2} = 5.875 \times 10^3$

代入以上数据，解得 $c_1 = 7.10 \times 10^{-4} \text{mol} \cdot \text{L}^{-1}$，$c_2 = 3.69 \times 10^{-5} \ (\text{mol} \cdot \text{L}^{-1})$。

第8章 电势分析法

8.1 重要概念和知识要点

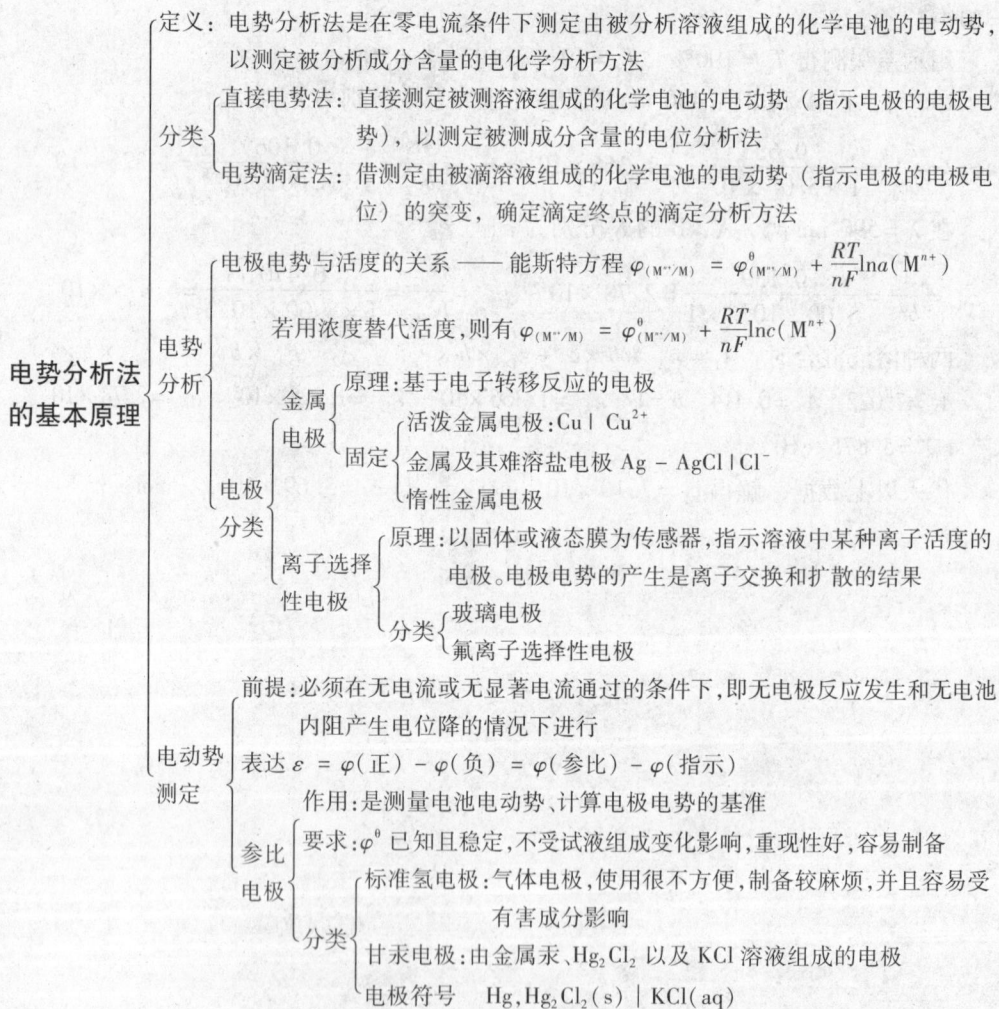

电势分析法的基本原理

- **定义**：电势分析法是在零电流条件下测定由被分析溶液组成的化学电池的电动势，以测定被分析成分含量的电化学分析方法

- **分类**
  - 直接电势法：直接测定被测溶液组成的化学电池的电动势（指示电极的电极电势），以测定被测成分含量的电位分析法
  - 电势滴定法：借测定由被滴溶液组成的化学电池的电动势（指示电极的电极电位）的突变，确定滴定终点的滴定分析方法

- **电势分析**
  - 电极电势与活度的关系——能斯特方程 $\varphi_{(M^{n+}/M)} = \varphi^{\theta}_{(M^{n+}/M)} + \dfrac{RT}{nF}\ln a(M^{n+})$
  - 若用浓度替代活度，则有 $\varphi_{(M^{n+}/M)} = \varphi^{\theta}_{(M^{n+}/M)} + \dfrac{RT}{nF}\ln c(M^{n+})$
  - **电极分类**
    - 金属电极
      - 原理：基于电子转移反应的电极
      - 固定
        - 活泼金属电极：$Cu \mid Cu^{2+}$
        - 金属及其难溶盐电极 $Ag - AgCl \mid Cl^{-}$
        - 惰性金属电极
    - 离子选择性电极
      - 原理：以固体或液态膜为传感器，指示溶液中某种离子活度的电极。电极电势的产生是离子交换和扩散的结果
      - 分类
        - 玻璃电极
        - 氟离子选择性电极

- **电动势测定**
  - 前提：必须在无电流或无显著电流通过的条件下，即无电极反应发生和无电池内阻产生电位降的情况下进行
  - 表达 $\varepsilon = \varphi(正) - \varphi(负) = \varphi(参比) - \varphi(指示)$
  - 参比电极
    - 作用：是测量电池电动势、计算电极电势的基准
    - 要求：φ^{θ} 已知且稳定，不受试液组成变化影响，重现性好，容易制备
    - 分类
      - 标准氢电极：气体电极，使用很不方便，制备较麻烦，并且容易受有害成分影响
      - 甘汞电极：由金属汞、Hg_2Cl_2 以及 KCl 溶液组成的电极
      - 电极符号 $Hg, Hg_2Cl_2(s) \mid KCl(aq)$

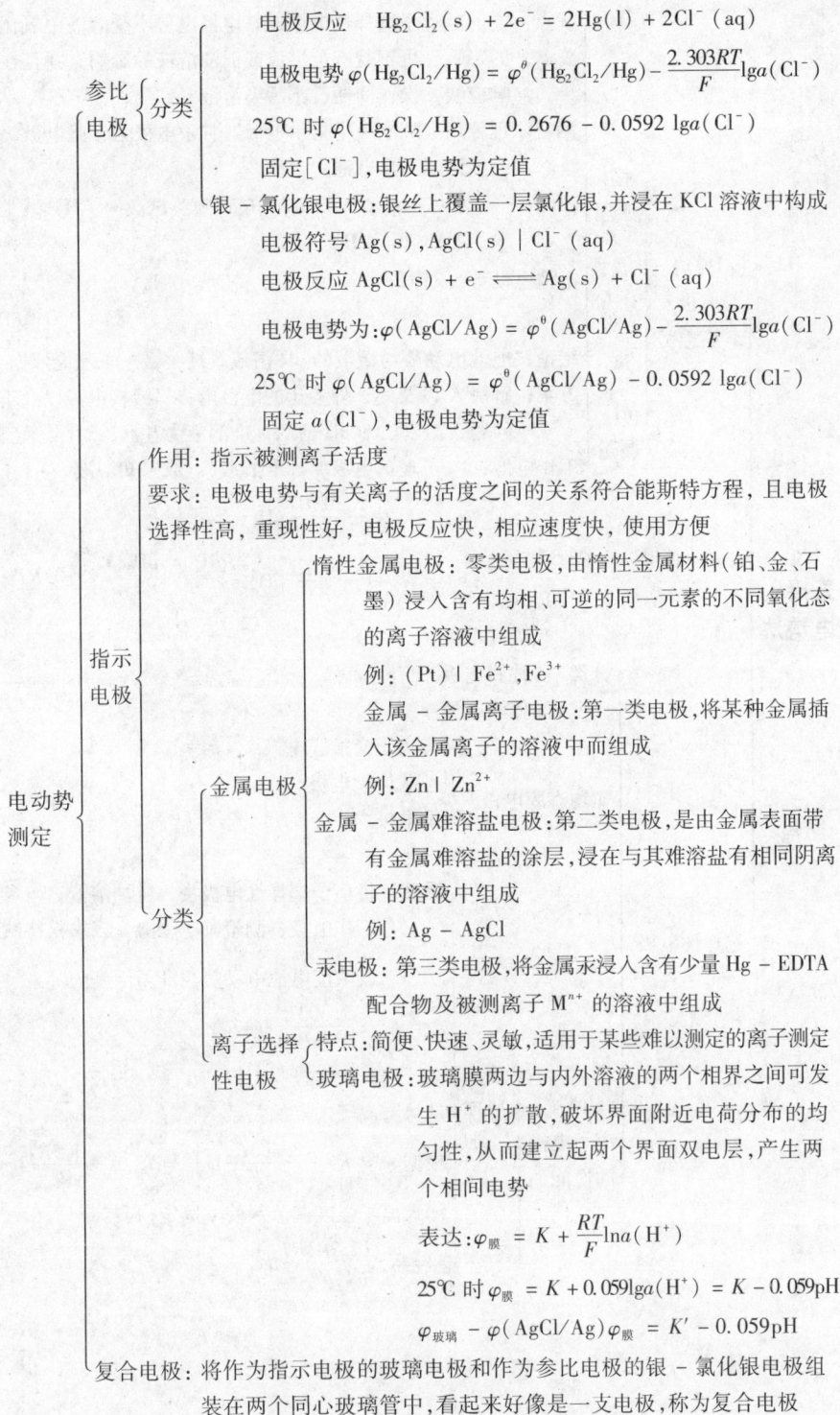

电动势测定
├ 参比电极
│　└ 分类
│　　├ 电极反应　$Hg_2Cl_2(s) + 2e^- = 2Hg(l) + 2Cl^-(aq)$
│　　├ 电极电势 $\varphi(Hg_2Cl_2/Hg) = \varphi^{\theta}(Hg_2Cl_2/Hg) - \dfrac{2.303RT}{F}lga(Cl^-)$
│　　├ 25℃ 时 $\varphi(Hg_2Cl_2/Hg) = 0.2676 - 0.0592\,lga(Cl^-)$
│　　├ 固定 $[Cl^-]$，电极电势为定值
│　　└ 银－氯化银电极:银丝上覆盖一层氯化银,并浸在 KCl 溶液中构成
│　　　　电极符号 $Ag(s), AgCl(s) \mid Cl^-(aq)$
│　　　　电极反应 $AgCl(s) + e^- \rightleftharpoons Ag(s) + Cl^-(aq)$
│　　　　电极电势为: $\varphi(AgCl/Ag) = \varphi^{\theta}(AgCl/Ag) - \dfrac{2.303RT}{F}lga(Cl^-)$
│　　　　25℃ 时 $\varphi(AgCl/Ag) = \varphi^{\theta}(AgCl/Ag) - 0.0592\,lga(Cl^-)$
│　　　　固定 $a(Cl^-)$，电极电势为定值
│
├ 指示电极
│　├ 作用:指示被测离子活度
│　├ 要求:电极电势与有关离子的活度之间的关系符合能斯特方程,且电极
│　│　选择性高,重现性好,电极反应快,相应速度快,使用方便
│　└ 分类
│　　├ 金属电极
│　　│　├ 惰性金属电极:零类电极,由惰性金属材料(铂、金、石
│　　│　│　墨)浸入含有均相、可逆的同一元素的不同氧化态
│　　│　│　的离子溶液中组成
│　　│　│　例: $(Pt) \mid Fe^{2+}, Fe^{3+}$
│　　│　├ 金属－金属离子电极:第一类电极,将某种金属插
│　　│　│　入该金属离子的溶液中而组成
│　　│　│　例: $Zn \mid Zn^{2+}$
│　　│　├ 金属－金属难溶盐电极:第二类电极,是由金属表面带
│　　│　│　有金属难溶盐的涂层,浸在与其难溶盐有相同阴离
│　　│　│　子的溶液中组成
│　　│　│　例: $Ag－AgCl$
│　　│　└ 汞电极:第三类电极,将金属汞浸入含有少量 Hg－EDTA
│　　│　　　配合物及被测离子 M^{n+} 的溶液中组成
│　　└ 离子选择性电极
│　　　├ 特点:简便、快速、灵敏,适用于某些难以测定的离子测定
│　　　└ 玻璃电极:玻璃膜两边与内外溶液的两个界面之间可发
│　　　　　生 H^+ 的扩散,破坏界面附近电荷分布的均
│　　　　　匀性,从而建立起两个界面双电层,产生两
│　　　　　个相间电势
│　　　　　表达: $\varphi_{膜} = K + \dfrac{RT}{F}lna(H^+)$
│　　　　　25℃ 时 $\varphi_{膜} = K + 0.059lga(H^+) = K - 0.059pH$
│　　　　　$\varphi_{玻璃} - \varphi(AgCl/Ag)\varphi_{膜} = K' - 0.059pH$
│
└ 复合电极:将作为指示电极的玻璃电极和作为参比电极的银－氯化银电极组
　　　装在两个同心玻璃管中,看起来好像是一支电极,称为复合电极

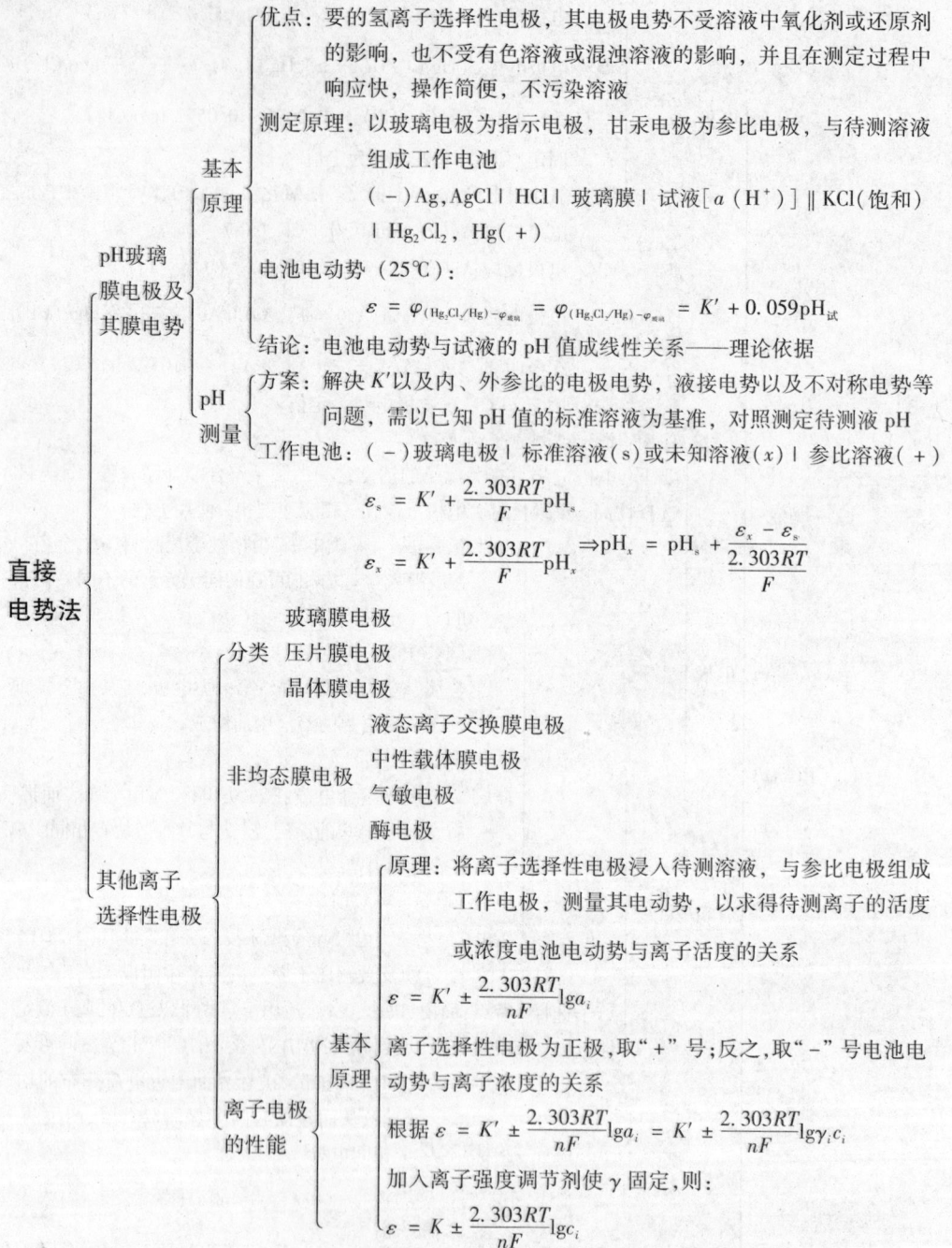

直接电势法

├─ pH玻璃膜电极及其膜电势

│   ├─ 基本原理
│   │   ├─ 优点：要的氢离子选择性电极，其电极电势不受溶液中氧化剂或还原剂的影响，也不受有色溶液或混浊溶液的影响，并且在测定过程中响应快，操作简便，不污染溶液
│   │   ├─ 测定原理：以玻璃电极为指示电极，甘汞电极为参比电极，与待测溶液组成工作电池
│   │   │ $(-)Ag,AgCl \mid HCl \mid 玻璃膜 \mid 试液[a(H^+)] \parallel KCl(饱和) \mid Hg_2Cl_2, Hg(+)$
│   │   ├─ 电池电动势（25℃）：
│   │   │ $\varepsilon = \varphi_{(Hg_2Cl_2/Hg)-\varphi_{玻璃}} = \varphi_{(Hg_2Cl_2/Hg)-\varphi_{玻璃}} = K' + 0.059pH_{试}$
│   │   └─ 结论：电池电动势与试液的 pH 值成线性关系——理论依据
│   │
│   └─ pH 测量
│   ├─ 方案：解决 K' 以及内、外参比的电极电势，液接电势以及不对称电势等问题，需以已知 pH 值的标准溶液为基准，对照测定待测液 pH
│   └─ 工作电池：$(-)$玻璃电极 $\mid$ 标准溶液(s)或未知溶液(x) $\mid$ 参比溶液(+)
│ $$\varepsilon_s = K' + \frac{2.303RT}{F}pH_s$$
│ $$\varepsilon_x = K' + \frac{2.303RT}{F}pH_x \Rightarrow pH_x = pH_s + \frac{\varepsilon_x - \varepsilon_s}{\frac{2.303RT}{F}}$$

└─ 其他离子选择性电极

    ├─ 分类
    │   ├─ 玻璃膜电极
    │   ├─ 压片膜电极
    │   └─ 晶体膜电极
    │
    ├─ 非均态膜电极
    │   ├─ 液态离子交换膜电极
    │   ├─ 中性载体膜电极
    │   ├─ 气敏电极
    │   └─ 酶电极
    │
    └─ 离子电极的性能
        └─ 基本原理
            ├─ 原理：将离子选择性电极浸入待测溶液，与参比电极组成工作电极，测量其电动势，以求得待测离子的活度或浓度电池电动势与离子活度的关系
            │ $$\varepsilon = K' \pm \frac{2.303RT}{nF}\lg a_i$$
            ├─ 离子选择性电极为正极，取"+"号；反之，取"-"号电池电动势与离子浓度的关系
            ├─ 根据 $\varepsilon = K' \pm \frac{2.303RT}{nF}\lg a_i = K' \pm \frac{2.303RT}{nF}\lg\gamma_i c_i$
            └─ 加入离子强度调节剂使 γ 固定，则：
                $$\varepsilon = K \pm \frac{2.303RT}{nF}\lg c_i$$

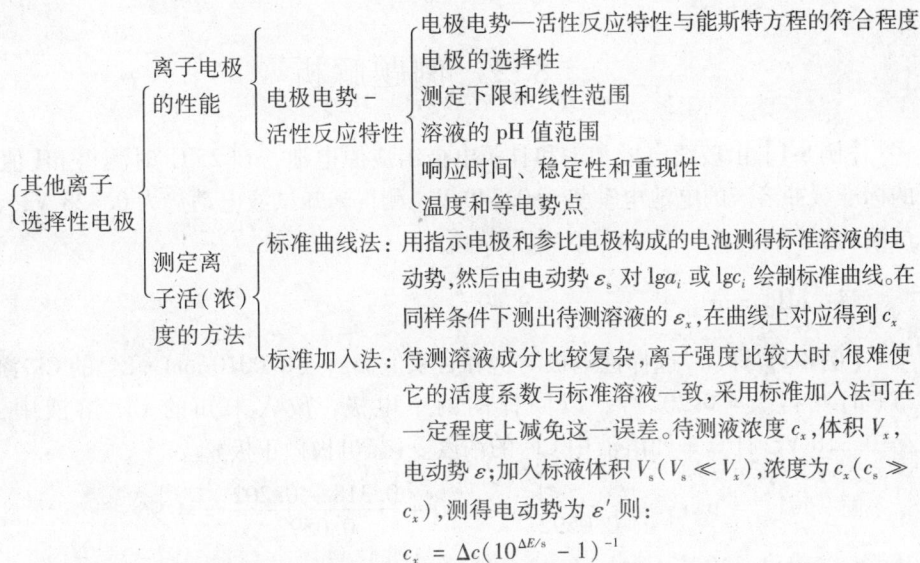

其他离子选择性电极
- 离子电极的性能
  - 电极电势 – 活性反应特性
    - 电极电势—活性反应特性与能斯特方程的符合程度
    - 电极的选择性
    - 测定下限和线性范围
    - 溶液的 pH 值范围
    - 响应时间、稳定性和重现性
    - 温度和等电势点
- 测定离子活（浓）度的方法
  - 标准曲线法：用指示电极和参比电极构成的电池测得标准溶液的电动势，然后由电动势 ε_s 对 $\lg a_i$ 或 $\lg c_i$ 绘制标准曲线。在同样条件下测出待测溶液的 ε_x，在曲线上对应得到 c_x
  - 标准加入法：待测溶液成分比较复杂，离子强度比较大时，很难使它的活度系数与标准溶液一致，采用标准加入法可在一定程度上减免这一误差。待测液浓度 c_x，体积 V_x，电动势 ε；加入标液体积 V_s（$V_s \ll V_x$），浓度为 c_s（$c_s \gg c_x$），测得电动势为 ε' 则：

$$c_x = \Delta c (10^{\Delta E/s} - 1)^{-1}$$

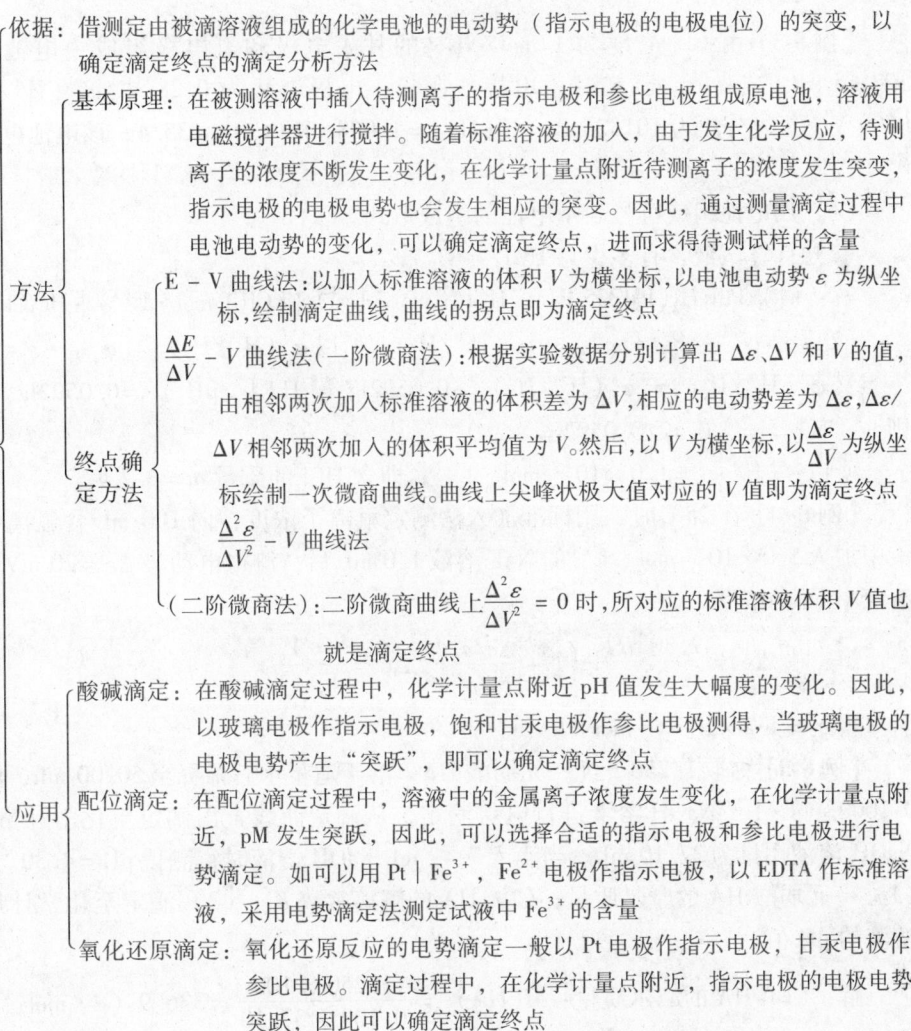

电势滴定法

- 依据：借测定由被滴溶液组成的化学电池的电动势（指示电极的电极电位）的突变，以确定滴定终点的滴定分析方法
- 方法
  - 基本原理：在被测溶液中插入待测离子的指示电极和参比电极组成原电池，溶液用电磁搅拌器进行搅拌。随着标准溶液的加入，由于发生化学反应，待测离子的浓度不断发生变化，在化学计量点附近待测离子的浓度发生突变，指示电极的电极电势也会发生相应的突变。因此，通过测量滴定过程中电池电动势的变化，可以确定滴定终点，进而求得待测试样的含量
  - 终点确定方法
    - $E - V$ 曲线法：以加入标准溶液的体积 V 为横坐标，以电池电动势 ε 为纵坐标，绘制滴定曲线，曲线的拐点即为滴定终点
    - $\dfrac{\Delta E}{\Delta V} - V$ 曲线法（一阶微商法）：根据实验数据分别计算出 $\Delta\varepsilon$、ΔV 和 V 的值，由相邻两次加入标准溶液的体积差为 ΔV，相应的电动势差为 $\Delta\varepsilon$，$\Delta\varepsilon/\Delta V$ 相邻两次加入的体积平均值为 V_0。然后，以 V 为横坐标，以 $\dfrac{\Delta\varepsilon}{\Delta V}$ 为纵坐标绘制一次微商曲线。曲线上尖峰状极大值对应的 V 值即为滴定终点
    - $\dfrac{\Delta^2\varepsilon}{\Delta V^2} - V$ 曲线法（二阶微商法）：二阶微商曲线上 $\dfrac{\Delta^2\varepsilon}{\Delta V^2} = 0$ 时，所对应的标准溶液体积 V 值也就是滴定终点
- 应用
  - 酸碱滴定：在酸碱滴定过程中，化学计量点附近 pH 值发生大幅度的变化。因此，以玻璃电极作指示电极，饱和甘汞电极作参比电极测得，当玻璃电极的电极电势产生"突跃"，即可以确定滴定终点
  - 配位滴定：在配位滴定过程中，溶液中的金属离子浓度发生变化，在化学计量点附近，pM 发生突跃，因此，可以选择合适的指示电极和参比电极进行电势滴定。如可以用 $Pt \mid Fe^{3+}$，Fe^{2+} 电极作指示电极，以 EDTA 作标准溶液，采用电势滴定法测定试液中 Fe^{3+} 的含量
  - 氧化还原滴定：氧化还原反应的电势滴定一般以 Pt 电极作指示电极，甘汞电极作参比电极。滴定过程中，在化学计量点附近，指示电极的电极电势突跃，因此可以确定滴定终点

8.2 例题解析

【例8-1】 由玻璃电极和饱和甘汞电极组成原电池，在25℃时测得 pH 值等于8的标准缓冲溶液的电池电动势为 0.340 V，测得未知试液电动势为 0.428 V，计算该试液的 pH 值。

解： $pH_{试} = pH_{标} + \dfrac{\varepsilon_{试} - \varepsilon_{标}}{0.0592} = 9.49$

【例8-2】 将 Cl^- 选择性电极与饱和甘汞电极放入 0.0010 $mol \cdot L^{-1}$ 的 Cl^- 溶液中，25℃时测得 $\varepsilon = 0.202$ V，以同样的两个电极，放入未知的 Cl^- 溶液中，测得 $\varepsilon = 0.318$ V，计算未知溶液中 Cl^- 的浓度。（氯电极做正极）

解： $pCl_{试} = pCl_{标} + \dfrac{\varepsilon_{试} - \varepsilon_{标}}{0.0592} = 3.00 + \dfrac{0.318 - 0.202}{0.0592} = 4.96$

$c_{Cl^-} = 1.1 \times 10^{-5}$ $(mol \cdot L^{-1})$

【例8-3】 由 Cl^- 浓度为 1 $mol \cdot L^{-1}$ 的甘汞电极和氢电极组成一电池，浸入 100 mL HCl 试液中。已知甘汞电极作阴极，电极电势为 0.28 V，$\varphi^\theta (H^+/H_2) = 0.00$ V，氢气分压为 101325 Pa。$M(H) = 1.008$，$M(Cl) = 35.4$，该电池电动势为 0.40 V。

（1）用电池组成符号表示电池的组成形式。

（2）计算试液含有多少克 HCl？

解：（1）$Pt \mid H_2(101325 \text{ Pa})$，$HCl(x \text{ mol} \cdot L^{-1}) \parallel KCl(1 \text{ mol} \cdot L^{-1}) \mid Hg_2Cl_2 \mid Hg$

（2）$\varepsilon = \varphi_右 - \varphi_左 = \varphi_{甘汞} - \varphi(H^+/H_2)$，所以 $\varphi(H^+/H_2) = \varphi_{甘汞} - \varepsilon = -0.12$

又 $\varphi^\theta(H^+/H_2) = \varphi^\theta(H^+/H_2) + 0.0592 \lg([H^+]/pH_2) = 0.0592 \lg[H^+]$，则 $\lg[H^+] = -0.12/0.0592 = -2.0$

所以，$[H^+] = 1.0 \times 10^{-2}$ $mol \cdot L^{-1}$，即含 HCl 的质量 $m = 3.7$ g。

【例8-4】 在25℃时，用标准加入法测定氟离子浓度，向 100 mL 含氟离子的溶液中加入 5.0×10^{-2} $mol \cdot L^{-1}$ 的 NaF 溶液 1.0 mL 后，测得电动势 $\Delta\varepsilon = 20$ mV，求原溶液中 F^- 的浓度。

解： 由 $\Delta\varepsilon = \dfrac{2.303RT}{2F} \lg\left(1 + \dfrac{\Delta c/c^\theta}{c_x/c^\theta}\right)$，$\Delta c = \dfrac{c_s V_s}{V_x + V_s}$

得 $c_x = 4.2 \times 10^{-4}$ $(mol \cdot L^{-1})$。

【例8-5】 称取 1.250 g 纯一元弱酸 HA，溶于适量水后稀释至 50.00 mL，然后用 0.1000 $mol \cdot L^{-1}$ NaOH 溶液进行电势滴定，从滴定曲线查出滴定至化学计量点时，NaOH 溶液用量为 37.10 mL。当滴入 7.42 mL NaOH 溶液时，测得 pH = 4.30。计算：（1）一元弱酸 HA 的摩尔质量；（2）HA 的解离常数 K_a；（3）滴定至化学计量点时溶液的 pH 值。

解：（1）HA 的摩尔质量：$M(HA) = \dfrac{1.250 \times 100}{0.100 \times 37.10} = 336.9$ $(g \cdot mol^{-1})$

（2）$pH = pK_a^\theta + \lg \dfrac{[A^-]}{[HA]}$　$4.30 = pK_a^\theta + \lg \dfrac{7.42}{37.10 - 7.42}$

　　　$pK_a^\theta = 4.90$　$K_a^\theta = 1.3 \times 10^{-5}$

（3）化学计量点时：$c(A^-) = \dfrac{0.100 \times 37.10}{50.0 + 37.1} = 0.043$（$mol \cdot L^{-1}$）

　　　$[OH^-] = \sqrt{\dfrac{1.0 \times 10^{-14} \times 0.043}{1.3 \times 10^{-5}}} = 5.8 \times 10^{-6}$（$mol \cdot L^{-1}$）

$pOH = 5.24$　$pH = 8.76$。

【例 8-6】 在某 25 mL 的含 Ca^{2+} 溶液中，浸入流动载体电极后，所得电势为 0.4965 V，在加入 2.00 mL 5.45×10^{-2} $mol \cdot L^{-1}$ 的 $CaCl_2$ 后，所得电势为 0.4117 V，试计算此试液中 $c(Ca^{2+})$ 为多少？

解： $\Delta c = \dfrac{c_s V_s}{V_x + V_s} = \dfrac{2.00 \times 5.45 \times 10^{-2}}{25.00 + 2.00} = 4.04 \times 10^{-3}$（$mol \cdot L^{-1}$）

$S = \dfrac{0.0592}{2} = 0.0296$

所以 $c_x = \Delta c (10^{\Delta\varepsilon/s} - 1)^{-1} = 4.04 \times 10^{-3} \times (10^{\frac{0.4965 - 0.4117}{0.0296}} - 1)^{-1}$

$= 5.5 \times 10^{-6}$（$mol \cdot L^{-1}$）

【例 8-7】 用 0.1012 $mol \cdot L^{-1}$ NaOH 标准溶液滴定 25.00 mL HAc 溶液。以玻璃电极为指示电极，以饱和甘汞电极为参比电极，测得实验数据如下表：

V (NaOH) / (mL)	22.50	22.60	22.70	22.80	22.90	23.00	23.10
pH	3.45	3.50	3.75	7.50	10.20	10.35	10.47

（1）利用二阶微商法计算滴定终点的体积；（2）计算 HAc 溶液的浓度。

解：（1）利用二阶微商法，如下表：

V (NaOH) / (mL)	pH	ΔpH	ΔV	ΔpH/ΔV	$\Delta^2 pH/\Delta V^2$
22.50	3.45	0.05	0.10	1.50	
22.60	3.50	0.25	0.10	2.50	
22.70	3.75	3.75	0.10	37.5	20
22.80	7.50	3.70	0.10	2.70	350
22.90	10.20	0.15	0.10	1.50	-105
23.00	10.35	0.12	0.10	1.20	-255
23.10	10.47				

利用内插法计算滴定终点的体积：　22.80　　x　22.90
　　　　　　　　　　　　　　　　　350　　0　　-105

$\dfrac{22.90 - 22.80}{-105 - 350} = \dfrac{x - 22.80}{0 - 350}$　$x = 22.88$（mL）

（2）计算 HAc 溶液的浓度：

$0.1012 \times 22.88 = c(HAc) \times 25.00$　$c(HAc) = 0.09262$（$mol \cdot L^{-1}$）

【例 8-8】某滴定反应在化学计量点附近的 pH 值读数如下表：

滴定剂体积（mL）	15.00	15.50	15.60	15.70	15.80	16.00
pH	7.04	7.70	8.24	9.43	10.03	10.61

计算化学计量点时滴定剂的体积。

解： 利用二阶微商法，如下表：

滴定剂体积（mL）	pH	ΔpH	ΔV	$\Delta pH/\Delta V$	$\Delta^2 pH/\Delta V^2$
15.00	7.04	0.66	0.50	1.32	
15.50	7.70	0.54	0.10	5.40	13.60
15.60	8.24	1.19	0.10	11.90	65.00
15.70	9.43	0.60	0.10	6.00	−59.00
15.80	10.03	0.58	0.20	2.90	−20.67
16.00	10.61				

利用内插法计算滴定终点的体积： 15.60 x 15.70

65.00 0 −59.00

$$\frac{15.70-15.60}{-59.00-65.00} = \frac{x-15.60}{0-65.00} \quad x = 15.65 \text{（mL）}$$

【例 8-9】用 $0.01000 \text{ mol} \cdot \text{L}^{-1}$ $AgNO_3$ 溶液电势滴定 20.00 mL 含有 KCl 和 KI 的溶液，得到下表数据：

$V(AgNO_3)$（mL）	5.00	7.50	9.00	9.90	9.94	9.98	10.00	10.04
ε/V	0.02	0.03	0.037	0.09	0.01	0.123	0.15	0.17
$V(AgNO_3)$（mL）	10.18	11.00	12.00	13.00	14.00	14.90	14.93	14.97
ε/V	0.20	0.25	0.27	0.29	0.31	0.35	0.37	0.40
$V(AgNO_3)$（mL）	15.02	15.10	15.20	15.50	16.00			
ε/V	0.44	0.50	0.52	0.55	0.56			

求：（1）滴定 KI 所用的 $V(AgNO_3)$ 为多少？（2）滴定 KCl 所用的 $V(AgNO_3)$ 为多少？

（3）如果试液中含样品 1.200 g，计算 KI 和 KCl 的质量分数。

解： 计算 $\Delta\varepsilon/\Delta V \sim V$ 和 $\Delta^2\varepsilon/\Delta V^2 \sim V$，各数据如下表：

V	ε	$\Delta\varepsilon$	ΔV	$\Delta\varepsilon/\Delta V$	$\Delta^2\varepsilon/\Delta V^2$
5.00	0.02	0.01	2.50	0.004	
7.50	0.03	0.007	1.50	0.0047	
9.00	0.037	0.053	0.90	0.059	
9.90	0.09	0.01	0.04	0.25	
9.94	0.01	0.023	0.04	0.575	

（续）

V	ε	$\Delta\varepsilon$	ΔV	$\Delta\varepsilon/\Delta V$	$\Delta^2\varepsilon/\Delta V^2$
9.98	0.123	0.027	0.02	1.35	25.83
10.00	0.15	0.02	0.04	0.50	-28.33
10.04	0.17	0.03	0.14	0.21	
10.18	0.20	0.05	0.82	0.61	
11.00	0.25	0.02	1.00	0.02	
12.00	0.27	0.02	1.00	0.02	
13.00	0.29	0.02	1.00	0.02	
14.00	0.31	0.04	0.90	0.044	
14.90	0.35	0.02	0.03	0.67	
14.93	0.37	0.03	0.04	0.75	
14.97	0.40	0.04	0.03	1.33	14.50
15.02	0.44	0.06	0.10	0.60	-12.17
15.10	0.50	0.02	0.10	0.20	
15.20	0.52	0.03	0.30	0.10	
15.50	0.55	0.01	0.50	0.02	
16.00	0.56				

（1）从 $\Delta^2\varepsilon/\Delta V^2 \sim V$ 数据来看，第一个化学计量点（滴定 KI 时的计量点）在 9.98 mL 与 10.04 mL 之间，利用二级微商法计算：

$$V(\text{KI}) = 9.98 + \frac{(10.04 - 9.98) \times (0 - 25.83)}{-28.33 - 25.83} = 9.99 \ (\text{mL})$$

（2）同理，第二个化学计量点（滴定 KCl 时的计量点）在 14.97 mL 与 15.02 mL 之间，利用二级微商法计算：

$$V_{\text{总}} = 15.02 + \frac{(15.02 - 14.97) \times (-12.17 - 0)}{-12.17 - 14.50} = 15.00 \ (\text{mL})$$

所以 $V(\text{KCl}) = 15.00 - 9.99 = 5.01 \ (\text{mL})$

（3）样品中 KI 的质量为：$0.01000 \times \dfrac{9.99}{1000} \times 166.01 = 0.01658 \ (\text{g})$

$$\text{故} \quad \omega(\text{KI}) = \frac{0.01658}{1.200} = 0.0138$$

同理，样品中 KCl 的质量为：$0.01000 \times \dfrac{5.01}{1000} \times 74.55 = 0.003735 \ (\text{g})$

$$\text{故} \quad \omega(\text{KCl}) = \frac{0.003735}{1.200} = 0.0031$$

8.3　习题参考答案

1. 写出下列电极的电极反应与电极电势计算式：

（1）Pt，$H_2(g)\mid H^+[a(H^+)]$；（2）$Pt\mid Fe^{3+}$，Fe^{2+}；（3）饱和甘汞电极；

(4) Pt, $H_2(g) \mid OH^- [a(OH^-)]$。

解：(1) $H_2 - 2e \Longrightarrow 2H^+$ $\quad \varphi = \varphi^\theta + \dfrac{RT}{2F}\ln \dfrac{(a_{H_2})^2}{\dfrac{P_{H_2}}{P^\theta}}$

(2) $Fe^{2+} - e \Longrightarrow Fe^{3+}$ $\quad \varphi = \varphi^\theta + \dfrac{RT}{F}\ln \dfrac{[Fe^{3+}]}{[Fe^{2+}]}$

(3) $2Hg - 2e + 2Cl^- \Longrightarrow Hg_2Cl_2$ $\quad \varphi = \varphi^\theta - \dfrac{RT}{F}\ln[Cl^-]$

(4) $H_2 - 2e + 2OH^- \Longrightarrow 2H_2O$ $\quad \varphi = \varphi^\theta + \dfrac{RT}{2F}\ln \dfrac{1}{\dfrac{P_{H_2}}{P^\theta}a^2(OH^-)}$

2. 写出下列原电池在25℃时的电池电动势表示式：

(1) $Al \mid Al^{3+} (a(Al^{3+})) \parallel Cl^- (a(Cl^-)) \mid Cl_2 (P(Cl_2) = 1 \text{ atm})$, Pt

(2) $Cd(s) \mid CdI \mid AgI(s)$, Ag

(3) $Hg - Hg_2Cl_2(s) \mid KCl(饱和) \parallel HCl(a) \mid Cl_2(P(Cl_2))$, Pt

解：(1) $\varepsilon = \varphi^\vartheta_{Cl_2/Cl^-} - \varphi^\vartheta_{Al^{3+}/Al} + \dfrac{RT}{3F}\ln \dfrac{a(Al^{3+})}{a(Cl^-)^3}$

(2) $\varepsilon = \varphi^\vartheta_{AgI/Ag^+} - \varphi^\vartheta_{CdI/Cd}$

(3) $\varepsilon = \varphi^\vartheta_{Cl_2/Cl^-} - \varphi^\vartheta_{Hg_2Cl_2/Hg} + \dfrac{RT}{2F}\ln \dfrac{P_{Cl_2}}{P^\vartheta}$

3. 当下列电池溶液是 pH = 4.00 的缓冲溶液时，在25℃时用毫伏计测得电池电动势为 0.209 V；当缓冲溶液由未知溶液代替时，毫伏计读数分别为 (1) 0.312 V；(2) 0.088 V；(3) -0.017 V，试计算每个未知溶液的 pH 值。

解：由公式 $pH_x = pH_s + \dfrac{F}{2.303RT}(\varepsilon_x - \varepsilon_s)$ 得

(1) 毫伏计读数为 0.312 V 时：$pH_1 = 4.00 + \dfrac{F}{2.303RT}(0.312 - 0.209) = 5.74$

同理得 (2) 毫伏计读数为 0.088 V 时：$pH_2 = 1.96$

(3) 毫伏计读数为 -0.017 V 时：$pH_3 = 0.18$

4. 以饱和甘汞电极作参比电极，以氟离子选择性电极作指示电极放入 0.001 $mol \cdot L^{-1}$ 的氟离子溶液中，测得电池电动势为 -0.159 V。换用含有氟离子的待测试液，测得电池电动势为 -0.212 V。计算待测液中氟离子的浓度。

解：由 $\varepsilon_s = K + S\lg \dfrac{c_s}{c^\theta}$，$\varepsilon_x = K + S\lg \dfrac{c_x}{c^\theta}$ 得：$\varepsilon_s - \varepsilon_x = S\lg \dfrac{c_s}{c_x} = \dfrac{RT}{F}\lg \dfrac{c_s}{c_x}$

故 $c_x = 1.27 \times 10^{-4} (mol \cdot L^{-1})$

5. 25℃时用毫伏计测得下列电池电动势为 0.518 V（忽略液接电势）：

$Pt \mid H_2(10^5 Pa)$, $HA(0.01 \text{ mol} \cdot L^{-1})$, $A^- (0.01 \text{ mol} \cdot L^{-1}) \parallel$ 饱和甘汞电极

计算该弱酸的电离平衡常数 K_a^θ。

解：由 $\varepsilon = \varphi_{Hg_2Cl_2/Hg}^{\theta} + \dfrac{2.303RT}{F}pH = 0.2438 + \dfrac{2.303RT}{F}pH$　　得 $pH = 2.01$

则溶液中 $[H^+] = 9.78 \times 10^{-3}\ mol \cdot L^{-1}$

$K_a^{\theta} = 9.78 \times 10^{-3} \times (9.78 + 10) \times 10^{-3} = 1.93 \times 10^{-4}$

6. 某种钠离子选择性电极的选择性系数 $K_{Na,H}$ 约为 30。如果用这种电极测定 $c(Na^+) = 0.001\ mol \cdot L^{-1}$ 的溶液，并要求测定误差小于 3%，则试液的 pH 值必须大于多少？

解：由相对误差 $= \dfrac{\Delta a}{a} \times 100\% = 3900 \times n\Delta\varepsilon$ 得，相对误差小于 3% 时，

$\Delta\varepsilon < \dfrac{3\%}{3900n}$，即：

$\dfrac{2.303RT}{F}\lg\dfrac{0.001 + 30a_{H^+}}{0.001} < \dfrac{3\%}{3900n}$

解得 $a_{H^+} < 4.35 \times 10^{-7}$

则 $pH > 6.36$

7. 25℃ 时，用标准加入法测定 $c(Cu^{2+})$。于 100 mL 溶液中加入 $c(Cu^{2+}) = 0.020\ mol \cdot L^{-1}$ 标准溶液 1 mL 后，电动势升高 20 mV，计算试液中 $c(Cu^{2+})$。

解：由 $\Delta\varepsilon = \dfrac{2.303RT}{2F}\lg(1 + \dfrac{\Delta c/c^{\theta}}{c_x/c^{\theta}})$，$\Delta c = \dfrac{c_s V_s}{V_x + V_s}$ 得

$c_x = 2.05 \times 10^{-4}\ mol \cdot L^{-1}$

8. 在电势测定中，化学计量点附近测得电动势如下：

标准溶液体积 V(mL)	21.80	21.90	22.00	22.10	22.20	22.30	22.40
电动势 ε(mV)	0.180	0.190	0.206	0.466	0.606	0.680	0.690

计算滴定终点时所加入的标准溶液的体积

解：利用二阶微商法，如下图：

标液体积 V (mL)	电动势 ε (mV)	ΔV	$\Delta\varepsilon$	$\Delta\varepsilon/\Delta V$	$\Delta^2\varepsilon/\Delta V^2$
21.80	0.180	0.1	0.1	1	
21.90	0.190	0.1	0.16	16	
22.00	0.206	0.1	0.26	26	100
22.10	0.466	0.1	0.14	14	-120
22.20	0.606	0.1	0.074	0.74	
22.30	0.680	0.1	0.01	0.1	
22.40	0.690	0.1			

利用内插法计算滴定终点的体积：22.00　　x　　22.10

　　　　　　　　　　　　　　　　　100　　0　　-120

$\dfrac{22.10 - 22.00}{-120 - 100} = \dfrac{x - 22.00}{0 - 100}$　　$x = 22.05$ (mL)

9. 用 $c(NaOH) = 0.1000 \text{ mol} \cdot L^{-1}$ 的氢氧化钠标准溶液滴定 100 mL 硼酸溶液，已知 $K_a^0(H_3BO_3) = 1.74 \times 10^9$，实验数据如下：

NaOH 体积 V (mL)	0.00	0.50	1.00	1.50	2.00	2.50	3.00	3.50	4.00	4.50	5.00
pH	6.710	8.284	8.590	8.818	9.000	9.132	9.326	9.490	9.670	9.890	10.170

利用线性滴定作图法求终点时所用标准溶液的用量并计算 $c(H_3BO_3)$。

解：将表中数据分别代入 $V_{sp} - V = \dfrac{V_0 + V}{c(B)}[c(H^+) - c(OH^-)] \cdot [1 + K \cdot c(H^+)] + K \cdot c(H^+) \cdot V$，计算出不同 V 下的 $V_{sp} - V$，绘制 $V_{sp} - V \sim V$ 的曲线，拐点横坐标即为 V_{sp}。

将得到的 V_{sp} 代入 $c(H_3BO_3) = \dfrac{c(NaOH) \cdot V_{sp}}{100}$，即可计算 $c(H_3BO_3)$。

8.4   自测题

一、选择题

1. 用银离子选择电极作指示电极，电势滴定测定牛奶中氯离子含量时，如以饱和甘汞电极作为参比电极，双盐桥应选用的溶液为（　　）。

（A）KNO_3　　　　　（B）KCl　　　　　（C）KBr　　　　　（D）KI

2. pH 玻璃电极产生的不对称电势来源于（　　）。

（A）内外玻璃膜表面特性不同　　　　　（B）内外溶液中 H^+ 浓度不同

（C）内外溶液的 H^+ 活度系数不同　　　（D）内外参比电极不一样

3. $M_1 \mid M_1^{n+} \parallel M_2^{m+} \mid M_2$ 在上述电池的图解表示式中，规定左边的电极为（　　）。

（A）正极　　　（B）参比电极　　　（C）阴极　　　（D）阳极

4. 用离子选择电极标准加入法进行定量分析时，对加入标准溶液的要求为（　　）。

（A）体积要大，其浓度要高　　　　　（B）体积要小，其浓度要低

（C）体积要大，其浓度要低　　　　　（D）体积要小，其浓度要高

5. 在直接电势法分析中，指示电极的电极电势与被测离子活度的关系为（　　）。

（A）与其对数成正比　　　　　（B）与其成正比

（C）与其对数成反比　　　　　（D）符合能斯特方程式

6. 氟化镧单晶氟离子选择电极膜电势的产生是由于（　　）。

（A）氟离子在膜表面的氧化层传递电子

（B）氟离子进入晶体膜表面的晶格缺陷而形成双电层结构

（C）氟离子穿越膜而使膜内外溶液产生浓度差而形成双电层结构

（D）氟离子在膜表面进行离子交换和扩散而形成双电层结构

7. 电势法测定溶液 pH 值时，用标准 pH 缓冲溶液校正 pH 玻璃电极的主要目的是（　　）。

（A）为了校正电极的不对称电势和液接电势

（B）为了校正电极的不对称电势

（C）为了校正液接电势

（D）为了校正温度的影响

8. 离子选择电极在使用时，每次测量前都要将其点位清洗至一定数值，即固定电极的预处理条件，这样做的目的是（　　）。

（A）避免存储效应　　　　　　　（B）消除电势不稳定性

（C）清洗电极　　　　　　　　　（D）提高灵敏度

9. 在电势滴定中，以 $\Delta\varepsilon/\Delta V \sim V$（$\varepsilon$ 为电池电动势，V 为滴定剂体积）作图绘制滴定曲线，滴定终点为（　　）。

（A）曲线突跃的转折点　　　　　（B）曲线的最大斜率点

（C）曲线的最小斜率点　　　　　（D）曲线的斜率为零时的点

10. 在电势滴定中，以 $\Delta^2\varepsilon/\Delta V^2 \sim V$（$\varepsilon$ 为电池电动势，V 为滴定剂体积）作图绘制滴定曲线，滴定终点为（　　）。

（A）$\Delta^2\varepsilon/\Delta V^2$ 为最正值时的点　　　（B）$\Delta^2\varepsilon/\Delta V^2$ 为最负值时的点

（C）$\Delta^2\varepsilon/\Delta V^2$ 为零时的点　　　　（D）曲线的斜率为零时的点

11. 关于离子选择性电极，不正确的说法是（　　）。

（A）不一定有内参比电极和内参比溶液　（B）不一定有晶体感膜

（C）不一定有离子穿过膜相　　　　　　（D）只能用于正负离子的测量

12. 下列说法哪一种是正确的（　　）。

（A）氟离子选择性电极的电势随试液中氟离子浓度的增高向正方向变化

（B）氟离子选择性电极的电势随试液中氟离子活度的增高向正方向变化

（C）氟离子选择性电极的电势与试液中氢氧根离子的浓度无关

（D）上述三种说法都不对

13. 离子选择性电极在使用时，每次测量前都将其电势清洗至一定的值，即固定电极的预处理条件，这样做的目的是（　　）。

（A）避免存储效应（迟滞效应或记忆效应）

（B）消除电势不稳定性

（C）清洗电极

（D）提高灵敏度

14. 除玻璃电极外，能用于测定溶液 pH 值的电极尚有（　　）。

（A）饱和甘汞电极　　　　　　　（B）锑－氧化锑电极

（C）氟化镧单晶膜电极　　　　　（D）氧电极

15. 用氟离子选择性电极测定水中（含有微量的 Fe^{3+}，Al^{3+}，Ca^{2+}，Cl^-）的氟离子时，应选用的离子强度调节缓冲液为（　　）。

（A）0.1 mol·$L^{-1}HNO_3$

（B）0.1 mol·L^{-1}NaOH

（C）0.05 mol·L^{-1}柠檬酸钠（pH 调至 5～6）

（D）0.1 mol·L^{-1}NaAc（pH 调至 5～6）

16. 用离子选择性电极进行测量时，需用磁力搅拌器搅拌溶液，这是为了（　　）。

（A）减小浓差极化　　　　　　　　（B）加快响应速度

（C）使电极表面保持干净　　　　　（D）降低电极内阻

17. 用玻璃电极测量溶液的 pH 值时，采用的定量分析方法为（　　）。

（A）校正曲线法　　　　　　　　　（B）直接比较法

（C）一次加入标准法　　　　　　　（D）增量法

18. 在电势滴定中，以 $\varepsilon - V$（ε 为电势，V 为滴定剂体积）作图绘制滴定曲线，滴定终点为（　　）。

（A）曲线的最大斜率点　　　　　　（B）曲线的最小斜率点

（C）ε 为最正值的点　　　　　　　（D）ε 为最负值的点

二、填空题

1. 用氟离子选择电极的标准曲线法测定试液中 F^- 浓度时，对较复杂的试液需要加入＿＿＿＿＿＿试剂，其目的是：①＿＿＿＿＿＿；②＿＿＿＿＿＿；③＿＿＿＿＿＿。

2. 在电化学分析方法中，由于测量电池的参数不同而分成各种方法：测量电动势为＿＿＿；测量电流随电压变化的是＿＿＿，其中若使用＿＿＿电极的则称为＿＿＿；测量电阻的方法称为＿＿＿；测量电量的方法称为＿＿＿。

3. 电势法测量常以＿＿＿＿＿作为电池的电解质溶液，浸入两个电极，一个是指示电极，另一个是参比电极，在零电流条件下，测量所组成的原电池＿＿＿＿＿。

4. 玻璃电极在使用前，须在去离子水中浸泡 24 h 以上，目的是＿＿＿＿＿；饱和甘汞电极使用温度不得超过＿＿＿℃，这是因为当温度较高时＿＿＿＿＿。

5. 对于可逆电池反应，当电池反应达到平衡时，电池电动势 ε^θ 与平衡常数 K^θ 的关系为＿＿＿＿＿；与自由能关系为＿＿＿＿＿。

6. pH 玻璃电极的膜电势的产生是由于＿＿＿＿＿；氟化镧单晶膜/氟离子选择电极的膜电势的产生是由于＿＿＿＿＿；制造晶体膜氯或溴电极时，用氯化银或溴化银晶体掺加硫化银后一起压制成敏感膜，加入硫化银是为了＿＿＿＿＿。

7. 盐桥的作用是＿＿＿＿＿；对氯化银晶体膜氯电极测定氯离子时，如以饱和甘汞电极作为参比电极，应选用的盐桥为＿＿＿＿＿。

8. 用离子选择电极以"一次加入标准法"进行定量分析时，要求加入标准溶液的体积要＿＿＿＿＿，浓度要＿＿＿＿＿，这样做的目的是＿＿＿＿＿。

三、判断题

1. 电势测量过程中，电极中有一定量电流流过，产生电极电势。　　　（　　）

2. 参比电极必须具备的条件是只对特定离子有响应。　　　（　　）

3. 参比电极的电极电势不随温度变化是其特征之一。　　　（　　）

4. 甘汞电极的电极电势随电极内 KCl 溶液浓度的增加而增加。　　　（　　）

5. 玻璃膜电极使用前必须浸泡 24 h，在玻璃表面形成能进行 H^+ 离子交换的水化膜，故所有膜电极使用前都必须浸泡较长时间。　　　（　　）

6. 离子选择电极的电势与待测离子活度成线性关系。　　　（　　）

7. 改变玻璃电极膜的组成可制成对其他阳离子响应的玻璃电极。　　　（　　）

8. 待测离子的电荷数越大，测定灵敏度也越低，产生的误差越大，故电势法多用于低价离子的测定。　　　（　　）

9. 标准加入法中，所加入的标准溶液的体积要小，浓度相对要大。　　　（　　）

10. 玻璃电极的膜电势与溶液的氢离子浓度成正比。　　　（　　）

四、计算题

1. 用氟离子选择电极测定某一含 F^- 的试样溶液 50.0 mL，测得其电势为 86.5 mV。加入 5.00×10^{-2} mol·L^{-1} 氟标准溶液 0.50 mL 后测得其电势为 68.0 mV。试求试样溶液中 F^- 的含量为多少（mol·L^{-1}）？

2. 由玻璃电极和甘汞电极组成工作电池，25℃时，以 pH = 4.00 的标准缓冲溶液测得电动势为 0.814 V，那么在 $c(HAc)$ = 1.00×10^{-3} mol·L^{-1} 的醋酸溶液中，此电池的电动势应是多少？[设 $a(H^+)$ = $c_{eq}(H^+)$]

3. 25℃时，于 100 mL 的铜盐溶液中添加 0.1 mol·L^{-1} 硝酸铜溶液 1 mL 后，电动势增加 4 mV，求试液中铜原来的总浓度。

4. 使用液膜电极测定溶液中钙离子浓度，测得该液膜电极与另一个浸入 0.010 mol·L^{-1} 钙离子溶液的参比电极组成电池的电动势为 0.250 V，用相同的电池在未知浓度的溶液中得到的电动势为 0.277 V。假设这两种溶液的离子强度相同，计算未知溶液中钙离子的浓度。

5. 某滴定反应在理论终点附近的电动势读数如下表：

滴定剂体积 V（mL）	31.10	31.20	31.30	31.40	31.50	31.60
电动势 ε（mV）	270	280	300	520	540	550

计算理论终点时滴定剂的体积。

8.5　自测题参考答案

一、选择题

1. A 2. A 3. D 4. D 5. D 6. B 7. A 8. A 9. D 10. C 11. D 12. D

13. A　14. D　15. C　16. B　17. B　18. A

二、填空题

1. 总离子强度调节剂（TISAB）　维持试样与标准试液有恒定的离子活度　使试液在离子选择电极适合的 pH 范围内，避免 H^+ 或 OH^- 干扰　使被测离子释放成为可检测的游离离子

2. 电势分析法　伏安法　滴汞　极谱法　电导分析法　库仑分析法

3. 待测试液　电动势

4. 使不对称电势处于稳定值　80　$Hg_2Cl_2 \Longrightarrow Hg^+ + HgCl_2$

5. $\varepsilon^{\theta} = \dfrac{RT}{zF}\ln K^{\theta}$　$\Delta G^{\theta} = -zF\varepsilon^{\theta}$

6. 氢离子在玻璃膜表面进行离子交换和扩散而形成双电层结构　氟离子进入晶体膜表面缺陷而形成双电层结构　降低电极的电阻和光敏性

7. 消除液接电势　硝酸钾

8. 小　高　保持溶液的离子强度不变

三、判断题

1. ×　2. ×　3. ×　4. ×　5. ×　6. ×　7. √　8. √　9. √　10. ×

四、计算题

1. 解：根据标准加入法公式：

$$c_{F^-} = \frac{\Delta c}{10^{\Delta E/S} - 1} = \frac{5.00 \times 10^{-4}}{10^{\frac{86.5-6.0}{59.0}} - 1} = 4.72 \times 10^{-4}(\text{mol} \cdot \text{L}^{-1})$$

2. 解：依题意有：$c(\text{HAc}) = 1.00 \times 10^{-3}\ \text{mol} \cdot \text{L}^{-1}$

醋酸溶液 $[H^+] = \sqrt{Ka \cdot c} = \sqrt{1.00 \times 10^{-3} \times 1.8 \times 10^{-5}}$

$$= 1.3 \times 10^{-4}(\text{mol} \cdot \text{L}^{-1})\quad \text{pH} = 3.87$$

$\varepsilon_x = \varepsilon_s + 0.0592(\text{pH}_x - \text{pH}_s) = 0.814 + 0.0592(3.87 - 4.00) = 0.806\ (V)$

3. 解：$\Delta c = \dfrac{c_s V_s}{V_x + V_s} = \dfrac{0.1 \times 1}{100 + 1} = 1.0 \times 10^{-3}(\text{mol} \cdot \text{L}^{-1})$　$S = \dfrac{0.0592}{2} = 0.0296$

$c_x = \Delta c(10^{\Delta \varepsilon/s} - 1)^{-1} = 2.7 \times 10^{-3}(\text{mol} \cdot \text{L}^{-1})$

4. 解：依题意可知，指示电极为正极，则

$\varepsilon_x = K + \dfrac{0.0592}{2}\lg c_x$　$\varepsilon_s = K + \dfrac{0.0592}{2}\lg c_s$

$\lg c_x = \dfrac{\varepsilon_x - \varepsilon_s}{0.0592} \times 2 + \lg c_s = -1.1$　$c_x = 0.079\ (\text{mol} \cdot \text{L}^{-1})$

5. 解：设理论终点时滴定剂的体积为 x，列表如下：

标液体积 V（mL）	电动势 ε（mV）	$\Delta\varepsilon/\Delta V$	$\Delta^2\varepsilon/\Delta V^2$
31.10	270	100	
31.20	280	200	1000
31.30	300	2200	20 000
31.40	520	200	−20 000
31.50	540	100	−1000
31.60	550		

利用内插法计算滴定终点的体积：31.30　　x　　31.40

$\qquad\qquad\qquad\qquad\qquad\qquad$ 20000　　0　　−20000

$$\frac{31.40-31.30}{-20000-20000}=\frac{x-31.30}{0-20000}\qquad x=31.35（\text{mL}）$$

第9章 色谱分析法

9.1 重要概念和知识要点

色谱分析法的基本原理

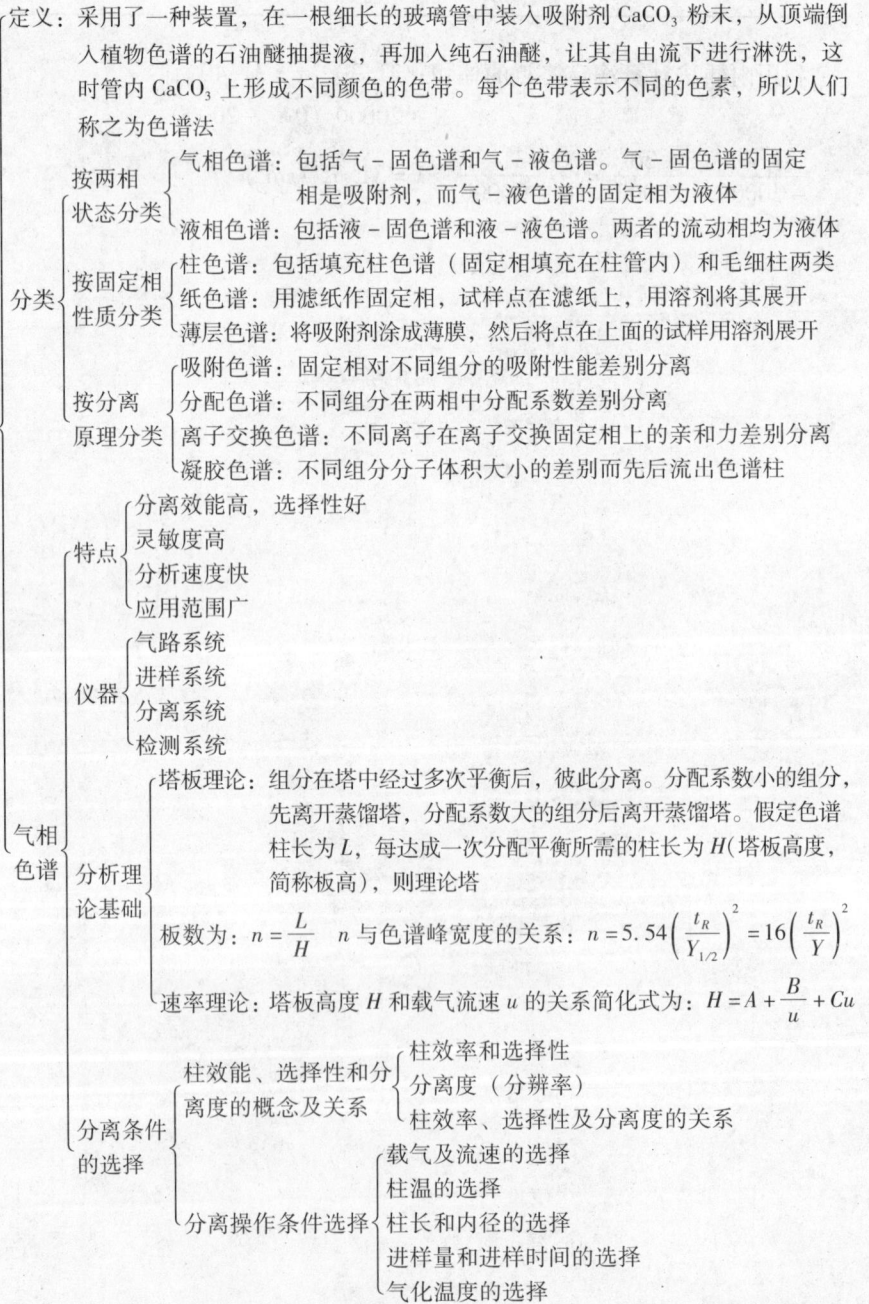

- **分类**
  - **定义**：采用了一种装置，在一根细长的玻璃管中装入吸附剂 $CaCO_3$ 粉末，从顶端倒入植物色谱的石油醚抽提液，再加入纯石油醚，让其自由流下进行淋洗，这时管内 $CaCO_3$ 上形成不同颜色的色带。每个色带表示不同的色素，所以人们称之为色谱法
  - **按两相状态分类**
    - 气相色谱：包括气－固色谱和气－液色谱。气－固色谱的固定相是吸附剂，而气－液色谱的固定相为液体
    - 液相色谱：包括液－固色谱和液－液色谱。两者的流动相均为液体
  - **按固定相性质分类**
    - 柱色谱：包括填充柱色谱（固定相填充在柱管内）和毛细柱两类
    - 纸色谱：用滤纸作固定相，试样点在滤纸上，用溶剂将其展开
    - 薄层色谱：将吸附剂涂成薄膜，然后将点在上面的试样用溶剂展开
  - **按分离原理分类**
    - 吸附色谱：固定相对不同组分的吸附性能差别分离
    - 分配色谱：不同组分在两相中分配系数差别分离
    - 离子交换色谱：不同离子在离子交换固定相上的亲和力差别分离
    - 凝胶色谱：不同组分分子体积大小的差别而先后流出色谱柱

- **气相色谱**
  - **特点**
    - 分离效能高，选择性好
    - 灵敏度高
    - 分析速度快
    - 应用范围广
  - **仪器**
    - 气路系统
    - 进样系统
    - 分离系统
    - 检测系统
  - **分析理论基础**
    - 塔板理论：组分在塔中经过多次平衡后，彼此分离。分配系数小的组分，先离开蒸馏塔，分配系数大的组分后离开蒸馏塔。假定色谱柱长为 L，每达成一次分配平衡所需的柱长为 H（塔板高度，简称板高），则理论塔板数为：$n = \dfrac{L}{H}$　n 与色谱峰宽度的关系：$n = 5.54\left(\dfrac{t_R}{Y_{1/2}}\right)^2 = 16\left(\dfrac{t_R}{Y}\right)^2$
    - 速率理论：塔板高度 H 和载气流速 u 的关系简化式为：$H = A + \dfrac{B}{u} + Cu$
  - **分离条件的选择**
    - **柱效能、选择性和分离度的概念及关系**
      - 柱效率和选择性
      - 分离度（分辨率）
      - 柱效率、选择性及分离度的关系
    - **分离操作条件选择**
      - 载气及流速的选择
      - 柱温的选择
      - 柱长和内径的选择
      - 进样量和进样时间的选择
      - 气化温度的选择

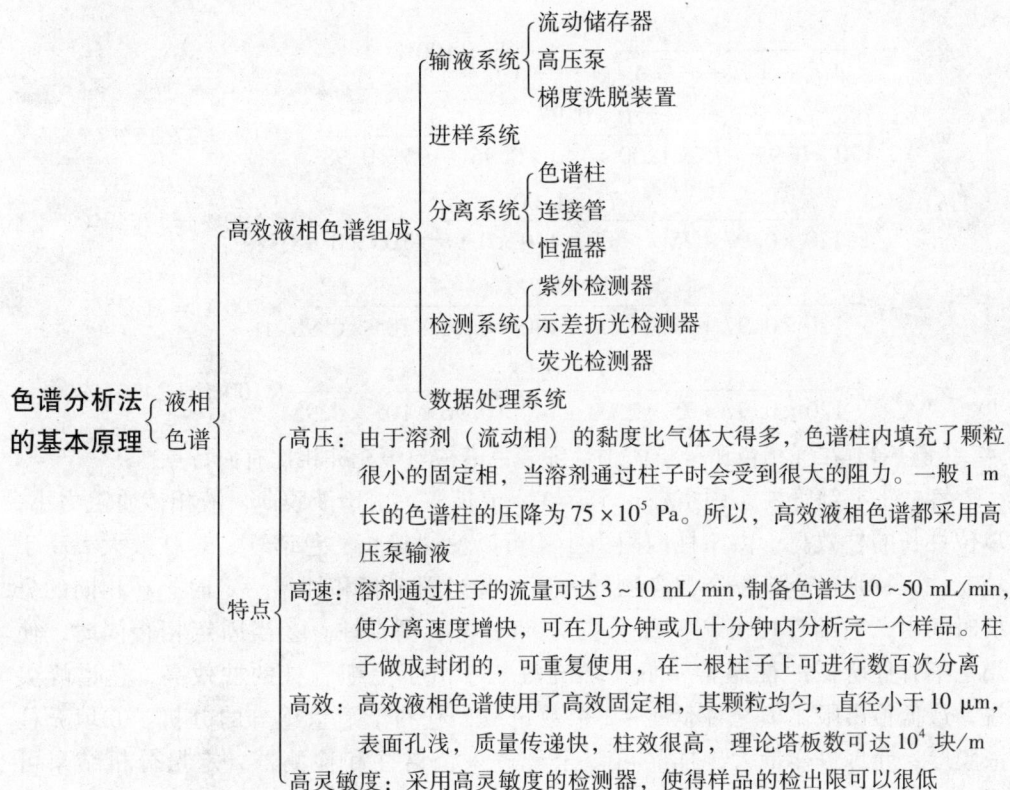

色谱分析法 的基本原理 — 液相色谱

- 高效液相色谱组成
  - 输液系统
    - 流动储存器
    - 高压泵
    - 梯度洗脱装置
  - 进样系统
  - 分离系统
    - 色谱柱
    - 连接管
    - 恒温器
  - 检测系统
    - 紫外检测器
    - 示差折光检测器
    - 荧光检测器
  - 数据处理系统

- 特点
  - 高压：由于溶剂（流动相）的黏度比气体大得多，色谱柱内填充了颗粒很小的固定相，当溶剂通过柱子时会受到很大的阻力。一般 1 m 长的色谱柱的压降为 75×10^5 Pa。所以，高效液相色谱都采用高压泵输液
  - 高速：溶剂通过柱子的流量可达 3 ~ 10 mL/min，制备色谱达 10 ~ 50 mL/min，使分离速度增快，可在几分钟或几十分钟内分析完一个样品。柱子做成封闭的，可重复使用，在一根柱子上可进行数百次分离
  - 高效：高效液相色谱使用了高效固定相，其颗粒均匀，直径小于 10 μm，表面孔浅，质量传递快，柱效很高，理论塔板数可达 10^4 块/m
  - 高灵敏度：采用高灵敏度的检测器，使得样品的检出限可以很低

9.2　例题解析

【例 9-1】 某色谱柱的柱效率相当于 10^5 个理论塔板。当所得到的色谱峰的保留时间为 1000 s 时的峰底宽度是多少？（假设色谱峰呈正态分布）

解： $n = 5.54 \left(\dfrac{t_R}{Y_{1/2}} \right)^2 = 16 \left(\dfrac{t_R}{W_b} \right)^2$　$W_b = 4 \sqrt{\dfrac{t_R^2}{n}} = 12.6 (\text{s})$

【例 9-2】 两个色谱峰的调整保留时间分别为 60 s 和 90 s，若所用柱的塔板高度为 1.2 mm，两个峰具有相同的峰宽，完全分离需要的色谱柱为多长？

解： $r_{21} = \dfrac{t'_{R2}}{t'_{R1}} = \dfrac{90}{60} = 1.5$

$$L = 16 R^2 \left(\dfrac{r_{21}}{r_{21} - 1} \right)^2 H = 16 \times 1.5^2 \times \left(\dfrac{1.5}{1.5 - 1} \right)^2 \times 1.2 \text{ mm} = 388.8 \text{ (mm)}$$

【例 9-3】 未知混合物中含有甲苯、二甲苯的异构体，用 FID 检测器测得数据为：

组分	甲苯	对二甲苯	间二甲苯	邻二甲苯
峰面积（mm^2）	120	75	140	105
相对校正因子	0.97	1.00	0.96	0.98

请用归一化法计算各组分的含量。

解：$w_i = \dfrac{A_i f_i}{A_1 f_2 + A_2 f_2 + \cdots + A_i f_i + \cdots + A_n f_n} \times 100\%$

$w_{甲苯} = \dfrac{120 \times 0.97}{120 \times 0.97 + 75 \times 1.00 + 140 \times 0.96 + 105 \times 0.98} \times 100\% = 27.15\%$

$w_{对二甲苯} = \dfrac{75 \times 1.00}{120 \times 0.97 + 75 \times 1.00 + 140 \times 0.96 + 105 \times 0.98} \times 100\% = 17.49\%$

$w_{间二甲苯} = \dfrac{140 \times 0.96}{120 \times 0.97 + 75 \times 1.00 + 140 \times 0.96 + 105 \times 0.98} \times 100\% = 31.35\%$

$w_{邻二甲苯} = \dfrac{105 \times 0.98}{120 \times 0.97 + 75 \times 1.00 + 140 \times 0.96 + 105 \times 0.98} \times 100\% = 24.01\%$

【例9-4】 在气相色谱分析法中毛细管色谱柱与填充柱相比有何特点？

答：①毛细管柱是中空柱，不存在涡流扩散，由于液膜薄，液相传质阻力小，单位柱长的柱效高；由于柱内阻力小，可以使用较长的色谱柱，总柱效大大高于填充柱，特别适合于复杂混合物的分离。②当固定相和柱温一定时，在相同的分析时间内，毛细管柱分离两组分的分辨率优于填充柱。③当固定相相同时，使用毛细管柱所需的柱温常常低于填充柱。④由于毛细管柱的柱效高，色谱峰尖锐，最低检出限比填充柱低 1~2 个数量级，有利于痕量组分的分析。⑤填充柱液膜厚，允许进样量大，样品可以全量进入色谱柱和检测器，定量分析结果可靠；毛细管柱的柱容量低，允许进样量小，一般需要分流进样，定量结果容易失真。

9.3　习题参考答案

1. 从一张色谱图中分析人员能够获得哪些信息？

答：色谱图是以组分的浓度变化为纵坐标，流出时间为横坐标所得的曲线图。从色谱图中分析人员可以获得的信息有：①根据色谱峰的数目，初步判断样品组分的最少个数；②根据色谱峰的保留值进行定性分析；③根据色谱峰的保留值和峰宽可判断色谱柱的分离效能；④根据峰面积、峰高进行定量分析；⑤根据两峰的保留值、峰间的距离可以评价色谱条件（固定相、流动相）的选择是否合适。

2. 色谱分析有几种定量方法？当样品组分不能完全出峰或只需要定量其中几个组分时，可以选择哪种方法？

答：色谱分析主要有：归一化法、外标法、内标法。当样品组分不能完全出峰或只需要定量其中几个组分时，一般可以选择外标法或内标法。

3. 简述恒温气相色谱与程序升温气相色谱能够分析何种样品。

答：恒温气相色谱能够分析的对象是沸程较窄的多组分混合样品；而程序升温气相色谱比较适于分析沸程宽的多组分混合物。

4. 在气相色谱分析中，下列色谱条件若改变其中一个条件，色谱峰形将会如何改变？（1）固定相颗粒变细；（2）载气流速增加；（3）柱长增加一倍；（4）柱温升高。

答：（1）颗粒变细，柱效高。

（2）μ 增加，出峰速度快；根据速率理论，当低于最佳流速时，色谱峰形变窄；当高于最佳流速时，峰形变宽。但在实际分析中，一般保留时间缩短，色谱峰形变窄。

（3）L 加大，分离效能好，出峰时间长，峰有展宽。

（4）T 升高，使气、液相传质速率增加，分配迅速达到平衡，使 Cu 项减少，改善柱效；保留时间增长；但纵向扩散加剧，峰展宽。

5. 将纯萘与某组分 B 配成混合液，用气相色谱法进行分析，当萘的样品量为 0.435 μg 时，峰面积为 4.00 cm²；当组分 B 的样品量为 0.653 μg 时，峰面积为 6.50 cm²。求组分 B 以萘为标准时的相对校正因子。

解：$m(萘) = 0.435（μg）\quad A_萘 = 4.00（cm^2）$

$\quad\quad m(B) = 0.653（μg）\quad A_B = 6.50（cm^2）$

$$m = f_i \cdot A_i \quad\quad f_萘 = \frac{m(萘)}{A_萘} = \frac{0.435}{4.00} = 0.1088$$

$$f_B = \frac{m(B)}{A_B} = \frac{0.653}{6.50} = 0.1005$$

$$f'_B = \frac{f_B}{f_萘} = \frac{0.1005}{0.1008} = 0.9237$$

6. 以气相色谱法测定二甲苯氧化母液中乙苯、二甲苯的含量，采用内标法。称取试样 1500 mg，加入内标物壬烷 150 mg，混合均匀后进样，得到如下数据（见下表）：

组分	壬烷	乙苯	对二甲苯	间二甲苯	邻二甲苯
峰面积	98	70	95	120	80
校正因子	1.02	0.97	1.00	0.96	0.98

计算样品中乙苯、对二甲苯、间二甲苯、邻二甲苯的含量。

解：$m_s = 150$ mg $\quad m_i$ 为各组分质量

待测物和内标的峰面积为 $A, A_s, f'_s = 1$

$$\frac{m_i}{m_s} = \frac{f'_i \cdot A_i}{f'_s \cdot A_s} \quad m_i = m_s \cdot \frac{f'_i \cdot A_i}{f'_s \cdot A_s}$$

$$m_{(乙苯)} = 150 \times \frac{0.97 \times 70}{1.02 \times 98} = 101.89$$

$$w_{(乙苯)} = \frac{m_{(乙苯)}}{m} \times 100\% = \frac{101.89}{1500} \times 100\% = 6.79\%$$

$$m_{(对二甲苯)} = 150 \times \frac{1.00 \times 95}{1.02 \times 98} = 142.56$$

$$w_{(对二甲苯)} = \frac{m_{(对二甲苯)}}{m} \times 100\% = \frac{142.56}{1500} \times 100\% = 9.50\%$$

$$m_{(间二甲苯)} = 150 \times \frac{0.96 \times 120}{1.02 \times 98} = 172.87$$

$$w_{(间二甲苯)} = \frac{m_{(间二甲苯)}}{m} \times 100\% = \frac{172.87}{1500} \times 100\% = 11.52\%$$

$$m_{(邻二甲苯)} = 150 \times \frac{0.98 \times 80}{1.02 \times 98} = 117.65$$

$$w_{(邻二甲苯)} = \frac{m_{(邻二甲苯)}}{m} \times 100\% = \frac{117.65}{1500} \times 100\% = 7.84\%$$

9.4　自测题

一、选择题

1. 色谱法的最主要特点是（　　　）。

（A）高灵敏度、能直接定性定量、分析速度快、应用广

（B）高效分离、灵敏度高、分析速度快、应用广

（C）高效分离、易自动化、分析速度快、应用广

（D）高效分离、灵敏度高、但分析速度慢

2. 色谱法的主要不足之处是（　　　）。

（A）分析速度太慢　　　　　　　　（B）分析对象有限

（C）灵敏度较低　　　　　　　　　（D）定性困难

3. 气相色谱的主要部件包括（　　　）。

（A）载气系统、分光系统、色谱柱、检测器

（B）载气系统、进样系统、色谱柱、检测器

（C）载气系统、原子化装置、色谱柱、检测器

（D）载气系统、光源、色谱柱、检测器

4. 决定色谱仪性能的核心部件是（　　　）。

（A）载气系统　　　　　　　　　　（B）进样系统

（C）色谱柱　　　　　　　　　　　（D）温度控制系统

5. 可作为气固色谱固定相的是（　　　）。

（A）活性炭、活性氧化铝、硅胶

（B）分子筛、高分子多孔微球、碳酸钙

（C）玻璃微球、高分子多孔微球、硅藻土

（D）玻璃微球、硅藻土、离子交换树脂

6. 气液色谱的固定液是（　　　）。

（A）具有不同极性的有机化合物　　　（B）具有不同极性的无机化合物

（C）有机离子交换树脂　　　　　　　（D）硅胶

7. 对所有物质均有响应的气相色谱检测器是（　　）。

（A）FID 检测器　　　　　　　　　　（B）热导检测器

（C）电导检测器　　　　　　　　　　（D）紫外检测器

8. 农药中常含有 S、P 元素，气相色谱法测定蔬菜中农药残留量时，一般采用下列哪种检测器？（　　）

（A）FID 检测器　　　　　　　　　　（B）热导检测器

（C）电子俘获检测器　　　　　　　　（D）紫外检测器

9. 有关热导检测器的描述正确的是（　　）。

（A）热导检测器是典型的浓度型检测器

（B）热导检测器是典型的质量型检测器

（C）热导检测器是典型的选择型检测器

（D）热导检测器对某些气体不响应

10. 固定液选择的基本原则是（　　）。

（A）"最大相似性"原则　　　　　　　（B）"同离子效应"原则

（C）"拉平效应"原则　　　　　　　　（D）"相似相溶"原则

11. 某试样中含有不挥发组分，不能采用下列哪种定量方法？（　　）

（A）内标标准曲线法　　　　　　　　（B）内标法

（C）外标法　　　　　　　　　　　　（D）归一化法

12. 有关色谱的塔板理论与速率理论的描述正确的是（　　）。

（A）塔板理论给出了柱效能的指标，速率理论指明了影响柱效能的因素

（B）塔板理论指明了影响柱效能的指标，速率理论给出了衡量柱效能的指标

（C）速率理论是塔板理论的发展

（D）速率理论是在塔板理论的基础上，引入了各种校正因子

13. 速率理论方程式 $H = A + B/u + C \cdot u$，与组分分子在色谱柱中通过的路径有关的项是（　　）。

（A）传质阻力项　　　　　　　　　　（B）分子扩散项

（C）涡流扩散项　　　　　　　　　　（D）径向扩散项

14. 有效塔板数计算式是用（　　）替代率理论塔板数计算式中的 t_R。

（A）死时间　　　　　　　　　　　　（B）保留时间

（C）调整保留时间　　　　　　　　　（D）相对保留值

15. 对某一组分来说，在一定的柱长下，色谱峰的宽和窄主要决定组分在色谱柱中的（　　）。

（A）保留值　　（B）分配系数　　（C）运动情况　　（D）理论塔板数

16. 为了提高 A、B 二组分的分离度，可采用增加柱长的方法。若分离度增加一倍，柱长应为原来的（　　）。

　　（A）2 倍　　　　　（B）4 倍　　　　　（C）6 倍　　　　　（D）8 倍

17. 某人用气相色谱测定一有机试样，该试样为纯物质，但用归一化法测定的结果却为含量 60%，其最可能的原因为（　　）。

（A）计算错误　　　　　　　　　　（B）试样分解为多个峰

（C）固定液流失　　　　　　　　　（D）检测器损坏

18. 与分离度直接相关的两个参数是（　　）。

（A）色谱峰宽与保留值差　　　　　（B）保留时间与色谱峰面积

（C）相对保留值与载气流速　　　　（D）调整保留时间与载气流速

19. 下列有关分离度的描述中，正确的是（　　）。

（A）由分离度计算式来看，分离度与载气流速无关

（B）分离度取决于相对保留值，与峰宽无关

（C）色谱峰宽与保留值差决定了分离度大小

（D）高柱效一定具有高分离度

20. 高压、高效、高速是现代液相色谱的特点，其高压是由于（　　）。

（A）可加快流速，缩短分析时间，提高工作效率

（B）高压可使分离效率显著提高

（C）采用了细粒度固定相所致

（D）采用了填充毛细管柱

21. 液相色谱的 $H-u$ 曲线（　　）。

（A）与气相色谱的 $H-u$ 曲线一样，存在着 H_{min}

（B）H 随流动相的流速增加而逐渐增加

（C）H 随流动相的流速增加而逐渐下降

（D）H 受 u 影响很小

22. 提高液相色谱分离效率的主要途径或措施是（　　）。

（A）增加柱长，保持低温

（B）采用相对分子质量较大的流动相，减少分子扩散

（C）采用相对低流速，有利于两相同的质传递

（D）采用细粒度键合固定相

23. 生物大分子的分离分析最有效的分析方法是（　　）。

（A）毛细管色谱法　　　　　　　　（B）液相色谱法

（C）离子色谱法　　　　　　　　　（D）毛细管电泳法

二、填空题

1. 色谱分析法包括：＿＿＿＿＿＿，＿＿＿＿＿＿，＿＿＿＿＿＿，＿＿＿＿＿＿等。

2. 色谱法的显著特点包括：＿＿＿＿＿＿，＿＿＿＿＿＿，＿＿＿＿＿＿等。

3. 气相色谱法的主要不足之处是：＿＿＿＿＿＿、＿＿＿＿＿＿等。

4. 色谱法的核心部件是＿＿＿＿＿＿，该部件决定了色谱＿＿＿＿＿＿性能的高低。

5. 从安全角度考虑，选择_____作为气相色谱的载气为宜；从经济的角度考虑，选择_____为气相色谱的载气为宜。

6. 热导检测器属于典型的_____型检测器，FID 检测器属于_____型检测器。

7. 在各种气相色谱检测器中，_____检测器为广谱型；_____检测器为选择型。

8. 气相色谱主要部件包括：_____，_____，_____，_____。

9. 气液色谱固定相由_____和_____两部分构成，其选择性的高低主要取决于_____的性质。

10. 气固色谱分离机理是基于组分在两相间反复多次的_____与_____，气液色谱分离是基于组分在两相间反复多次的_____平衡。

11. 组分在固定相和流动相的浓度达到_____时的比值，定义为_____。

12. 常见的气固色谱固定相有：_____，_____，_____等。

13. 一定温度下，组分的分配系数 K 越_____，出峰越_____。

14. 气固色谱固定相通常为各种吸附剂，其中_____固定相由于具有较大的极性，_____能被强烈吸附而不能用这种固定相进行分析。

15. 氢火焰离子化检测器是典型的_____型检测器，对有机化合物具有很高的灵敏度，但对_____、_____、_____等物质灵敏度低或不响应。

16. 相对保留值只与_____和_____性质有关，与其他色谱操作条件无关，它表示了固定相对这两种组分的_____差异。

17. 速率理论的三项分别称为_____项、_____项和_____项。

18. 色谱峰的保留值反映了组分在色谱柱中的_____情况，它由色谱过程中的_____因素控制。

19. 色谱峰的峰宽反映了组分在色谱柱中的_____情况，它由色谱过程中的_____因素控制。

20. 色谱定量方法有：_____，_____，_____。

21. 当组分中含有检测器不响应的组分时，不能用_____法定量。

22. 在液相色谱中，通常采用改变流动相的_____和_____的方法，即采用_____淋洗的方式来提高分离度。

三、判断题

1. 色谱法与其他分析方法之间最大的不同是色谱法的灵敏度高。　（　　）

2. 在气相色谱中，试样中各组分能够被互相分离的基础是各组分具有不同的热导系数。　（　　）

3. 组分的分配系数越大，表示其保留时间越长。　（　　）

4. 色谱法特别适合混合物的分析。　（　　）

5. 塔板理论给出了影响柱效的因素及提高柱效的途径。 （　　）

6. 分离温度提高，保留时间缩短，峰面积不变。 （　　）

7. 某试样的色谱图上出现 3 个色谱峰，该试样中最多有 3 个组分。 （　　）

8. 分析混合烷烃试样时，可选择极性固定相，按沸点大小顺序出峰。 （　　）

9. 色谱分离的最早应用是英国学者马丁用来分离叶绿素。 （　　）

10. 组分在流动相和固定相两相间分配系数的不同及两项的相对运动构成了色谱分离的基础。 （　　）

11. 组分在气相色谱中分离的程度取决于组分沸点的差别。 （　　）

12. 色谱法是一种高效的分离方法，可用于制备高纯物质。 （　　）

13. 气液色谱分离机理是基于组分在两相间反复多次的吸附与脱附，气固色谱分离是基于组分在两相间反复多次的分配。 （　　）

14. 色谱柱理论塔板数 n 与保留时间 t_R 的平方成正比，组分的保留时间越长，色谱柱理论塔板数 n 值越大，分离效率越高。 （　　）

15. 在色谱分离过程中，单位柱长内，组分在两相间的分配次数越多，分离效果越好。 （　　）

16. 检查器性能好坏将对组分分离度产生直接影响。 （　　）

17. 气液色谱固定液通常是在使用温度下具有较高热稳定性的大分子有机化合物。 （　　）

18. 柱效随载气流速的增加而增加。 （　　）

19. 色谱的塔板理论提出了衡量色谱柱效能的指标，速率理论则指出了影响柱效的因素。 （　　）

20. 色谱分离时，增加柱温，组分的保留时间缩短，色谱峰的峰高变低，峰宽变大，但峰面积保持不变。 （　　）

21. 控制载气流速是调节分离度的重要手段，降低载气流速，柱效增加，当载气流速降到最小时，柱效最高，但分析时间较长。 （　　）

22. 载气流速对柱效有影响可以由塔板理论很容易得出。 （　　）

23. 载气流速对柱效的影响可以很明显由速率理论方程得出。 （　　）

24. 当用一支极性色谱柱分离某烃类混合物时，经多次重复分析，所得色谱图上均显示只有 3 个色谱峰，结论是该试样只含有 3 个组分。 （　　）

25. 色谱归一化法只能适用于检测器对所有组分均有响应的情况。 （　　）

26. 采用色谱归一化法定量的前提条件是试样中所有组分全部出峰。 （　　）

27. 色谱内标法对进样量和进样重复性没有要求，但要求选择合适的内标物和准确配制试样。 （　　）

28. 色谱外标法的准确性较高，但前提是仪器稳定性高和操作重复性好。 （　　）

29. FID 检测器对所有的化合物均有响应，故属于广谱型检测器。 （　　）

30. 电子俘获检测器对含有 S、P 元素的化合物具有很高的灵敏度。 （　　）

31. 毛细管气相色谱分离复杂试样时，通常采用程序升温的方法来改变分离效果。 （　　）

32. 高效液相色谱适用于大分子、热不稳定及生物试样的分析。 （　　）

33. 高效液相色谱中通常采用调节分离温度和流动相流速来改善分离效果。
（　　）

四、计算题

1. 两物质在某色谱柱上的相对保留值为 $r_{21=1.15}$，要得到完全分离（$R=1.5$），所需的有效塔板数是多少（$H_{有效}=0.1$ cm）？色谱柱应为多长？

2. 用气相色谱分析某混合物，测得如下数据：

化合物	A（cm^2）	f'_i
A	6.0	0.64
B	8.5	0.70
C	9.8	0.72
D	11.3	0.75
E	4.5	0.78

用归一化法计算混合物中各组分的百分含量。

3. 气相色谱法分析某混合物试样中组分 x 的含量，称 1.456 g 试样，加入 0.168 g 内标物 s，混匀后进样分析。测得 $A_x = 26.0$ cm^2，$A_s = 24.0$ cm^2。已知 $\dfrac{f'_x}{f'_s} = 1.14$，求组分 x 的含量。

4. 某色谱柱长 3 m，测得两个组分的调整保留时间分别为 13 min 及 16 min，后者的峰底宽度为 1 min。计算：（1）该色谱柱的有效塔板数（$n_{有效}$）；（2）欲使两组分的分离度 $R=1.5$，需要有效塔板数为多少？此时需要多长的色谱柱？

5. 某色谱峰的保留时间为 45 s，峰宽为 3.5 s。若柱长为 2.0 m，计算理论塔板数和塔板高度。

6. 气相色谱测得 A、B 两物质的相对保留值为 $r_{BA} = 1.08$，$H_B = 1$ mm。两组分完全分离（$R=1.5$）时，需要多长的色谱柱？

7. 某色谱柱的有效塔板数为 1450，组分 A、B 在该柱上的调整保留时间分别为 90 s 和 105 s。求其分离度。

8. 某五元混合物的色谱分析数据如下。计算混合物中 B 和 D 组分的含量。

组分	A（cm^2）	f'_i
A	34.5	0.70
B	20.6	0.82
C	40.2	0.95
D	20.2	1.02
E	18.3	1.06

9. 气相色谱法分析氯代烃混合物中四氯乙烯的含量。称取试样 1.44 g 加入甲苯 0.12 g 分析后，在色谱图上测得四氯乙烯和甲苯的峰面积分别为 1.08 cm² 和 1.17 cm²。已知四氯乙烯相对于甲苯的校正因子为 1.47。计算氯代烃混合物中四氯乙烯的百分含量。

10. 分析某有机物试样中的水含量，以甲醇为内标，称取 1.172 g 试样，加入 0.114 g 甲醇。混合均匀后进样分析，测得水和甲醇的峰面积分别为 164 cm² 和 189 cm²。水和甲醇的校正因子分别为 0.78 和 0.82。计算试样中水的百分含量。

9.5　自测题参考答案

一、选择题

1. B　2. D　3. B　4. C　5. A　6. A　7. B　8. C　9. A　10. D　11. D　12. A　13. C　14. C　15. C　16. B　17. B　18. A　19. C　20. C　21. B　22. D　23. D

二、填空题

1. 气相色谱　液相色谱　离子色谱　薄层色谱

2. 分离高效　灵敏度高　分析速度快

3. 定性能力弱　不适合高沸点热不稳定物质分析

4. 色谱柱　分离

5. He　H_2

6. 浓度　质量

7. 热导　电子捕获

8. 载气系统　进样系统　色谱柱　检测器

9. 担体　固定液　固定液

10. 吸附　脱附　分配

11. 平衡　分配系数

12. 硅胶　分子筛　活性氧化铝

13. 大　慢

14. 活性氧化铝　CO_2

15. 质量　无机气体　水　CCl_4

16. 柱温　固定相　选择

17. 涡流扩散　分子扩散　传质阻力

18. 分配　热力学

19. 运动　热力学

20. 归一化法　内标法　外标法（标准曲线法）

21. 归一化

22. 组成　极性　梯度

三、判断题

1. ×　2. ×　3. √　4. √　5. ×　6. √　7. ×　8. ×　9. ×　10. √　11. ×
12. √　13. ×　14. ×　15. √　16. ×　17. √　18. ×　19. √　20. ×　21. ×　22. ×
23. √　24. ×　25. √　26. √　27. √　28. √　29. ×　30. √　31. √　32. √
33. ×

四、计算题

1. $n_{有效} = 2116$；$L = 2.1$ m

2. $w_A = 13.3\%$；$w_B = 20.6\%$；$w_C = 24.5\%$；$w_D = 29.4\%$；$w_E = 12.2\%$

3. 14.3%

4. （1）$n_{有效} = 4096$；（2）$n_{有效} = 1030$；$L = 0.75$ m

5. $n = 2645$ 块；$H = 0.76$ mm

6. $L = 16R^2\left(\dfrac{r_{21}}{r_{21}-1}\right)^2$；$H = 16 \times 1.5^2 \times \left(\dfrac{1.15}{1.15-1}\right)^2 \times 1 = 2113$（mm）

7. $r_{21} = \dfrac{105}{90} = 1.17$；$R = 1.38$

8. $w_C = 14.2\%$；$w_D = 17.3\%$

9. 13.3%

10. 8.03%

第10章 原子吸收光谱法

10.1 重要概念和知识要点

原子吸收分析法

定义：原子吸收分光光度法又称为原子吸收光谱法（简称 AAS）。所谓原子吸收是指气态自由原子对于同种原子发射出来的特征光谱辐射具有吸收现象

优点
- 灵敏度高
- 准确度较高
- 测量范围广
- 选择性好

基本理论

原子吸收光谱的产生：当有辐射通过自由原子蒸气，入射辐射的频率恰好等于原子中的电子由基态跃迁到较高能态（一般情况下都是第一激发态）所需要的能量频率时，原子就要从辐射场中吸收能量，产生共振吸收，电子由基态跃迁到激发态

基态原子数与激发态原子数的关系：在原子吸收光谱分析中，通常认为基态原子数近似等于总原子数

原子吸收光谱的谱线轮廓：原子吸收光谱线不是严格的无宽度几何线，一般谱线具有一定的宽度，即谱线占有相当窄的频率或波长范围。原子吸收光谱的谱线轮廓用原子吸收谱线的中心频率和半宽度来描述

积分吸收与峰值吸收：积分吸收与原子蒸气中吸收辐射的原子数成正比；峰值吸收系数与原子浓度成正比

原子吸收定量基础：原子吸收共振线的强度与蒸气中原子浓度之间的关系和分光光度法中分子溶液对光的吸收规律是相似的

$A = Kc^b$，b：自吸系数

原子吸收光谱仪

光源：光源的作用是供给原子吸收所需要的足够尖锐的共振线

原子化系统：将样品中的待测元素转变为原子蒸气。使样品原子化的方法通常为火焰原子化法和无火焰原子化法

分光系统——单色器：单色器由入射和出射狭缝、反光镜及色散原件组成，其作用是将所需要的共振吸收曲线与其他线谱分开

检测系统：包括光电元件、放大器和读数显示器系统三部分。原子吸收工作光域通常在 $190 \sim 800$ nm

定量分析方法

标准曲线法：配制一组合适的标准液，由低浓度到高浓度，依次喷入原子化系统，分别测定其吸光度 A。以测得的吸光度为纵坐标，待测元素的含量或浓度 c 为横坐标，绘制 A-c 标准曲线

标准加入法：取相同体积的试样溶液两份，分别移入容量瓶 A 及 B 中，另取一定量的标准溶液加入 B 中，然后将两份溶液稀释至刻度，测出 A 及 B 两溶液的吸光度

灵敏度：当待测元素的浓度 c 或质量 m 改变一个单位时，吸光度 A 的变化量

检出限：是指产生一个能够确证在试样中存在某元素的分析信号所需要的该元素的最低含量

10.2　例题解析

【例 10-1】 某原子吸收分光光度计，对浓度为 3 μg·mL^{-1}的钙标准溶液进行测定，测得透光率为 48%，计算该原子吸收分光光度计对钙的灵敏度。

解： 吸光度 $A = \lg(1/T) = \lg 0.48 = 0.3188$

$$S = \frac{c \times 0.0044}{A} = \frac{3 \times 0.0044}{0.3188} = 0.041(\mu g \cdot mL^{-1}/1\%)$$

【例 10-2】 已知墨铸铁试样中 Mg 的含量为 0.02%，求其最适宜浓度测量范围为多少？欲制备试液 50 mL，应称取试样多少克？（已知 Mg 的灵敏度是 0.005 μg·mL^{-1}/1%）

解： 最适宜浓度测量范围为：

最低：$0.005 \times 25 = 0.125(\mu g \cdot mL^{-1})$

最高：$0.005 \times 120 = 0.6(\mu g \cdot mL^{-1})$

应称取试样重量的范围为：

最低：$\dfrac{50 \times 0.125 \times 10^{-6}}{0.02} \times 100 = 0.031(g)$

最高：$\dfrac{50 \times 0.6 \times 10^{-6}}{0.02} \times 100 = 0.15(g)$

一般称取试样 0.1～0.15 g 为宜。

【例 10-3】 用原子吸收分光光度法测定某试液中 Pb^{2+}的浓度。测定过程如下：取 5.00 mL 未知 Pb^{2+}试液，放入 50 mL 容量瓶中，稀释至刻度，测得吸光度为 0.275，另取 5.00 mL 未知液和 2.00 mL 50.0 $\times 10^{-6}$的 Pb^{2+}标准溶液，也放入 50 mL 容量瓶中稀释至刻度，测得吸光度为 0.650，试求未知液中 Pb^{2+}的浓度。

解： 本题使用的标准加入法，则 $c_x = \dfrac{A_x}{A_0 - A_x}c_0$

加入标准 Pb^{2+}溶液的浓度 $c_0 = \dfrac{2.00 \times 50.0 \times 10^{-6}}{50} = 2.00 \times 10^{-6}$

根据 $c_x = \dfrac{A_x}{A_0 - A_x}c_0$ 得

$$c'_x = \frac{0.275}{(0.650 - 0.275)} \times 2.00 \times 10^{-6} = 1.69 \times 10^{-6}$$

$$c_x = \frac{50}{5} \times c'_x = 10 \times 1.69 \times 10^{-6} = 1.69 \times 10^{-5}$$

即未知液中 Pb^{2+}的浓度是 1.69×10^{-5}。

【例 10-4】 用原子吸收分光光度法测定某试样中 K 的含量，称取样品 5.00 g 于 100 mL 容量瓶中，经适当溶剂溶解后，稀释至刻度。吸取不同体积的试液和标准 K$^+$溶液，均稀释到 50 mL，测得其吸光度如下，求试样中 K 的含量。

编号	试液体积（mL）	加入 10 μg·mL^{-1}的 K$^+$标准溶液的体积（mL）	吸光度
1	2	0	0.042
2	2	1	0.080
3	2	2	0.116
4	2	4	0.190

解：

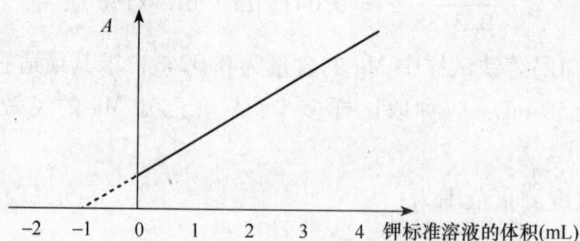

$$w(\mathrm{K}) = \frac{\dfrac{1.10 \times 10}{2} \times 100 \times 10^{-6}}{5.00} \times 100\% = 0.011\%$$

即试样中 K 的含量为 0.011%。

【例 10-5】 比较标准曲线法与标准加入法的优缺点。

答： 标准曲线法的优点是大批量样品测定非常方便。不足之处是对个别样品测定仍需配制标准系列，手续比较麻烦，特别是测定组成复杂的样品时，标准样的组成难与样品相近，基体效应差别较大，测定的误差较大，准确度欠佳。

标准加入法的优点在于可以最大限度地消除基体的影响（但不能消除背景吸收）。对成分复杂的少量样品测定、低含量成分分析，准确度较高。但对批量样品测定手续烦琐，不宜采用。

10.3　习题参考答案

1. 试说明原子吸收光谱法的基础及实际测量方法。

答：原子吸收光谱法是基于被测元素基态原子在蒸气状态对特定谱线（待测元素的特征谱线）的吸收作用进行定量分析。用电子从基态跃迁至第一激发态产生的吸收谱线，作为分析线，对样品的吸收进行分析。定量基础为朗伯－比耳定律，即测得的吸光度与原子蒸气中待测元素的基态原子数成线性关系。

实际测量的方法主要是标准曲线法和标准加入法。

2. 在原子吸收光谱法中，火焰的作用是什么？

答：火焰是原子吸收分析的原子化源和吸收池。样品在火焰温度和火焰的作用下，经过干燥、熔融、蒸发、解离、还原等过程，产生大量自由基态原子，进行分析。

3. 原子吸收光谱分析的光源应符合哪些条件？

答：原子吸收光谱分析的光源应符合：①能发射待测元素的共振线；②能发射锐线，即发射线的半宽度比吸收线的半宽度小得多；③发射光强度要足够大，稳定性好；④背景低，噪声小，寿命长。

4. 请画出单光束原子吸收分光光度计结构框图，并说明仪器各部分的作用。

答：光源 → 原子化系统 → 分光系统 → 检测系统

①光源，发射待测元素的特征光谱，供试样吸收用；②原子化系统，将试样中的待测元素转变为基态原子蒸气；③分光系统，将待测元素的共振线与邻近谱线分开；④检测系统，将经过原子蒸气吸收和分光系统分光后的微弱光信号转换为电信号，经过放大器放大后，可以在读数装置上显示出来。

5. 用原子吸收分光光度计测定浓度为 $2\ \mu g \cdot mL^{-1}$ 的镁（Mg）溶液的灵敏度时，测得其透光率为 55%，计算镁的特征浓度。

解：$A = -\lg T = -\lg 0.55 = 0.2596$

$$S = \frac{c \times 0.044}{A} = \frac{2 \times 0.044}{0.2596} = 0.3389(\mu g \cdot mL^{-1}/1\%)$$

6. 用标准加入法测定某样品水溶液中的 Cd，各取 20.0 mL 的未知液加入 5 个 50.0 mL 容量瓶中，再分别加入不同体积的 $10\ \mu g \cdot mL^{-1}$ 的 Cd 标准溶液，用水稀释至刻度，测其吸光度（已扣除空白值），有关数据见下表，计算样品中 Cd 的浓度。

样品	试液体积（mL）	加入标准溶液体积（mL）	吸光度
A	20.0	0.0	0.042
B	20.0	1.0	0.080
C	20.0	2.0	0.116
D	20.0	3.0	0.153
E	20.0	4.0	0.190

解：$c_s = 10\ \mu g \cdot mL^{-1}$

编号	$c_s = 10\ \mu g \cdot mL^{-1}$	A	$c(\mu g \cdot 50mL^{-1})$
A	0.0	0.042	0.0
B	1.0	0.080	10.0
C	2.0	0.116	20.0
D	3.0	0.153	30.0
E	4.0	0.190	40.0

$$K_1 = \frac{0.080 - 0.042}{10.0 - 0.0} = 0.0038 \quad K_2 = \frac{0.116 - 0.080}{20.0 - 10.0} = 0.0036$$

$$K_3 = \frac{0.153 - 0.116}{30.0 - 20.0} = 0.0037 \quad K_4 = \frac{0.190 - 0.153}{40.0 - 30.0} = 0.0037$$

$$\overline{K} = \frac{K_1 + K_2 + K_3 + K_4}{4} = \frac{0.0038 + 0.0036 + 0.0037 + 0.0037}{4} = 0.0037$$

$A = Kc + 0.042 \quad A = 0 \quad c = 0.088(\mu g \cdot 50mL^{-1})$

$c(Cd) = 4.4 \times 10^{-3}(\mu g \cdot mL^{-1})$

10.4 自测题

一、选择题

1. 原子吸收光谱是由下列哪种粒子产生的？（ ）。
（A）固体物质中原子的外层电子
（B）气态物质中基态原子的外层电子
（C）气态物质中激发态原子的外层电子
（D）气态物质中基态原子的内层电子

2. 原子吸收分析中光源的作用是（ ）。
（A）提供试样蒸发和激发所需的能量 （B）产生紫外光
（C）发射待测元素的特征谱线 （D）产生具有足够浓度的散射光

3. 非火焰原子吸收法的主要优点为（ ）。
（A）谱线干扰小 （B）稳定性好
（C）背景低 （D）试样用量少

4. 原子吸收分光光度计的分光系统由一系列部件组成，其中关键的部件是（ ）。
（A）入射狭缝 （B）平面反射镜
（C）色散元件 （D）出射狭缝

5. 原子吸收分光光度分析法是：基于从光源辐射的待测元素的特征谱线的光，通过样品的蒸气时，被蒸气中待测元素的（ ）吸收，然后由辐射特征谱线光被减弱的程度，来测定样品中待测元素的含量。
（A）原子 （B）激发态原子 （C）分子 （D）基态原子

6. 空心阴极灯的构造是（ ）。
（A）待测元素做阴极，内充低压惰性气体
（B）待测元素做阳极，钨棒做阴极，内充氧气
（C）待测元素做阴极，钨棒做阳极，灯内抽真空
（D）待测元素做阴极，钨棒做阳极，内充低压惰性气体

7. 在原子吸收分光光度法中，测定元素的灵敏度、准确度及干扰等，在很大程度上取决于（ ）。
（A）空心阴极灯 （B）原子化系统 （C）分光系统 （D）检测系统

8. 在火焰原子化过程中，下列哪一个化学反应是不可能发生的？（ ）
（A）电离 （B）化合 （C）还原 （D）聚合

9. 在推导吸光度与待测元素浓度呈线性关系时，下列假设中，哪一点是错误的？（ ）

（A）吸收线的宽度主要取决于多普勒变宽

（B）基态原子数近似等于总原子数

（C）通过吸收层的辐射强度在整个吸收光程内是恒定的

（D）在任何吸光度范围内都合适

10. 用原子吸收分光光度法测定钙时，加入 EDTA 是为了消除下述哪种物质的干扰？（　　）

（A）磷酸　　　　　（B）硫酸　　　　　（C）镁　　　　　（D）钾

11. 在原子吸收分光光度法中，标准加入法可以消除下述哪种干扰？（　　）

（A）高浓度盐类对喷雾器的影响　　　　（B）背景的影响

（C）其他谱线的干扰　　　　　　　　　（D）高浓度盐类产生的化学反应

二、填空题

1. 空心阴极灯是一种_____光源，它的发射光源具有_____的特点。当灯电流升高时，由于_____的影响，导致谱线轮廓_____，测量灵敏度_____，工作曲线_____，灯寿命_____。

2. 在原子吸收光谱法中，当吸收为 1% 时，其吸光度（A）为_____。

3. 原子吸收分光光度分析中，是利用处于基态的待测原子蒸气，对从光源辐射的_____的吸收来进行分析的。

4. 电子从基态跃迁到第一激发态时所产生的吸收谱线称为_____，由于各种元素的原子结构和外层电子排布不同，不同元素的原子从基态激发至第一激发态时，吸收的能量不同，因而这种吸收线是元素的_____。

5. 在所有情况下，原子对辐射的吸收都是有选择性的，这种选择性是由原子的_____决定的。

6. 原子吸收谱线的轮廓，其特征频率是由_____决定的。

7. 原子吸收分析定量测定的基础是_____，这是在假定_____和_____的情况下进行的。

8. 原子吸收分光光度计主要由_____、_____、_____和_____组成。

9. 空心阴极灯的光强度与灯的_____有关。增大灯的_____，可以增加发射强度，但过大会降低灯的使用寿命。

10. 原子化系统的作用是将试样中的待测元素转变成_____。使试样原子化的方法有_____法和_____法两种。

11. 石墨炉原子化器在使用时，为了防止试样及石墨管氧化，要不断地通入_____；测定时分_____、_____、_____和_____ 4 个阶段。

12. 原子吸收分光光度计中单色器的作用是将待测元素的_____与邻近谱线分开。

13. 检测器的作用是将单色器分出的光信号进行_____转换。

14. 标准曲线法在实际分析时，有时出现标准曲线弯曲的现象。当待测元素浓度较高时曲线向_____坐标弯曲。

15. 标准加入法能消除_____带来的影响，但不能消除_____的影响。只有在扣除了_____之后，才能得到待测元素的真实含量。

16. 原子吸收分析中的干扰主要有_____、_____和_____等。

17. 在原子吸收分光光度分析中，灵敏度指当待测元素的浓度或质量改变一个单位时_____的变化量。通常用_____或_____来表征灵敏度。

18. 原子吸收分光光度法与分光光度法，其共同点都是利用_____原理进行分析，均为_____光谱。二者的不同点是，前者是_____光谱，后者是_____光谱；所用的光源，前者是_____，后者是_____。所用的单色器，前者在_____和_____之间，后者在_____和_____之间。

三、判断题

1. 原子吸收光谱的产生是基于原子对待测元素特征谱线的吸收。　　（　　）

2. 原子吸收分光光度法定量的前提假设之一是：基态原子数近似等于总原子数。　　（　　）

3. 原子分光光度计的组成为：光源、分光系统、原子化系统和检测系统。
　　（　　）

4. 原子吸收分光光度计中所用的光源为钨灯。　　（　　）

5. 原子化器的作用是使各种形式的样品游离出一定的基态原子。　　（　　）

6. 在原子吸收分光光度法中，如果待测元素与共存物生成难挥发性的化合物，则会产生负误差。　　（　　）

7. 灵敏度是指能产生 1% 透光率所需要的被测定元素溶液的浓度。　　（　　）

8. 原子吸收光谱是由气态物质中激发态原子的外层电子跃迁产生的。　　（　　）

9. 在原子吸收分光光度法中，原子吸收光谱的产生是基于原子对波长的吸收。
　　（　　）

10. 原子吸收分光光度计中所用的光源为连续光源。　　（　　）

11. 无火焰原子化器的灵敏度要低于火焰原子化器。　　（　　）

12. 在原子吸收分光光度分析中，当光吸收为 1% 时，其吸光度 (A) 为 0.044。
　　（　　）

四、计算题

1. $0.004\ \mu g \cdot mL^{-1}$ 的镁溶液，在原子吸收分光光度计上测得透光度为 28.2%，试计算镁元素的特征浓度。

2. 原子吸收分光光度法测定某元素的特征浓度为 $0.005\ \mu g \cdot mL^{-1}/1\%$ 吸收，为使测量误差最小，需要得到 0.434 的吸收值，求在此情况下待测溶液的浓度。

3. 欲测定血清中的含 Mg 量，测定过程如下：使用 285.2 nm 共振线，用配制的一系列镁标准溶液测定，得到了下列数据：

Mg^{2+} 的浓度（μg·mL^{-1}）	吸光度 A	Mg^{2+} 的浓度（μg·mL^{-1}）	吸光度 A
0	0.000	0.6	0.236
0.2	0.079	0.8	0.318
0.4	0.161	1.0	0.398

取血清 5 mL，用水稀释 50 倍，在同样条件测得其吸光度为 0.258. 求血清中 Mg 的含量。

4. 下面是用镍的标准溶液测得的原子吸光分析值：

c（Ni^{2+}）（10^{-6}）	透光率（T）（%）	c（Ni^{2+}）（10^{-6}）	透光率（T）（%）
2	62.4	8	17.6
4	39.8	10	12.3
6	26.0		

问：（1）是否符合朗伯 – 比耳定律？

（2）测得未知溶液的透光率为 32.3%，求镍的浓度。

5. 用火焰原子化法测定尿液中 Zn^{2+} 的浓度。首先将尿液用去离子水稀释一倍，测得吸光度是 0.250。然后将 10 mL 稀释的尿液与 10.00 mL 4.0 μg·mL^{-1} 的 Zn^{2+} 标准溶液混合，测得吸光度为 0.380。计算尿液中 Zn^{2+} 的浓度。

10.5　自测题参考答案

一、选择题
1. B　2. C　3. D　4. C　5. D　6. D　7. B　8. D　9. D　10. A　11. A

二、填空题
1. 线性　曲线窄、强度大　自然变宽、热变宽　变宽　下降　线性关系变差　变短

2. 0.0044

3. 共振线

4. 共振吸收线　特征谱线

5. 能级结构

6. 原子能级

7. 吸光度与浓度成正比　火焰宽度一定　浓度范围一定

8. 光源　原子化系统　分光系统　检测系统

9. 工作电流　工作电流

10. 原子蒸气　火焰原子化　无火焰原子化

11. 惰性气体　干燥　灰化　原子化　净化除残

12. 共振线

13. 光电

14. 浓度

15. 基体效应　背景吸收　背景

16. 谱线干扰　物理干扰　化学干扰

17. 吸光度　特征浓度　特征质量

18. 吸收　电子　原子　分子　锐线光源　连续光源　连续光源　样品池　原子化系统　检测系统

三、判断题

1. √　2. √　3. ×　4. √　5. ×　6. √　7. ×　8. ×　9. ×　10. ×　11. ×

12. ×

四、计算题

1. 0.004 $\mu g \cdot mL^{-1}$/1%

2. 0.493 $\mu g \cdot mL^{-1}$

3. 31.4 $\mu g \cdot mL^{-1}$

4. 是；5.58 $\times 10^{-6}$

5. 3.92 $\mu g \cdot mL^{-1}$

第11章 模拟题及参考答案

模 拟 题 一

一、选择题（将正确答案前面的字母填在题后括号内）

1. 测得某有机酸的 pK_a^{θ} 值为12.35，其 K_a^{θ} 值应表示为（　　）。

(A) 4.467×10^{-13} (B) 4.47×10^{-13}

(C) 4.5×10^{-13} (D) 4×10^{-13}

2. 相同重量的 $KHC_2O_4 \cdot H_2C_2O_4 \cdot 2H_2O$ 标定 $0.1 \ mol \cdot L^{-1}$ NaOH 和 $0.1 \ mol \cdot L^{-1} \ c(1/5KMnO_4)$ 的酸性溶液，反应完全时，消耗的体积为 $V(NaOH)$ 和 $V(KMnO_4)$，则此二者的关系是（　　）。

(A) $V(NaOH) = V(KMnO_4)$ (B) $V(NaOH) = 2V(KMnO_4)$

(C) $V(NaOH) = \dfrac{3}{4} V(KMnO_4)$ (D) $V(NaOH) = \dfrac{2}{3}V(KMnO_4)$

3. 用标准碱溶液滴定 HAc 含量时，若选用甲基红为指示剂，则结果（　　）。

(A) 偏高   (B) 偏低

(C) 无误差   (D) 误差符合要求

4. 下列各物质的含量可选用何种方法测定：（1）饮料中的微量铁（　　）；（2）饮用水的硬度（　　）。

(A) 重铬酸钾法   (B) 莫尔法

(C) 配位滴定法   (D) 吸光光度法

5. 碱式滴定管气泡未赶出，滴定过程中气泡消失，会导致（　　）。

(A) 滴定体积减小

(B) 滴定体积增大

(C) 若为标定 NaOH 浓度，会使标定的浓度减少

(D) 对滴定无影响

6. 在 $c(H^+) = 1.0 \ mol \cdot L^{-1}$ 的介质中，用 $0.1000 \ mol \cdot L^{-1}$ $KMnO_4$ 标准溶液滴定 $20.00 \ mL \ 0.1000 \ mol \cdot L^{-1} \ Fe^{2+}$，达到计量点时，溶液的电极电势应为（　　）。[已知：$\varphi^{\theta}(Fe^{3+}/Fe^{2+}) = 0.771 \ V$，$\varphi^{\theta}(MnO_4^-/Mn^{2+}) = 1.51 \ V$]

(A) 1.39 V   (B) 1.14 V   (C) 0.38 V   (D) 0.416 V

7. 在直接碘量法中加入淀粉指示剂的时间是（　　）。

(A) 滴定前   (B) 滴定开始一段时间后

(C) 临近终点时   (D) 滴定至碘的颜色出现

8. 符合朗伯 – 比耳定律的有色溶液，当浓度改变时（　　　）。

（A）最大吸收波长改变，吸光度不变

（B）吸光度改变，透光率不变

（C）最大吸收波长不变，吸光度改变

（D）最大吸收波长、吸光度、透光率均改变

9. 用 $KMnO_4$ 滴定 Fe^{2+} 时，Cl^- 的氧化被加快，这种现象称做（　　　）。

（A）催化反应　　　　（B）自动催化反应　　　（C）氧化反应　　　　（D）诱导反应

10. 含 $NaOH$ 和 Na_2CO_3 混合液，用 HCl 滴定至酚酞变色，消耗 V_1 mL，继续以甲基橙为指示剂滴定又消耗 V_2 mL，则 V_1 与 V_2 的关系是（　　　）。

（A）$V_1 = V_2$　　　　（B）$V_1 > V_2$　　　　（C）$V_1 < V_2$　　　　（D）$V_1 = 2V_2$

11. 下列有关指示剂误差的叙述中正确的是（　　　）。

（A）以 $NaOH$ 溶液滴定 HCl 溶液时，用甲基橙作指示剂所引起的指示剂误差为正误差

（B）以 $NaOH$ 溶液滴定 HCl 溶液时，用酚酞作指示剂所引起的指示剂误差为负误差

（C）以 $FeSO_4$ 溶液滴定 Ce^{4+}（$\varphi_{eq} = 1.06$ V）溶液时，用邻苯氨基苯甲酸（$\varphi^{\theta} = 0.89$ V）作指示剂所引起的指示剂误差为正误差

（D）以 $KMnO_4$ 溶液滴定 $FeSO_4$ 溶液时，$KMnO_4$ 本身为指示剂所引起的指示剂误差为正误差

12. 对 EDTA 滴定法中所用金属离子指示剂，要求它与被测金属离子形成的配合物的 $K_{f(MIn)}^{\theta'}$（　　　）。

（A）$> K_f^{\theta'}(MY)$　　　（B）$< K_f^{\theta'}(MY)$　　　（C）$\approx K_f^{\theta'}(MY)$　　　（D）$\geqslant 10^{-8}$

13. 莫尔法测定 Cl^- 含量时要求介质 pH = 6.5～10.5，若酸度过高，则（　　　）。

（A）$AgCl$ 沉淀不完全　　　　　　　（B）$AgCl$ 易胶溶

（C）$AgCl$ 沉淀吸附 Cl^- 增强　　　　（D）Ag_2CrO_4 沉淀不易形成

14. 下面对酸效应曲线的应用叙述不正确的是（　　　）。

（A）确定某金属离子单独滴定时的最高酸度

（B）判断滴定某一金属离子时哪些离子有干扰

（C）用于选择滴定方式

（D）判断是否可利用控制酸度进行分别滴定

15. 以铁铵矾为指示剂，用标准溶液滴定时，应在下列哪种条件下进行（　　　）。

（A）酸性　　　　　（B）弱酸性　　　　　（C）碱性　　　　　（D）中性

二、填空题（将正确答案填在横线上）

1. 酸碱指示剂的理论变色点是_____，理论变色范围是_____，酸碱滴定曲线主要研究_____的改变情况；而氧化还原指示剂的理论变色点是_____，理论变色范围是_____，氧化还原滴定曲线主要研究_____的改变情况。

2. 准确度是_____与_____之间的符合程度，它可用_____来表示。

3. 完成下表：

滴定方法	酸碱滴定法	配位滴定法	高锰酸钾法	滴定碘法
测定对象	HAc	总硬度	草酸	Cu^{2+}
标准溶液				
指示剂				
溶液酸碱性	无外加酸碱			酸性

4. 在吸光光度分析中，为了提高测定的准确度和灵敏度，一般应选择_____波长的入射光照射待测溶液，并控制吸光度 A 值在_____范围，透光率 T 值在_____范围内最佳。为此，可采用_____和_____的方法来调节 A 和 T 的大小。

5. 用 $0.10\ mol \cdot L^{-1}$ NaOH 滴定 $0.10\ mol \cdot L^{-1}$ 某三元酸能形成_____个突跃，分_____步进行滴定，可选用的指示剂为_____。（已知 $K_{a_1}^{\theta} = 5.6 \times 10^{-3}$，$K_{a_2}^{\theta} = 1.7 \times 10^{-7}$，$K_{a_3}^{\theta} = 2.9 \times 10^{-12}$）

6. 称取纯 $K_2Cr_2O_7$ 5.8836 g，配制成 100 mL 溶液，则此溶液中：

$c(K_2Cr_2O_7) =$ _____ $mol \cdot L^{-1}$；$c(1/6K_2Cr_2O_7) =$ _____ $mol \cdot L^{-1}$；

$T(K_2Cr_2O_7/Fe) =$ _____ $g \cdot mL^{-1}$；$T(K_2Cr_2O_7/Fe_2O_3) =$ _____ $g \cdot mL^{-1}$。

$[M(Fe) = 55.85,\ M(K_2Cr_2O_7) = 294.18,\ M(Fe_2O_3) = 159.69]$

7. 有色物质溶液的光吸收曲线是以_____为横坐标，以_____为纵坐标绘制；而工作曲线是以_____为横坐标，以_____为纵坐标绘制。

8. 用 EDTA 标准溶液滴定 $0.01\ mol \cdot L^{-1} Mg^{2+}$，其 $lgK_f^{\theta'}(MgY^{2-})$ 为_____，此滴定_____（能否）准确进行。[已知 $lgK_f^{\theta}(MgY^{2-}) = 8.69$，pH = 5 时 $lg\alpha_{Y(H)} = 6.45$]

9. 影响强酸弱碱滴定曲线突跃范围的因素为_____和_____。

10. 光电比色分析法和分光光度法中选择入射光波长是依据_____，在无其他物质干扰的情况下，一般选择_____作入射光。

三、判断题（正确的画"√"，错误的画"×"）

1. 用 $K_2Cr_2O_7$ 滴定 Fe^{2+} 时，以二苯胺磺酸钠作指示剂，为控制溶液酸度，需加入 H_3PO_4 溶液。（　　）

2. 显色反应的灵敏度越高，它的选择性就越好。（　　）

3. 佛尔哈德法是在碱性溶液中，以 K_2CrO_4 为指示剂进行测定的一种银量滴定法。（　　）

4. 采用控制酸度的方法可提高配位滴定的选择性。（　　）

5. 从光吸收曲线可看出，最大吸收波长 λ_{max} 的大小与物质的种类和浓度有关。

（　　）

6. 在直接电势法中，由实验直接测得的结果是指示电极的电极电势。（　　）

7. 增加平行测定次数，可提高分析结果的准确度。（　　）

8. 在 MnO_4^- 与 $C_2O_4^{2-}$ 的反应中，由于生成 Mn^{2+}，使反应速率加快，这种现象叫做诱导效应。（　　）

9. 参比电极必须具备的条件是只对特定离子有响应。（　　）

10. 由于滴定剂体积测不准，使结果产生的误差称为终点误差。（　　）

四、计算题

1. 为测定 $SrCrO_4$ 的 K_{sp}^θ，将新制得的纯 $SrCrO_4$ 沉淀与蒸馏水共振，达平衡后过滤，移取滤液 25 mL，酸化，加入过量 KI，析出的 I_2 消耗掉 $0.05002\ mol \cdot L^{-1}$ $Na_2S_2O_3$ 7.04 mL，计算 $SrCrO_4$ 的 K_{sp}^θ。

2. 将钙离子选择性电极和饱和甘汞电极置于 100 mL Ca^{2+} 试液中组成原电池，测得电池电动势为 0.415 V；加入 2 mL 浓度为 $0.218\ mol \cdot L^{-1}$ 的标准溶液后测得电池电动势为 0.430 V，计算 Ca^{2+} 的浓度。

3. 用吸光光度法测定试样中含铁量。吸取 5.00 mL 试样稀释至 250.0 mL，然后吸取此稀释液 2.00 mL，置于 50.0 mL 的容量瓶中定容，测得吸光度 $A = 0.550$，求试样中铁的含量为多少？（已知显色时，标准溶液浓度为 $5.0\ mg \cdot L^{-1}$，吸光度 $A = 0.480$，显色条件与试液显色条件相同）

4. 欲测定奶粉中蛋白质的含量，称取试样 1.000 g 放入蒸馏瓶中，加入 H_2SO_4 加热消化使蛋白质中的 $-NH_2$ 转化为 NH_4HSO_4，然后加入浓 NaOH 溶液，加热将蒸出的 NH_3 通入硼酸溶液中吸收，以甲基红作指示剂，用 $0.1000\ mol \cdot L^{-1}$ HCl 滴定，消耗 23.68 mL，求奶粉中蛋白质的含量。［已知牛奶中蛋白质的平均含氮量为 15.7%（质量分数）］

5. 请完成"白酒总醛量测定"方案设计。

模 拟 题 二

一、选择题（将正确答案前面的字母填在题后括号内）

1. 莫尔法适用于测 Cl^-，但不适用于测 I^-，其原因是（　　）。

(A) $K_{sp}^{\theta}(AgI) < K_{sp}^{\theta}(AgCl)$　　　　　(B) I^- 不稳定，易被氧化

(C) AgI 对溶液中的 I^- 有强烈的吸附作用　(D) 无合适的指示剂

2. 吸光度与透光率的关系为（　　）。

(A) $A = 1/T$　　　　　　　　　　(B) $A = \lg T^{-1}$

(C) $A = -\lg T$　　　　　　　　　(D) $A = 2 - \lg 100T$

3. 以 $NH_4Fe(SO_4)_2 \cdot 12H_2O$ 为指示剂，用 NH_4SCN 标准溶液滴定 Ag^+ 时，应在下列哪种条件下进行。（　　）

(A) 酸性　　　　(B) 弱酸性　　　　(C) 碱性　　　　(D) 弱碱性

4. 某酸碱指示剂的 $K_a^{\theta}(HIn) = 1.0 \times 10^{-5}$，从理论上推断其变色范围为（　　）。

(A) 4～5　　　(B) 5～6　　　(C) 4～6　　　(D) 5～7

5. 用同浓度的 NaOH 溶液分别滴定相同体积的 HNO_3 和 H_2SO_4，消耗 NaOH 的体积数相同，说明（　　）。

(A) 两种酸的电离度相同　　　　　(B) HNO_3 无氧化性

(C) H_2SO_4 浓度是 HNO_3 的一半　　(D) HNO_3 浓度是 H_2SO_4 的一半

6. $KMnO_4$ 法测 Ca^{2+} 时，可采用的指示剂是（　　）。

(A) 淀粉　　　　(B) 二苯胺磺酸钠　　(C) 高锰酸钾　　(D) 铬黑 T

7. 物质的量浓度是指（　　）。

(A) 单位体积的溶液中所含溶质的质量

(B) 单位质量的溶液中所含溶质的质量

(C) 单位质量的溶液中所含溶质的物质的量

(D) 单位体积的溶液中所含溶质的物质的量

8. 某试样可能含有 H_3PO_4、NaH_2PO_4 或 Na_2HPO_4，以甲基橙为指示剂，用 NaOH 标准溶液滴定消耗 V_1 mL，再以酚酞为指示剂，用 NaOH 标准溶液继续滴定，消耗 V_2 mL，已知 $V_1 = V_2$，则试样的组成为（　　）。

(A) $H_3PO_4 + NaH_2PO_4$　　　　　(B) $H_3PO_4 + Na_2HPO_4$

(C) NaH_2PO_4　　　　　　　　　(D) H_3PO_4

(E) $NaH_2PO_4 + Na_2HPO_4$

9. 下面论述中正确的是（　　）。

(A) 精密度高，准确度一定高

(B) 准确度高，精密度一定高

(C) 分析中，首先要求准确度，其次才是精密度

(D) 精密度高，系统误差一定小

10. NaHCO$_3$ 水溶液的质子等衡式是 ( )。

(A) $[H^+] + [HCO_3^-] = [H_2CO_3] + [CO_3^{2-}] + [OH^-]$

(B) $[H^+] = [CO_3^{2-}] + [OH^-]$

(C) $[H^+] + 2[H_2CO_3] = [CO_3^{2-}] + [OH^-]$

(D) $[H^+] + [H_2CO_3] = [CO_3^{2-}] + [OH^-]$

11. 间接碘量法中误差的主要来源有 ( )。

(A) I^- 容易挥发   (B) I^- 容易生成 I_3^-

(C) I^- 容易氧化   (D) I_2 容易挥发

12. 在直接电势法中，由实验直接测得的结果是 ( )。

(A) 指示电极的电极电势   (B) 参比电极的电极电势

(C) 原电池的电流   (D) 原电池的电动势

13. 符合朗伯 – 比耳定律的有色溶液稀释时，其最大吸收峰波长位置( )。

(A) 向长波方向移动   (B) 向短波方向移动

(C) 不移动，但高峰值降低   (D) 不移动，但高峰值增大

14. 对于反应速度较慢的反应，可采用下列哪种方法进行 ( )。

(A) 返滴定   (B) 间接滴定

(C) 置换滴定   (D) 使用催化剂

15. 有色物质的摩尔吸光系数与下列因素中有关系的是 ( )。

(A) 比色皿厚度   (B) 有色物质溶液浓度

(C) 吸收池材料   (D) 入射光波长

二、填空题 （将正确答案填在横线上）

1. 金属指示剂在使用时常遇到的问题是 _____、_____ 和 _____。

2. 用莫尔法测定食盐含量时，所依据的化学反应是 _____，采用的指示剂是 _____，应控制的溶液 pH 为 _____。

3. 完成下表：

滴定方法	酸碱滴定	配位滴定	氧化还原滴定	沉淀滴定
滴定曲线研究内容				
影响突跃范围因素				

4. 吸光度随入射光波长变化的曲线叫 _____；吸光度随溶液浓度变化的曲线称为 _____。

5. 滴定分析对化学反应的要求是：_____，_____，_____，_____。

6. 用 KMnO$_4$ 法测定还原性物质，一般要在强酸介质中进行，是因为 _____。

7. 在 HCl 介质中，用 KMnO$_4$ 标准溶液测定 Fe^{2+} 时，由于 _____ 效应，而

使测定结果_____。

8. 凡是电对的电极电势大于 $\varphi^{\theta}(I_2/I^-)$ 的氧化性物质可采用_____法进行测定，在此方法中加入过量 KI 的作用是_____、_____和_____。

9. 分光光度计的主要部件有_____、_____、_____、_____和_____。

10. 直接电势法测定溶液的 pH，常采用_____电极为参比电极，其电极电势取决于电极内部溶液中_____的浓度，电极反应为_____。

三、判断题（正确的画"√"，错误的画"×"）

1. 用 $K_2Cr_2O_7$ 滴定 Fe^{2+} 时，加入 H_3PO_4 为酸介质，以提高 $K_2Cr_2O_7$ 的氧化能力。　　　　　　　　　　　　　　　　　　　　　　（　　）

2. 吸光光度法中，有色溶液的浓度与吸光度成正比关系。　　　（　　）

3. 配位滴定法中，须使溶液的酸度比测定该离子所允许的最高酸度高。（　　）

4. 用 $KMnO_4$ 滴定 $C_2O_4^{2-}$ 时（$C_2O_4^{2-}$ 溶液预先加热 70～80℃），最初反应速度很慢，随后才渐渐加快，这是因为随着 $KMnO_4$ 滴入，$KMnO_4$ 溶液不断增加，而使反应速率加快的缘故。　　　　　　　　　　　　　　　　　　（　　）

5. 0.1 mol·L^{-1} 的 HCl 溶液能滴定 0.1 mol·L^{-1} 的 NaAc 溶液，是因为 $K_a^{\theta}(HAc) = 1.8 \times 10^{-5}$，满足 $c \cdot K_a^{\theta} \geqslant 10^{-8}$。　　　　　　（　　）

6. 有效数字是指分析工作中实际能测量到的数字，每一位都是准确的。（　　）

7. 玻璃电极的不对称电势可以通过使用前在溶液中浸泡消除。　（　　）

8. 某有色溶液，当其浓度不同时，最大吸收波长 λ_{max} 不同。　（　　）

9. 用双指示剂法测定混合碱，若消耗的滴定剂（同一标液）体积 $V_1 > V_2 > 0$，则该样品为 Na_2CO_3 和 $NaHCO_3$ 的混合物。　　　　　　　（　　）

10. 以 $AgNO_3$ 标准溶液滴定 NaCl 时，K_2CrO_4 多加了一些，会产生负误差。
　　　　　　　　　　　　　　　　　　　　　　　　　　　（　　）

四、计算题

1. 100.26 mL $KMnO_4$ 溶液所氧化的 $KHC_2O_4 \cdot H_2O$ 的质量需 43.42 mL 0.3010 mol·L^{-1} NaOH 溶液中和，求 $c(KMnO_4)$。

2. 称取 0.1005 g 纯 $CaCO_3$，溶解后，在 100 mL 容量瓶中定容，取出 25.00 mL，在 pH = 10 时，以铬黑 T 为指示剂，用 EDTA 标准溶液滴定，消耗 24.90 mL。

计算：（1）EDTA 标准溶液物质的量浓度（mol·L^{-1}）；

（2）每毫升 EDTA 相当于 ZnO 及 Fe_2O_3 的克数。

3. （1）称取 1.2597 g 试样，经处理后定容至 100 mL，取 10.00 mL 在 50 mL 容量瓶中显色定容。

（2）标准磷溶液浓度为 1.5 mg·L^{-1}，吸取 5 mL 标准溶液于 50 mL 容量瓶中显色定容。

（3）用分光光度计测得：标准溶液吸光度为 0.150，试液吸光度为 0.300。

求试样中磷的质量分数。

4. 甲酸 HCOOH 和 H_2SO_4 混合酸水溶液中，要测定各自的浓度，取此混合液 25.00 mL，用浓度为 0.1025 $mol \cdot L^{-1}$ 的 NaOH 溶液滴定至终点，消耗 26.34 mL；另取试液 25.00 mL，加入 0.02541 $mol \cdot L^{-1}$ 的 $KMnO_4$ 强碱性溶液 50.00 mL 充分反应后，调节溶液至酸性，滤去 MnO_2，滤液用 0.1024 $mol \cdot L^{-1}$ 的 Fe^{2+} 标准溶液滴定至终点，消耗 20.49 mL。主要反应：

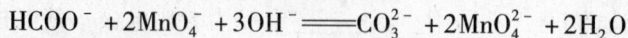

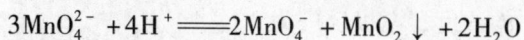

$$HCOO^- + 2MnO_4^- + 3OH^- =\!=\!= CO_3^{2-} + 2MnO_4^{2-} + 2H_2O$$

$$3MnO_4^{2-} + 4H^+ =\!=\!= 2MnO_4^- + MnO_2 \downarrow + 2H_2O$$

计算各种酸的浓度。

5. 请完成"混合碱 Na_3PO_4 和 Na_2CO_3 中两组分的测定"方案设计。

模 拟 题 三

一、选择题（将正确答案前面的字母填在题后括号内）

1. 莫尔法测定 Cl^-，所用标准溶液、滴定的 pH 条件和应选择的指示剂分别是（　　）。

（A）$AgNO_3$、碱性、$K_2Cr_2O_7$　　　　　（B）KSCN、弱碱性、$K_2Cr_2O_7$

（C）$AgNO_3$、中性弱碱性、K_2CrO_4　　　（D）$AgNO_3$、中性弱酸性、K_2CrO_4

2. 重铬酸钾法中加入 H_2SO_4-H_3PO_4 混酸的作用是（　　）。

（A）提供必要的酸度　　　　　　　　　（B）掩蔽 Fe^{3+}

（C）提高 φ（Fe^{3+}/Fe^{2+}）　　　　　（D）降低 φ（Fe^{3+}/Fe^{2+}）

3. 间接碘量法中正确使用淀粉指示剂的做法是（　　）。

（A）滴定开始就应加入指示剂

（B）为使指示剂变色灵敏应适当加热

（C）指示剂须终点时加入

（D）指示剂须在接近终点时加入

4. 玻璃电极使用前，需要（　　）。

（A）在酸性溶液中浸泡 1 h　　　　　　　（B）在碱性溶液中浸泡 1 h

（C）在水溶液中浸泡 24 h　　　　　　　（D）测量的 pH 不同，浸泡溶液不同

5. 在酸性溶液中，用 $KMnO_4$ 溶液滴定 $Na_2C_2O_4$，滴定应（　　）。

（A）像酸碱滴定那样快速进行

（B）开始缓慢，以后逐渐加快，再减慢

（C）始终缓慢地进行

（D）开始时快，然后缓慢

6. 影响条件电势的因素有（　　）。

（A）溶液的离子强度　　　　　　　　　（B）溶液中有配位体存在

（C）待测离子浓度　　　　　　　　　　（D）溶液的 pH（H^+ 不参加反应）

7. 测定亚铁盐中的铁可采用的化学分析方法有（　　）。

（A）莫尔法　　　　　　　　　　　　　（B）佛尔哈德法

（C）氧化还原滴定法　　　　　　　　　（D）EDTA 滴定法

8. 用同一 NaOH 溶液分别滴定体积相同的 H_2SO_4 和 HAc，消耗的体积相等，说明 H_2SO_4 和 HAc 两溶液中的（　　）。

（A）氢离子浓度相等　　　　　　　　　（B）H_2SO_4 和 HAc 的浓度相等

（C）H_2SO_4 的浓度为 HAc 浓度的 1/2　　（D）H_2SO_4 和 HAc 的电离度相等

9. 分光光度法与普通比色法的不同点是（　　）。

（A）光源不同　　　　　　　　　　　　（B）工作范围不同

（C）检测器不同　　　　　　　　　　　（D）获得单色光方法不同

10. 下列表达式正确的是（　　）。

（A）$c(1/5KMnO_4)=5c(KMnO_4)$　　　（B）$5c(1/5KMnO_4)=c(KMnO_4)$

（C）$c(1/5KMnO_4)=c(KMnO_4)$　　　（D）$c(1/5KMnO_4)=25c(KMnO_4)$

11. 有 A、B 两份不同浓度的有色物质溶液，A 溶液用 1.0 cm 吸收池，B 溶液用 2.0 cm 吸收池，在同一波长下测得的吸光度数值相等，则它们的浓度关系为（　　）。

（A）A 是 B 的 1/2　　　（B）A 等于 B

（C）B 是 A 的 4 倍　　　（D）B 是 A 的 1/2

12. 以下哪些试样的测定属于返滴定方式的是（　　）。

（A）EDTA 测 Cu^{2+}　　　（B）$KMnO_4$ 测 Ca^{2+}

（C）$K_2Cr_2O_7$ 测 COD　　　（D）佛尔哈德法测 Br^-

13. 氟离子选择电极对氟离子具有较高的选择性是由于（　　）。

（A）只有 F^- 能透过晶体膜　　　（B）F^- 能与晶体膜进行离子交换

（C）由于 F^- 体积较小　　　（D）只有 F^- 能被吸附在晶体膜上

14. 某有色溶液的透光率为 40.0%，则其吸光度为（　　）。

（A）0.398　（B）0.3979　（C）0.40　（D）0.400　（E）0.4000

15. 佛尔哈德法测 Cl^-，防止测定结果偏低的措施有（　　）。

（A）使反应在酸性中进行　　　（B）加入硝基苯

（C）避免 $AgNO_3$ 加入过量　　　（D）适当增加指示剂用量

二、填空题（将正确答案填在横线上）

1. EDTA 是_____元酸，在酸性溶液中相当于_____元酸，有_____种存在形体，这是由于_____能接受质子。

2. 滴定分析有不同的滴定方式，除了_____这种基本方式外，还有_____、_____、_____等，以扩大滴定分析法的应用范围。

3. $(NH_4)_2CO_3$ 水溶液写出质子等衡式时选择_____和_____作为零水准，质子等衡式为_____。

4. 氧化还原滴定用指示剂分为_____指示剂、_____指示剂和_____指示剂，后者以_____为指示剂。

5. 终点误差是由于_____与_____不完全一致造成的，终点误差的大小，其意义主要在于：（1）判断分析结果的_____；（2）衡量_____。

6. 标定 $KMnO_4$ 溶液时，溶液温度应保持在 75～85℃，温度过高会使_____部分分解，酸度太低会产生_____，使反应及计量关系不准。在热的酸性溶液中 $KMnO_4$ 滴定过快，会使_____发生分解。

7. 将下列数字分别修约为三位有效数字：

（1）7.3450 _____；　（2）7.3452 _____；　（3）7.3350 _____；（4）7.3349 _____。

8. 用佛尔哈德法的返滴定法测定，应加入_____，以防止_____转化为_____沉淀。

9. 朗伯 – 比耳定律：$A = abc$，当 c 的单位为_____、b 的单位为_____时，以符号_____表示，称为_____。

10. 玻璃电极的内参比电极为_____，内参比溶液为浓度一定的_____溶液。电极使用前需要_____，主要的目的是使_____值固定。

三、判断题（正确的画"√"，错误的画"×"）

1. 标定 $KMnO_4$ 溶液时，为使反应较快进行，可以加入 Mn^{2+}。（　　）

2. 滴定剂浓度变化 10 倍，能使突越 pH 范围增加 2 个 pH 单位。（　　）

3. 测定混合碱溶液时，若消耗 HCl 体积 $V_1 < V_2$，则混合碱的组成一定是 NaOH 和 Na_2CO_3。（　　）

4. 间接碘量法测铜的反应中，加入过量 KI 是为了减少碘的挥发，同时防止 CuI 沉淀表面吸附 I_2。（　　）

5. 参比电极的电极电势不随温度变化是其特性之一。（　　）

6. 有色溶液浓度越大，对光吸收得越多，透过的光越少，所以吸光度与透光率成反比。（　　）

7. 在沉淀滴定法中，由于沉淀的吸附所产生的误差属于偶然误差。（　　）

8. 配位滴定法使用的金属指示剂与待测离子形成的配合物 MIn 的稳定性越高，对准确测定越有利。（　　）

9. 显色反应时加入的显色剂越多，溶液颜色就越深，显色反应的灵敏度就越高。（　　）

10. pH 测量中，采用标准溶液进行定位的目的是校正温度的影响及校正电极制作过程中电极间产生的差异。（　　）

四、计算题

1. 为了测定冰晶石（Na_3AlF_6）矿样中 F 的含量，称取试样 1.5240 g，溶解后定容至 100.0 mL，移取 25.00 mL，加入 0.2000 mol·L^{-1} Ca^{2+} 离子溶液 25 mL，生成 CaF_2 沉淀，经过滤收集滤液和洗涤液，调 pH 为 10，以钙指示剂指示终点，用 0.01240 mol·L^{-1} EDTA 滴定，消耗 20.17 mL。求冰晶石中 F 的含量。

2. 当一个电池用 0.010 mol·L^{-1} 的氟化物溶液校正氟离子选择电极时，所得读数为 0.101 V；用 3.2×10^{-4} mol·L^{-1} 溶液校正所得读数为 0.194 V。如果用未知浓度的氟溶液校正所得读数为 0.152 V，计算未知溶液的氟离子浓度。（忽略离子强度的变化，氟离子选择电极作正极）

3. 相对摩尔质量为 180 的某吸光物质 $\varepsilon = 6.0 \times 10^3$ L·mol^{-1}·cm^{-1}，稀释 10 倍后在 1.0 cm 吸收池中测得吸光度为 0.30。计算每升原溶液中含有这种吸光物质多少毫克？

4. 用 $KMnO_4$ 法测定结晶硫酸亚铁（$FeSO_4·7H_2O$）含量，问：

（1）结晶硫酸亚铁部分失水时，分析结果如仍按 $FeSO_4·7H_2O$ 含量计算，会得到怎样的结果?

(2) 配制 $c\left(\dfrac{1}{5}KMnO_4\right)=0.1\ mol\cdot L^{-1}$ 的溶液 2 L,需称取 $KMnO_4$ 多少克?

(3) 称取 200.0 mg $Na_2C_2O_4$,用 29.50 mL $KMnO_4$ 溶液滴定,求 $c\left(\dfrac{1}{5}KMnO_4\right)$。

(4) 称取结晶硫酸亚铁 1.012 g,用 35.90 mL 上述 $KMnO_4$ 溶液滴定至终点,求 $\omega(FeSO_4\cdot7H_2O)$。

5. 纯净干燥的 NaOH 和 $NaHCO_3$ 按 2∶1 的质量比混合,并将混合物置于水中,计算使用酚酞做指示剂所需标准酸的体积与使用甲基橙时所需增加的标准酸的体积比。

模 拟 题 四

一、选择题（将正确答案前面的字母填在题后括号内）

1. 佛尔哈德法测定 X^-，所用标准溶液、滴定的 pH 条件和应选择的指示剂分别是（　　）。

（A）$AgNO_3$、NH_4SCN，酸性，$NH_4Fe(SO_4)_2$

（B）$AgNO_3$、NH_4SCN，酸性，K_2CrO_4

（C）$AgNO_3$、NH_4SCN，碱性，$NH_4Fe(SO_4)_2$

（D）$AgNO_3$、NH_4SCN，碱性，K_2CrO_4

2. 测定 KHC_2O_4 的方法有（　　）。

（A）酸碱滴定法 　　　　　　　　（B）配位滴定法

（C）氧化还原滴定法 　　　　　　（D）沉淀滴定法

3. 碘量法中最主要的反应 $I_2 + 2S_2O_3^{2-} = 2I^- + S_4O_6^{2-}$，应在什么条件下进行？（　　）

（A）碱性 　　　　（B）强酸性 　　　　（C）中性弱酸性 　　　　（D）加热

4. 某符合朗伯–比耳定律的有色溶液，当浓度为 c 时，其透光率为 T_0，若浓度增大 1 倍，则此溶液的透光率的读数为（　　）。

（A）$T_0/2$ 　　　　（B）$2T_0$ 　　　　（C）T_0^2 　　　　（D）$2\lg T_0$

5. 直接电势法中，加入 TISAB 的目的是（　　）。

（A）提高溶液酸度

（B）保持电极电势恒定

（C）固定溶液中离子强度和消除共存离子的干扰

（D）与被测离子形成配合物

6. 用 NaOH 滴定 HAc，计量点时 $[H^+]$ 的计算公式应为（　　）。

（A）$[H^+] = \sqrt{cK_a^\theta}$ 　　　　　　　　（B）$[H^+] = \sqrt{K_{a_1}^\theta K_{a_2}^\theta}$

（C）$[H^+] = \sqrt{K_a^\theta \dfrac{c(酸)}{c(碱)}}$ 　　　（D）$[H^+] = \sqrt{\dfrac{cK_w^\theta}{K_a^\theta}}$

7. 为下列滴定选择合适的指示剂：

①HCl 溶液滴定 Na_2CO_3（　　）；②EDTA 溶液滴定 Mg^{2+}（　　）；③用 $K_2Cr_2O_7$ 基准物质标定 $Na_2S_2O_3$（　　）；④$K_2Cr_2O_7$ 滴定 Fe^{2+}（　　）。

（A）淀粉 　　　　（B）甲基橙 　　　　（C）铬黑 T 　　　　（D）二苯胺磺酸钠

8. 沉淀滴定对化学反应及沉淀物的要求是（　　）。

（A）反应定量进行 　　　　　　　　（B）沉淀的 $K_{sp}^\theta \geqslant 10^{-8}$

（C）沉淀应是无色物 　　　　　　　（D）沉淀不产生吸附

9. 标定 $Na_2S_2O_3$ 溶液时，为促进 KI 与 $K_2Cr_2O_7$ 反应可采用的措施有（　　）。

（A）增大 $K_2Cr_2O_7$ 的浓度 　　　（B）增大 KI 的浓度

(C) 保持溶液适当酸度　　　　　　　　(D) 采用棕色碘量瓶

10. 用吸光光度法测定某有色溶液，在最大吸收波长处用 1 cm 比色皿测定，A 值为 0.17，要使 A 值在 0.2 ~ 0.7 范围内，最简单的方法是（　　　）。

(A) 改用 0.5 cm 的比色皿　　　　　　(B) 改用 2 cm 的比色皿

(C) 改变波长　　　　　　　　　　　　(D) 增大浓度

11. 按照酸碱质子理论，下列物质中具有两性的是（　　　）。

(A) HCO_3^- 　　　(B) CO_3^{2-} 　　　(C) HPO_4^{2-} 　　　(D) HS^-

12. 样品经处理定容为待测液，分别吸取待测液，用标准溶液平行滴定 3 份，若所用标准溶液体积一份比一份多，造成的主要原因是（　　　）。

(A) 标液读数有误　　　　　　　　　　(B) 标液浓度在放置过程中改变

(C) 吸取的待测液体积不准　　　　　　(D) 待测液在容量瓶中没有摇匀

13. 用酸度计测量 pH 时，需要用标准 pH 溶液定位，这是为了（　　　）。

(A) 避免产生酸差　　　　　　　　　　(B) 避免产生碱差

(C) 消除温度的影响　　　　　　　　　(D) 消除不对称电势和液接电势的影响

14. 下列几种物质中，不能用标准强碱溶液直接滴定的是（　　　）。

(A) 邻苯二甲酸氢钾（邻苯二甲酸的 $K_{a_2}^\theta = 2.9 \times 10^{-6}$ ）

(B) 苯酚（ $K_a^\theta = 1.1 \times 10^{-10}$ ）

(C) $(NH_4)_2SO_4$（ $NH_3 \cdot H_2O$ 的 $K_b^\theta = 1.8 \times 10^{-5}$ ）

(D) 盐酸苯胺 $C_6H_5NH_2 \cdot HCl$（ $C_6H_5NH_2$ 的 $K_b^\theta = 4.6 \times 10^{-10}$ ）

15. 准确称取基准物 $Na_2C_2O_4$ 0.8 ~ 1.0 g，用水溶解后转入 100 mL 容量瓶，定容，摇匀。用 20 mL 移液管取一份，用 $KMnO_4$ 溶液滴定至终点，由消耗的 $KMnO_4$ 体积可确定 $KMnO_4$ 的物质的量浓度。下述记录正确的是（　　　）。

记录编号	A	B	C	D	E
$Na_2C_2O_4$ 质量	0.9100	0.9100	0.9100	0.9100	0.9100
定容体积	100	100.0	100.0	100.0	100.0
移取体积	20.00	20.00	20.0	20.00	20.00
$KMnO_4$ 终读数	24.10	41.60	24.10	24.12	24.12
$KMnO_4$ 初读数	0.00	17.50	0.00	0.02	0.02

二、填空题（将正确答案填在横线上）

1. 酸效应是指溶液的酸度升高使_____降低，引起 EDTA _____下降的作用，酸效应的大小用_____表示。

2. 酸碱反应的实质是_____过程，反应达到平衡时，共轭酸碱对_____。表示这种数量关系的数学表达式称为_____。

3. 用 EDTA 测定共存金属离子时，要解决的主要问题是_____，常用的方法有_____、_____。

4. 电势分析法中，电势保持恒定的电极称为_____，常用的有

_____、_____。

5. 滴定分析中，指示剂指示终点的一般原理是利用指示剂在_____附近发生_____指示终点的到达。酸碱指示剂是依据指示剂的_____的颜色_____，金属指示剂是依据其_____的颜色不同，氧化还原指示剂则是依据指示剂的_____颜色不同。

6. 配制 $KMnO_4$ 标准溶液应采用_____法，配制过程中产生的 MnO_2 是溶液中_____在近中性条件下与_____反应的结果，除去 MnO_2 的原因是因为它能促进_____分解。

7. 莫尔法测定适宜的酸度条件是_____，指示剂的浓度比理论值_____，约为_____。

8. 朗伯－比耳定律为：当一束平行的_____通过_____、_____的溶液时，溶液对光的吸收程度与溶液的_____及液层_____的乘积成正比。

9. 碘量法是基于 I_2 的_____及 I^- 的_____所建立的分析方法。直接碘量法用于测定_____，间接碘量法是利用 I^- 与_____作用生成_____，再用_____标准溶液进行滴定，用于测定_____。

10. 摩尔吸光系数的物理意义是：浓度为_____的有色溶液放在_____厚的比色皿中，在一定_____、一定_____下测得的吸光度值。

三、判断题（正确的画"√"，错误的画"×"）

1. Ag-AgCl 参比电极的电极电势随电极内 KCl 溶液浓度的增加而增加。（　　）

2. $KMnO_4$ 法测定可在 HCl 介质中进行，因为发生的诱导效应能加快反应速度。
（　　）

3. 显色反应的灵敏度高，其摩尔吸光系数值就大，测定被测组分的含量相应可较低。（　　）

4. 用 EDTA 法测定某金属离子时，酸度越低，$\lg K_f^{\theta'}$（MY）值越大，对准确滴定越有力。（　　）

5. 离子选择电极的电势与待测离子活度成线性关系。（　　）

6. 酸碱指示剂的变色范围越窄越好。（　　）

7. 莫尔法可用于测定 Cl^-、Br^-、I^-、SCN^- 等能与 Ag^+ 生成沉淀的离子。
（　　）

8. 符合朗伯－比耳定律的有色溶液，当其浓度不同时，其最大吸收峰波长 λ_{max} 不同。（　　）

9.（NH_4）$_2$S 水溶液的质子等衡式为：$[H^+] + [HS^-] + 2[H_2S] = [OH^-] + 2[NH_3]$。（　　）

10. pH = 3.05 是一个三位有效数字。（　　）

四、计算题

1. 称取工业纯碱试样 1.046 g，溶解后定容至 100 mL，移取 25.00 mL，以酚酞为指示剂，以浓度为 $0.1000\ mol \cdot L^{-1}$ HCl 滴定，消耗 26.47 mL，继续以甲基橙为指示剂，用同浓度的 HCl 滴定，又消耗 21.24 mL。确定试样组成，并计算各自的含量。

2. 称取含有 Cr、Mn 的试样 0.500 g，溶解后移入 100 mL 容量瓶中，加水稀释至刻度，吸取此溶液 25.0 mL 进行氧化处理，Cr、Mn 分别氧化成 $Cr_2O_7^{2-}$、MnO_4^-，冷却后移入 100 mL 容量瓶中，加水稀释至刻度。另配制 $KMnO_4$ 和 $K_2Cr_2O_7$ 标准溶液各一份，用 1.00 cm 比色皿在波长 440 nm 和 540 nm 处分别测得各溶液的吸光度列于表中，试计算 Cr、Mn 的百分含量。

溶液	c （$mol \cdot L^{-1}$）	A_1/440 nm	A_2/540 nm
$KMnO_4$	3.77×10^{-4}	0.035	0.886
$K_2Cr_2O_7$	8.33×10^{-4}	0.305	0.009
试液		0.385	0.653

3. 称取 2.00 g 一元酸 HA （相对摩尔质量为 120）溶于 50 mL 水中，用 $0.2000\ mol \cdot L^{-1}$ NaOH 溶液滴定，用标准甘汞电极（NCE）做正极，氢电极做负极，当酸中和一半时，在 30℃ 下测得 $\varphi = 0.58$ V，完全中和时，$\varphi = 0.82$ V。计算试样中 HA 的含量。（30℃ 时，$2.303RT/F = 0.060$，$\varphi(NCE) = 0.28$ V）

4. 某人测定矿石中铜的含量，得到下列结果（百分含量）：2.50，2.53，2.55，问再测一次而不应该舍弃的分析结果的界限是多少？（$n = 4$ 时，$Q_{0.90} = 0.76$）

5. 用碘量法测定铜合金中铜的含量时：

（1）配制 $0.1\ mol \cdot L^{-1}$ $Na_2S_2O_3$ 溶液 2 L，需称取 $Na_2S_2O_3 \cdot 5H_2O$ 多少克？

（2）称取 0.4903 g $K_2Cr_2O_7$，用水溶解稀释至 100 mL，移取此溶液 25.00 mL，加入 H_2SO_4 和 KI，用 24.95 mL $Na_2S_2O_3$ 溶液滴定至终点，计算 $Na_2S_2O_3$ 溶液的浓度。

（3）称取铜合金试样 0.2000 g，用上述 $Na_2S_2O_3$ 溶液 25.13 mL 滴定至终点，计算铜的百分含量。

（4）称取铜矿样 0.5000 g，用碘量法测定铜，欲使滴定剂（$Na_2S_2O_3$）用量读数等于铜的百分含量（例如，滴定用去 $Na_2S_2O_3$ 溶液 5.43 mL，铜的含量为 5.43%），应配制多大浓度的 $Na_2S_2O_3$ 溶液？

模 拟 题 五

一、单项选择题（按题中给出的字母 **A、B、C、D**，您认为哪一个是正确的，请写在指定的位置内）（本大题分 **20** 小题，每小题 **1** 分，共 **20** 分）

1. 下列叙述正确的是（　　）。

(A) 溶液 pH 为 11.32，读数有四位有效数字

(B) 0.0150 g 试样的质量有四位有效数字

(C) 测量数据的最后一位数字不是准确值

(D) 从 50 mL 滴定管中，可以准确放出 5.000 mL 标准溶液

2. 强碱滴定弱酸（$K_a^0 = 1.0 \times 10^{-5}$）宜选用的指示剂为（　　）。

(A) 甲基橙　　　　(B) 酚酞　　　　(C) 甲基红　　　　(D) 铬黑 T

3. 下列操作不正确的是（　　）。

(A) 洗净的移液管在移液前，用待移液洗 3 次

(B) 滴定管洗净后，又用待装液洗 3 次

(C) 容量瓶洗净后，用欲稀释的溶液洗 3 次

(D) 锥形瓶洗净后，未用被测溶液洗涤

4. pH = 1.00 和 pH = 4.00 的两种溶液等体积混合后，pH 为（　　）。

(A) 2.50　　　　(B) 1.30　　　　(C) 2.00　　　　(D) 1.00

5. 能使电对 Fe^{3+}/Fe^{2+} 的条件电极电位升高的是（　　）。

(A) 溶液中加入 NaF　　　　　　(B) 溶液中加入 EDTA

(C) 溶液中加入邻二氮菲　　　　(D) 溶液中加入 KCN

6. 已知 φ_{Cu^{2+}/Cu^+} (0.159 V)，$\varphi_{I_2/2I^-}$ (0.545 V)，理论上是 I_2 氧化 Cu^+，但在碘量法测 Cu^{2+} 中，Cu^{2+} 能氧化 I^- 为 I_2，是由于（　　）。

(A) 生成 CuI 沉淀，$[I^-]$ 减少，$\varphi_{I_2/2I^-}$ 降低

(B) 生成 CuI 沉淀，$[Cu^+]$ 减少，φ_{Cu^{2+}/Cu^+} 增大

(C) 生成 CuI 沉淀，$[I^-]$ 减少，φ_{Cu^{2+}/Cu^+} 增大

(D) 生成 CuI 沉淀，$[Cu^+]$ 减少，$\varphi_{I_2/2I^-}$ 降低

7. AgCl 在 1 mol·L^{-1} 氨水中比在纯水中的溶解度大，其原因是（　　）。

(A) 盐效应　　　(B) 配位效应　　　(C) 酸效应　　　(D) 同离子效应

8. 定量分析中精密度和准确度的正确关系是（　　）。

(A) 准确度是保证精密度的前提

(B) 精密度是保证准确度的前提

(C) 分析中，首先要求准确度，其次才是精密度

(D) 分析中，准确度与精密度无关

9. 滴定分析通常适用于（　　）。

（A）微量分析　　（B）常量分析　　（C）半微量分析　　（D）痕量分析

10. 可见光区的光的波长范围是（　　）。

（A）$200 \sim 400\ nm$　　　　　　　　（B）$400 \sim 760\ nm$

（C）$700 \sim 1200\ nm$　　　　　　　（D）$10 \sim 100\ nm$

11. 欲将测定结果的平均值与标准值之间进行比较，看有无显著性差异，应用（　　）。

（A）t 检验　　　　（B）F 检验　　　　（C）Q 检验　　　　（D）格鲁布斯检验

12. 用 EDTA 滴定 Ca^{2+}、Mg^{2+}，采用铬黑 T 为指示剂，少量 Fe^{3+} 的存在将导致（　　）。

（A）指示剂被封闭

（B）在计量点前指示剂即开始游离出来，使终点提前

（C）使 EDTA 与指示剂作用缓慢，使终点提前

（D）与指示剂形成沉淀，使其失去作用

13. 用 EDTA 滴定下列离子时，能采用直接滴定方式的是（　　）。

（A）Ag^+　　　　（B）Al^{3+}　　　　（C）Cr^{3+}　　　　（D）Ca^{2+}

14. 在酸性溶液中，$KMnO_4$ 可以定量地氧化 H_2O_2 生成氧气，以此测定 H_2O_2 的浓度，则 $n(KMnO_4) : n(H_2O_2)$ 为（　　）。

（A）$5 : 2$　　　（B）$2 : 5$　　　（C）$2 : 10$　　　（D）$10 : 2$

15. 用 $KBrO_3$ 标定 $Na_2S_2O_3$ 溶液时，下列操作哪步是错误的？（　　）

（A）在分析天平准确称取适量 $KBrO_3$ 于碘量瓶中，加蒸馏水溶解

（B）加入适量 KI、H_2SO_4 后，立即用 $Na_2S_2O_3$ 滴定

（C）滴定溶液转为淡黄色时，加入淀粉指示剂

（D）继续滴定蓝色正好退去，即为终点

16. 氧化还原指示剂的电极反应可表示为：$In(Ox) + ne^- \rightleftharpoons In(Red)$ 其变色范围是（　　）。

（A）$\varphi = \varphi'(In) \pm \dfrac{0.059}{n}$　　　　　　（B）$\varphi = \varphi'(In) \pm 0.059$

（C）$\varphi = \varphi'(In)$　　　　　　　　　　（D）$\varphi = \varphi(In)$

17. 下述说法有错误的是（　　）。

（A）有色溶液的最大吸收波长不随有色溶液的浓度而变

（B）红色滤光片透过红色的光，所以适合于蓝绿溶液的光度测量

（C）有色物的摩尔吸光系数越大，显色反应越灵敏

（D）红色滤光片透过蓝绿色的光，所以适合于红色溶液的光度测定

18. 在符合朗伯 – 比耳定律的范围内，有色物的浓度（c）最大的吸收波长（λ）和吸光度（A）的关系是（　　）。

（A）c 增加、λ 增加、A 增加　　　　（B）c 减小、λ 不变、A 减小

（C）c 减小、λ 增加、A 增加　　　（D）c 增加、λ 不变、A 减小

19. 某有色物的浓度为 $1.00 \times 10^{-5} mol \cdot L^{-1}$，以 1 cm 比色皿在最大吸收波长下测得的吸光度为 0.280，在此波长下，该有色物的摩尔吸光系数为（　　）。

（A）2.80×10^{4}　　　　　　　　（B）2.80×10^{-6}

（C）2.80×10^{-4}　　　　　　　　（D）2.80×10^{6}

20. 某显色剂在 pH = 1 ~ 6 时呈黄色，pH = 6 ~ 12 时呈橙色，pH > 13 时呈红色。该显色剂与某金属离子配合后呈现红色，则该显色反应应在（　　）。

（A）弱酸性中进行　　　　　　　（B）弱碱性中进行

（C）中性溶液中进行　　　　　　　（D）强碱性中进行

二、填空题（本大题共 8 小题，总计 20 分）

1. （1 分）在 $KMnO_4$ 法中，若调节溶液酸度用的是 HCl，会使测定 H_2O_2 的结果_____。

2. （2 分）有一 EDTA 标准溶液，浓度为 $0.01000 mol \cdot L^{-1}$，每 1 mL 此溶液相当于 Al_2O_3（$M = 101.96 g \cdot mol^{-1}$）_____ mg。

3. （3 分）酸效应系数的定义式是 $\alpha_{Y(H)} =$ _____；条件稳定常数的定义式是 $K_{MY}^{\theta'} =$ _____。

4. （2 分）已知 $K_2Cr_2O_7$ 标准溶液浓度为 $0.01683 mol \cdot L^{-1}$；该溶液对 Fe_2O_3 的滴定度为_____ $g \cdot mL^{-1}$。[已知 $M(Fe_2O_3) = 159.7 g \cdot mol^{-1}$]

5. （2 分）用分光光度法测定试样中的磷。称取试样 0.1850 g，溶解并处理后，稀释至 100 mL，吸取 10.00 mL 于 50 mL 容量瓶中，经显色后，其 $\varepsilon = 5 \times 10^3 L \cdot mol^{-1} \cdot cm^{-1}$，在 1 cm 比色皿中测得 $A = 0.03$。这一测定的结果相对误差必然很大，其原因是_____，要提高测定准确度，除增大比色皿厚度或增加试样量外，还可以采取_____的措施。

6. （3 分）下列现象各是由什么原因引起：

（1）MnO_4^- 滴定 Fe^{2+} 时，Cl^- 的氧化加快是因为_____；

（2）MnO_4^- 滴定 $C_2O_4^{2-}$ 时，反应速度由慢到快是因为_____。

7. （4 分）用 $0.1 mol \cdot L^{-1}$ HCl 滴定 $0.1 mol \cdot L^{-1}$ NaOH 和 $0.1 mol \cdot L^{-1}$ NaAc 的混合液，达计量点时溶液的 pH 为_____，可选作_____指示剂。（HAc 的 $K_a^{\theta} = 1.8 \times 10^{-5}$）

8. （3 分）在 pH = 5.0 时，用 EDTA 标准溶液滴定含有 Al^{3+}、Zn^{2+}、Mg^{2+}（均为 $0.02 mol \cdot L^{-1}$）和大量 F^- 等离子的溶液，已知 $\lg K_f^{\theta}(AlY) = 16.3$，$\lg K_f^{\theta}(ZnY) = 16.5$，$\lg K_f^{\theta}(MgY) = 8.7$，$\lg \alpha_{Y(H)} = 6.5$，能被定量测定的离子是_____，依据是_____。

三、判断题（正确的画"√"，错误的画"×"）（本大题分 10 小题，每小题 1 分，共 10 分）

1. Q 检验法或 4 倍法是用来检验分析方法是否存在系统误差。　　　　　（　　）

2. 间接碘量法的标准溶液是 $Na_2S_2O_3$，直接碘法的标准溶液是 I_2。　　（　　）

3. $H_2C_2O_4 \cdot 2H_2O$ 既可作标定 $KMnO_4$ 溶液的基准物，又可作标定 NaOH 溶液的基准物。　　（　　）

4. 蒸馏水中带有少量影响测定结果的杂质，使实验中引进了偶然误差。（　　）

5. 可以用酸碱滴定法确定一些酸碱溶液的浓度，但不能用酸滴定法确定其溶液的酸碱度。　　（　　）

6. 显色反应时间越长，反应越完全，对显色反应和分光光度测定越有利。
　　（　　）

7. 用 $K_2Cr_2O_7$ 法测定 Fe^{2+} 含量时，用二苯胺磺酸钠作指示剂，如不加 H_3PO_4，其结果将产生负误差。　　（　　）

8. 用 $KMnO_4$ 标准溶液滴定 Fe^{2+}，电势突跃范围的计算值与实测值是一致的。
　　（　　）

9. 氧化还原电对的电极电势，可用能斯特方程式来计算，如电极反应

Ox + $n\acute{e}$ ⇌ Red 可 表示为：

$$\varphi(Ox/Red) = \varphi^{\theta}(Ox/Red) + \frac{0.059}{n}\ln\frac{a(Red)}{a(Ox)} \quad (25℃)，式中 a(Ox) 和 a(Red) 分$$

别为氧化态和还原态的活度。　　（　　）

10. 氧化还原滴定中的终点误差是由化学计量点电势与滴定终点电势不一致引起的。　　（　　）

四、简答题：根据问题要求回答下列问题（本大题共 1 小题，总计 4 分）

在配位滴定中，常见的配位剂分有机配位剂和无机配位剂，为什么无机配位剂很少在配位滴定法中应用？

五、实验设计题（本大题共 3 小题，总计 21 分）

1. （8 分）有一混合碱样品，可能含有 NaOH、Na_2CO_3（可能是一种物质，也可能是两种物质的混合物），请设计实验方案，完成分析工作。（应说明设计思路、设计依据、所用试剂，简略的实验步骤、实验结果的表示等）

2. （8 分）有一植物样品中含有 Fe（量极少），请设计分析方案。（要求同上）

3. （5 分）测定 $H_2C_2O_4$ 的纯度，请设计分析方案。（要求同上）

六、计算题（把解题步骤及答案写在相应的各题下面）（本大题共 5 小题，总计 25 分）

1. （5 分）某弱酸型指示剂在 pH = 4.5 的溶液中呈现蓝色，在 pH = 6.5 的溶液中呈现黄色。求此指示剂的离解常数。

2. （5 分）用亚硫酸钠法测定甲醛（$M = 30.03$ g·mol^{-1}）含量时，是在水溶液中使甲醛过量 Na_2SO_3 反应生成加成化合物，并定量的放出 NaOH，其反应为下：

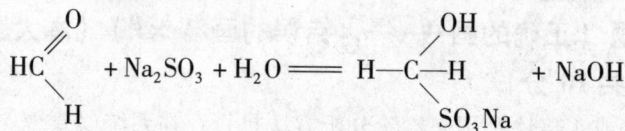

$$HC\overset{O}{\underset{H}{\big|}} + Na_2SO_3 + H_2O \Longrightarrow H-\overset{OH}{\underset{SO_3Na}{C}}-H + NaOH$$

生成的 NaOH 再以百里酚酞为指示剂，用 HCl 溶液滴定。今有一甲醛试液，吸取 2.00 mL 加到预先放有 0.5 mol·L^{-1} 的已中和的 50 mLNa$_2$SO$_3$ 溶液的锥形瓶中，加百里酚酞指示剂后，需 20.10 mL 0.1904 mol·L^{-1} 的 HCl 标准溶液滴定至指示剂蓝色消失。计算此甲醛溶液的浓度（以 g·mL^{-1} 表示）。

3.（5 分）称取含磷试样 0.2000 g，处理成可溶性的磷酸盐，然后在一定条件下，定量沉淀为 MgNH$_4$PO$_4$，过滤、洗涤沉淀，用盐酸溶解，调节 pH = 10.0，最后以 0.02000 mol·L^{-1}EDTA 溶液滴定到终点，消耗 30.00 mL。计算试样中 P$_2$O$_5$ 的质量分数。$[M(P_2O_5) = 142.0$ g·mol$^{-1}]$

4.（5 分）某钢样含 Ni 大约 0.12%，用丁二酮肟光度法测定（$\varepsilon = 1.3 \times 10^4$），若试样溶解后，转入 100 mL 容量瓶显色定容，以 1.0 cm 比色皿于 470 nm 处测量，欲使光度测量误差最小（$A = 0.43$），应称取多少克试样？$[M(Ni) = 58.69$ g·mol$^{-1}]$

5.（5 分）25 mL 0.40 mol·L^{-1}H$_3$PO$_4$ 和 30 mL，0.50 mol·L^{-1}Na$_3$PO$_4$ 混合并稀释至 100 mL，此溶液的 pH 为多？（H$_3$PO$_4$ 的 p$K_{a_1}^\theta$、p$K_{a_2}^\theta$、p$K_{a_3}^\theta$ 为 2.12，7.21，12.66）

模 拟 题 六

一、单项选择题（按题中给出的字母 A、B、C、D，您认为哪一个是正确的，请写在指定的位置内）（本大题分 20 小题，每小题 1 分，共 20 分）

1. 测定软锰矿中 MnO_2 含量时，两次平行测定的值分别为 51.40% 及 51.60%，则 $\dfrac{(51.40\% - 51.50\%)}{51.50\%} \times 100\%$ 及 $\dfrac{(51.60\% - 51.50\%)}{51.50\%} \times 100\%$ 为两次测定的（　　）。

（A）变动系数　　（B）相对偏差　　（C）相对误差　　（D）绝对偏差

2. 由于测量过程中某些经常性的原因所引起的误差是（　　）。

（A）偶然误差　　（B）系统误差　　（C）随机误差　　（D）过失误差

3. 目视比色法中，常用的标准系列法是比较（　　）。

（A）入射光的强度　　　　　　（B）透过溶液后的光强度

（C）透过溶液后的吸收光强度　　（D）一定厚度溶液的颜色深浅

4. 常量分析中，下图所示滴定管的读数应记录为（　　）mL。

（A）22.50　　　（B）22.60　　　（C）22.67　　　（D）22.70

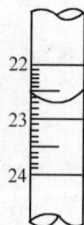

5. 将 $0.1000\ \mathrm{mol \cdot L^{-1}}$ HAc（$\mathrm{p}K_a^\theta = 4.74$）和 $0.1000\ \mathrm{mol \cdot L^{-1}}$ NaOH 溶液等体积混合后，溶液的 pH 为（　　）。

（A）5.28　　　（B）7.00　　　（C）8.72　　　（D）1.00

6. 下列不影响条件电极电势的是（　　）。

（A）配位效应　　　　　　（B）沉淀效应

（C）溶液离子强度　　　　（D）氧化型浓度

7. 用一高锰酸钾溶液分别滴定体积相等的 $FeSO_4$ 和 $H_2C_2O_4$ 溶液，消耗的体积相等，说明两溶液的物质的量浓度的关系是（　　）。

（A）$c(FeSO_4) = c(H_2C_2O_4)$　　　　（B）$c(FeSO_4) = 2c(H_2C_2O_4)$

（C）$2c(FeSO_4) = c(H_2C_2O_4)$　　　　（D）$c(FeSO_4) = 4c(H_2C_2O_4)$

8. 已知 $\varphi^{\theta'}(MnO_4^-/Mn^{2+}) = 1.45$ V，$\varphi^{\theta'}(Fe^{3+}/Fe^{2+}) = 0.77$。用 $KMnO_4$ 滴定 Fe^{2+}，介质为 1 $\mathrm{mol \cdot L^{-1}}$ $HClO_4$，其 φ_{sp} 为（　　）。

（A）2.22 V　　　（B）1.34 V　　　（C）1.11 V　　　（D）0.37 V

9. CaF_2 在 pH = 3.0 时，比在 pH = 4.0 时的溶解度大，其原因是（　　）。

（A）盐效应　　　（B）配位效应　　　（C）酸效应　　　　（D）同离子效应

10. 光度测定中使用复合光时，曲线发生偏离，其原因是（　　）。

（A）光强太弱　　　（B）光强太强　　　（C）有色物质对各光波的 ε 相近

（D）有色物质对各光波的 ε 值相差较大

11. 以同浓度 NaOH 溶液滴定某一元弱酸（HA），若将酸和碱的浓度扩大 10 倍，两种滴定溶液 pH 相同时相应的中和的百分数是（　　）。

（A）0　　　　　（B）50　　　　　（C）100　　　　　（D）150

12. 已知苯胺 $pK_b^{\theta} = 9.38$，硼酸 $pK_a^{\theta} = 9.24$，甲酸 $pK_a^{\theta} = 3.74$，氨水 $pK_b^{\theta} = 4.74$。以下混合液（各组分浓度均为 $0.1mol \cdot L^{-1}$）中能用酸碱滴定法测定总碱量或总酸量的是（　　）。

（A）HCl – 甲酸　　　（B）$NaOH$ – 苯胺　　　（C）HCl – NH_4Cl　　　（D）HCl – H_3BO_3

13. 用 KIO_3 标定 $Na_2S_2O_3$ 溶液时，下列操作哪步是错误的？（　　）

（A）在分析天平准确称取适量 KIO_3 于碘量瓶中，加蒸馏水溶解

（B）加入适量 KI，H_2SO_4，在室温下放置于实验台上一段时间（5 min）后，用 $Na_2S_2O_3$ 滴定

（C）滴定溶液转为淡黄色时，加入淀粉指示剂

（D）继续滴定终点蓝色正好退去，即为终点

14. As_2O_3 标定 I_2 的反应为：

溶解：$As_2O_3 + 2OH^- \rightarrow 2AsO_2^- + H_2O$

滴定：$AsO_2^- + I_2 + 2H_2O \rightarrow H_3AsO_4 + 2I^- + H^+$

I_2 摩尔浓度的计算式为（　　）。（m 单位为 g，V 单位为 mL）

（A）$\dfrac{2m(As_2O_3) \times 10^3}{M(As_2O_3) \cdot V(I_2)}$　　　　　（B）$\dfrac{m(As_2O_3) \times 10^3}{M(As_2O_3) \cdot V(I_2)}$

（C）$\dfrac{m(As_2O_3) \times 10^3}{2M(As_2O_3) \cdot V(I_2)}$　　　　（D）$\dfrac{m(As_2O_3) \times 10^3}{4M(As_2O_3) \cdot V(I_2)}$

15. 配制 $0.01000\ mol \cdot L^{-1}$ 的 $K_2Cr_2O_7$ 标准溶液 250.0mL，经过下列四步，哪步操作是错误的？（　　）$[M(K_2Cr_2O_7) = 294.2g \cdot mol^{-1}]$

（A）在分析天平上准确称取已于 150 ~ 180℃烘干 1 h 的 $K_2Cr_2O_7$ 基准试剂 0.7355 g 放入 250 mL 烧杯中

（B）用少量蒸馏水溶解

（C）取约 250 mL 蒸馏水

（D）全部倒入 250 mL 烧杯中，混匀后，转入 250 mL 容量瓶中备用

16. 条件电极电势是（　　）。

（A）在特定条件下，氧化态和还原态的分析浓度均为 1 $mol \cdot L^{-1}$时，校正了各种外界因素影响后的实际电极电势

（B）在标准状态下，氧化态和还原态的活度都等于 1 $mol \cdot L^{-1}$时的电极电势，是一个常数，仅随温度而变化

（C）在一定的温度下，氧化态和还原态的活度都等于 1 mol · L⁻¹ 时，电对相对于标准氢电极的电极电势

（D）在标准状态下，氧化态和还原态的总浓度均为 1 mol · L⁻¹ 时，校正了外界因素影响后的电极电势

17. 碘量法测定铜时，最后要加入 KSCN 或 NH₄SCN，其作用是（　　）。

（A）用作 Cu⁺ 的沉淀剂，把 CuI 转化为 CuSCN↓，防止吸附 I_2

（B）用作 Fe^{3+} 的配合剂，防止发生诱导反应而产生误差

（C）用于控制溶液的酸度，防止 Cu^{2+} 水解而产生误差

（D）与 I_2 生成配合物，用于防止 I_2 挥发而产生误差

18. 下述说法中，不引起偏离朗伯 – 比耳定律的是（　　）。

（A）非单色光　　　　　　　　　　（B）介质的不均匀性

（C）检测器的灵敏度　　　　　　　（D）溶液中的化学反应

19. 下述说法错误的是（　　）。

（A）有色溶液的最大吸收波长不随有色溶液的波度而变

（B）红色滤光片透过红色的光，所以适合于蓝绿溶液的光度测量

（C）有色物的摩尔吸光系数越大，显色反应越灵敏

（D）红色滤光片透过蓝绿色的光，所以适合于红色溶液的光度测定

20. 某有色物质的溶液，每 50 mL 含有该物质 0.1 mg，今用 1 cm 比色皿在某光波下测得透光率为 10%，则吸光系数为（　　）。

（A）1.0×10^2　　　（B）2.0×10^2　　　（C）5.0×10^2　　　（D）1.0×10^3

二、填空题（本大题共 **10** 小题，总计 **24** 分）

1. （1分）配制 0.1 L 50%（体积分数）乙醇溶液的方法是_____。

2. （1分）配制 $KMnO_4$ 标准溶液时，必须把 $KMnO_4$ 水溶液煮沸一定时间（或放置数天），目的是_____。

3. （2分）容量法测定硅是以 NaOH 滴定 H_2SiF_6 水解产生的 HF：$K_2SiF_6 + 3H_2O \Longrightarrow H_2SiO_3 + 2KF + 4HF$。Si 与 NaOH 的物质的量之比为_____。

4. （2分）在无干扰的条件下，测定下列离子适宜的滴定方式是：Al^{3+} _____；Ag^+ _____。

5. （2分）在操作无误的情况下，碘量法主要误差来源是_____ 和_____。

6. （2分）某物质的水溶液呈蓝色是由于它吸收白光中的_____色光；若用光电比色法测定该试液，则必须选用_____色滤光片。

7. （3分）用碘量法测定铜合金铜时，如试样中有铁存在，可加入_____（填上试剂名称），使其生成稳定的_____（化合物名称），从而降低_____电对的电势，又避免 Fe^{3+} 氧化 I^-。

8. （3分）在不加被测试样的情况下，按照对试样的分析步骤和测定条件所进行的试验称为_____试验；作此试验的目的是_____。

9. （4 分）当 pH 值高于 3.0 时，EDTA 酸相当于_____元酸，在水溶液中有_____种存在形式，这些形式是_____。

10. （4 分）HAc 水溶液的 PBE 是_____，计算 HAc 水溶液 $[H^+]$ 的最简式是_____。

三、判断题：在题号括号内，正确的画"√"，错误的画"×".（本大题分 10 小题，每小题 1 分，共 10 分）

1. 可疑值的取舍是判断过失误差的存在而不是判断系统误差的存在。（　）

2. 间接碘量法的标准溶液是 I_2，直接碘量法的标准溶液是 $Na_2S_2O_3$。（　）

3. $Na_2S_2O_3$ 不能直接滴定 $K_2Cr_2O_7$ 及其他强氧化剂，因为这些强氧化剂不仅能将 $S_2O_3^{2-}$ 氧化成 $S_4O_6^{2-}$，还会将一部分 $S_2O_3^{2-}$ 氧化为 SO_4^{2-}，因此没有一定化学计量关系，不能采用直接滴定方式。（　）

4. 无水碳酸钠既可作标定 HCl 溶液的基准物，又可作标 H_2SO_4 溶液的基准物。（　）

5. 用 EDTA 标准溶液滴定无色金属离子时，终点所呈现的颜色是 EDTA-M 配合物的颜色。（　）

6. 对显色反应 $M + R \rightleftharpoons MR$ 来说，显色剂 R 用量越大，反应越完全，故显色剂用量越大越好。（　）

7. 用 $K_2Cr_2O_7$ 法测定 Fe^{2+} 含量时，用二苯胺磺酸钠作指示剂，如不加混合酸（$H_2SO_4 - H_3PO_4$），其结果将产生正误差。（　）

8. $Ce(SO_4)_2$ 标准溶液滴定 Fe^{2+}，电势突跃范围的计算值与实测值基本是一致的。（　）

9. 氧化还原电对的电极电势，可用能斯特方程式来计算，电极反应 $Ox + ne^- \rightleftharpoons Red$ 可表示为 $\varphi(Ox/Red) = \varphi^\theta(Ox/Red) + \frac{0.059}{n} \lg \frac{a(Ox)}{a(Red)}$ （25℃），式中 $a(Ox)$ 和 $a(Red)$ 分别为氧化态和还原态的活度。（　）

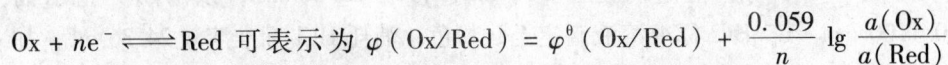

10. 氧化还原滴定中的终点误差是由标准电极电势与条件电极电势不一致引起的。（　）

四、简答题：根据问题要求回答下列各题（本大题共 3 小题，总计 13 分）

1. （3 分）可见分光光度计中，检测器的作用是什么？一般有哪几种类型检测器？

2. （5 分）$0.1 mol \cdot L^{-1} ClCH_2COOH(pK_a^\theta = 2.86)$ 能否用酸碱标准溶液直接滴定？判断根据是什么？如果可以，请指出滴定剂，计算化学计量点 pH，并在百里酚酞 $[pK_a^\theta(HIn) = 10.0]$ 和苯酚红 $[pK_a^\theta(HIn) = 8.0)$ 中选一适宜的指示剂。

3. （5 分）为标定 $0.02 mol \cdot L^{-1} KMnO_4$，今选用 $Na_2C_2O_4$ 为基准物，简述标定方法（如称取 $Na_2C_2O_4$ 量，所需试剂，指示剂，计算 $KMnO_4$ 浓度的计算式）。$[M(Na_2C_2O_4) = 134.0g \cdot mol^{-1}]$

五、计算题：计算下列各题（本大题共 8 小题，总计 33 分）

1. （6 分）用浓度为 $0.1000\ mol\cdot L^{-1}$ 的 $KMnO_4$ 溶液配制 250 mL 浓度为 $0.1000\ mg\cdot mL^{-1}$ 的锰标准溶液，需取 $KMnO_4$ 溶液多少 mL？以 1cm 比色皿在 520 nm 条件下，测得该溶液的吸光度为 0.500，取未知液 10.00 mL，经氧化为 MnO_4^- 后，定容在 50.00mL，同上条件下测得吸光度为 0.300，求未知液中 Mn^{2+} 的浓度（以 $mg\cdot mL^{-1}$ 表示）。$[M(KMnO_4)=158.64\ g\cdot mol^{-1}$，$M(Mn)=54.94\ g\cdot mol^{-1}]$

2. （6 分）甲乙两组数据，其各次测定的偏差分别为：

甲组：+0.1，+0.4，0.0，-0.3，+0.2，-0.3，+0.2，-0.2，-0.4，+0.3；

乙组：-0.1，-0.2，+0.9，0.0，+0.1，+0.1，0.0，+0.1，-0.7，-0.2。

计算两组数据的平均偏差和标准偏差，计算结果说明什么问题？

3. （6 分）将 0.6935 g 含锌样品放于坩埚中加热，使其有机物分解，其残渣溶于稀 H_2SO_4 中，将 Zn 以 ZnC_2O_4 形式沉淀、过滤、洗涤，并用稀 H_2SO_4 溶解此沉淀，用 $0.02080\ mol\cdot L^{-1}$ $KMnO_4$ 滴定，用去 32.64 mL，计算原样品中 ZnO 的质量分数。$[M(ZnO)=81.38g\cdot mol^{-1}]$

4. （8 分）称取含磷样品 1.000 g，经处理后，以钼酸铵沉淀为磷钼酸铵，用水洗去过量的钼酸铵后，用 $0.1000\ mol\cdot L^{-1}$ NaOH50.00 mL 溶解沉淀，过量的 NaOH 用 $0.2000\ mol\cdot L^{-1}$ HNO_3 滴定，用酚酞作指示剂，用去 HNO_3 10.27mL。其沉淀与滴定的总的反应式是：

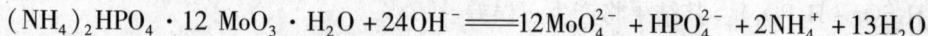

$$(NH_4)_2HPO_4\cdot 12\ MoO_3\cdot H_2O+24OH^-\Longrightarrow 12MoO_4^{2-}+HPO_4^{2-}+2NH_4^++13H_2O$$

计算试样中 w（P_2O_5）。$[M(P_2O_5)=141.95\ g\cdot mol^{-1}]$

5. （7 分）测定混合碱（NaOH、$NaHCO_3$、Na_2CO_3 或两种混合物）含量。称取样品 2.0001 g，溶解后定容 100 mL，移取 25.00 mL，以酚酞为指示剂，用 $0.1100\ mol\cdot L^{-1}$ HCl 标准溶液滴定至浅粉色，消耗 HCl 标准溶液 24.36 mL；加入甲基橙指示剂，继续滴定至橙色，总共消耗 HCl 标准溶液 37.50 mL。请确定混合碱组成并计算各组分的含量。$[M$（NaOH）$=40$；M（$NaHCO_3$）$=84$；M（Na_2CO_3）$=106]$

模拟题七

一、选择题（在下列各题中，分别有代码为 A、B、C、D 的 4 个备选答案，将正确答案的代码填入题末横线上。本大题共 20 分，共计 20 小题，每小题 1 分）

1. 对反应 $aA + bB \Longrightarrow cC + dD$，根据 SI 单位，其 $\dfrac{a}{b}$ 的意义是（　　）。

   （A）A 物质与 B 物质的物质的量之比

   （B）A 物质与 B 物质的摩尔比

   （C）A 物质与 B 物质的摩尔数之比

   （D）A 物质与 C 物质的化学计量系数之比

2. 用 NaOH 标准溶液滴定 K_2SiF_6 水解生成的 $HF(pK_a^\theta = 3.18)$ 适用的指示剂是（　　）。

   （A）甲基橙　　　　　　　　（B）溴酚蓝（pH 变色范围 5.2 ~ 7.0）

   （C）甲基红　　　　　　　　（D）麝香草酚蓝加酚红（pH 变色点 7.5）

3. 引起偏离朗伯 – 比耳定律的因素之一是（　　）。

   （A）均匀的介质　　　　　　（B）入射纯度高的单色光

   （C）检测器的灵敏度　　　　（D）被测溶液发生化学反应

4. 有甲、乙两个不同浓度的同一有色物质的溶液，用同一厚度的比色皿，在同一波长下测得的吸光度分别为：甲为 0.200，乙为 0.300，若甲的浓度为 4.0×10^{-4} mol $\cdot$ L^{-1}，则乙的浓度为（　　）。

   （A）1.0×10^{-4} mol $\cdot$ L^{-1}　　　（B）2.0×10^{-4} mol $\cdot$ L^{-1}

   （C）4.0×10^{-4} mol $\cdot$ L^{-1}　　　（D）6.0×10^{-4} mol $\cdot$ L^{-1}

5. 欲测定土壤中 Fe 的含量（$w(Fe) \approx 10^{-5}$），可用（　　）。

   （A）直接碘量法　　　　　　（B）间接碘量法

   （C）重铬酸钾法　　　　　　（D）分光光度法

6. 称取苦味酸铵样品 0.0250 g，处理成 1L 有色溶液，在 380 nm 下，以 1 cm 比色皿测得吸光度 $A = 0.760$，已知摩尔吸光系数 $\varepsilon = 10^{4.13}$，则其摩尔质量为（　　）。

   （A）444　　　（B）222　　　（C）888　　　（D）111

7. 用碘量法标定 $Na_2S_2O_3$ 溶液的浓度时，滴定速度较快，并过早读出滴定管终点读数，则 $Na_2S_2O_3$ 溶液浓度（　　）。

   （A）偏高　　　（B）偏低　　　（C）正确　　　（D）无法确定

8. 若试样的分析结果精密度很好，但准确度不好，可能原因是（　　）。

   （A）试样不均匀　　　　　　（B）使用试剂含有影响测定的杂质

   （C）使用校正过的容量仪器　　（D）有过失操作

9. 以 HCl 标准溶液滴定某碱液的浓度，滴定管因未洗干净，滴定时，管内挂有液滴，却以错误的体积读数报出结果，则计算碱液浓度（　　）。

(A) 偏高　　　　　(B) 偏低　　　　　(C) 正确　　　　　(D) 与此无关

10. 用 NaOH 滴定 HAc，以酚酞为指示剂滴至 pH = 9，会引起（　　）。

(A) 正误差　　　　(B) 负误差　　　　(C) 操作误差　　　　(D) 过失误差

11. 下列离子中，若用 EDTA 滴定，必须采用返滴定法的是（　　）。

(A) Ca^{2+}　　　(B) Mg^{2+}　　　(C) Ag^+　　　(D) Al^{3+}

12. 某溶液含 Ca^{2+}、Mg^{2+} 及少量 Fe^{3+} 和 Al^{3+}，今加入三乙醇胺调至 pH = 10，以铬黑 T 为指示剂，用 EDTA 滴定，此时测定的是（　　）。

(A) Mg^{2+} 含量　　　　　　　　　(B) Ca^{2+} 含量

(C) Ca^{2+}、Mg^{2+} 总量　　　　(D) Ca^{2+}、Mg^{2+}、Fe^{3+}、Al^{3+} 总量

13. 下列表述中的错误的是（　　）。

(A) 分光光度测定时波长一般应选用最大吸收波长

(B) 示差分光光度法中，所用参比溶液是空白溶液

(C) 摩尔吸光系数在 $10^5 \sim 10^6$ $L \cdot mol^{-1} \cdot cm^{-1}$ 范围的显色剂为高灵敏度显色剂

(D) 吸光度具有加和性

14. 滴定管终点读数读完毕后，管尖有气泡，则所测得的溶液体积（　　）。

(A) 偏大　　　　　　　　　　(B) 偏小

(C) 无影响　　　　　　　　　(D) 有可能偏大，也可能偏小

15. 现有一含 H_3PO_4 和 NaH_2PO_4 的混合溶液，用 NaOH 标准溶液滴定至甲基红变色，滴定体积为 amL。同一试液若改用酚酞作指示剂，滴定体积为 bmL，则 a 和 b 的关系是（　　）。

(A) $a > b$　　　(B) $b = 2a$　　　(C) $b > 2a$　　　(D) $a = b$

16. $\dfrac{0.1010 \ (25.00 - 24.80)}{1.000}$ 结果应以（　　）位有效数字报出。

(A) 五　　　　　(B) 三　　　　　(C) 四　　　　　(D) 二

17. 同一 $KMnO_4$ 标准溶液分别滴定体积相等的 $FeSO_4$ 和 $H_2C_2O_4 \cdot 2H_2O$ 溶液，耗用的标准溶液体积相等，对两溶液浓度关系正确表述是（　　）。

(A) $c(FeSO_4) = c(H_2C_2O_4)$　　　　(B) $2c(FeSO_4) = c(H_2C_2O_4)$

(C) $c(FeSO_4) = 2c(H_2C_2O_4)$　　　　(D) $2n(FeSO_4) = n(H_2C_2O_4)$

18. 在 Fe^{3+}、Al^{3+}、Ca^{2+}、Mg^{2+} 混合液中（浓度均为 0.02 $mol \cdot L^{-1}$），EDTA 测定 Fe^{3+}、Al^{3+} 含量时，为了消除 Ca^{2+}、Mg^{2+} 的干扰，最简便的方法是（　　）。
$[\lg K_f^\theta(FeY) = 25.10；\lg K_f^\theta(AlY) = 16.30；\lg K_f^\theta(CaY) = 10.96；\lg K_f^\theta(MgY) = 8.70]$

(A) 沉淀分离法　　　　　　(B) 控制酸度法

(C) 配位掩蔽法　　　　　　(D) 溶剂萃取法

19. 今有 3 种溶液分别由两种组分组成：

(a) 0.10 $mol \cdot L^{-1}$ HCl $- 0.20$ $mol \cdot L^{-1}$ NaAC （b）$0.20 \text{ mol} \cdot \text{L}^{-1} \text{HAc} - 0.10 \text{ mol} \cdot \text{L}^{-1} \text{NaOH}$

（c）$0.10 \text{ mol} \cdot \text{L}^{-1} \text{HAc} - 0.10 \text{ mol} \cdot \text{L}^{-1} \text{NH}_4 \text{AC}$

3 种溶液 pH 的大小关系是（　　）。$\left[\text{p}K_a^{\theta}(\text{HAc}) = 4.74, \ \text{p}K_a^{\theta}(\text{NH}_4^+) = 9.26 \right]$

（A）$a < c < b$　　　（B）$a = b < c$　　　（C）$a = b > c$　　　（D）$a = b = c$

20. 在重铬酸钾法测定 Fe^{2+} 的过程中，为了使二苯胺磺酸钠正确指示滴定终点，应加入溶液是（　　）。

（A）H_2SO_4　　　（B）HNO_3　　　（C）H_3PO_4　　　（D）HCl

二、填空题（把正确的答案填在题中横线上方的空位处。本大题共 28 分，每空 1 分，共计 14 小题）

1. EDTA 分子中含有_____和_____两种配位能力很强的配位原子。

2. 吸光光度分析中，用标准比较法对某一未知溶液进行定量时，为使测定误差小，则必须使标准溶液浓度与未知溶液浓度_____。

3. 已洗净的滴定管内壁，用水润湿时，应_____。否则，可用_____洗涤，甚至可用_____洗涤。

4. 某试样分析允许测定的相对误差为 ±1%，若试样称取量为 2 g 左右，则应称取至小数点后_____位，记录应保留_____位有效数字。

5. 下列基准物常用于何种滴定反应？（填配位反应、氧化还原反应或酸碱反应）

（1）碘酸钾_____；（2）碳酸钙_____。

6. 实验结果的精密度通常用_____或_____来表示，其中用_____能更好地反映数据的离散程度。

7. EDTA 的 $\text{p}K_{a_1}^{\theta} \sim \text{p}K_{a_6}^{\theta}$ 为 0.9，1.6，2.0，2.67，6.16，10.26。其共轭碱 $\text{p}K_{b_4}^{\theta} = $_____。

8. 当酸度很高时，EDTA 酸相当于_____元酸，在水溶液中有_____种存在形式，这些形式是_____。

9. 某溶液中若 $c(\text{Fe}^{2+}) \approx 0.1 \text{ mol} \cdot \text{L}^{-1}$，则可用_____法测定 Fe^{2+} 含量，若 $c(\text{Fe}^{2+}) \approx 1 \text{ mg} \cdot \text{L}^{-1}$ 则可用_____法测定 Fe^{2+} 含量。

10. $1.0 \times 10^{-3} \text{ mol} \cdot \text{L}^{-1} \text{Zn}^{2+}$ 标准溶液和 Zn^{2+} 未知液用双硫腙 – CHCl_3 光度法测量，测得吸光度分别为 0.700 和 1.00。若以 $1.0 \times 10^{-3} \text{ mol} \cdot \text{L}^{-1} \text{Zn}^{2+}$ 标液为参比，测定 Zn^{2+} 未知液的吸光度，那么示差分光光度法和普通分光光度法比较，读数标尺扩大到原来的_____倍。

11. 滴定管装好标液后，没赶气泡就读数，而滴定过程中气泡被排出，则滴定的最终测得的体积数_____。

12. 在 pH = 5.0 时，用 EDTA 标准溶液滴定含有 Al^{3+}、Zn^{2+}、Mg^{2+}（均为 $0.02 \text{ mol} \cdot \text{L}^{-1}$）和大量 F^- 等离子的溶液，已知 $\lg K_f^{\theta}(\text{AlY}) = 16.3$，$\lg K_f^{\theta}(\text{ZnY}) = 16.5$，$\lg K_f^{\theta}(\text{MgY}) = 8.7$，$\lg \alpha_{Y(H)} = 6.5$，能被定量测定的离子是_____，依据是_____。

13. 调节移液管中液面刻度时,管尖应 _____ 液面且与 _____ 接触,保持移液管 _____ 位置。

14. 用适当位数有效数字表示下列各溶液的 pH:

(1) $[H^+] = 1 \times 10^{-9}$ mol · L^{-1},pH = _____;

(2) $[H^+] = 0.50$ mol · L^{-1},pH = _____。

三、判断题(在题号括号内,正确的画√,错误的画×。本大题共 12 分,共计 12 小题,每小题 1 分)

1. 在非缓冲溶液中,用 EDTA 标准溶液滴定金属离子的过程中,溶液的酸度将逐渐升高。( )

2. 平行实验的精密度越高,其分析结果准确度也越高。( )

3. 蒸馏水中带有少量影响测定结果的杂质,使实验中引进了偶然误差。( )

4. 基准物 $K_2Cr_2O_7$ 既可标定 $FeSO_4$ 溶液,又可标定 $Na_2S_2O_3$ 溶液。( )

5. 在配位滴定中,酸效应曲线是指 $pH - lgK_f^\theta$(MY)曲线。( )

6. 显色反应时间越长,反应越完全,对显色反应和分光光度测定越有利。( )

7. 用移液管和吸量管放取液体至放尽后,管尖留有的液体都不能吹到承接的容器中。( )

8. 系统误差是分析结果中误差的主要来源,它将严重影响分析结果的准确度。( )

9. 在酸性溶液中,用 KIO_3 标定 $Na_2S_2O_3$ 溶液,即用 $Na_2S_2O_3$ 滴定 KIO_3 与过量 KI 作用后析出的 I_2,$n(KIO_3):n(Na_2S_2O_3) = 1:5$。( )

10. 可以用酸碱滴定法确定一些酸碱溶液的浓度,但不能用酸滴定法确定其溶液的酸碱度。( )

11. 分光光度法中,浓度测量的相对误差 $\frac{\Delta c}{c}$ 等于吸光度测量的相对误差 $\frac{\Delta A}{A}$。( )

12. 将任何氧化还原体系的溶液进行稀释,由于氧化态和还原态的浓度按相同比例减小,因此其电势不变。( )

四、实验设计题(完成下列实验设计)(本大题共 16 分,每小题 8 分)

1. 检验 NH_4Cl 样品的纯度。(写出简单实验原理,关键试剂如标准溶液、指示剂等,简单测定步骤及有关计算公式等)

2. 请设计定量测定饮用水总硬度的试验方案。(写出简单实验原理,关键试剂如标准溶液、指示剂等,简单测定步骤及有关计算公式等)

五、计算题(计算下列各题。本大题共 24 分,共计 4 小题,每小题 6 分)

1. 称取 0.5018 g 煤试样,经过碱熔及氧化等处理,使其中的硫完全氧化为 SO_4^{2-} 后,再经分离除去其中重金属离子,加入 0.05000 mol · L^{-1} 的 Ba^{2+} 溶液

25.00mL，生成 $BaSO_4$ 沉淀。过量的 Ba^{2+} 用 0.02100 mol·L^{-1} 的 EDTA 滴定，用去 26.40 mL。计算煤试样中硫的质量分数。[$M(S) = 32.07$g·mol^{-1}]

2. 用磺基水杨酸测定铁，以 1.000 g 铁铵矾 [$NH_4Fe(SO_4)_2·12H_2O$] 溶于 500 mL 水制成铁标准溶液，取 6.00 mL 铁标准溶液，在 50 mL 容量瓶中显色得到吸光度为 0.480。吸取 5.00 mL 试液稀释到 250 mL，然后取 2.00 mL 在 50 mL 容量瓶中同样显色，得 $A = 0.500$，求 Fe 的含量（g·L^{-1}）。[$M(Fe) = 55.85$ g·mol^{-1}，$M(铁胺矾) = 482.18$ g·mol^{-1}]

3. 50 mL 滴定管的最小分度值是多少？如放出约 5 mL 溶液时，读数相对误差是多少？要使读数相对误差 < ±0.1%，则滴定剂的体积应为多少？

4. 某 $Na_2S_2O_3$ 溶液对 $K_2Cr_2O_7$ 滴定度为 10.22 mg·mL^{-1}。计算该溶液对 $KBrO_3$ 的滴定度。[已知 $M(K_2Cr_2O_7) = 294.2$ g·mol^{-1}，$M(KBrO_3) = 167$ g·mol^{-1}]

模拟题八

一、选择题（在下列各题中，分别有代码为 A、B、C、D 的 4 个备选答案，将正确答案的代码填入题末横线上。本大题共 20 分，共计 20 小题，每小题 1 分）

1. 下列论述中错误的是（　　）。

（A）系统误差具有随机性

（B）偶然误差具有随机性

（C）精密度表示各平行测定结果间相互接近的程度

（D）准确度表示分析结果与真值接近的程度

2. 根据 SI 单位，摩尔质量 $M = \dfrac{m}{n}$ 的正确定义是（　　）。

（A）每摩尔物质的质量

（B）每摩尔物质的重量

（C）物质的质量除以物质的量

（D）物质的重量除以物质的量

3. Ca^{2+}、Mg^{2+} 共存时，直接滴定 Ca^{2+} 时的适宜 pH 是（　　）。

（A）6～8　　　（B）8～10　　　（C）10～12　　　（D）≥12

4. 酸碱滴定法通常适用于（　　）。

（A）痕量分析　　（B）常量分析　　（C）微量分析　　（D）半微量分析

5. 等体积的 pH=3 的 HCl 溶液和 pH=10 的 NaOH 溶液混合后，溶液的 pH 区间是（　　）。

（A）3～4　　　（B）1～2　　　（C）6～7　　　（D）11～12

6. 标定 $Na_2S_2O_3$ 溶液的常用基准物质是（　　）。

（A）$Na_2C_2O_4$　　（B）Na_2CO_3　　（C）$KBrO_3$　　（D）$NaCl$

7. 一般玻璃仪器的洗涤程序是（　　）。

（A）纯水→洗涤剂→纯水

（B）自来水→洗涤剂→自来水→纯水

（C）洗涤剂→纯水

（D）自来水→纯水→洗涤剂→自来水

8. 强酸滴定某一元弱碱（$K_b \approx 10^{-4}$），下列指示剂不适用的是（　　）。

（A）甲基红

（B）溴甲酚绿 $[pK_a^{\theta}(HIn)=4.9]$

（C）酚酞

（D）溴酚蓝 $[pK_a^{\theta}(HIn)=4.1]$

9. 干燥器中使用的干燥剂变色硅胶失效后的颜色是（　　）。

（A）黄色　　　（B）红色　　　（C）蓝色　　　（D）绿色

10. 某些金属离子（如 Ba^{2+}、Mg^{2+}、Ca^{2+}、Pb^{2+}、Cd^{2+} 等）能生成难溶的草酸盐沉淀。将草酸盐沉淀滤出，洗涤后除去剩余的 $C_2O_4^{2-}$ 后，用稀 H_2SO_4 溶解，用 $KMnO_4$ 标准溶液滴定与金属离子相当的 $C_2O_4^{2-}$，由此测定金属离子的含量。以上测定所采用的滴定方式是（　　）。

（A）直接滴定　（B）返滴定　（C）间接滴定　（D）置换滴定

11. 配位滴定中，$\alpha_{Y(H)}=1$ 表示（　　）。

（A）Y 与 H^+ 没有发生副反应　（B）Y 与 H^+ 之间的副反应相当严重

（C）Y 的副反应较小　（D）$[Y'] = [H^+]$

12. 分光光度法中，为了减少测量误差，理想的吸光度读数范围是（　　）。

（A）$0.2 \sim 1.2$　（B）$0.5 \sim 2.5$　（C）$0.2 \sim 0.7$　（D）$0.05 \sim 0.9$

13. 配位滴定中，如果 MIn 配合物稳定性太低就会导致（　　）。

（A）终点拖后，发生封闭现象　（B）指示剂的僵化现象

（C）指示剂的氧化变质现象　（D）终点提前，且颜色变化不敏锐

14. 已知 H_3PO_4 的 $pK_{a_1}^{\theta}=2.12$，$pK_{a_2}^{\theta}=7.21$，$pK_{a_3}^{\theta}=12.66$，调节磷酸盐 pH 至 6.0 时，其各有关存在形式浓度间的关系正确是（　　）。

（A）$[HPO_4^{2-}] > [H_2PO_4^-] > [PO_4^{3-}]$

（B）$[HPO_4^{2-}] > [PO_4^{3-}] > [H_2PO_4^-]$

（C）$[H_2PO_4^-] > [HPO_4^{2-}] > [H_3PO_4]$

（D）$[H_3PO_4] > [H_2PO_4^-] > [HPO_4^{2-}]$

15. 紫外光区的光的波长范围是（　　）。

（A）$700 \sim 1200$ nm　（B）$400 \sim 800$ nm

（C）$200 \sim 400$ nm　（D）$1200 \sim 2000$ nm

16. 间接碘法的基本反应为（　　）。

（A）$IO_3^- + 2H_2O + 4e^- \rightleftharpoons IO^- + 4OH^-$，$I_2 + 2S_2O_3^{2-} \rightleftharpoons S_4O_6^{2-} + 2I^-$

（B）$I_2 + 2e^- \rightleftharpoons 2I^-$，$I_2 + 2S_2O_3^{2-} \rightleftharpoons S_4O_6^{2-} + 2I^-$

（C）$2I^- - 2e^- \rightleftharpoons I_2$，$I_2 + 2S_2O_3^{2-} \rightleftharpoons S_4O_6^{2-} + 2I^-$

（D）$IO_3^- + 6H^+ + 6e^- \rightleftharpoons I^- + 3H_2O$，$I_2 + 2S_2O_3^{2-} \rightleftharpoons S_4O_6^{2-} + 2I^-$

17. 邻二氮菲与 Fe^{2+} 离子形成的配合物比与 Fe^{3+} 离子形成的配合物更稳定，因此，在有邻二氮菲存在时，Fe^{3+}/Fe^{2+} 电对的电极电势（　　）。

（A）增高　（B）降低　（C）变化不明显　（D）无变化

18. 分析某一试样含硫量，每次称取试样 3.5 g，分析结果报告合理的为（　　）。

（A）0.04099%，0.04021%　（B）0.04%，0.04%

（C）0.0409%，0.0402%　（D）0.041%，0.040%

19. 欲取 25 mL 蒸馏水溶解 Na_2CO_3 试样，合适的量器为（　　）。

（A）滴定管　（B）量筒　（C）移液管　（D）吸量管

20. 欲将两组测定结果进行比较，看有无显著性差异，应当（　　）。

（A）先用 t 验，后用 F 检验　（B）先用 F 检验，后用 t 检验

（C）先用 Q 检验，后用 t 检验　（D）先用 G 检验，后用 t 检验

二、填空题（把正确的答案填在题中横线上方的空位处。本大题共 23 分，共计 12 小题，每空 1 分）

1. 具备基准物质的条件之一是摩尔质量要大，因为_____。

2. 铬黑 T 在溶液中存在下列平衡，它与金属离子形成的配合物显红色：

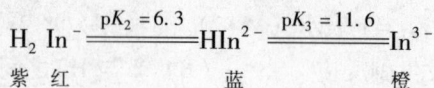

$$H_2In^- \xrightarrow{\ pK_2 = 6.3\ } HIn^{2-} \xrightarrow{\ pK_3 = 11.6\ } In^{3-}$$

紫 红 　　　　蓝 　　　橙

使用该指示剂的 pH 范围是_____，终点时溶液呈_____色。

3. $KMnO_4$、$Na_2S_2O_3$ 等标准溶液应贮存于_____瓶中，原因是_____。

4. 常见分光光度计中单色器的色散元件有_____，_____。它们的作用是_____。

5. 可见分光光度法中使用_____材料比色皿，紫外分光光度法使用_____材料比色皿。

6. 碘量法常用_____作指示剂，间接碘量法指示剂应在_____时加，终点颜色变化为_____。

7. 某物质在最大吸收波长 480 nm 处，当浓度为 $1.00\ mg \cdot L^{-1}$，比色皿厚度 $b = 2cm$，测得吸光度为 $A = 0.420$，另一待测试液在 $b = 1\ cm$ 时，测得 $A = 0.300$，则该试液浓度为_____ $mg \cdot L^{-1}$。

8. 已知 $lgK_{f(MgY)} = 8.7$，$Ksp\ (Mg(OH)_2) = 1.2 \times 10^{-11}$，EDTA 滴定水中 Mg 离子的最高 pH 值为_____；最低酸度_____。

9. 要使每 mL 0.1000 $mol \cdot L^{-1} Na_2S_2O_3$ 溶液恰好等于试样中 1.00% 的 Cu，应称取铜矿试样_____ g。$[M(Cu) = 63.55\ g \cdot mol^{-1}]$

10. 用适当位数有效数字表示下列各溶液的 $[H^+]$：

(1) pH = 9.00：$[H^+]$ = _____；

(2) pH = 4.1：$[H^+]$ = _____。

11. 今有浓度为 140 $\mu g \cdot L^{-1}$ 的 Cd^{2+} 溶液，用双硫腙比色法测定 Cd，吸收池厚度为 2 cm，在波长 520 nm 处测得吸光度为 0.22，则摩尔吸光系数为_____ $L \cdot mol^{-1} \cdot cm^{-1}$。$[M(Cd) = 112.4\ g \cdot mol^{-1}]$

12. 0.1 $mol \cdot L^{-1}$ KHS 溶液（$H_2S\ pK_{a_1}^{\theta} = 7.04$，$pK_{a_2}^{\theta} = 14.92$）_____（填能或不能）用酸碱滴定法直接滴定。若可以，应选的滴定剂是_____，指示剂是_____。

三、判断题（在题号括号内，正确的画 √，错误的画 ×。本大题共 13 分，共计 13 小题，每小题 1 分）

1. 两性物质是指只有在水溶液中既可给出质子又能接受质子的物质。　　（　　）

2. EDTA 溶液以 Y^{4-} 形式存在的分布系数 $x_{Y^{4-}}$ 随酸度减小而增大。　（　　）

3. 由于干燥器具有保干作用，所以干燥器内空气是绝对干燥的。　　（　　）

4. 滴定管终读数读完后，发现管尖还挂着半滴液滴，则读数偏大。　　（　　）

5. $C_6H_5NH_2$ 的 $K_b^{\theta} = 4.6 \times 10^{-10}$，其共轭酸（浓度为 0.2 $mol \cdot L^{-1}$）可用等浓度 NaOH 标准溶液直接滴定。　　　　　　　　　　　　　　　　　（　　）

6. 碘量法中加入过量 KI 的作用之一是与 I_2 形成 I_3^-，以增大 I_2 溶解度，降低 I_2 的挥发性。　　　　　　　　　　　　　　　　　　　　　　　　（　　）

7. 分光光度中检测器的作用是将电信号转变为光信号。　（　　）

8. 若配位滴定反应为 M + Y ====MY，

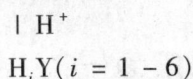

则酸效应系数表示为 $\alpha_{Y((H)} = \dfrac{[Y]}{\{[Y] + \sum (H_iY)\}}$。　（　　）

9. 由于 $Na_2S_2O_3$ 是强还原剂，可以直接滴定 $K_2Cr_2O_7$，得到准确的定量结果。
　（　　）

10. 高锰酸钾是一种强氧化剂，在强酸性溶液中，$KMnO_4$ 与还原剂作用获得 5 个电子，还原为 Mn^{2+}。　（　　）

11. 示差光度法的相对误差比普通分光光度法大。　（　　）

12. 精密度只检验平行测定之间的符合程度，和真值无关。　（　　）

13. 某学生配制 $0.01\ mol \cdot L^{-1} KMnO_4$ 标准溶液，方法如下：准确称取 $1.5805\ g$ $KMnO_4$，溶于煮沸过的水中，转入 1L 容量瓶中，加纯水至刻度，摇匀，转入棕色瓶中保存待用。　（　　）

四、实验设计题（完成下列实验设计）（本大题共 2 小题，每小题 8 分）

1. 分析人员欲对食用白醋（主要成分为 HAC）进行定量分析，请设计分析方案。（包括简单的实验原理，主要试剂及步骤，结果计算公式）

2. 设计自来水中 Ca^{2+} 离子硬度的测定方案。（包括简单的实验原理，主要试剂及步骤，结果计算公式）

五、计算题（每小题 7 分，本大题共 28 分，共计 4 小题）

1. 用 $Na_2C_2O_4$ 作为基准物标定 HCl 是将准确称取的 $Na_2C_2O_4$ 灼烧成 Na_2CO_3 后，再用 HCl 滴定至甲基橙终点。试计算标定 $0.2\ mol \cdot L^{-1} HCl$ 时 $Na_2C_2O_4$ 的称量范围。
　$[M(Na_2C_2O_4) = 134\ g \cdot mol^{-1}]$

2. 用 NaOH 标准溶液滴定琥珀酸 $H_2C_4H_4O_4$ 时，有几个滴定突跃？计算化学计量点时的 pH（假定滴定产物浓度为 $0.10\ mol \cdot L^{-1}$），并选择合适的指示剂。[已知琥珀酸的 $K_{a1}^{\theta} = 6.9 \times 10^{-5}$，$K_{a2}^{\theta} = 2.5 \times 10^{-6}$）

3. 称取 Al_2O_3（$M = 101.96\ g \cdot mol^{-1}$）试样 $1.032\ g$，处理成溶液后，移入 250 mL 容量瓶中，稀释至刻度。移取 25.00 mL 该试液，加入 10 mL $0.02952\ mol \cdot L^{-1}$ EDTA标准溶液，以二甲酚橙为指示剂，用 $Zn(Ac)_2$ 标准溶液回滴至红紫色，耗去 12.20 mL。已知 1 mLZn（Ac）$_2$ 溶液相当于 0.6812 mLEDTA 溶液，求试样中 Al_2O_3 的质量分数。

4. 若 $1.00\ mLK_2Cr_2O_7$ 相当于 $0.005000\ gFe$，计算其物质的量浓度。$[M(Fe) = 55.85\ g \cdot mol^{-1}]$

模拟题参考答案

模拟题一

一、选择题

1. C　2. C　3. B　4. (1) D　(2) C　5. B　C　6. A　7. A　8. C

9. D　10. B　11. C　D　12. B　13. D　14. C　15. A

二、填空题

1. $pH = pK_{HIn}^{\theta}$　$pH = pK_{HIn}^{\theta} \pm 1$　$pH \sim V$　$\varphi_{In} = \varphi_{In}^{\theta'}$　$\varphi_{In} = \varphi_{In}^{\theta'} \pm \dfrac{0.0592}{n}$　$\varphi \sim V$

2. 测量值　真值　相对误差

3.

滴定方法	酸碱滴定法	配位滴定法	高锰酸钾法	滴定碘法
测定对象	HAc	总硬度	草酸	Cu^{2+}
标准溶液	NaOH	EDTA	$KMnO_4$	$Na_2S_2O_3$
指示剂	酚酞	铬黑 T	$KMnO_4$	淀粉
溶液酸碱性	无外加酸碱	$pH = 8 \sim 11$	强酸	酸性

4. λ_{max}　$0.2 \sim 0.8$　$15\% \sim 65\%$　选用不同厚度的比色皿　控制溶液酸度

5. 2　2　甲基红　酚酞

6. 0.2000　1.200　0.06702　0.09581

7. λ　A　c　A

8. 2.24　不能

9. c　K_b^{θ}

10. 光吸收曲线　λ_{max}

三、判断题

1. ×　2. ×　3. ×　4. √　5. ×　6. ×　7. ×　8. ×　9. ×　10. ×

四、计算题

1. $K_{sp}^{\theta} (SrCrO_4) = 2.205 \times 10^{-5}$

2. $c(Ca^{2+}) = 1.93 \times 10^{-3}$ mol · L^{-1}

3. $c = 7.16$g · L^{-1}

4. ω(蛋白质) = 0.2110

5. 提示：白酒中的醛类含量影响酒的质量，测定原理是利用醛类能与 $NaHSO_3$ 起加成反应，剩余的 $NaHSO_3$ 与已知过量的 I_2 反应，再用 $Na_2S_2O_3$ 滴定剩余的碘，即可测出总醛量。主要反应：
$RCHO + NaHSO_3 \!=\!\!=\!\! RCH(OH)SO_3Na$　　$NaHSO_3 + I_2 + H_2O \!=\!\!=\!\! NaHSO_4 + 2HI$

模拟题二

一、选择题

1. C　2. B　C　D　3. A　4. C　5. C　6. C　7. D　8. D　9. B　10. D　11. C　D　12. D　13. C

14. A　D　15. D

二、填空题

1. 封闭现象　僵化现象　氧化变质现象

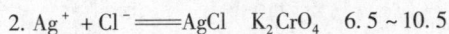

2. $Ag^+ + Cl^- \!\!=\!\!= AgCl$　K_2CrO_4　$6.5 \sim 10.5$

3.

滴定方法	酸碱滴定	配位滴定	氧化还原滴定	沉淀滴定
滴定曲线研究内容	$pH - V$	$pM - V$	$\varphi - V$	$pX - V (pM - V)$
影响突跃范围因素	c；K_a^θ（K_b^θ）	c；$K_f^{\theta'}$；pH	c；$\varphi^{\theta'}$；介质	c；α

4. 光吸收曲线　标准工作曲线

5. 反应按一定方式进行　反应速度快　反应完全程度高　有适当方法确定终点

6. 强酸介质中 $KMnO_4$ 的还原产物为无色 MnO_2，可使 $KMnO_4$ 为自身指示剂且在酸性介质中 $KMnO_4$ 氧化能力强

7. 诱导　偏高

8. 间接碘量法　增大 I_2 的溶解度　使反应完全　提高淀粉指示剂的灵敏度

9. 光源　光栅（棱镜）　比色皿　光电转换元件（如光电倍增管）　检测器

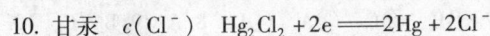

10. 甘汞　$c(Cl^-)$　$Hg_2Cl_2 + 2e \!\!=\!\!= 2Hg + 2Cl^-$

三、判断题

1. ×　2. ×　3. ×　4. ×　5. ×　6. ×　7. ×　8. ×　9. ×　10. √

四、计算题

1. $c(KMnO_4) = 0.05214 \ mol \cdot L^{-1}$

2. （1）$0.01008 \ mol \cdot L^{-1}$

（2）$T_{(EDTA/ZnO)} = 8.205 \times 10^{-4} \ g \cdot mL^{-1}$

$T_{(EDTA/Fe_2O_3)} = 8.049 \times 10^{-4} \ g \cdot mL^{-1}$

3. P% = 0.12

4. $c(HCOOH) = 0.05105 \ mol \cdot L^{-1}$；$c(H_2SO_4) = 0.02847 \ mol \cdot L^{-1}$

5. 提示：用酸滴定生成 NaH_2PO_4，再用碱滴定。

模 拟 题 三

一、选择题

1. C　2. A　B　D　3. D　4. C　5. B　6. A　B　7. C　D　8. C　9. D　10. A　11. D　12. C　D

13. B　14. A　15. B

二、填空题

1. 四　六　七　氨基 N

2. 直接滴定　间接滴定　置换滴定　返滴定

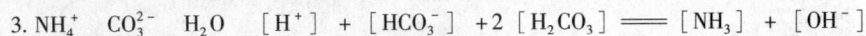

3. NH_4^+　CO_3^{2-}　H_2O　$[H^+] + [HCO_3^-] + 2[H_2CO_3] \!\!=\!\!= [NH_3] + [OH^-]$

4. 氧化还原　特殊（专属）　自身　滴定剂

5. 化学计量点滴定终点　准确度　分析方法的优劣

6. $H_2C_2O_4$　MnO_2　MnO_4^-

7. 7.34　7.35　7.34　7.33

8. 硝基苯等有机化合物　AgCl　AgSCN

9. $mol \cdot L^{-1}$　cm　ε　摩尔吸光系数

10. Ag - AgCl 电极　HCl　在纯水中浸泡 24h　不对称单位

三、判断题

1. √　2. ×　3. ×　4. ×　5. ×　6. ×　7. ×　8. ×　9. ×　10. ×

四、计算题

1. ω（F）＝4.737%

2. c（F^-）＝1.6×10^{-3} mol·L^{-1}

3. 90 mg

4. （1）结果偏高；（2）6.3g；（3）0.1012 mol·L^{-1}；（4）0.9979

5. 21∶5

模 拟 题 四

一、选择题

1. A　2. A　C　3. C　4. C　5. C　6. D　7. ①B　②C　③A　④D　8. A　9. B　C　10. B
11. A　C　D　12. D　13. D　14. B　C　15. C

二、填空题

1. EDTD 的有效浓度　参与反应的能力　酸效应系数 α_{YH}

2. 质子转移　得失质子数相等　质子等衡式

3. 提高测定的选择性　利用酸效应，控制溶液酸度　利用掩蔽效应，掩蔽共存干扰离子

4. 参比电极　甘汞电极　Ag－AgCl 电极

5. 化学计量点　颜色的突变　酸式结构和碱式结构　不同　游离态和与金属离子所形成的配合物　氧化态与还原态

6. 间接　还原性物质　$KMnO_4$　$KMnO_4$

7. 中性至弱碱性（pH＝6.5～10.5）　略低　5×10^{-3} mol·L^{-1}

8. 单色光　均匀　非散射　浓度　厚度

9. 氧化性　还原性　还原性物质　强氧化性物质　定量碘　还原剂　还原性物质

10. 1 mol·L^{-1}　1 cm　温度　波长

三、判断题

1. ×　2. ×　3. √　4. ×　5. ×　6. √　7. ×　8. ×　9. ×　10. ×

四、计算题

1. ω（Na_2CO_3）＝86.10%，ω（NaOH）＝8.000%，ω（杂质）＝5.900%

2. ω（Cr）＝8.20%，ω（Mn）＝1.20%

3. ω（HA）＝60%

4. 2.34～2.71

5. （1）50 g；（2）0.1002 mol·L^{-1}；（3）80.00%；（4）0.07868 mol·L^{-1}

模 拟 题 五

一、单项选择题

1. C　2. B　3. C　4. B　5. C　6. B　7. B　8. B　9. B　10. B　11. A　12. A　13. D　14. B
15. B　16. A　17. D　18. B　19. A　20. A

二、填空题

1. 偏高

2. 0.5098

3. $\dfrac{[Y']}{[Y^{4-}]}$ 　$\dfrac{K_f^{\theta}(MY)}{\alpha_{Y(H)}}$

4. 0.008063

5. A 值太小　不要稀释试液

6. 诱导反应　自动催化反应

7. 8.73　酚酞

8. Zn^{2+} 　Al^{3+} 与 F^- 形成配合物被掩蔽，经计算，$\lg K_f^{\theta'}(MgY)<8$

$\lg K_f^{\theta'}(ZnY)>8$，且 $\dfrac{\lg K_f^{\theta'}(ZnY)}{\lg K_f^{\theta'}(MgY)}$，所以只有 Zn^{2+} 可被定量测定

三、是非题

1. ×　2. √　3. √　4. ×　5. √　6. ×　7. √　8. ×　9. ×　10. √

四、简答题

答：无机配位剂分子中仅含有一个可键合的原子，与金属离子配位时逐级形成 MLn 型简单配位化合物，这类配合物中配位剂分子间没有联系，配合物的逐级稳定常数比较接近，配合物多数不稳定，不易进行定量。

五、实验设计题

略

六、计算题

1. 指示剂的变色范围为：$pH = pK_a^{\theta}(HIn) \pm 1$

$pK_a^{\theta}(HIn) + 1 = 6.5$

$pK_a^{\theta}(HIn) - 1 = 4.5$

可见 $pK_a^{\theta}(HIn) = 5.5$　　$K_a^{\theta}(HIn) = 10^{-5.5} = 3.2 \times 10^{-6}$

2. 由反应知 $1HCHO \sim 1NaOH$

$c(HCHO) = \left(\dfrac{0.1904 \times 20.10 \times 30.03}{2.00 \times 1000} \right) = 0.0575 \, (g \cdot mL^{-1})$

3. $1P_2O_5 \sim 2PO_4^{3-} \sim 2MgNH_4PO_4 \sim 2Mg^{2+} \sim 2EDTA$

$w(P_2O_5) = \dfrac{\dfrac{1}{2}c(EDTA)V(EDTA) \cdot M(P_2O_5)}{m_s} \times 100\% =$

$\dfrac{\dfrac{1}{2} \times 0.02000 \times 0.03000L \times 141.9}{0.2000} \times 100\% = 21.29\%$

4. 设应称取 mg，则

$c = \dfrac{\dfrac{m \times 0.12\%}{58.69}}{100 \times 10^{-3}} = \dfrac{m \times 0.12\%}{5.869}$　　$A = 0.434$ 时误差最小

$0.434 = 1.3 \times 10^4 \times 1 \times \dfrac{m \times 0.12\%}{5.869}$　　$m = 0.163 \, (g)$

5. 它将形成 $H_2PO_4^- \sim HPO_4^{2-}$ 体系

$$2H_3PO_4 + 3Na_3PO_4 \xmapsto{\quad} 4Na_2HPO_4 + NaH_2PO_4$$

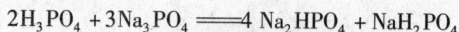

$$\begin{array}{ccc} 2 & : & 3 \\ 0.1 & : & 0.15 \end{array}$$

$$c(H_3PO_4) = \frac{25 \times 0.4}{100} = 0.1 \ (mol \cdot L^{-1}) \qquad c(Na_3PO_4) = \frac{30 \times 0.5}{100} = 0.15 \ (mol \cdot L^{-1})$$

则 $n(Na_2HPO_4) : n(NaH_2PO_4) = 4:1$

$$pH = pK_{a_2}^{\theta} + \lg \frac{4}{1} = 7.21 + \lg 4 = 7.81$$

模拟题六

一、单项选择题

1. B 2. B 3. C 4. D 5. C 6. D 7. B 8. B 9. C 10. D 11. B 12. A 13. B 14. A
15. D 16. A 17. A 18. C 19. D 20. C

二、填空题

1. 乙醇 50 mL，加水至 100 mL

2. 氧化溶液中的还原性物质，使 $KMnO_4$ 浓度稳定

3. 1:4

4. 返滴定法 置换滴定法

5. I_2 的挥发 在酸性条件下，I^- 被空气中的 O_2 氧化

6. 黄 黄

7. NH_4HF_2（或 NaF） FeF_6^{3-} Fe^{3+}/Fe^{2+}

8. 空白 校正和检验由纯水、试剂不纯或由仪器不洁净带入杂质引起的系统误差

9. 四 五 H_4Y，H_3Y^-，H_2Y^{2-}，HY^{3-}，Y^{4-}

10. $[H^+] = [Ac^-]$ $[OH^-]$ $[H^+] = \sqrt{K_a^{\theta}(HAc) \cdot c}$

三、判断题

1. √ 2. × 3. √ 4. √ 5. × 6. × 7. × 8. √ 9. √ 10. ×

四、简答题

1. 答：作用：将光信号转化为电信号，从而达到测量光信号和吸光度的目的。

类型：光电池，光电管。

2. 答：$ClCH_2COOH$ $pK_a^{\theta} = 2.86$，$K_a^{\theta} = 1.4 \times 10^{-3}$

$c \cdot K_a^{\theta} > 10^{-8}$ 可以准确滴定，滴定剂 $NaOH$

达计量点时，生成 CH_2ClCOO^-，$[OH^-]_{\text{计}} = \sqrt{K_b^{\theta} \cdot c} = \sqrt{\dfrac{K_w^{\theta}}{K_a^{\theta}} \times \dfrac{0.1}{2}} = \sqrt{\dfrac{10^{-14}}{1.4 \times 10^{-3}} \times 0.05}$

$= 5.9 \times 10^{-7} \ (mol \cdot L^{-1})$

$pOH = 6.23$ $pH = 14 - 6.23 = 7.8$

选苯酚红作指示剂。

3. 答：标定反应：$2MnO_4^- + 5C_2O_4^{2-} + 16H^+ \xmapsto{\quad} 2Mn^{2+} + 10CO_2 + 8H_2O$

$n(MnO_4^-) = \dfrac{2}{5}(C_2O_4^{2-})$

$$m(\text{Na}_2\text{C}_2\text{O}_4) = \frac{5}{2} \times c(\text{KMnO}_4) \times V(\text{KMnO}_4) \times M(\text{Na}_2\text{C}_2\text{O}_4) \times 10^{-3}$$

若 $V(\text{KMnO}_4)$ 为 20 mL，则 $m(\text{Na}_2\text{C}_2\text{O}_4) = \frac{5}{2} \times 0.02 \times 20 \times 134 \times 10^{-3} = 0.13$（g）

若 $V(\text{KMnO}_4)$ 为 35 mL，则 $m(\text{Na}_2\text{C}_2\text{O}_4) = \frac{5}{2} \times 0.02 \times 35 \times 134 \times 10^{-3} = 0.23$（g）

于分析天平上准确称取 0.13～0.23 g 的 $\text{Na}_2\text{C}_2\text{O}_4$ 于三角瓶中用 H_2O 溶解，并加入 H_2SO_4 酸化加热至 75～85℃，用 KMnO_4 溶液滴定，开始慢后稍快，快到计量点应慢，用 KMnO_4 作自身指示剂，滴至溶液呈浅红色半分钟不退色即为终点。

$$c(\text{KMnO}_4) = \frac{\frac{2}{5} \times m(\text{Na}_2\text{C}_2\text{O}_4) \times 10^3}{M(\text{Na}_2\text{C}_2\text{O}_4) \cdot V(\text{KMnO}_4)}$$

五、计算题

1. 解：$250 \times 0.1000 = V \times 0.1000 \times 54.94$　$V = 4.55$（mL）

$$c_x = \frac{A_x \cdot c_s}{A_s} = \frac{0.300 \times 0.1000}{0.500} = 0.0600 \text{（mg} \cdot \text{mL}^{-1}\text{）}$$

未知液中 Mn^{2+} 浓度 $c(\text{Mn}^{2+}) = 0.0600 \times \frac{50.00}{10.00} = 0.300$（mg $\cdot$ mL^{-1}）

2. $\bar{d}_\text{甲} = 0.2$　$\bar{d}_\text{乙} = 0.24$　$S_\text{甲} = 0.28$　$S_\text{乙} = 0.40$

此结果说明标准偏差能更好地反映数据的离散程度。

3. 1 mol Zn ~ 1 mol Zn^{2+} ~ 1 mol ZnC$_2$O$_4$ ~ 1 mol H$_2$C$_2$O$_4$ ~ $\frac{2}{5}$ mol MnO$_4^-$

$$n(\text{ZnO}) = \frac{5}{2} n(\text{KMnO}_4)$$

$$w(\text{ZnO}) = \frac{0.02080 \times 32.64 \times \frac{5}{2} \times 10^{-3} \times 81.38}{0.6935} \times 100\% = 19.92\%$$

4. 1 mol P ~ 24 mol NaOH ~ 1 mol P$_2$O$_5$ ~ 48 mol NaOH

$$n(\text{P}_2\text{O}_5) = \frac{1}{48} n(\text{NaOH})$$

$$w(\text{P}_2\text{O}_5) = \frac{(0.1000 \times 50.00 - 0.2000 \times 10.27) \times \frac{1}{48} \times 10^{-3} \times 142.0}{1.000} \times 100\% = 0.8715\%$$

解：$V_1 = 24.36$ mL　$V_\text{总} = 37.50$ mL　$V_2 = 37.50 - 24.36 = 13.14$ mL

$\because V_1 > V_2$　　$\therefore$ 混合碱组成为 NaOH 与 Na$_2$CO$_3$ 混合物

$$w(\text{Na}_2\text{CO}_3) = \frac{c(\text{NaOH}) \cdot V_2 \cdot M(\text{Na}_2\text{CO}_3)}{m_s} \times 100\% = \frac{0.1100 \times 13.14 \times 106 \times 10^{-3}}{2.0001 \times \frac{1}{4}} \times 100\% = 30.64\%$$

$$w(\text{NaOH}) = \frac{c(\text{HCl}) \cdot (V_1 - V_2) \cdot M(\text{NaOH})}{m_s} \times 100\%$$

$$= \frac{0.1100 \times (24.36 - 13.14) \times 40 \times 10^{-3}}{2.0001 \times \frac{1}{4}} \times 100\% = 9.84\%$$

$$m_2(Na_2C_2O_4) = \frac{1}{2} \times 0.2 \times 30 \times 10^{-3} \times 134 = 0.402 \ (g)$$

称量范围为 0.3 ~ 0.4 g。

模 拟 题 七

一、选择题

1. A 2. D 3. D 4. D 5. D 6. A 7. B 8. B 9. A 10. A 11. D 12. C 13. B 14. B
15. C 16. D 17. C 18. B 19. D 20. C

二、填空题

1. 氨氮 羧氧

2. 尽可能接近

3. 均匀透明，不挂水珠 洗涤剂 铬酸洗液

4. 两 三

5. 氧化还原反应 配位反应

6. 平均偏差 标准偏差 标准偏差

7. 12.00

8. 六 七 H_6Y^{2+} H_5Y^+ H_4Y H_3Y^- H_2Y^{2-} HY^{3-} Y^{4-}

9. 氧化还原滴定或配位滴定 分光光度

10. 5

11. 偏大

12. Zn^{2+} Al^{3+} 与 F^- 形成配合物被掩蔽，经计算，$\lg K_f^{\theta'}(MgY) < 8$，$\lg K_f^{\theta'}(ZnY) > 8$，且 $\dfrac{K_f^{\theta}(ZnY)}{K_f^{\theta}(MgY)} > 10^5$，所以只有 Zn^{2+} 可被定量测定

13. 离开 容器的内壁 垂直

14. 9.0 0.30

三、判断题

1. √ 2. × 3. × 4. √ 5. √ 6. × 7. × 8. √ 9. × 10. √ 11. √ 12. ×

四、实验设计题

1. 略

2. 略

五、计算题

1. 解：$w(S) = \dfrac{[c(Ba^{2+})V(Ba^{2+}) - c(EDTA)V(EDTA)] \cdot M(S) \times 10^{-3}}{m_{试样}} \times 100\%$

$$= \frac{(0.05000 \times 25.00 - 0.02100 \times 26.40) \times 32.07 \times 10^{-3}}{0.5018} \times 100\% = 44.46\%$$

2. 解：铁标液的浓度 $= \dfrac{1.000 \times 55.85}{482.18 \times 0.5000} = 0.2317 \ (g \cdot L^{-1})$

显色液中铁的浓度 $= \dfrac{0.2317 \times 6.00}{50.0} = 0.02780 \ (g \cdot L^{-1})$

$\dfrac{A_s}{A_x} = \dfrac{C_s}{C_x}$

故 $C_x = \dfrac{A_x \cdot C_s}{A_s} = \dfrac{0.500 \times 0.02780}{0.480} = 0.02896$（g·L^{-1}）

原试液中铁的浓度为 $0.02896 \times \dfrac{50.00}{2.00} \times \dfrac{250.0}{5.00} = 36.2$（g·L^{-1}）

3. 解：最小分度值为 0.1 mL，$V = 5$ mL 时：

相对误差为 $\dfrac{\pm 0.02}{5} \times 100\% = \pm 0.4\%$

要使相对误差 $< \pm 0.1\%$　$V \geqslant \dfrac{\pm 0.02}{0.1\%} = 20$ mL

4. 解：$T_{\mathrm{Na_2S_2O_3/KBrO_3}} = \dfrac{M(\mathrm{KBrO_3})}{M(\mathrm{K_2Cr_2O_7})} \times T_{\mathrm{Na_2S_2O_3/K_2Cr_2O_7}} = 5.800$（mg·mL^{-1}）

模 拟 题 八

一、选择题

1. A　2. C　3. D　4. B　5. A　6. C　7. B　8. C　9. B　10. C　11. A　12. C　13. D　14. C
15. C　16. C　17. A　18. D　19. B　20. B

二、填空题

1. 摩尔质量大可减小称量误差

2. 7～11　蓝

3. 棕色　防止见光分解

4. 棱镜　光栅　获得单色光

5. 玻璃　石英

6. 淀粉　溶液变成淡黄色（或滴定临近终点）　蓝色消失

7. 1.43

8. 9.54　2.89×10^{-10} mol·L^{-1}

9. 0.6355

10. 1.0×10^{-9} mol·L^{-1}　8×10^{-5} mol·L^{-1}

11. 8.8×10^{4}

12. 能　HCl 标准溶液　甲基橙或甲基红

三、是非题

1. ×　2. √　3. ×　4. √　5. √　6. √　7. ×　8. ×　9. ×　10. √　11. ×　12. √　13. ×

四、实验设计题

1. 略

2. 略

五、计算题

1. $\mathrm{Na_2CO_3} + 2\mathrm{HCl} = 2\mathrm{NaCl} + \mathrm{H_2O} + \mathrm{CO_2}$

1 mol$\mathrm{Na_2C_2O_4}$ 相当于 1 mol $\mathrm{Na_2CO_3}$ 相当于 2 molHCl

$n(\mathrm{Na_2C_2O_4}) = \dfrac{1}{2} n(\mathrm{HCl})$

$m_1(\mathrm{Na_2C_2O_4}) = \dfrac{1}{2} \times 0.2 \times 20 \times 10^{-3} \times 134 = 0.268$（g）

$$m_2(\mathrm{Na_2C_2O_4}) = \frac{1}{2} \times 0.2 \times 30 \times 10^{-3} \times 134 = 0.402 \ (\mathrm{g})$$

称量范围为 0.3~0.4 g。

2. 因为 $c \cdot K_{a_1}^{\theta} > 10^{-8}$，$c \cdot K_{a_2}^{\theta} > 10^{-8}$，而 $\dfrac{K_{a_1}^{\theta}}{K_{a_2}^{\theta}} < 10^4$，所以只有一个滴定突跃，测得为总酸度。

化学计量点时：$c(\mathrm{Na_2B}) = 0.10 \ \mathrm{mol \cdot L^{-1}}$

$$[\mathrm{OH^-}]_{eq} = \sqrt{\frac{K_w^{\theta} \cdot c}{K_{a_2}^{\theta}}} = \sqrt{\frac{1.0 \times 10^{-14}}{2.5 \times 10^{-6}} \times 0.1} = 2.0 \times 10^{-5} \ (\mathrm{mol \cdot L^{-1}})$$

pOH = 4.70   pHeq = 9.30

可选用酚酞为指示剂。

3. $w(\mathrm{Al_2O_3}) = \dfrac{\dfrac{1}{2} \times 0.02952 \times (10.00 - 12.20 \times 0.6812) \times 10^{-3}}{1.032 \times \dfrac{1}{10}} \times 100\% = 2.46\%$

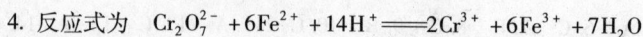

4. 反应式为　$\mathrm{Cr_2O_7^{2-}} + 6\mathrm{Fe^{2+}} + 14\mathrm{H^+} =\!\!=\!\!= 2\mathrm{Cr^{3+}} + 6\mathrm{Fe^{3+}} + 7\mathrm{H_2O}$

由反应式可知 $n(\mathrm{Cr_2O_7^{2-}}) = \dfrac{1}{6} n(\mathrm{Fe^{2+}})$

$$c(\mathrm{Cr_2O_7^{2-}}) = \frac{1}{6} \times \frac{m(\mathrm{Fe}) \times 10^3}{M(\mathrm{Fe}) \cdot V(\mathrm{Cr_2O_7^{2-}})} = 0.01492 \ (\mathrm{mol \cdot L^{-1}})$$

参 考 文 献

［1］周光明. 2001. 分析化学习题精解［M］. 北京：科学出版社.

［2］武汉大学化学系分析化学教研室. 1999. 分析化学例题与习题［M］. 北京：高等教育
出版社.

［3］李莉，张文治，周萍. 2006. 分析化学知识要点与习题解析［M］. 哈尔滨：哈尔滨工程大学
出版社.

［4］贾欣欣，任丽萍，王东冬. 2005. 分析化学金牌辅导［M］. 5 版. 北京：中国建材工业出
版社.

［5］潘祖亭，曾白肇. 2004. 定量分析习题精解［M］. 2 版. 北京：科学出版社.

［6］钟国清，朱云云. 2007. 无机及分析化学学习指导［M］. 北京：科学出版社.

［7］葛兴，罗蒨. 2008. 分析化学实验与学习指导［M］. 北京：中国林业出版社.

［8］刘志广. 2002. 分析化学学习指导［M］. 大连：大连理工大学出版社.

［9］李建颖，石军. 2004. 分析化学学习指导与习题精解［M］. 天津：南开大学出版社.

［10］李克安. 2006. 分析化学教程习题解析［M］. 北京：北京大学出版社.

［11］刘约权，李敬慈. 2007. 现代仪器分析学习指导与问题解答［M］. 北京：高等教育出版社.

［12］赵世铎，周乐，张曙生. 2009. 化学复习指南暨习题解析［M］. 3 版. 北京：中国农业大学
出版社.